养羊与羊病防控技术

张三军 薛 双 付显东 李洪波 孙彦婷 主编

河南科学技术出版社

·郑州·

图书在版编目（CIP)数据

养羊与羊病防控技术/张三军等主编 .—郑州：河南科学技术出版社，2021.8

ISBN 978-7-5725-0504-1

Ⅰ.①养… Ⅱ.①张… Ⅲ.①羊-饲养管理②羊病-防治 Ⅳ.①S826 ②S858.26

中国版本图书馆CIP数据核字（2021）第136783号

出版发行：河南科学技术出版社
　　　　　地址：郑州市郑东新区祥盛街27号　　邮编：450016
　　　　　电话：(0371）65788642　65788625
　　　　　网址：www.hnstp.cn
策划编辑：陈淑芹　　李义坤
责任编辑：司　芳
责任校对：牛艳春
封面设计：张　伟
责任印制：张艳芳
印　　刷：洛阳和众印刷有限公司
经　　销：全国新华书店
开　　本：850 mm×1168 mm　1/32　印张：17.75　字数：490千字　彩插：8面
版　　次：2021年8月第1版　　2021年8月第1次印刷
定　　价：49.80元

如发现印、装质量问题，影响阅读，请与出版社联系并调换。

《养羊与羊病防控技术》编者名单

主　编

张三军　薛　双　付显东

李洪波　孙彦婷

副主编

王宏魁　邱　璜　郑　彬

刘建国　陶长城　赵艳阳

编写人员

张三军　驻马店市动物疫病预防控制中心

薛　双　驻马店市动物疫病预防控制中心

付显东　驻马店市动物疫病预防控制中心

李洪波　驻马店市兽药饲料（动物产品）质量检验监
　　　　测中心

孙彦婷　河南牧业经济学院

王宏魁　河南牧业经济学院

邱　璜　周口森邦生物科技有限公司

郑　彬　西平县动物疫病预防控制中心

刘建国　上蔡县动物疫病预防控制中心

陶长城　河南省信阳市动物卫生监督所

赵艳阳　确山县农业综合行政执法大队

韩明鹏　河南省种牛遗传性能测定中心

张克强　洛阳市动物疫病预防控制中心

刘冠琼　汝州市动物卫生监督所

李太英　河南省信阳市动物卫生监督所

郭　莹　汝南县畜牧兽医技术服务中心

陈加胜　汝南县动物卫生监督所

丁琳琳　西平县农业综合行政执法大队

许　瑞　驻马店市动物疫病预防控制中心

李　华　驻马店市畜牧局

前　言

随着中国经济的迅速发展，人民生活水平的提高，对羊肉的需求量逐年增加。养羊投资较小、见效较快、效益较高，发展养羊业既满足了广大人民群众日益增长的物质需要，也是我国农牧民实现增产增收的重要途径；加之羊属草食动物，可以大量利用农业生产中的副产品秸秆、树叶、荒山草坡、沟渠牧草等资源，因此发展养羊业符合我国畜牧业的发展需求。传统养羊方式存在生产较为分散、技术水平含量低、经济效益不高、饲养管理水平落后、疫病控制预防困难、抗风险能力差、缺乏科学育种意识、品种性能退化等问题。近年来，养羊业发展突飞猛进，不断出现集约化、规模化养羊场，养殖结构发生了明显的变化，但是养羊的饲养管理技术水平、疫病的控制预防措施、观念、资金等方面滞后，养羊生产中存在的问题也较为突出。因此，只有掌握现代养羊知识和疫病综合防控技术，才能促进养羊业的健康发展，收到良好的经济效益和生态效益。

本书由多位长期在养羊生产一线从事动物疫病防控的兽医工作者编写，突出理论联系实际，结合我国当前养羊的实际情况，全面系统地介绍了养羊生产中关键技术和疫病防控知识，并加入了一些新知识、新技术，具有较强的实用性、针对性和可操作性。本书适宜羊场技术人员、饲养管理人员等阅读，也适宜作为畜牧兽医类专业学生、农村函授及培训班的辅助教材和参考书，还可供畜牧及相关管理部门和科技工作者参考。

本书共分为十四章，分别是第一章羊的品种概述、第二章羊的饲料营养、第三章羊场的环境管理和消毒、第四章规模养羊的科学饲养、第五章羊的繁殖、第六章羊的选育和利用、第七章羊的饲养管理和疫苗免疫、第八章羊的传染病、第九章羊的寄生虫病、第十章羊的中毒病、第十一章羊的内科病、第十二章羊的普通外科病、第十三章羊的营养代谢病、第十四章羊的产科病。书后的附录，列出了波尔山羊、湖羊、奶山羊的饲养等内容。

由于编者水平有限，时间仓促，编写经验不足，书中疏漏与错误之处，恳请广大读者予以指正，以便再版时修正。

编者

2020 年 8 月

目　录

第一章　羊的品种概述

第一节　羊的品种分类

一、绵羊品种分类

（一）根据绵羊所产羊毛类型分类

在西方国家广泛使用的方法是根据绵羊所产羊毛类型分类，常分为以下品种。

（1）细毛型品种：羊毛细度在 60 支（25 μm）以上，如澳洲美利奴羊、中国美利奴羊等。

（2）中毛型品种：羊毛细度为 36~58 支，如南丘羊、萨福克羊等。它们大都原产于英国南部的丘陵地带，故又有"丘陵品种"之称。

（3）长毛型品种：此类绵羊早熟、产肉性能好；羊毛纤维长，为 14~40 cm（因品种不同而有差异），细度为 36~48 支，亦有 50 支的，羊毛有光亮或半光亮色泽。产毛量、净毛率较高；原产英国，体格大，羊毛细长，主要用于产肉，如林肯羊、罗姆尼羊、边区莱斯特羊等。

（4）杂交型品种：此类是指以长毛型品种与细毛型品种为基础杂交所形成的品种，如考力代羊、波尔华斯羊、北高加索羊等。

（5）地毯毛型品种：如德拉斯代羊、黑面羊等。

（6）羔皮用型品种：这种羊生产的羔皮图案美观，并具有多胎性，如湖羊、卡拉库尔羊等。

（二）根据绵羊的生产方向分类

中国、俄罗斯等国普遍采用根据绵羊的生产方向分类，常分为以下品种：

（1）细毛羊：细毛羊又分为毛用细毛羊、毛肉兼用细毛羊、肉毛兼用细毛羊。毛用细毛羊的特点是体格较小，皮肤薄而松弛，公、母羊颈部有明显皱褶（如中国美利奴羊、澳洲美利奴羊等）；毛肉兼用细毛羊的特点是体躯宽大，除有较高的产毛性能外，还有良好的产肉性能，包括新疆和东北的细毛羊均属此类型（如新疆细毛羊、高加索羊、东北细毛羊、内蒙古细毛羊、陕西细毛羊和甘肃高山细毛羊等）；肉毛兼用细毛羊的特点是体格大，背腰平直，皮肤无明显皱褶，颈短粗，胸宽，后躯丰满，产肉性能明显（如德国肉用美利奴羊等）。

（2）半细毛羊：半细毛羊又分为毛肉兼用细毛羊（如茨盖羊等）和肉毛兼用细毛羊（如边区莱斯特羊、考力代羊等）。

（3）粗毛羊：如西藏羊、蒙古羊、哈萨克羊等。

（4）肉脂兼用羊：如阿勒泰羊、吉萨尔羊等。

（5）裘皮羊：如滩羊、罗曼诺夫羊等。

（6）羔皮羊：如湖羊、卡拉库尔羊等。

（7）乳用羊：如东佛里生羊等。

二、山羊品种分类

（1）绒用山羊：以生产山羊绒为主的山羊品种。外貌特征：体表绒、毛混生，毛长绒细，被毛洁白有光泽，体大头小，颈粗厚，背平直，后躯发达。产绒量多，绒质量好。如辽宁绒山羊、开士米山羊等。

（2）皮用山羊：以生产裘皮与猾子皮为主的品种。外貌特征：体表着生长短不一、色泽各异、有花纹和卷曲的毛纤维。这类山羊品种都因毛皮品质具有特色而驰名于世。如青山羊、中卫山羊等。

（3）肉用山羊：以生产山羊肉为主的品种。典型外貌特征：具有肉用家畜的矩形体形，体躯低垂，全身肌肉丰满，细致疏松性表现明显，早期生长发育快。山羊肉量多，肉质好。如波尔山羊、马头山羊等。

（4）毛用山羊：以生产羊毛为主的品种。典型外貌特征：全身披有波浪形弯曲、长而细的羊毛纤维，体形长且呈圆形，背直，四肢短。产马海毛多，毛质好。如安哥拉山羊等。

（5）奶用山羊：以生产山羊乳为主的品种。典型外貌特征：具有乳用家畜的楔形体形，轮廓鲜明，细致紧凑性表现明显。产乳量高，奶的品质好。如萨能奶山羊、吐根堡奶山羊等。

（6）兼用型山羊：具有两种性能的品种，既产肉又产奶或既产肉又产皮。外貌特征介于两个专用品种之间。体形结构与生理机能方面既符合奶用型山羊体形，又具有早熟性、生长快、易肥的特点。这种山羊生产的肉香味可口；生产的皮主要是板皮，质量好。

第二节　羊的品种介绍

一、绵羊品种介绍

（一）国内地方绵羊品种

乌珠穆沁羊

【产地与育成史】乌珠穆沁羊产于内蒙古自治区锡林郭勒盟

东部乌珠穆沁草原，主要分布在东、西乌珠穆沁旗及锡林浩特市、阿巴嘎旗部分地区。它是蒙古羊在当地经长期选育形成的。1982年农牧渔业部、国家标准总局、全国绵山羊标准化技术委员会正式确认其为优良地方品种，并制定了国家标准。

【外貌特征】乌珠穆沁羊头中等大小，额稍宽，鼻梁微凸，耳大下垂，公羊大多无角，少数有螺旋状角，母羊多数无角。体格高大，体躯长，部分羊的肋骨和腰椎数比较多，14对肋骨占10%以上，有7节腰椎者约占40%。背腰宽，肌肉丰满，后躯发育良好，肉用体形明显。脂尾肥大而厚，呈椭圆形，尾中部有一纵沟将其分为两半。毛色以黑头羊居多，约占62%，全身白色者约占10%，体躯花色者约占11%（图1-1）。

图1-1　乌珠穆沁羊

【品种性能】乌珠穆沁羊成年公羊体高、体长、胸围和体重分别为：71.1 cm±3.52 cm，77.4 cm±2.93 cm，102.9 cm±4.29 cm，74.43 kg±7.15 kg；成年母羊上述指标分别为：65.0 cm±3.10 cm，69.7 cm±3.79 cm，93.4 cm±5.75 cm，58.40 kg±7.76 kg。乌珠穆沁羊一年剪毛两次，春季剪毛量成年公羊为1.9 kg[*]，成年母羊为1.4 kg。毛被属异质毛，由绒毛、两型毛、粗毛及死毛组成。乌珠穆沁羊的毛皮可用作制裘，以当年羊产的毛皮质佳。其毛皮毛股柔软，具有螺旋形环状卷曲。初生和幼龄羔羊的毛皮，也是制

注：本书中有关羊的数据在不特别指明的情况下，均为平均数据。

裘的好原料。乌珠穆沁羊游走采食，抓膘能力强，大群放牧日可行 15~20 km，边走边吃。雪天羊只善于扒雪吃草。乌珠穆沁羊不但具有适应性强、适于天然草场四季大群放牧饲养、肉脂产量高的特点，而且具有生长发育快、成熟早、肉质细嫩等优点，是一个有发展前途的肉脂兼用型粗毛羊品种，也适用于肥羔生产。

【生产性能】乌珠穆沁羊利用青草的能力强，早熟性较好，饲养管理极为粗放，终年放牧，不补饲，只是在雪大不能放牧时稍加补草。乌珠穆沁羊生长发育较快，2.5~3 月龄公、母羔羊体重分别为 29.5 kg 和 24.9 kg；6 月龄的公、母羔羊体重分别可达 40 kg 和 36 kg；成年公羊体重 60~70 kg，成年母羊体重 56~62 kg，胴体重 17.90 kg，屠宰率 50%，净肉重 11.8 kg，净肉率为 33%。乌珠穆沁羊肉水分含量低，富含钙、铁、磷等矿物质，肌原纤维和肌纤维间脂肪沉淀充分。

乌珠穆沁羊适于终年放牧饲养，具有增膘快、蓄积脂肪能力强、产肉率高、性成熟早等特性；适于利用牧草生长旺期，开展放牧育肥或有计划的肥羔生产。同时，乌珠穆沁羊也是作纯种繁育胚胎移植的良好受体羊，后代羔羊体质结实，抗病能力强，适应性较好。

【繁殖能力】乌珠穆沁羊 5~7 月龄性成熟，繁殖力一般，一年一胎，产羔率 100%。母性强。在大群放牧条件下，羔羊成活率 95%。

小尾寒羊

【产地与育成史】小尾寒羊是中国乃至世界著名的肉裘兼用型绵羊品种，起源于古代北方蒙古羊，随着历代人民的迁移，蒙古羊被引入自然生态环境和社会经济条件较好的中原地区，经过长期的选择和精心的培育，逐渐形成具有多胎高产的裘（皮）肉兼用型优良绵羊品种。小尾寒羊产于河北南部、河南东部和东北部、山东南部及皖北一带，中心产区在山东的菏泽、济宁。

【外貌特征】小尾寒羊体形长而高大，结构匀称，鼻梁隆起，耳大下垂，肋骨开张，背腰平直。体躯长，呈圆筒状，四肢高，健壮端正。公羊头大颈粗，均有螺旋形大角，其角质坚实，角尖稍向外偏，也有的向内偏，称之为"扎腮角"；母羊头小颈长，无角或有小角。母羊有角者约占半数，但多数仅有角根，为镰刀状角、鹿角及短角。小尾寒羊尾较小，尾脂短，公羊尾形呈圆扇形，尾尖上翻内扣，尾长不超过飞节。四肢细高，公、母羊均为一身全白，有粗毛型、半细毛型及裘皮型三种毛型，用途较广（图1-2）。

图1-2　小尾寒羊

【品种性能】成年公羊体高、体长、胸围分别为90.4 cm、94.43 cm、110.2 cm，优良公羊体高可达1 m以上；成年母羊平均体高、体长、胸围分别为80.00 cm、82.96 cm、100.35 cm，优良母羊体高达90 cm左右。6月龄公、母羊体高分别为70.54 cm和68.66 cm；12月龄公、母羊体高分别为82.55 cm和75.80 cm，分别达成年公、母羊的91%和94.75%。产肉性能好，生长发育快，早熟性能好。

小尾寒羊适应性能强，对我国绝大部分地区的气候均能适应，性情温顺，好管理，耐粗饲，能充分利用各种农作物秸秆和野草，既可放牧，也可舍养。

【生产性能】小尾寒羊肉用性能优良，早期生长发育快、易育肥，适于早期屠宰。成年公羊体重能达到 80 kg，成年母羊达到 57 kg，8 月龄的公、母羊屠宰率约为 53%，净肉率在 40% 以上。肉质细嫩，肌间脂肪呈大理石纹状，肥瘦适中，肥而不腻，鲜而不膻。出毛量多，成年公羊年剪毛量 4 kg 以上，成年母羊年剪毛量 2 kg 以上，净毛率在 60% 以上。羔羊皮（6 月龄以前）皮板轻薄，质地坚韧，花穗明显，花案清晰美观，是制裘的上等原料。

【繁殖能力】母羊初情期 5~6 月龄，6~7 月龄可配种怀孕，发情周期 16~18 d，妊娠期 148~152 d。母羊常年发情、配种，以春秋季节较为集中，每个产羔周期为 7~8 个月。初产母羊产羔率 200% 以上，经产母羊在 260% 以上。公羊 8 月龄性成熟，即可配种。繁殖力极强，两年三胎，部分是一年两胎，胎产 2~6 只，有时高达 8 只。母羊一生中以 3~4 岁时繁殖率最强，繁殖年限一般为 8 年。

湖羊

【产地与育成史】该品种形成于 10 世纪初，由蒙古羊选育而成。湖羊在太湖平原的育成和饲养已有八百多年的历史。由于受到太湖的自然条件和人为选择的影响，逐渐育成独特的一个稀有品种，产区在浙江、江苏间的太湖流域，所以称为"湖羊"。

【外貌特征】湖羊体格中等，公、母均无角，头狭长，鼻梁隆起，多数耳大下垂，颈细长，体躯狭长，背腰平直，腹微下垂，尾扁圆，尾尖上翘，四肢偏细而高（图 1-3）。

图1-3 湖羊

【品种性能】湖羊是太湖平原重要的家畜之一，是我国一级保护地方畜禽品种。稀有白色羔皮羊品种，具有早熟、四季发情、多胎多羔、繁殖力强、泌乳性能好、生长发育快、有理想的产肉性能、肉质好、耐高温高湿等优良性状，分布于我国太湖地区，产后 1~2 d 宰剥的小湖羊皮花纹美观，著称于世。湖羊在太湖平原经过长期驯养，适应性强、生长快、成熟早、繁殖率高。

【生产性能】

（1）产肉性能：羔羊生长发育快，3 月龄断奶公羔体重 25 kg 以上，母羔 22 kg 以上。成年羊公羊体重 65 kg 以上，母羊 40 kg 以上。屠宰率 50% 左右，净肉率 38% 左右。

（2）产皮性能：湖羊羔皮（小湖羊皮），为出生当天所剥的羔皮，毛色洁白，具有扑而不散的波浪花和片花及其他花纹，光泽好，皮板轻薄而致密，是制作皮衣的优质原料，被誉为"软宝石"而驰名中外。袍羔皮，为 3 月龄左右羔羊所宰剥的毛皮，毛股长 5~6 cm，花纹松散，皮板轻薄。老羊皮，即成年羊屠宰后所剥下的湖羊皮，是制革的好原料。

（3）产毛性能：湖羊毛属异质毛，每年春秋两季剪毛，成年公羊年剪毛量 1.25~2 kg，成年母羊年剪毛量约 2 kg，被毛中干死毛较少，细度 44 支，净毛率 60% 以上。适宜织地毯和粗呢绒。

【繁殖能力】湖羊性成熟早，3~4 月龄羔羊就有性行为表现，5~6 月龄达性成熟，初配年龄为 8~10 月龄；怀孕期为 150 d。湖羊四季均可配种繁殖，实行两年三胎的湖羊配种、产羔安排为：第 1 胎 4~5 月配种，9~10 月产羔，留种或作肥羔；第 2 胎 2~3 月配种，7~8 月产羔，全部屠宰剥取羔皮；第 3 胎 9~10 月配种，翌年 2~3 月产羔，生产肥羔、年底出售。

大尾寒羊

【产地与育成史】大尾寒羊原产于河北、河南和山东三省交界的地区。我国中原内地的大尾羊，是原产于中亚、近东和阿拉伯国家的脂尾羊，在宋元时期带入中国，又经过元、明、清三代的持续发展，终于形成了今天的大尾寒羊。大尾寒羊现主要分布在河北的黑龙港地区，山东聊城的临清、冠县、高唐及河南的郏县等地。

【外貌特征】大尾寒羊性情温驯。头略显长，额宽，鼻梁隆起，耳大下垂，产于山东、河北地区的公、母羊均无角，河南的公、母羊有角。颈较长，胸窄，前躯发育较差，后躯比前躯高，因脂尾庞大肥硕下垂，而使尻部倾斜，臀端不明显。四肢粗壮，蹄质坚实。公、母羊的尾都超过飞节，长者可接近或拖及地面，尾尖向上翻卷，形成明显尾沟。体躯被毛大部分为白色，杂色斑点少（图1-4）。

图1-4 大尾寒羊

【生产性能】大尾寒羊成年公羊体高、体长、胸围、体重分别为73.6 cm、74.1 cm、91.0 cm、72.0 kg，成年母羊上述指标分别为64.05 cm、68.47 cm、87.26 cm、52.0 kg。屠宰率：成年羊为62%~69%，周岁羊为55%~64%。产肉性能和肉质好，但尾大多脂，已不被群众喜欢。因此，在保持和发展该品种特点的同时，培育品种应向着大幅度减少尾脂重的方向发展。

被毛同质性好，由细毛、两型毛及极少量粗毛组成，细毛和两型毛约占95%，粗毛约占5%。产区一年剪毛两次或三次，剪毛量公羊为3.30 kg，母羊为2.70 kg。大尾寒羊毛被同质性好，羊毛可用于纺织呢绒、毛线等。大尾寒羊的羔皮和二毛皮，毛股洁白、光泽好，有明显的花穗，毛股弯曲由大浅圆形到深弯曲构成，一般有6~8个弯曲。毛皮加工后质地柔软，美观轻便，毛股不易松散。以周岁内羔皮质量最好，颇受市场欢迎。

【繁殖能力】大尾寒羊性成熟早，常年可以发情配种，一般为一年两胎或两年三胎，产羔率为190%。

洼地绵羊

【产地与育成史】洼地绵羊产于山东省滨州市的沾化、惠民、无棣和阳信，是长期适应在低湿地带放牧、肉用性能好，耐粗饲抗病的肉毛兼用型地方优良品种。

【外貌特征】洼地绵羊是国内外罕见的四乳头绵羊。洼地绵羊鼻梁微隆起，耳稍下垂，公、母羊均无角，胸较深，背腰平直，肋骨开张良好，后躯发达，四肢较矮，低身广躯，呈长方形，中等脂尾，不过飞节。全身被毛白色，少数羊头部有褐色或黑色斑点（图1-5）。

图1-5　洼地绵羊

【品种性能】洼地绵羊具有个体大、躯体壮、成熟早、繁殖率高等优点；性情温顺不抵斗，易育肥，遗传性能稳定，肉用性能好，肉质细嫩、耐粗饲、肉毛兼用。洼地绵羊有很好的适应能力，无论在牧区、平原或山区都有很强的奔走能力，适宜放牧和舍饲，是适合密集型饲养的地方优良品种。

【生产性能】生长发育快，肉用性能好。在全放牧条件下，周岁公羊宰前重 37.00 kg，胴体重 17.45 kg，净肉重 13.98 kg，眼肌面积 13.76 cm²，第六胸椎背脂厚 0.34 cm，屠宰率 47.16%，胴体精肉率 80.11%；在放牧补饲条件下，上述指标相应为 42.75 kg、20.06 kg、17.02 kg、14.12 cm²、7.50 cm、48.19% 和 82.62%。成年公羊体重为 60.40 kg，成年母羊体重为 40.08 kg。成年公羊剪毛量为 2.9 kg，成年母羊剪毛量为 1.85 kg。另外，洼地绵羊的羔皮质薄轻柔，被毛洁白，花穗明显，是制裘的良好原料。

【繁殖能力】洼地绵羊性成熟早，一年四季均可发情配种，年均产羔可达 5 只，产羔率 202.98%，其中单羔约占 10.45%，双羔约占 52.85%，三羔约占 25.17%，四羔约占 5.66%，五羔约占 0.87%，六羔约占 0.21%。其中核心群母羊繁殖率可达 280%；公羊 4~4.5 月龄睾丸中就有成熟精子，母羊 182 d 就可配种，一般 1~1.5 岁参加配种。

同羊

【产地与育成史】同羊主要分布在陕西省渭南、咸阳两市北部各县，延安市南部和秦岭山区有少量分布。同羊的祖先，可能与大尾寒羊同宗。因所处地理位置，又吸收了不同程度的蒙古羊基因，经长期选育而形成了集多种优良遗传特性于一体的独特品种。它有五大外形特点，即角小如栗，耳薄如茧，肋细如箸，尾大如扇，体如酒瓶。

【外貌特征】母羊无角，部分公羊有栗状小角，头中等大小，耳较大，颈薄而细长，但公羊略显粗壮，肩直，鬐甲较窄；胸较宽深，肋骨开张良好，公羊背部缓平，母羊短直且较宽，尾大如扇，按其长度是否超过飞节，可分为长脂尾和短脂尾两大类型，90%以上为短脂尾。全身被毛洁白，中心产区59%的羊只产同质毛和基本同质毛，其他地区同质毛羊只较少。腹毛着生不良，多由刺毛覆盖（图1-6）。

图1-6　同羊

【品种性能】同羊在长达1200年自然生态条件的繁育过程中，已获得了极强的适应能力，生态位明显。既可舍饲，又能放牧，放牧游走性能好，抗逆性颇强，即使在冬、春季灌丛草场草生长状况不良、缺乏补饲的情况下，仍能正常妊娠和产羔。生理生化指标长期稳定，抗寒耐热，喜旱耐苦，抗逆性很强，繁殖性能稳定，产羔率虽低，但产羔成活率高，放牧性能优于在同一草地上放牧的小尾寒羊、新疆细尾羊及其各类杂种羊。

【生产性能】同羊是我国著名的肉毛兼用型脂尾半细毛地方绵羊品种，成年公、母羊体重为44.0 kg和39.16 kg；周岁公、母羊体重为33.10 kg和29.14 kg。剪毛量成年公、母羊为1.40 kg和1.20 kg，周岁公、母羊为1.00 kg和1.20 kg，剪毛率为55.4%。毛纤维类型重量百分比：绒毛81.12%~90.77%，两型毛占5.77%~17.53%，粗毛占0.21%~3.00%，死毛占3.60%。成年公、母羊羊毛细度分别为23~61 μm和21.24~23.05 μm，周岁公、母羊羊毛长度均在9.0 cm以上，净毛率为55.35%。该品种的羔皮颜色洁白，具有珍珠羊圈曲，花案美观悦目，即所谓"珍珠皮"，市场罕见。

同羊肉质好、细嫩多汁、烹之易烂、食之可口、膻味轻，陕西关中地区有名的风味食品"羊肉泡馍""水盆羊肉"和腊羊肉等，历来以同羊肉为上选原料。其尾脂洁白如玉、食而不腻，胆固醇含量低。据测定，同羊羊肉中水分含量为48.1%，粗蛋白含量24.2%，粗灰分含量1.0%；谷氨酸占氨基酸总量的13.2%，不饱和脂肪酸占脂肪酸总量的59.2%；高级脂肪酸中油酸占38.5%，亚油酸占22.4%，亚麻酸占0.2%。

【繁殖能力】公、母羊一般性成熟在6~7月龄，于1~1.5岁配种。发情周期为17~21 d，平均约为19.6 d，发情持续期1.5~2.5 d。妊娠期平均为5个月。全年发情，均可配种受胎，一般两年可生3胎，产羔率为103%~105%。情期受胎率54.1%±17.8%，其中以5~6月最高，可达77.1%；9~10月次之，为71.2%左右；其他月份相对较低。

同羊具有较大的脂尾，配种不便，特别在夏末秋初，母羊脂尾肥而茎部发硬，公羊多不能自行配种，而需人工辅助。调教有素且性欲强烈的优良种公羊，则能自行配种。

阿勒泰羊

【产地与育成史】阿勒泰羊是哈萨克羊的一个分支，生物学分类上属肥臀羊，是我国著名的地方肉脂兼用型品种，主要分布在新疆维吾尔自治区北部阿勒泰地区的福海、富蕴、青河、阿勒泰、布尔津、吉木乃及哈巴河等7县市。

【外貌特征】阿勒泰羊属肉脂兼用粗毛羊，头中等大，耳大下垂，公羊鼻梁隆起，一般具有较大的螺旋形角。母羊鼻梁稍有隆起，约2/3的个体有角。颈中等长，胸宽深，背平直，肌肉发育良好。十字部稍高于鬐甲。四肢高而结实，股部肌肉丰满，肢势端正，蹄小坚实，沉积在尾根附近的脂肪形成方圆的大尾，大尾外面覆有短而密的毛，内侧无毛，下缘正中有一浅沟将其分成对称的两半。母羊的乳房大而发育良好。

被毛异质，毛质较差，干、死毛含量较多，毛色主要为全身棕红色（图1-7）。也有部分头部黄或黑色，体躯有花斑的个体，纯黑或纯白的羊为数不多。

图1-7　阿勒泰羊

【品种性能】阿勒泰羊是新疆优秀的地方品种绵羊之一，具有耐粗饲、抗严寒、善跋涉、体质结实、早熟、抗逆性强、适于放牧等特性。在终年放牧、四季转移牧场条件下，仍有较强的抓膘能力。羔羊生长发育快，产肉能力强。2012年12月27日，原国家质检总局批准对"阿勒泰羊"实施地理标志产品保护。

【生产性能】阿勒泰羊属肉脂兼用粗毛羊，生长发育快，适于肥羔生产。阿勒泰羊在春季和秋季各剪毛一次，羔羊则在当年秋季剪一次毛。剪毛量平均成年公羊为2.04 kg，母羊为1.63 kg，当年生羔羊平均剪毛量为0.4 kg。阿勒泰羊毛质较差，羊毛主要用于擀毡。

阿勒泰羊具有良好的肉用性能，尤其羔羊具有良好的早熟性，4月龄公羔体重为38.9 kg，母羔为36.7 kg；1.5岁公羊为70 kg，母羊为55 kg；成年公羊体重为92.98 kg，母羊体重为67.56 kg。成年羯羊的屠宰率为52.88%，胴体重为39.5 kg，脂臀占胴体重的17.97%。

【繁殖能力】性成熟一般在 4~6 月龄，初配年龄约为 1.5 岁；母羊的发情周期平均为 15.8 d，发情持续期平均为 45.1 h。配种季节由 11 月上旬开始，第 2 年 4 月初开始产羔；少数羊群在 9 月配种，第 2 年 2 月产羔。母羊妊娠期平均为 152 d；经产母羊产羔率为 110.3%，初产母羊则为 100%。

多浪羊

【产地与育成史】多浪羊是新疆的一个优良肉脂兼用型绵羊品种，主要分布在塔克拉玛干大沙漠的西南边缘，叶尔羌河流域的麦盖提、巴楚、岳普湖、莎车等县。其中心产区在麦盖提县，故又称麦盖提羊。多浪羊是用阿富汗的瓦尔吉尔肥尾羊与当地土种羊杂交，经 70 余年精心选择和培育而成的。

【外貌特征】多浪羊体格硕大，头较长，鼻梁隆起，耳大下垂，眼大有神，公羊无角或小角，母羊皆无角，颈窄而细长，胸宽深，肩宽，肋骨拱圆，背腰平直，躯干长，后躯肌肉发达，尾大而不下垂，尾沟深，四肢高而有力，蹄质结实（图 1-8）。初生羔羊全身被毛多为褐色或棕黄色，也有少数为黑色、深褐色，个别为白色。第一次剪毛后，体躯毛色多变为灰白色或白色，但头部、耳及四肢仍保持出生时毛色，一般终生不变。根据体形、毛色和毛质的情况，多浪羊现有两种类群。一种体质较细，体躯较长，尾形呈"W"状，不下垂或稍微下垂，毛色为灰白色或灰褐色，毛质较好，绒毛较多，羊毛基本上是半粗毛；这种羊的数量较多，农牧民较喜欢这种羊。另一种体质粗糙，身躯较短，尾大而下垂，毛色为浅褐色或褐色，毛质较粗，有少量的干、死毛；这种羊数量较少。

多浪公羊 多浪母羊

图1-8 多浪羊

【品种性能】多浪羊体形大，生长发育快，早熟性好，有宝贵的多胎性，繁殖率高，采食能力强，饲料报酬高，产肉性能好，肉质鲜美可口。被毛绒毛多、毛质较好，性情温顺，遗传性稳定。多浪羊基本上是全年舍饲辅以放牧，小群饲养，需精心管理。一般日喂鲜草 5~8 kg，补饲精料 0.3~0.5 kg；冬季饲料主要为玉米秸秆、麦秸秆及田间杂草，辅以农林副产品及少量苜蓿。

【生产性能】多浪羊肉用性能良好，周岁公羊平均体重为77 kg，胴体重 32.71 kg，净肉重 22.69 kg，尾脂重 4.15 kg，屠宰率56.1%，胴体精肉率69.38%，尾脂占胴体重12.69%；周岁母羊上述指标相应为 57 kg、23.64 kg、19.90 kg、2.32 kg、54.82%、71.49%、9.81%；成年公羊上述指标相应为 100 kg、59.75 kg、40.56 kg、9.95 kg、59.75%、67.88%、16.70%；成年母羊上述指标相应为74 kg、55.20 kg、25.78 kg、3.29 kg、55.20%、46.70%、9.25%。

多浪羊大多数是半粗毛，其中有些毛由于毛质不纯，毛色不一致，这种毛只能加工毡子；而有些白色毛的毛丛中杂有有色纤维，这些毛可以加工地毯，不能作为加工毛线和毛毯的原料；有些被毛中没有黑色或褐色的纤维，是纯白色毛，这种毛可以加工毛毯、地毯和毛线。

【繁殖能力】多浪羊有较高的繁殖能力。性成熟早，一般公羔在 6~7 月龄性成熟，母羔在 6~8 月龄初配，1 岁母羊大多数已产羔。母羊的发情周期一般为 15~18 d，发情持续时间平均为 24~48 h。妊娠期 150 d。一般两年产三胎，膘情好的可一年产两胎，而且双羔率较高，可达 33%，还有一胎产三羔、四羔的。一只母羊一生可产羔 15 只，繁殖成活率在 150% 左右。

（二）引进的绵羊品种

杜泊羊

【产地与育成史】杜泊绵羊，原产地南非，简称杜泊羊，用南非土种绵羊黑头波斯母羊作为母本，引进英国有角陶赛特羊作为父本杂交培育而成，是国外的一个肉用绵羊品种。无论是黑头杜泊还是白头杜泊，除了头部颜色和有关的色素沉着不同外，它们都携带相同的基因，具有相同的品种特点，是属于同一品种的两个类型。杜泊绵羊品种标准同时适用于黑头杜泊和白头杜泊。杜泊羔羊生长迅速，断奶体重大，这一点是肉用绵羊生产的重要经济特性。

【外貌特征】杜泊羊头颈为黑色，体躯和四肢为白色，也有全身为白色的群体，但有的羊腿部有时也出现色斑。一般无角，头顶平直，长度适中，额宽，鼻梁隆起，耳大、稍垂，既不短也不过宽。颈短粗，肩宽厚，背平直，肋骨拱圆，前胸丰满，后躯肌肉发达。四肢强健，肢势端正，长瘦尾（图 1-9）。

图1-9 杜泊羊

【品种性能】杜泊羊体质结实，皮肤较厚，对炎热、干旱、潮湿、寒冷多种气候条件有良好的适应性。杜泊羊能较好地适应广泛的气候条件和放牧条件，在粗放的饲养条件下也有良好表现，在舍饲与放牧相结合的条件下表现更佳。

杜泊羊食草性广，对各种草料不挑剔，这一优势有利于饲养管理，在大多数羊场中，可以进行放牧，也可饲喂其他品种较难利用和不能利用的各种草料。杜泊羊产乳量高，护羔性好。杜泊羊体表羊毛到夏天会自行脱落干净，无须剪毛。

【生产性能】杜泊羊生长发育快，100 日龄公羔、母羔体重分别为 35 kg、32 kg；成年公羊体重 100~110 kg，成年母羊 75~90 kg。品质优良，羔羊不仅生长快，而且具有早期采食的能力。

（1）胴体品质：发育良好的肥羔，其胴体品质均能达到优秀的标准。3~4 月龄的断奶羔羊胴体重 16 kg，肉骨比为 4.9:1~5.1:1，屠体中的肌肉约占 65%，脂肪约占 20%，优质肉占 43.2%~45.9%，特别适合绵羊肥羔生产，肉质细嫩可口，被誉为钻石级绵羊肉。

（2）板皮质量：杜泊羊板皮厚且面积大，是上等皮革原料，注册商标为"Cape giovers"，常用于做马鞍等高级制品，皮的经济价值占整个屠体的 20%。

（3）产毛性能：年剪毛 1~2 次，剪毛量成年公羊 2~2.5 kg，母羊 1.5~2 kg，被毛多为同质细毛，个别个体为细的半粗毛，毛短而细，春毛长约 6.13 cm，秋毛长约 4.92 cm，羊毛主体细度为 64 支，少数达 70 支或以上；净毛率 50%~55%。

（4）种用价值：杜泊羊遗传性很稳定，无论纯繁后代或改良后代，都表现出极好的生产性能与适应能力，特别是产肉性能，是其他肉用绵羊品种不可比拟的。

【繁殖能力】杜泊羊早熟，全年发情，不受季节限制。杜泊羊多胎高产，情期母羊的受胎率相当高，母羊的产羔间隔期为8个月。母羊可达到两年三胎。母羊生产具有多胎性，在良好的饲养管理条件下，一般产羔率能达到150%，初产母羊一般产单羔。

无角道赛特羊

【产地与育成史】原产于英国，澳大利亚和新西兰饲养也较多。该品种是以雷兰羊和有角陶赛特羊为母本，考力代羊为父本进行杂交，杂种羊再与有角陶赛特公羊回交，然后选择所生的无角后代培育而成的。

【外貌特征】公、母羊均无角，体质结实，头短而宽，颈粗短，体躯长，胸宽深，背腰平直，体躯呈圆桶形，四肢粗短，后躯发育良好，全身被毛白色。无角道赛特羊最明显辨认的特征是它的头顶部有毛发（图1-10）。

图1-10 无角道赛特羊

【品种性能】无角道赛特羊具有产肉性能和胴体品质好，遗传力强，早熟，生长发育快，全年发情，耐热和对气候干燥地区适应能力较强的特点。无角道赛特羊推广地区广、适应性强，能够适应炎热、寒冷以及贫瘠的自然条件，发病率极低。

【生产性能】成年公羊体重 90~100 kg，成年母羊体重为 55~65 kg。国内引进无角道赛特羊纯繁所产公羔初生重为 3.75 kg，105 日龄日增重为 319.05 g，体重为 37.25 kg；母羔初生重为 3.8 kg，96 日龄平均日增重为 286.15 g，体重为 31.27 kg。成年羊剪毛量为 2~3 kg，毛长为 7.5~10 cm，细度为 48~58 支。

【繁殖能力】无角道赛特羊具有全年发情的特点，母羊发情表现不明显，在发情鉴定时应仔细观察，发情周期为 14~18 d，发情持续期为 32~36 h，产后 2~4 个月可配种受孕，怀孕期平均为 143 d，平均产羔间隔为 174 d。产羔率为 130%~180%，头胎双羔率为 24.5%，二胎双羔率为 35.4%，三胎以上的双羔率为 47.8%。全年产羔，按产羔季节以春羔最多，占全年的 87%。精子密度与活力以秋季最好，春季次之，冬夏季最差。羔羊断奶成活率为 86%~95%。

萨福克羊

【产地与育成史】萨福克羊原产于英格兰东南部的萨福克、诺福克、剑桥和埃赛克斯等地。该品种羊以南丘羊为父本，以当地体形较大、瘦肉率高的旧型黑头有角诺福克羊为母本进行杂交，于 1859 年育成。现广泛分布于世界各地，是世界公认的用于终端杂交的优良父本品种。澳洲白萨福克是在原有基础上导入白头和多产基因新培育而成的优秀肉用品种。在我国，萨福克羊主要分布在西北、华北、东北地区。

【外貌特征】萨福克羊分为黑头白体躯和白头白体躯两个品系。公、母羊均无角，颈长、深且宽厚，胸宽，背、腰和臀部长宽而平。肌肉丰满，后躯发育良好。体躯主要部位被毛白色，头和四肢为黑色，并且无羊毛覆盖，白头白体躯均为白色（图 1-11）。

图1-11　萨福克羊

【品种性能】萨福克羊早熟，生长快，肉质好，繁殖率很高，适应性很强。产肉性能好，经育肥的 4 月龄公羔胴平均体重 24.2 kg，母羔为 19.7 kg，并且瘦肉率高，是生产大胴体和优质羔羊肉的理想品种。美国、英国、澳大利亚等国都将该品种作为生产肉羔的终端父本品种。

作为引种方向，建议使用原产于澳大利亚的高产、大体形的白色萨福克羊，杂交改良效果和经济效益明显高于黑萨福克羊。

【生产性能】成年公羊体重 90~136 kg，成年母羊体重 70~96 kg；成年公羊剪毛量 5~6 kg，成年母羊剪毛量 3~4 kg，毛长 8~9 cm，细度 56~58 支，净毛率 60% 左右；被毛白色，偶尔可发现少量的有色纤维。

【繁殖能力】性早熟，7 月龄即性成熟，一年内多次发情，发情周期为 17 d。妊娠周期短，一般为 144~152 d，产羔率 141.7%~157.7%。

夏洛莱羊

【产地与育成史】夏洛莱羊产于法国中部的夏洛莱地区，以英国莱斯特羊、南丘羊为父本与当地的细毛羊杂交育成的。1974 年法国农业部正式承认该品种。在我国夏洛莱主要分布在河北、山东、山西、河南、内蒙古、黑龙江、辽宁等地区。

【外貌特征】夏洛莱羊被毛同质，白色。公、母羊均无角，整个头部往往无毛，脸部皮肤呈粉红色或灰色，有的带有黑色斑点，两耳灵活会动，性情活泼。额宽、眼眶距离大、耳大、颈短粗、肩宽平、胸宽而深，肋部拱圆，背部肌肉发达，体躯呈圆桶状，后躯宽大。两后肢距离大，肌肉发达，呈"U"字形，四肢较短，四肢下部为深浅不同的棕褐色（图1-12）。

【品种性能】夏洛莱羊是当今世界最优秀的肉用品种，具有早熟、耐粗饲、采食能力强、育肥性能好等特点；食草快，不挑食，易于适应变化的饲养条件，对寒冷和干热气候适应性较好。

图1-12　夏洛莱羊

【生产性能】成年公羊体重100~150 kg，成年母羊体重75~100 kg；成年公羊剪毛量3~4 kg，成年母羊剪毛量1.5~2.2 kg，毛长4.0~7.0 cm，细度为60~65支。早熟，羔羊生长发育快，一般6月龄公羔体重48~53 kg，母羔体重38~43 kg，7月龄出售的标准公羔体重50~55 kg，母羔体重40~45 kg，胴体质量好，瘦肉多，脂肪少，屠宰率在55%以上。

【繁殖能力】夏洛莱羊属季节性自然发情，发情时间集中在9~10月，平均受胎率为95%，妊娠期144~148 d。初产母羊产羔率约135.32%，经产母羊产羔率约182.37%。

罗姆尼羊

【产地与育成史】罗姆尼羊原产于英国东南部的肯特郡罗姆

尼和苏塞克斯地，故又称肯特（Kent）羊。后来，引用莱斯特品种公羊进行改良，经过精细的选择和长期的培育，育成了今日的罗姆尼羊。现除英国以外，罗姆尼羊在新西兰、阿根廷、乌拉圭、澳大利亚、加拿大、美国和俄罗斯等国均有分布，而新西兰是目前世界上饲养罗姆尼羊数量最多的国家。

【外貌特征】因生态条件不同，各国罗姆尼羊的体形外貌有一定差异（图1-13）。英国罗姆尼羊四肢较高，体躯长而宽，后躯比较发达，头形略狭长，头、四肢羊毛覆盖较差，体质结实，骨骼坚强，游走能力好。新西兰罗姆尼羊的肉用体形好，四肢短矮，背腰宽平，体躯长，头和四肢羊毛覆盖良好。澳大利亚罗姆尼羊介于两者之间。鼻端、唇、四肢黑色，腹毛良好。

图1-13 罗姆尼羊

【品种性能】罗姆尼羊是世界著名毛用品种，具有早熟、生长发育快、放牧性强和被毛品质好的特点。英国罗姆尼羊放牧游走能力强，新西兰罗姆尼羊抗腐蹄病和寄生虫病能力强，但对干旱条件适应性较差，放牧游走能力差，采食性能不如英国型，澳大利亚罗姆尼羊介于两者之间。

【生产性能】我国饲养的罗姆尼羊，分别引自英国、新西兰和澳大利亚，其生产性能如下：

（1）英国罗姆尼羊：成年羊体重，公羊80 kg，母羊41 kg。成年羊剪毛量，公羊7 kg，母羊3.5 kg。成年羊毛长，公羊13 cm，母羊 11.5 cm。羊毛细度 50~60 支，净毛率 45.5%~53%。

（2）新西兰罗姆尼羊：成年羊体重，公羊 77.5 kg，母羊 43 kg。成年羊剪毛量，公羊 7.5 kg，母羊 4 kg。成年羊毛长，公羊 15 cm，母羊 12.5 cm。羊毛细度 44~46 支，净毛率 58%~60%。

（3）澳大利亚罗姆尼羊：成年羊体重，公羊 87 kg，母羊 43 kg。成年羊剪毛量，公羊 7.23 kg，母羊 3.5 kg。成年羊毛长，公羊 15.5 cm，母羊 13 cm。净毛率 59%~60%。

【繁殖能力】产羔率为 104.6%~106%。

德国肉用美利奴羊

【产地与育成史】德国肉用美利奴羊原产于德国萨克森州，由泊列考斯和莱斯特品种公羊与德国原有的美利奴羊杂交培育而成。

【外貌特征】德国肉用美利奴羊（图1-14）体格大，体质结实，结构匀称，头颈结合良好，胸宽而深，背腰平直，臀部宽广，肌肉丰满，四肢坚实，体躯长而后躯发育良好。公、母羊均无角，颈部及体躯皆无皱褶。被毛白色，密而长，弯曲明显。

图1-14　德国肉用美利奴羊

【品种性能】德国肉用美利奴羊是肉毛兼用型的一种，适于舍饲、半舍饲和放牧等各种饲养方式，是世界著名的羊品种。该品种羊耐粗饲，对于干燥气候、降水很少的地区有良好的适应能力。近年来我国由德国引入该品种羊，饲养在内蒙古自治区和黑龙江省。除进行纯种繁殖外，与细毛杂种羊和本地羊杂交，后代生长发育快，产肉性能好，是专业化养羊和家庭养羊的首选品种。

德国肉用美利奴羊参与了内蒙古细毛羊、阿勒泰羊等品种的育成；在新疆、甘肃、山东等地曾与蒙古羊、欧拉羊、小尾寒羊等进行过杂交生产羊肉，效果较好。

【生产性能】德国肉用美利奴羊在世界优秀肉羊品种中，是唯一具有除个体大、产肉多、肉质好优点外还具有毛产量高、毛质好特性的品种，是肉毛兼用型最优秀的父本。成年羊体重，公羊 100~140 kg，母羊 70~80 kg。羔羊生长发育快，日增重 300~350 g，6 月龄羔羊体重可达 40~45 kg，胴体重 19~23 kg，屠宰率 47%~51%。成年公羊剪毛量 10~11 kg，成年母羊剪毛量 4.5~5.0 kg，剪毛率 45%~52%，羊毛长度 7.5~9.0 cm，细度 60~64 支。

【繁殖能力】德国肉用美利奴羊具有高的繁殖能力，性早熟，12 月龄前就可第一次配种，常年发情，产羔率为 135%~175%。母羊保姆性好，泌乳性能好，羔羊死亡率低。

边区莱斯特羊

【产地与育成史】边区莱斯特羊是 19 世纪中叶，在英国北部苏格兰边区用莱斯特羊与山地雪伏特品种母羊杂交培育而成的，1860 年为与莱斯特羊相区别，将其称为边区莱斯特羊，1897 年成立品种协会。

【外貌特征】边区莱斯特羊（图 1-15）体质结实，体形结构良好，体躯长，背宽平，全身被毛白色，公、母羊均无角，鼻梁隆起，两耳竖立，头部及四肢无羊毛覆盖。

图1-15　边区莱斯特羊

【品种性能】从1966年起，我国曾几次从英国和澳大利亚引入，经过20多年的饲养实践，在四川、云南等省繁育效果比较好，而饲养在青海、内蒙古的则比较差。目前，该品种是正在培育中的西南半细毛羊新品种的主要父系之一，也是各省（区）进行羊肉生产杂交组合中重要的参与品种。

边区莱斯特羊适应温和湿润气候，因而在四川、云南等省繁育效果比较好，而饲养在青海、内蒙古的则比较差。

【生产性能】边区莱斯特半细毛羊成年羊体重，公羊为90~140 kg，母羊为60~80 kg；成年公羊剪毛量5~9 kg，成年母羊剪毛量3~5 kg，净毛率65%~68%；毛长20~25 cm，细度44~48支；产羔率150%~200%。边区莱斯特羊肉用性能良好，早熟，肉质好，经育肥的4月龄羔羊，公羔平均胴体重22.4 kg，母羔19.7 kg；成年公羊平均胴体重73.0 kg，成年母羊39.8 kg。

我国从英国和澳大利亚引入的边区莱斯特羊与西藏母羊进行杂交，在海拔3400 m、水草丰美的碌曲县夏秋草场上放牧育肥，一代羯羊6月龄平均活重34.90 kg，眼肌面积约12 cm²；从牧区将边藏一代羯羊运往甘肃临夏农区异地育肥，采用放牧加补饲的育肥方法，11月龄羔羊平均活重51.84 kg，平均胴体重25.44 kg，屠宰率49.07%。

【繁殖能力】边区莱斯特羊母性强，产羔率150%~180%。

林肯羊

【产地与育成史】林肯羊原产于英国东部的林肯郡（Lincoln Shire），1750年开始用莱斯特公羊改良当地的旧型林肯羊，经过长期的选种选配和培育，于1862年育成。林肯羊是绵羊中的长毛品种。

【外貌特征】林肯羊（图1-16）为长毛型半细毛，羊体质结实，体躯高大，结构匀称。公、母羊均无角，头长颈短，前额有绺毛下垂；背腰平直，腰臀宽广，肋骨开张良好；四肢较短而端正，脸、耳及四肢为白色，但偶尔出现小斑点。被毛呈辫形结构，有大波状弯曲和明显的丝样光泽。

图1-16 林肯羊

【品种性能】林肯羊具有抗潮湿能力，但该品种羊对饲养管理条件要求较高，要求全年有均衡的青绿饲料和湿润的气候条件，对贫瘠地区适应性较差。林肯羊具有体形大、产毛量高和羊毛长度长的特点。

林肯羊是阿勒泰肉用细毛羊和云南细毛羊新品种的主要父系之一。据研究表明，用林肯羊与小尾寒羊杂交，林杂一代6月龄宰前平均活重39.03 kg，胴体重19.16 kg，净肉重15.39 kg，内脏脂肪重1.08 kg，眼肌面积13.22 cm²，屠宰率49.13%，胴体精肉率80.40%；林杂羔羊肉质好，肌肉中脂肪及蛋白质中的赖氨酸和蛋氨酸含量增加，肉块具有明显的大理石纹结构，肉质细嫩，香味可口。在全舍饲中等营养水平下，育肥 3 个月，林杂羊增重快，饲料报酬高。

我国从 1966 年起先后从英国和澳大利亚引入，在江苏、云南等省繁育效果较好，通过林肯羊进行引种繁育，来培育各地半细毛羊新品种，取得了良好的效益。

【生产性能】成年公羊剪毛量 8~10 kg，成年母羊剪毛量 5.5~6.5 kg，净毛率 60%~65%。毛呈辫形结构，有大波形弯曲和明显的丝样光泽，毛长 17.5~20.0 cm，细度 36~40 支。林肯羊毛是制作长毛绒织物、衬里、旗布、毛毯等生活和工业用品的原料，产品富有光泽，经久耐用，保形性好，不易起球毡缩。4 月龄育肥羔羊胴体重，公羔为 22.0 kg，母羔为 20.5 kg；成年公羊体重 85~110 kg，成年母羊 70~90 kg。英国林肯羊体格比其他国家林肯羊都大，成年公羊体重可达 114~159 kg，成年母羊体重可达 70~114 kg。

【繁殖能力】林肯羊遗传性稳定，早熟性比较差，产羔率 120% 左右。

二、山羊品种介绍

（一）我国的地方山羊品种

辽宁绒山羊

【产地】辽宁绒山羊原产于辽宁省东南部山区步云山周围各县，主要分布在盖州及其相邻的岫岩、辽阳、本溪、凤城、宽甸、庄河和瓦房店等地。

【外貌特征】辽宁绒山羊公、母羊均有角，有髯，公羊角发达，向两侧平直伸展，母羊角向后上方。额顶有自然弯曲并带丝光的绺毛。体躯结构匀称，体质结实。颈部宽厚，颈肩结合良好，背平直，后躯发达，呈倒三角形状。四肢较短，蹄质结实，短瘦尾，尾尖上翘。被毛为全白色，外层为粗毛，且有丝光光泽，内层为绒毛（图1-17）。

图1-17　辽宁绒山羊

【品种性能】辽宁绒山羊属绒肉兼用型品种，是中国绒山羊品种中产绒量最高的优良品种。该品种具有产绒量高、绒纤维长、绒粗细度适中、体形壮大、适应性强、遗传性能稳定、改良低产山羊效果显著等特点，其产绒量居全国之首，是我国重点畜禽遗传保护资源。辽宁绒山羊种用价值极高，尤其对内蒙绒山羊新品系的形成贡献卓著。

【生产性能】

（1）产肉性能：辽宁绒山羊生产发育较快，1周岁时体重为25~30 kg，成年公羊为80 kg左右，成年母羊为45 kg左右。据测试，公羊屠宰前体重39.26 kg，胴体重18.58 kg，内脏脂肪1.5 kg，屠宰率51.15%，净肉率35.92%；母羊屠宰前体重43.20 kg，胴体重19.4 kg，内脏脂肪2.25 kg，屠宰率51.15%，净肉率37.66%。

（2）产毛性能：辽宁绒山羊所产山羊绒因其优秀的品质被专家称作"纤维宝石"，是纺织工业最上乘的动物纤维纺织原料。其羊绒的生长开始于6月，9~11月为生长旺盛期，翌年2月趋于停止，4月陆续脱绒。脱绒的一般规律：体况好的羊先脱，体弱的羊后脱；成年羊先脱，育成羊后脱；母羊先脱，公羊后脱。

一般抓绒时间在 4 月上旬至 5 月上旬。据国家动物纤维质检中心测定，辽宁绒山羊羊绒细度平均为 15.35μm，净绒率 75.51%，强度 4.59 g，伸直长度 51.42%。绒毛品质优良。

【繁殖能力】辽宁绒山羊初情期 4~6 月龄，8 月龄即可配种。适繁年龄，公羊 2~6 周岁，母羊 1~7 周岁。每年 5 月开始发情，9~11 月为发情旺季。发情周期平均为 20 d，发情持续时间 1~2 d。妊娠期 142~153 d。成年母羊产羔率 110%~120%，断奶羔羊成活率 95% 以上。

阿尔巴斯白绒山羊

【产地与育成史】阿尔巴斯白绒山羊核心产地为鄂尔多斯市鄂托克旗阿尔巴斯苏木，其中以乌仁都西山区的阿尔巴斯白绒山羊为最优。鄂尔多斯荒漠草原得天独厚的自然条件，经过长期的自然选择，孕育出世界一流的绒肉兼优型珍稀品种——阿尔巴斯白绒山羊。

【外貌特征】被毛全白，由两层组成，外层由光泽良好的粗长毛组成，内层由柔软而纤细的绒毛组成。体格大、体质结实，结构匀称。头部清秀，额顶有长毛和绒，额下有髯。公、母羊均有角，公羊角扁而粗大，向后方两侧螺旋式伸展，母羊角细小，两角向上向后，角尖向外伸展，呈偏螺旋状倒"八"字形（图 1-18）。

图1-18　阿尔巴斯白绒山羊

【品种性能】阿尔巴斯白绒山羊生性活泼、好斗，耐粗饲，有对干旱气候极好的忍耐力和极强的适应性，抗病力强，易管理，繁殖性能好，绒、肉质俱佳。阿尔巴斯白绒山羊体表生长着22~28 cm 长的粗毛，对底绒产生很好的保护作用，因而净绒率高、梳绒量大、光泽良好、手感柔软、纤维长。阿尔巴斯白绒山羊被列为中国20 个优良品种之一，其羊绒被誉为"软黄金""纤维宝石"。阿尔巴斯白绒山羊肉肉质细，蛋白质含量高，脂肪、胆固醇含量低，氨基酸含量丰富，富含铁，无膻味，鲜香爽口，被誉为"肉中人参"。

【生产性能】成年公羊、母羊体重分别为46.9 kg 和33.3 kg；成年公羊、母羊剪毛量分别为570 g 和257 g，抓绒量分别为385 g 和305 g；公羊、母羊绒毛长度分别为7.6 cm 和6.6 cm，绒毛细度分别为14.6 μm 和15.6 μm。成年羯羊屠宰率为47%。

【繁殖能力】母羊产羔率为104%。

新疆山羊

【产地】新疆山羊是一个古老的地方品种，在新疆各地均有分布，以南疆的喀什、和田及塔里木河流域，北疆的阿勒泰、昌吉，以及哈密地区的荒漠草原及干旱贫瘠的山地分布较多。

新疆山羊主要产于新疆农区和牧区。产区属大陆性气候，地势地形复杂。气候变化剧烈，春季气温多变，秋季下降迅速。最冷（1月），北疆平均气温为-10~-15 ℃，南疆为-6~-10 ℃；最热（7月），北疆平均气温为22~26 ℃，南疆大部地区气温在26 ℃以上。昼夜温差大，各地平均温差在11 ℃左右。各地年降水量差异也很大，塔城、伊犁为250~350 mm；准噶尔盆地不到200 mm；塔里木盆地及其附近地区为50 mm 左右；而阿尔泰山及天山山区可达600 mm。北疆冬雪约占年降水量的30%，南疆占10%~15%。蒸发量大，南疆为2000~3400 mm，北疆为1500~2300 mm，无霜期，北疆为102~185 d，南疆为183~230 d。海拔为500~2000 m的高山、亚高山草甸草原和森林草甸草原，牧草丰茂，气候凉爽，是羊只的夏季牧场。天山、昆仑山及阿尔泰山等山脉的山麓和中山地带，冬季气候温和，阳坡草场积雪较薄，是山羊的冬季牧场。

【外貌特征】新疆山羊体质结实。头较大，耳小半下垂，鼻梁平直或下凹，公、母羊多数有角，角型呈半圆形弯曲，或较直向后上方直立，角尖端微向后弯，角基间簇生毛绺下垂于额部，颌下有髯。背平直，前躯发育较好，后躯较差。母羊乳房发育情况，随各地区牧民挤奶习惯不同而异。毛被以白色为主，次为黑色、灰色、褐色及花色（图1-19）。

图1-19 新疆山羊

【品种性能】新疆山羊以放牧饲养为主。在牧区和山区终年放牧，仅在大雪封地和母羊产羔前后补饲；在农区则多为农户分散饲养，利用河畔、路旁和其他隙地进行季节性放牧或系牧。在没有放牧条件的地方，有的终年舍饲。耐热，但畏贼风和冷雨，故须注意防寒避雨。

【生产性能】新疆山羊成年公羊的体高、体长、胸围、体重，哈密地区分别为 67.2 cm、71.6 cm、88.8 cm、59.51 kg，阿克苏地区分别为 63.0 cm、68.3 cm、79.0 cm、32.60 kg；成年母羊的上述指标，哈密地区分别为 61.5 cm、62.8 cm、76.3 cm、34.22 kg，阿克苏地区分别为 60.7 cm、65.5 cm、71.3 cm、27.10 kg。

【繁殖能力】新疆山羊初配年龄因品种和地区而异，一般早熟品种为 8~12 月龄，晚熟品种 18 月龄左右，初配的小母羊体重相当于成年体重的 70% 以上。母山羊有鸣叫、摆尾等明显的发情征状。发情持续 1~2 d，发情周期 18~20 d。大多数品种在秋、冬发情配种。但有些品种，特别是分布在低纬度地区的能常年发情，两年三产或一年两产。妊娠期 146~150 d。产羔率一般在 150% 以上，初产母羊多单羔，第 2 胎后则常产双羔或三羔。

陕南白山羊

【产地与育成史】陕南白山羊原产于陕西南部地区，主要分布于汉江两岸的安康、紫阳、西乡、镇巴、洛南、山阳、镇安等地。很可能是汉朝时期随着大量的移民定居而带入，加上频繁的战争和伊斯兰教的传入，以及群众对肉食的需要等社会因素的影响，不断选育而形成的。

陕南白山羊产区陕西南部地区属北亚热带湿润气候，南靠巴山，北依秦岭，除汉中盆地及谷地外，境内重峦叠嶂，江河纵横，海拔 1500~3000 m。年平均气温 11.1~15.7 ℃（绝对最高气温为 42.6 ℃，绝对最低气温为−21.6 ℃），年降水量 721~1237 mm，年蒸发量 1034~1961 mm，无霜期 200~278 d。农作物主要有小麦、玉米、水稻、甘薯及豆类。可以利用的草场为暖性灌草丛，主要为山地草丛类、山地灌木草丛类、山地稀树草丛类三种类型。组成草场的植物约 80 余科共 500 多种，以禾本科为主。

【外貌特征】陕南白山羊头大小适中，鼻梁平直。颈短而宽厚。胸部发达，肋骨拱张良好，背腰长而平直，腹围大而紧凑。四肢粗壮。尾短小上翘。毛被以白色为主,少数为黑、褐或杂色。陕南白山羊分短毛和长毛两个类型。短毛型又分为有角和无角两个类型。有角短毛型羊按角型又可分为细小的线角和较粗大的板角两种。角多呈扁刀状,向上向后弯曲呈倒"八"字形,性情较温驯。无角短毛型毛被短而稀粗,性温驯,早熟易肥。长毛型亦分有角和无角两个类型。有角长毛型羊的角亦多呈板角状,性烈好斗;无角长毛型羊的肩、侧、股部有 9~17 cm 长的粗毛(图 1-20)。

图 1-20 陕南白山羊

【品种性能】陕南白山羊具有良好的产肉性能。胸部发达,背腰长而平直,腹围大而紧凑,四肢粗壮。被毛白色有光泽,分短毛和长毛两型。短毛型毛稀、早熟、易肥,长毛型性好斗。肉质细嫩,脂肪色白,膻味轻,皮板品质好。

【生产性能】陕南白山羊成年公羊体高、体长、胸围和体重分别为:58.40 cm±6.56 cm,63.60 cm±7.35 cm,74.07 cm±7.43 cm,33.0 kg±10.1 kg;成年母羊上述指标分别为:53.16 cm±4.42 cm,57.98 cm±5.08 cm,68.73 cm±5.91 cm,27.3 kg±6.0 kg。陕南白山羊皮板品质好,致密富弹性,拉力强,面积大,是良好的制革原料。陕南白山羊中的长毛型羊每年 3~5 月和 9~10 月各剪毛一次,不抓绒。成年公羊剪毛量为 320 g±60 g,成年母羊为 280 g±70 g。山羊胡须和羊毛粗刚洁白,是制毛笔和排刷的原料。

【繁殖能力】陕南白山羊性成熟早,公羊在出生后 121.5 d、重在 10.4 kg 时出现性行为并产生成熟精子;母羊在出生后

111.6 d、体重 7.8 kg 时初次发情，配种后有 57.6% 的受胎率。陕南白山羊产羔率 259.03%，2 月龄的繁殖成活率 173.8%。

板角山羊

【产地与育成史、环境】板角山羊主产于四川省万源市和重庆市城口、巫溪、武隆，以及与陕西、湖北及贵州等省接壤的地方，是经当地群众选择白色体形大的山羊在特定的生态经济条件下选育而成的皮肉兼用型山羊良种。

产地境内山势陡峻，沟狭谷深，海拔 500~3000 m 及以上。土势起伏很大，一般坡度在 50° 左右，任河、前河、大宁河以及乌江水深流急，水源丰富。板角山羊从海拔数百米的沟谷到 2000 m 以上的山坡都有分布。

【外貌特征】板角山羊被毛白色占绝大多数，黑色、杂色个体很少。公、母羊均有角，角型宽而略扁，向后方弯曲扭转。头部中等大，鼻梁平直，额微凸，公、母羊均有胡须；体躯呈圆桶形，背腰较平，尻部略斜；肋骨开张，四肢粗壮，骨骼坚实。成年公羊被毛粗长，母羊被毛较短。板角山羊的体格大小因产地不同而有差异。以万源、城口和武隆的体格较大，巫溪板角山羊体格较小（图 1-21）。

图 1-21　板角山羊

【品种性能】板角山羊具有体形大、生长快，产肉多、膻味轻、皮张面积大、质量好等特点，适应性强，抗病力强，是山区发展草食牲畜、以草换肉的重要山羊品种资源。目前，板角山羊品种比较混杂，亟待进一步选种选配，提纯复壮，加快繁殖。

【生产性能】周岁公羊体重 24.64 kg，母羊 21.0 kg；成年公羊体重 40.55 kg，母羊 30.34 kg；产肉性能较好，成年羯羊宰前活重 38.90 kg，胴体重 20.18 kg，净肉重 16.34 kg，屠宰率 55.62%，胴体净肉率 75.44%。

【繁殖能力】板角山羊性成熟较早，4~5 月龄的公羔即有性欲表现。母羊初次发情在 5~8 月龄，经 2~3 个情期即可配种受孕。母羊发情周期 21 d±3 d，发情持续期 51 h±8 h，妊娠期 150 d±4 d。据 243 胎产羔统计，每胎产一羔的占 28.4%，产两羔的占 60.1%，产三羔的占 11.5%，平均产羔率为 183%。双月断奶成活率为 87.9%。一般每年产两胎，或两年产三胎，在寒冷的高山地区，年产一胎的较多。

贵州白山羊

【产地与育成史、环境】贵州白山羊原产于黔东北乌江中下游的沿河、思南、务川等县，分布在贵州遵义、铜仁两地，黔东南苗族侗族自治州、黔南布依族苗族自治州也有分布。贵州白山羊是一个古老的山羊品种，在汉代以前，饲养山羊已成为当地的主要家畜，产区群众长期以来就有喜食羊肉的习惯，贵州白山羊是经过当地长期生态经济环境和劳动群众的自然选育和人工选择，形成的产肉性能好、具有区域特色的地方优良山羊品种。

产区地势复杂，西高东低，海拔为 500~1200 m，坡度为 30° 左右，山间有零星盆地，邻近的川、湘两省属云贵高原东斜坡向四川盆地及湘西丘陵的过渡地带。气候温暖湿润，年平均气温为 15.5~21 ℃，年降水量为 1030~1355 mm，80% 的降水量集中在 4~10 月，无霜期为 250~290 d。河流主要属乌江水系，河网密度大。土壤多为酸性黄壤土及红壤土。农作物一年两熟或三熟，主要有水稻、玉米、甘薯、小麦、油菜等。农业副产品丰富，为山羊的发展提供了良好的饲料条件。1997 年经贵州省科学技术监督管理局组织鉴定，贵州白山羊被正式命名，被列为贵州省地方优良品种，贵州白山羊品种等级鉴定标准书发布。贵州白山羊被载入《中国山羊品种志》《贵州省畜禽品种志》。

【外貌特征】贵州白山羊（图 1-22）全身被毛以白色为主，少部分黑色、褐色及体花等。据统计，群体中被毛白色者约占 85%，黑色约占 10%，褐色及体花等约占 5%。部分山羊面、鼻、耳部有灰褐色斑点，全身短粗毛，极少数全身和四肢着生长毛，肤色白。公、母羊均有角，角扁平或半圆，从后上方向外微弯，呈镰刀形，角褐色，公羊角粗壮，母羊角纤细。头宽额平，胸深，背宽平，颈部较圆，体躯呈圆桶状，体长，四肢短，部分母羊颈下有一对肉垂。

图1-22　贵州白山羊

【品种性能】贵州白山羊在海拔 250~1400 m、温湿差较大的山区环境条件下形成了特强的抗逆力，耐粗性极强，对饲养管理条件要求不高，适于群牧，每天放牧 10 h 左右，羊群生长良好。同时，贵州白山羊在产区自然生态环境中抗病力强，未发生过重大疫病。1998 年以来，先后向江西、广西、广东、福建、贵州等地推广种羊 23.6 万多只，引种观测和信息反馈资料表明，贵州白山羊在其他不同的生态环境中也能表现出良好的适应能力。

贵州白山羊产肉性能好，肉质细嫩，肌肉间有脂肪分布，肉质好，膻味轻，胆固醇含量低。繁殖力强，板皮拉力强而柔软，纤维致密。贵州白山羊也适合在湖南、湖北、四川、重庆、云南等地饲养。

【生产性能】

（1）周岁羊肉用性能：贵州白山羊周岁公羊宰前活重 26.87 kg，胴体重 13.26 kg，屠宰率 49.35%，净肉重 10.19 kg，净肉率 37.92%；周岁母羊上述指标相应为 425.39 kg、12.18 kg、47.97%、9.25 kg、36.43%；周岁阉割羊上述指标相应为 427.95 kg、13.94 kg、49.87%、10.69 kg、38.25%。

（2）成年羊肉用性能：成年公羊宰前活重 37.61 kg，胴体重 19.73 kg，屠宰率 52.46%，净肉重 14.81 kg，净肉率 39.38%；成年母羊上述指标相应为 435.28 kg、18.01 kg、51.05%、13.49 kg、38.24%；成年阉割羊上述指标相应为 439.27 kg、20.73 kg、52.79%、15.56 kg、39.62%。

【繁殖能力】贵州白山羊性成熟早，公、母羔在 5 月龄即可发情配种，但一般在 7~8 月龄才配种。常年发情，一年产两胎，母羊产羔胎数为 1.76 胎，母羊产羔率为 187.70%，繁殖羔羊断奶（2 月龄）成活率为 95.39%。

太行山羊

【产地及环境】太行山羊（河北武安山羊、山西黎城大青羊、河南太行黑山羊）产于太行山东、西两侧的晋、冀、豫三省接壤地区。山西境内分布在晋东南、晋中两地区东部各县，河北境内分布于保定、石家庄、邢台、邯郸地区京广线两侧各县，河南境内分布于林州、安阳、淇县、博爱、沁阳及修武等地。

太行山羊产区位于黄土高原（或山西高原）的东缘太行山区。该区地势高，地形复杂，不仅山高，且有许多陡峭的山坡。地势从南向北逐渐升高，中段、北段一般在 1000 m 左右，山峰海拔高度在 2000 m 左右。南段为低山和丘陵，一般海拔 500 m 以上。坡度比较平缓。产区属暖温带大陆性气候，山间盆地由于海拔较低，热量条件好。年平均气温为 9.92 ℃，极端最低平均气温为-25.72 ℃，极端最高平均气温为 38.6 ℃，年降水量平均为 610.15 mm，年平均相对湿度为 63.33%，无霜期为 190~230 d。降雨都集中在 7~9 月，降水强度大，因山高坡度大，水土流失严重。许多河流发源于本区或流经本区，如清漳河、浊漳河及滹沱河，径流资源丰富。农作物有小麦、玉米、谷子、高粱、薯类及豆类、棉花。山区林木果树较多，有核桃、柿子、山楂、栗子、苹果和花椒等。作物秸秆、树叶以及广阔的草山草坡，为发展山羊提供了丰富的饲草来源，加上群众的精心饲养和长期的选育，形成了在体形外貌、体质类型一致的山羊品种。

【外貌特征】太行山羊（图 1-23）体质结实，体格中等。头大小适中，耳小前伸，公、母羊均有髯，绝大部分有角，少数无角或有角基。角形主要有两种：一种角直立扭转向上，少数在上 1/3 处交叉；另一种角向后向两侧分开，呈倒"八"字形。公羊角较长呈拧扭状，公、母羊角都为扁状。颈短粗，胸深而宽，背腰平直，后躯比前躯高，四肢强健，蹄质坚实，尾短小而上翘，紧贴于尻端。毛色主要为黑色，少数为褐、青、灰、白色，还有一种"画眉脸"羊，颈、下腹、股部为白色。毛被由长粗毛和绒毛组成。

公羊　　　　　　　　　　　　母羊

图1-23　太行山羊

【品种性能】太行山羊活泼好动，喜欢登高，群居性强；抗病能力强，耐寒、耐热、耐粗饲。

【生产性能】太行山羊成年公羊体高、体长、胸围、体重分别为：56.70 cm±1.85 cm，65.00 cm±2.04 cm，77.90 cm±3.28 cm，36.7 kg；成年母羊上述指标分别为：53.60 cm±1.23 cm，61.60 cm±0.98 cm，73.30 cm±2.00 cm，32.8 kg。成年公羊抓绒量为 275 g，成年母羊为 160 g；成年公羊剪毛量为 400 g，成年母羊为 350 g；公羊毛长为 11.2 cm，母羊为 9.5 cm；绒细度为 14 μm。2.5 岁羯羊，宰前体重平均 39.9 kg，胴体重 21.1 kg，屠宰率 52.8%，精肉率 41.4%。肉质细嫩，脂肪分布均匀。

【繁殖能力】公羊、母羊一般在 6~7 月龄性成熟，1.5 岁配种。产羔率 120% 左右，但分布在河北省的较高，达 143%。

成都麻羊

【产地与育成史、环境】成都麻羊原产于四川成都平原及其附近的丘陵、低山地区。它是在特定的生态和经济条件下，由农民精心饲养和选育形成的肉乳兼用型的优良地方品种。

成都麻羊产区气候温和，温差小，年平均气温为 16 ℃（最高气温为 36 ℃，最低气温为 -6.2 ℃），年降水量为 900~1010 mm，雨季在 7~9 月。春季多阴雨，冬季多雾。平均相对湿度为 82%~88%，无霜期为 281~339 d。产区素有川西粮仓之称，作物有水稻、大麦、小麦、玉米、甘薯、豆类及油菜、棉花、花生等。此外，还有苕子、紫云英、蚕豆等，既可用于绿肥，也可用作青绿饲料。灌木丛及杂草种类繁多，大多可被山羊采食利用，产区农副产品丰富，天然草场青草生长季节长，为山羊的发展创造了良好条件。

【外貌特征】成都麻羊头中等大，两耳侧深，额宽而微突，鼻梁平直。公、母羊大多数有角，少数无角，公羊角粗大，向后方弯曲并略向两侧扭转，母羊角较短小，多呈镰刀状。公羊及大多数母羊下颌有髯，部分羊颈下有肉垂。公羊前躯发达，体形呈长方形，体态雄壮；母羊后躯深广，背腰平直，尻部略斜。四肢粗壮，蹄黑色、坚实。乳房呈球形，体形较清秀，略呈楔形。成都麻羊全身毛被呈棕黄色，色泽光亮，为短毛型。单根纤维颜色可分成三段，毛尖为黑色，中段为棕黄色，下段为黑灰色，各段毛色所占比例和颜色深浅在个体之间和体躯不同部位略有差异。整个毛被有棕黄而带黑麻的感觉，故称麻羊（图1-24）。也有人认为其整个被毛呈赤铜色，因此称为铜羊。毛色一般腹部比体躯较浅。在体躯上还有两处异色毛带，一处从角基部中点至颈背，背线延伸至尾根有一条纯黑毛带；沿两侧肩胛经前肢至蹄冠节又有一条纯黑色毛带，两条黑色毛带在鬐甲部交叉，构成明显的十字型。十字型的宽窄和完整程度因性别和个体而异，公羊黑色毛带较宽，母羊较窄。从角基部前缘，经内眼角沿鼻梁两侧，至口角各有一条纺锤形浅黄色毛带，形似画眉鸟。

图1-24　成都麻羊

【品种性能】成都麻羊生长快，经过夏秋放牧饲养，不喂精料，即可达到膘肥体壮，羊肉色泽红润，脂肪分布均匀，肉细嫩多汁，膻味较小。成都麻羊皮板组织致密，乳头层占全皮厚度一半以上，网状层纤维粗壮，加工成的皮革弹性好，强度大，质地柔软，耐磨损，品质优良，是一般皮制品和航空汽油滤网油革的上等原料。成都麻羊具有肉、乳生产性能良好，皮板品质好，繁殖力高，适应性强，遗传性稳定等特点，是我国优良的地方山羊品种。

【生产性能】成年公羊体重 43.02 kg，成年母羊 32.6 kg；生长快，周岁公羊体重 26.79 kg，周岁母羊 23.14 kg。周岁羯羊胴体重 12.15 kg，净肉重 9.21 kg，屠宰率 49.66%，精肉率 75.8%；成年羯羊上述指标相应为 20.54 kg、16.25 kg、54.34% 和 79.1%。

【繁殖能力】成都麻羊全年发情配种，平均产羔率 205.91%，泌乳期 5~8 月，可产奶 150~250 kg，乳脂率 6.47%。

（二）我国培育的山羊品种

南江黄羊

【产地与育成史、环境】南江黄羊原产于四川省南江县，又称亚洲黄羊。自 1954 年起，用四川同羊和含努比羊基因的杂种公羊与当地母羊及引入的金堂黑母羊进行多品种杂交，并采用性状对比观测、限值留种继代、综合指数法，结合分段选择培育及品系繁育等育种手段，于 1995 年育成。

【外貌特征】南江黄羊被毛黄色，毛短、紧贴皮肤，颜面毛色黄黑色，鼻梁两侧有一对称的浅色条纹，从枕部沿背脊有一条由宽而窄至十字部后渐浅的黑色毛带，公羊前胸、颈下毛黑黄色、较长，四肢上端生有黑色较长的粗毛。体形大，头大小适中，耳大且长，鼻梁微拱。南江黄羊分为有角与无角两种类型，其中有角者约占 61.5%，无角者约占 38.5%，角向上、向后、向外呈"八"字形，公羊颈粗短；母羊细长，颈肩结合良好，背腰平直，前胸深广，尻部略斜，四肢粗长，蹄质坚实，呈黑黄色，整个体躯略呈圆筒形（图 1-25）。

图1-25 南江黄羊

【品种性能】南江黄羊不仅具有性成熟早、生长发育快、繁殖力高、产肉性能好、适应性强、耐粗饲、遗传性稳定的特点，而且肉质细嫩、适口性好、板皮品质优。南江黄羊适宜于在农区、山区饲养。

【生产性能】南江黄羊成年公羊体重40~55 kg，母羊34~46 kg。公、母羔初生重2.28 kg；2月龄公羔体重为9~13.5 kg，母羔体重为8~11.5 kg。初生至2月龄日增重，公羔为120~180 g，母羔为100~150 g；至6月龄日增重，公羔为85~150 g，母羔为60~110 g；至周岁日增重，公羔为35~80 g，母羔为21~36 g。南江黄羊8月龄羯羊胴体重10.78 kg，周岁羯羊胴体重15 kg，屠宰率为49%，净肉率38%。

【繁殖能力】南江黄羊性成熟早，3~5月龄初次发情，母羊6~8月龄体重达25 kg开始配种，公羊12~18月龄体重达35 kg参加配种。成年母羊四季发情，发情周期平均为19.5 d，妊娠期平均为148 d，产羔率200%左右，双羔率22.37%，多羔率15.22%。

关中奶山羊

【产地与育成史、环境】关中奶山羊产于陕西省关中地区，故得此名。以富平、三原、泾阳、扶风、武功、临潼、渭南、乾县、蓝田、秦都、阎良等13个县（市、区）为生产基地，是我国奶山羊中的著名优良品种。关中奶山羊系20世纪30~40年代外国传教士为喝奶之需，带入关中三原、富平、西安等地的一批莎能羊、吐根堡羊与当地山羊杂交的后代。近几十年来，陕西畜牧工作者又大量用西北农学院莎能奶山羊进行改良，经不断选择培育，最后形成适应关中地区气候条件、单产高、产奶量稳定、饲料消耗少、奶品质优良的关中奶山羊。

关中奶山羊产区关中平原年平均气温 12~14 ℃，相对湿度 71%，年降水量 540~750 mm，气候温和，沃野千里，农业发达，主产粮棉，农副产品丰富，又有各种枝细叶嫩的树木，以及号称"青草罐头"的青贮饲料，繁育条件优越。这种奶山羊以户养为主，由于地少人多，多采用舍饲或拴牧。根据其生理习性，适当放牧，则更有利于生长发育。当粗饲料以青草、谷物秸秆为主时，每天每只补饲玉米、豆类等精饲料 0.25 kg 左右；如以苜蓿等高蛋白优质牧草饲养时，则很少需要补料。

【外貌特征】关中奶山羊体质结实，结构匀称，遗传性能稳定。头长额宽，鼻直嘴齐，眼大耳长。母羊颈长，胸宽背平，腰长尻宽，乳房庞大，形状方圆；公羊颈部粗壮，前胸开阔，腰部紧凑，外形雄伟，四肢端正，蹄质坚硬，全身毛短色白。皮肤粉红，耳、唇、鼻及乳房皮肤上偶有大小不等的黑斑，部分羊有角和肉垂。体形近似西农莎能羊，具有头长、颈长、体长、腿长的特征，群众俗称"四长羊"（图 1-26）。

图1-26　关中奶山羊

【品种性能】关中奶山羊适应性好。耐粗饲，易于饲养管理，抗病力强。在浙江临海、云南石林、黑龙江海伦、新疆库车等地饲养均能很好地产奶和发育。

（1）活泼好动，喜欢登高，除卧息、反刍之外，大部分时间是处于走走停停的逍遥运动之中，羔羊表现得尤为突出，经常有前肢腾空、躯体直立、跳跃、嬉戏等动作；一只羔羊受惊，则其他羔羊也随群狂跑。在舍饲饲养奶山羊的条件下应设置宽敞的运动场，保证生长发育的正常进行。

（2）喜欢干燥，厌恶潮湿，适宜在干燥凉爽的地区生活。在潮湿的羊舍或运动场，羊只宁可站立也不肯卧地休息。

（3）采食性广，适应性强。觅食能力极强，能够利用大家畜和绵羊等不能利用的牧草，对各种牧草、灌木枝叶、作物秸秆、农副产品、瓜果蔬菜以及食品加工的糟粕均可采食。奶山羊和其他家畜相比，对生态环境的适应能力更强。

（4）适应性强，抗病力强。不苛求饲养条件，对生态环境的适应性较强，饲养管理条件好的情况下很少生病。

【生产性能】成年公羊体高 80 cm 以上，体重 65 kg 以上；成年母羊体高不低于 70 cm，体重不少于 45 kg。关中奶山羊以产奶为主，产奶性能稳定，产奶量高，奶质优良，营养价值较高。年产奶 450~600 kg，单位活重产奶量比牛高 5 倍。关中奶山羊产肉性能良好，成年母羊屠宰率 49.7%，净肉率 39.5%，骨率 8.5%，油脂率 6%。7 月龄公羊，在放牧为主的条件下，活重可达 30 kg。公羔羊的肉、脂肪、内脏等，可作肉食，皮毛和骨等为毛纺、制革、医药、化工提供原料。

【泌乳期】关中奶山羊的泌乳期一般为 7~9 个月，泌乳期可分为泌乳初期、泌乳盛期、泌乳中期和泌乳末期。

（1）泌乳初期（产后 6~20 d）：也叫恢复期，母羊产后不久，体质虚弱，腹部空虚，常感到饥饿，食欲逐渐旺盛，但消化能力较弱，体质尚未完全恢复，此期间的饲养管理以恢复母羊的体况为主。多喂易消化的优质青绿（干）草，自由采食，一周后根据奶山羊的体况肥瘦、乳房的膨胀程度、食欲表现、粪便形状等情况，饲喂适量的精料和多汁饲料。

（2）泌乳盛期（产后 20~120 d）：这一时期产奶量占全泌乳期的一半，此阶段母羊体力已基本恢复，泌乳达到高峰。由于泌乳量较大，体内蓄积的养分不断排出，体重不断下降，必须加强饲养管理，饲喂优质饲草和精料，精料占日粮的 50%，多喂青绿多汁饲料和部分块根、块茎类饲料。重视乳房的护理和按摩，并常热敷乳房，保持乳房的清洁卫生，适当运动，精心护理。

（3）泌乳中期（产后 120~210 d）：此期产奶量逐渐下降，但下降速度较慢，每日递减 5%~7%。此期奶量若有下降就不容易再回升，在饲养上不要随意改变饲草饲料及饲养日程，以免产奶量急剧下降。这一阶段可根据泌乳母羊的产奶量、膘情、胎次适当降低精饲料的供给，对于低产母羊，此期精饲料不宜多给，否则会造成肥胖而影响配种，应加强运动，自由采食粗饲料。

（4）泌乳末期（产后 210 d 至干奶）：这个时期的特点是母羊逐渐发情配种，到此期的后期大部分母羊已怀孕，产奶量显著下降。精饲料的减少要安排在产奶量下降之后，这样可减缓奶量下降的速度；日粮以粗饲料为主，逐渐减少青绿多汁饲料和精饲料的饲喂。此期正是母羊怀孕的前 3 个月，日粮要全价。

对于泌乳母羊，要经常检查和按摩乳房，如果发现乳孔闭塞、乳房炎、乳汁异常等情况要及时处理；饲料要全价，在满足能量和蛋白质需要的基础上，还要注意食盐、维生素、微量元素的添加。

【繁殖能力】公、母羊均在 4~5 月龄性成熟，一般 5~6 月龄配种，发情旺季 9~11 月，以 10 月最甚，性周期 21 d。母羊怀孕期 150 d，产羔率 178%。初生公羔重 2.8 kg 以上，母羔重 2.5 kg以上。种羊利用年限 5~7 年。

崂山奶山羊

【产地与育成史、环境】崂山奶山羊原产于山东省胶东半岛，主要分布于崂山及周边区市，是崂山一带群众经过多年培育形成的一个产奶性能高的地方良种，是中国奶山羊的优良品种之一。据《胶澳志》记载：1898 年德国占领青岛后，就带来了莎能奶山羊，1934 年俄国人也带来莎能奶山羊，以后又引进过吐根堡羊，这些羊与当地羊经过长期杂交和扩群繁育，逐渐形成了现在的崂山奶山羊。

崂山奶山羊产区气候温和湿润，年平均气温为 12 ℃，年降水量为 700~800 mm，无霜期为 220 d 左右。境内河流较多，水源充足。土壤为沙质壤土。农作物以小麦、玉米、花生和甘薯为主。饲草饲料资源丰富，为奶山羊的发展提供了优越条件。

【外貌特征】崂山奶山羊体质结实粗壮，结构紧凑匀称，头长、额宽、鼻直眼大、嘴齐、耳薄并向前外方伸展；全身被毛白色，部分成年羊头、耳、乳房有浅色黑板；公羊、母羊大多无角，有肉垂。公羊颈粗、雄壮，胸部宽深，背腰平直，腹大不下垂，四肢较高，蹄质结实，蹄壁淡黄色，睾丸大小适度、对称、发育良好。母羊体躯发达，乳房基部发育好、上下方圆、皮薄毛稀，乳头大小适中、对称（图 1-27）。

图 1-27　崂山奶山羊

【品种性能】崂山奶山羊具有适应能力强、产奶性能高、抗病力强、养殖成本低等特点，1988 年被列入《中国畜禽品种志》。近年由于各种原因，崂山奶山羊存栏量急剧下降，原种存栏量甚至不到万只，如果想饲养该品种奶山羊，在种源方面需要认真考虑。

【生产性能】崂山奶山羊成年公羊体高、体长、胸围和体重分别为：84.83 cm±3.94 cm，90.0 cm±8.58 cm，95.17 cm±3.98 cm，75.5 kg；成年母羊上述指标分别为：71.44 cm±3.84 cm，74.58 cm±4.64 cm，83.16 cm±4.78 cm，47.7 kg。崂山奶山羊泌乳期为 8~10 个月，崂山奶山羊日产乳量为 3.5 kg，最高可达 9.3 kg；平均产奶一胎 340 kg，二胎 600 kg，三胎 700 kg，最高产奶可达 1300 kg，鲜奶中蛋氨酸、赖氨酸和组氨酸含量较高。公羔育肥性能试验，去势公羊饲养 8~9 个月，体重 35.25 kg，胴体重 17.78 kg，屠宰率 50.44%，净肉率 39.39%；成年崂山奶山羊鲜皮厚 0.22~0.24 cm，面积 0.63m²，符合国内板皮市场的特级标准。

【繁殖能力】母羊属于季节性多次发情家畜，产后 4~6 个月开始发情，每年 9~11 为发情旺季，发情周期 20.5 d，怀孕期 150 d，年产一胎，平均产羔率 170%，经产母羊年产羔率可达 190%。

槐山羊

【产地与育成史、环境】槐山羊因其所产板皮自清代以后多集中于沈丘县的槐店镇而出名，故名为槐山羊。槐山羊产于黄淮平原，广泛分布在河南省的周口、驻马店、许昌、信阳、商丘、开封、安阳、新乡及安徽省阜阳等地。现在的槐山羊，是经过千百年的自然选择和人工培育而逐渐形成的。

槐山羊的产地为亚热带向暖温带过渡区，属暖温带季风半湿润气候。全区地势平坦，水利条件较好，土壤较肥沃，有利于家畜繁殖和五谷的生长，具备槐山羊形成和发展的环境生态条件。

【外貌特征】槐山羊额宽嘴尖，面部微凹，眼大有神，颈中等长。肋骨开张，背腰平直，身躯呈圆筒形，前躯较宽，后肢发达，结构比较匀称。种公羊鬐甲高于十字部，母羊鬐甲低于十字部。四肢正直较长，尻稍斜，尾粗短上翘，四肢正直，蹄质结实，呈蜡黄色。母羊乳房发育良好，呈半球形，公羊睾丸紧凑，阴囊着生短毛。

槐山羊毛色以全白为主。据分地区调查1034只槐山羊统计，全白者约占91.78%，黑色约占1.74%，青色约占2.03%，浅棕色约占2.05%，花色约占2.40%；据这1304只槐山羊统计，无角羊约占62.18%，有角羊约占37.82%；在有角羊中，龙门角约占73.5%，顺风角约占23.4%，流水角约占2.9%，其余为任意角，为数甚少。有角羊具有"三短"特征，即颈短、腿短、身腰短；无角羊有"三长"特征，即颈长、腿长、身腰长（图1-28）。

图1-28 槐山羊

【品种性能】体形中等，毛短而密，性早熟，繁殖快，善采食，耐粗饲，喜干厌潮，擅长登高，喜爱角斗，易于放养和喂养。

【生产性能】

（1）体重：初生重，公羔2.57 kg，母羔2.47 kg。断奶重，公羔7.62 kg，母羔6.69 kg。7~10月龄体重，公羔21.96 kg，母羔16 kg；1岁体重，公羊19.98 kg，母羊20.96 kg。成年公羊体

高 65.98 cm，体长 67.3 cm，胸围 77.66 cm，管围 8.36 cm，体重 33.89 kg；成年母羊上述指标分别为 54.32 cm、58.09 cm、71.17 cm、7.35 cm、25.67 kg。

（2）板皮质量：槐皮的皮形为蛤蟆状。晚秋初冬的皮为"中毛白"，质量最好。板皮肉面为浅黄色和棕黄色，油润光亮，有黑豆花纹，俗称"蜡黄板"或"豆茬板"。板质致密，毛孔细小而均匀，分层薄而不破碎，折叠无白痕，拉力强而柔软，韧性大而弹力高，是制作山羊革和苯胺革的上等原料。

（3）产肉性能：槐山羊膘情以秋末冬初最好，多于 7~10 月龄宰杀，过周岁者很少。7~10 月龄的羯羊体重为 17.40 kg，屠宰率为 48.7%，净肉率为 39.02%；7~10 月龄母羊上述指标分别为 15.09 kg、47.55%、38.74%；10~12 月龄羯羊上述指标分别为 21.2 kg、49.39%、39.81%；10~12 月龄母羊上述指标分别为 20.1 kg、42.49%、34.83%。由于槐山羊屠宰年龄较小，所以肉质鲜嫩，膻味小，适于烹调，味美可口，为当地群众所喜好。

【繁殖能力】槐山羊性成熟早。母羔出生后 40~60 d 初次发情，初配年龄一般为 4~5 月龄。发情周期为 18~20 d，发情持续 24~48 h，妊娠期为 145~150 d，产羔后 20~24 d 可再次发情。在人工辅助交配下，一只公羊可负担 200~300 只母羊，公羊使用年限 3~4 年。在正常情况下，母羊一年两胎或两年三胎，每胎产羔一般 2~3 只，最多可达 6 只，平均繁殖率 238.66%，繁殖年限 6~8 年。

马头山羊

【产地与育成史、环境】马头山羊是湖北省、湖南省肉皮兼用型地方优良品种之一，主产于湖北省十堰、恩施等地区和湖南省常德、黔阳等地区。因头无角，似马头，称为马头山羊。马头山羊有文字记载的饲养历史已有 500 多年，而马头山羊实际存在的时间更长。马头山羊的育成是当地群众经过多年繁育和自然进化的结果。

【外貌特征】马头山羊公、母羊均无角，头形似马，性情迟钝，群众俗称"懒羊"，体格较大，呈长方形，结构匀称，骨骼坚实，背腰平直，肋骨开张良好，臀部宽大，稍倾斜，尾短而上翘，四肢发育匀称，坚强有力，行走时步态如马，频频点头。马头山羊皮厚而松软，毛稀无绒。毛被白色为主，有少量黑色和麻色。马头山羊按毛长短可分为长毛型和短毛型两种类型，按背脊不同可分为双脊和单脊两类。以双脊和长毛型品质较好。母羊颈部细长清秀，后躯发达，乳房发育良好，有效乳头2个，被毛长3~5 cm。公羊头顶密生卷曲鬃毛（雄性特征），下颌有髯，颈较短粗雄壮，背腰平直，腹部紧凑，睾丸对称，大小适中，被毛长10~15 cm（图1-29）。

图1-29　马头山羊

【品种性能】马头山羊体形、体重、初生重等指标在国内地方品种中居前列，是国内山羊地方品种中生长速度较快、体形较大、肉用性能最好的品种之一。1992年被国际小母牛基金会推荐为亚洲首选肉用山羊品种。国家农业部将其作为"九五"星火开发项目并加于重点推广，其中"石门马头山羊"2013年获得国家地理标志保护产品。

马头山羊具有体形大，体质结实，繁殖力强，屠宰率和净肉率高，肉质细嫩，膻味小等特点。板皮质量柔软，皮质洁白，弹性强，张幅大，采用先进技术，每张可削制4~5层，因此在国际市场很有竞争力。

马头山羊抗病力强、适应性广、合群性强，易于管理，丘陵山地、河滩湖坡、农家庭院、草地均可放牧饲养，也适于圈养。

【生产性能】初生重：单胎公羊1.95 kg±0.19 kg，母羊1.92 kg±0.35 kg；双胎公羊1.70 kg±0.25 kg，母羊1.65 kg±0.24 kg。在主产区粗放饲养条件下，3月龄公羔重可达12.96 kg，母羔重可达12.82 kg；6月龄羯羊体重21.68 kg，屠宰率48.99%；周岁羯羊体重可达36.45 kg，屠宰率55.90%，出肉率43.79%。其肌肉发达，肌肉纤维细致，肉色鲜红，膻味较轻，肉质鲜嫩。早期育肥效果好，可生产肥羔肉。板皮品质良好，张幅大，平均面积8190 cm^2。其板皮厚薄适中，拉力弹性优于我国成都麻羊及南江黄羊等。另外，一张皮可烫退粗毛0.3~0.5 kg，毛洁白、均匀，是制毛笔、毛刷的上等原料。

【繁殖能力】马头山羊性成熟早，四季可发情，在南方以春、秋、冬季配种较多。母羔3~5月龄、公羔4~6月龄性成熟，一般在8~10月龄配种，妊娠期140~154 d，哺乳期2~3个月，当地群众习惯一年两胎或二年三胎。由于各地生态环境的差异和饲养水平的不同，产羔率差异较大。根据湖南省调查资料，在正常年景胎产羔率为182%左右，每胎产羔1~4只。据调查1196胎统计：单羔率26%，双羔率46%，三羔率16%，四羔率8.5%，五羔率2.17%，六羔率0.17%。初产母羊多产单羔，经产母羊多产双羔或多羔。

【生活习性】

（1）机敏活泼：马头山羊反应比较灵敏，行动敏捷、灵活，喜登陡坡和悬岩。马头山羊易于接受人的训练，对外界环境反应敏感，对马头山羊不应鞭打、惊吓和突然袭击。

（2）喜燥恶湿：马头山羊最适应在干燥、温暖的气候条件下生活。栏舍要求干燥向阳，空气流通。栏舍潮湿则影响生长发育，容易引起疾病。

（3）喜洁厌污：马头山羊喜欢干净的水、草，爱吃新鲜清洁的食物，饮干净明亮的流水，对霉烂、玷污的饲料和饮水，则拒绝采食和饮用。

（4）抗病力强：马头山羊对各种疾病的抵抗力较强，并且对病的耐受性也强，对药物的剂量也有一定的耐受范围。马头山羊在饲养管理条件好的情况下很少发病。同时，由于马头山羊的耐受性高，抗病力强，往往在发病初期不易发现，容易导致病情恶化，难以治疗。在饲养过程中，一旦发现羊只有异常现象，要及时采取相应措施，以免造成损失。

（5）合群性强：马头山羊属于温驯、懦弱的动物，喜欢合群。在放牧过程中，只要有头羊领先，其他羊则紧跟，给管理带来许多方便。在马头山羊的饲养实践过程中，常常将好的母羊训练成为头羊。

（三）引进的山羊品种

波尔山羊

【产地与育成史、环境】波尔山羊原产于南非，作为种用，现已被非洲许多国家以及新西兰、澳大利亚、德国、美国、加拿大、英国、中国等引进。

我国自 1995 年由陕西、江苏等省首次引进后，现已有 20 多个省、自治区、直辖市引入进行纯繁或以其为父本进行杂交改良，取得了良好效果，对国内肉用山羊业的发展起到了积极的推动作用。

波尔山羊产于南非的干旱亚热带地区，是南非育成的一个优良肉用山羊品种，大致可分 5 个类型，即普通型、长毛型、无角型、土种型和改良型。改良型波尔山羊是南非开普省波尔山羊育种者协会从 1930 年起，经过几十年对普通型山羊严格选择培育而成的；1959 年波尔山羊品种协会成立，制定和发布波尔山羊种用标准，经不断选育，形成了目前的优良肉用波尔山羊品种。

【外貌特征】耳宽长、下垂，这是波尔山羊的显著特征；全身毛细而短，有光泽，有少量绒毛。头颈部和耳为棕红色。头、颈和前躯为棕红色或棕色，额端到唇端有一条白带。体躯、胸部、腹部与四肢为白色；公、母羊均有角，角坚实，长度中等，公羊角基粗大，向后、向外弯曲，母羊角细而直立；头部粗壮，眼大、棕色，口颚结构良；颈粗壮，长度适中，且与体长相称；肩宽肉厚，体躯甲相称，甲宽阔不尖突，胸深而宽，颈胸结合良好；前躯发达，肌肉丰满，体躯深而宽阔，呈圆筒形，肋骨开张与腰部相称，背部宽阔而平直，腹部紧凑，尻部宽而长，臀部和腿部肌肉丰满，尾平直，尾根粗、上翘；四肢端正，短而粗壮，系部关节坚韧，蹄壳坚实，呈黑色，前肢长度适中、匀称；全身皮肤松软，颈部和胸部有明显的皱褶，尤以公羊为甚；母羊有一对结构良好的乳房，公羊有一个下垂的阴囊，有两个大小均匀、结构良好而较大的睾丸（图 1-30）。

图 1-30　波尔山羊

【品种性能】波尔山羊是一个优秀的肉用山羊品种，被称为世界"肉用山羊之王"。波尔山羊身体健壮，适应性强，耐粗饲。能适应多种环境及气候，山地、荒坡、丘陵、河滩等地区均能正常生长，在高寒、高温、高湿环境下也能配种产羔。波尔山羊采食范围极为广泛，主要采食灌木枝叶、青草、玉米秆、豆秆、苕藤、花生藤等都是好饲料。抗病力强，对一些疾病如蓝舌病、羊肠毒血症及氢氰酸中毒症等抵抗能力很强，对内寄生虫的侵害也有很强的抵抗能力。

2003 年我国颁布了《波尔山羊种羊》（GB 19376—2003）标准。波尔山羊是优良公羊的重要品种来源，作为终端父本能显著提高杂交后代的生长速度和产肉性能。

自 1995 年我国首批引进波尔山羊以来，通过纯繁扩群逐步向全国各地扩展，显示出很好的肉用特征、广泛的适应性、较高的经济价值和显著的杂交优势。

【生产性能】波尔山羊成年公羊体高 75~90 cm，体重 90~100 kg；成年母羊体高 65~75 cm，体重 60~70 kg。羔羊初生重 3~4 kg，100 日龄断奶至 270 日龄，平均日增重 200 g，公、母羔 6 月龄平均体重分别为 37.5 kg 和 30.7 kg。屠宰率为 56.2%，体脂占 18.31%，骨肉比为 1：4.71，胴体净肉率为 48%，其中瘦肉占 68%。肉厚而不肥，肉质细，肌肉内脂肪少、色泽纯正、多汁鲜嫩。板皮质地致密、坚牢，可与牛皮相媲美，属上乘皮革原料。

【繁殖能力】波尔山羊属非季节性繁殖家畜，性成熟早，母羊 6 月龄性成熟，发情周期一般超过 21 d，公羊 168 日龄可配种。波尔山羊的妊娠期平均为 148.33 d，一年四季都能发情配种产羔，但一般 5~8 月发情比例极少。繁殖率高，一年两产或两年三产，产羔率约为 207.8%；每胎平均 2~3 只，其中单羔率为 7.6%，双羔率为 56.5%，三羔率 33.2%，四羔率 2.4%，五羔率为 0.4%，羔羊成活率 90% 以上。母羊生育期达 10 年左右，母性强，泌乳性能好。

萨能山羊

【产地与育成史、环境】萨能山羊原产于瑞士的萨嫩河谷，主要分布于瑞士西部的广大区域。当地居民主要从事奶畜业，优良的气候、丰美的牧场和长期以来有组织有计划的育种工作，培育形成了现代高产的乳用山羊品种。萨能山羊为当今世界上乳用山羊的代表种，现已遍布各国，为分布最广的山羊品种，除气候十分炎热或非常寒冷的地区外，世界各国几乎都有，半数以上的奶山羊品种都有它的血缘。

该种奶山羊输入我国历史悠久，正式批量引入是在1932年，20世纪80年代以来又陆续从英国、德国小批量引进。

【外貌特征】萨能山羊具有奶畜特有的楔形体形，体格高大，细致紧凑。被毛粗短，为白色或淡黄色，公羊的肩、背、腹和胸部着生少量长毛。皮肤薄，呈粉红色。公、母羊均无角或偶有短角，大多有须，耳长直立，有些颈部有肉垂。公羊颈粗壮、母羊颈细长。胸部宽深，背宽腰长，背腰平直，尻宽而长。公羊腹部浑圆紧凑，母羊腹大而不下垂。四肢结实，姿势端正。蹄壁坚实呈蜡黄色。母羊乳房基部宽广，向前延伸，向后突出，质地柔软，乳头1对，大小适中（图1-31）。

图1-31 萨能山羊

【品种性能】萨能山羊抗病力强，在北方、南方均可饲养，适应性强，瘤胃发达，消化能力强，能充分利用各种青绿饲料和农作物秸秆。嘴唇灵活，门齿发达，能够啃食矮草，喜欢吃细枝嫩叶；活泼好动，善于攀登，喜干燥，爱清洁，合群性强，适于舍饲或放牧。被毛稀疏，皮肤薄，不适应严寒地区。

萨能山羊是乳肉兼用型的代表型品种，适应性好，遗传力强，产奶量多，是改良其他奶山羊的重要种源。

【生产性能】成年公羊体重 75~100 kg，最高达 120 kg；成年母羊体重 50~65 kg，最高达 90 kg。母羊泌乳性能良好，泌乳期 8~10 个月，可产奶 600 ~1200 kg。各国条件不同其产奶量差异较大，最高个体产奶记录 3430 kg。

【繁殖能力】母羊产羔率一般为 170% ~180%，高者可达 200% ~220%。

第二章 羊的饲料营养

饲料是羊的物质基础，羊必须依赖饲料才能生长与繁殖，羊的产品如肉、毛、皮、奶等都是羊采食饲料中的营养成分经体内转化而生产的。饲料占规模养羊经营中饲养总成本的 50%~70%，饲料利用的合理与否，直接影响规模养羊的经济效益。羊的饲料种类繁多，其营养价值也因品种、生长地、生长阶段及加工调制方法等因素的影响而不同。因此，科学合理搭配饲料，确保营养均衡，提高饲草、饲料的利用率，是养羊的关键。

第一节 羊的饲料及其种类

羊的饲料是指一切被羊采食消化、利用，并能提供给羊某种或多种营养成分、调控生理机能、改善动物产品品质，且不产生有毒、有害作用的物质。广义上说，能强化饲养效果的某些非营养物质如饲料添加剂，也应归属于饲料。

羊的饲料种类很多，来源广泛，按我国饲料营养特性来分类，羊的饲料主要包括粗饲料、青绿饲料、青贮饲料、能量饲料（精料）、蛋白质饲料、矿物质饲料等。

第二节 各类常用饲料的特点与制作方法

一、粗饲料

粗饲料是指含水量小于45%而粗纤维大于或等于18%的饲料。粗饲料虽然营养价值较其他饲料低，但其来源广、种类多、产量大、价格低，是羊冬、春两季的主要饲料来源，也是羊最基本、最主要的饲料。粗饲料主要有以下几种。

（一）青干草

青干草是指青草或其他青绿饲料及谷物类作物，在质量和产量适宜的时期刈割，经日晒或人工干燥而制成的饲草。青干草仍保留一定程度的青绿颜色，并能长期贮存。

1. 青干草的营养特点 青干草的营养价值取决于制作原料的植物种类、刈割时期、贮藏技术及制作方法等。从原材料来看，豆科植物制成的优质青干草含有较多的粗蛋白质及可消化蛋白质，具有较高的饲用价值，不仅蛋白质中氨基酸较全面，而且各种营养物质的含量与比例都比较平衡，是羊只蛋白质、能量、维生素的重要来源。以优质青干草为羊的基础日粮，适当搭配精料、青贮饲料、动物性饲料、油脂、糟渣类饲料等，在生产能力和经济效益方面均取得良好效果。

2. 青草和牧草刈割时期 从青草和牧草的生长周期来看，一般认为牧草在初花期或盛花期刈割，青草在二伏天刈割比较适宜。同时还要根据所处位置及当时晾晒条件和天气情况适当调整刈割期。

3. 青干草的制作方法

（1）平铺与小堆晒制结合的方法：这是制作青干草最常用的

一种自然干燥法。其方法是把青草刈割后立即采用薄层平铺暴晒，一般经过 4~8 d 的暴晒，这一过程使青草中水分由原来的 85% 左右减少到 40% 左右，草中水分迅速蒸发，直到低于 40%，之后水分继续蒸发，但蒸发速度明显减慢。晒制青干草时，为了避免植物体内的养分损失过多，我们应使水分迅速降低，迫使酶类活动停止，还应尽量减少日光暴晒时间，从而减少养分的流失。

（2）搭草架阴干法：将刈草的青草置于通风良好的棚场地的草架上，自然通风晾干。

4.合理的青干草收贮方法

（1）要严格控制翻草次数：在晒制青干草过程时，青草或牧草含水量高时适当多翻，含水量降低时可以少翻。

（2）搂草打捆同步，以减少损失：搂草和打捆要在早晚进行，不要在高温干燥时搂草打捆。

（3）贮藏库要干燥忌潮，注意通风防雨：青干草的干燥贮藏必须达到含水量 15%～17%，不能高于 17%。贮藏库要通风防雨，要在草垛下铺木头等防潮。此外，还要经常检查草堆，避免青干草因高温发热变质、霉变。

（二）秸秆饲料

1.秸秆饲料的特性及饲用价值 秸秆饲料指脱粒后的农作物茎秆和附着的干叶。这类饲料粗纤维可达 30%~50%，其适口性差，消化率低，能量价值也低。粗蛋白质为 2%~8%，并且蛋白质品质差，缺乏必需氨基酸。虽然秸秆饲料的营养价值很低，但此类饲料种类繁多，资源极为丰富。该类饲料也是羊的主要饲料，可以保证羊的干物质采食量。

2.秸秆饲料种类及特点

（1）玉米秸秆。玉米秸秆具有光滑外壳,质地坚硬。生长期短的玉米秸秆,比生长期长的玉米秸秆粗纤维少,易消化。同一株玉米秸秆,上部比下部的营养价值高,叶片又比茎秆的营养价值高。

（2）豆秸。豆秸有大豆秸、豌豆秸和蚕豆秸等,其叶片大部分脱落,秸秆含木质素较高,质地坚硬,维生素与蛋白质含量也低。

（3）麦秸。常用作饲料的有小麦秸、大麦秸和燕麦秸。在麦类秸秆中,燕麦秸是饲用价值最好的一种。

（4）稻草。稻草较其他秸秆柔软,适口性好。一般粗蛋白质含量 2.7%~3.8%,粗纤维含量 28%~35%,粗脂肪含量为 1.0%,羊的消化率为 50% 左右。

（5）谷草。谷草即粟的秸秆,其质地柔软厚实,适口性好,含有可消化吸收的粗蛋白质,总养分较高。

（三）秕壳饲料

秕壳是指农作物收获脱籽时,分离出许多包被籽实的颖壳、荚皮与外皮等,这些物质统称为秕壳。这类饲料的营养价值较低,远不如青干草,只能满足羊维持能量。

（四）秧蔓类饲料

秧蔓类饲料有花生秧、甘薯秧等,其营养价值比较高,是羊的良好饲料来源。

（五）糟渣类饲料

糟渣类饲料主要有豆类渣、酒糟等。

1. 豆类渣 豆类渣为豆类加工之后的副产品,是饲喂羊只很好的蛋白质饲料,但含水量较大。同时由于豆类含有胰蛋白酶抑制剂等多种抗营养因子,抑制动物生长,这些物质大多是热不稳定因子,加热处理后就会失活。因此,为了充分利用豆渣类饲料的营养,必须煮熟后饲喂;但是不可单独大量饲喂羊,饲喂过量容易发生瘤胃臌气而出现致死的情况。

2. 酒糟 酒糟是酿酒工业的副产品,经过了高温蒸煮、微生物菌种糖化、发酵,晒干后质地柔软,味道适口性好。但需要注意的是，酒糟中可能有残存的乙醇，长期饲喂可导致乙醇中毒。因酒糟中含有乙醇、甲醇等物质，对于种羊最好不要饲喂。

（六）秸秆饲料的加工处理技术

1. 物理加工法

（1）机械加工。机械加工是指利用机械将秸秆铡短、粉碎和揉碎，增强秸秆的柔软度和适口性，这是处理秸秆饲料最简便和常用的方法。

（2）制成颗粒料或压块。将秸秆、青干牧草和秕壳等粉碎后，再根据羊的营养需要，配合适当精料、维生素和矿物质按一定比例混合成配合饲料，用饲料加工机组生产出所需大小形状的颗粒饲料。一般秸秆、青干牧草和秕壳在颗粒饲料中的适宜含量为 30%~50%。这种饲料营养价值全面，有利于机械化饲养或自动食槽的使用，易于保存和运输，有利于咀嚼，改善适口性。所谓压块，就是用机械将铡短的秸秆饲料在特制模具中压成一定形状的草块，减小贮存空间。

2. 化学处理法

化学处理法处理秸秆饲料是目前生产中比较实用的一种方法，在生产中被广泛应用的是氨化法，即用氨、尿素等碱性化合物处理秸秆。秸秆的氨化是迄今最经济而又实用的秸秆处理方法。秸秆的氨化法，是在秸秆中加入一定比例的液氨、氨水、尿素等，但多数用液氨和尿素，促使秸秆中木质素与纤维素、半纤维素分离后，使纤维素及半纤维素部分分解，结构疏松、细胞膨胀，从而提高秸秆的适口性、消化率和营养价值。

（1）秸秆氨化饲料的制作处理技术。用于氨化的原料主要是禾本科作物的秸秆，如麦秸、稻草、玉米秆等，此外还有油菜秆、向日葵及其他作物秸秆，所选用的秸秆原料必须没有发霉变质。

氨化处理秸秆比较常用的方法是尿素氨化处理。尿素氨化秸秆由于操作简便，是处理秸秆饲料生产中应用最普通的一种秸秆调制处理技术。常见的尿素处理秸秆方法有窖贮氨化法、堆垛氨化法、塑料袋氨化法等。氨化处理秸秆的制作方法应本着因地制宜、就地取材、经济适用等原则选用。

尿素氨化处理秸秆的原理：由于秸秆上存在脲酶，当所使用尿素溶液喷洒在秸秆上并将之封存一段时间，尿素被脲酶分解产生氨，对秸秆产生了氨化作用。因为尿素用于秸秆氨化，其释放氨的速度较慢，所以可节约氨源，同时操作使用方便、安全，为许多养羊场（户）所接受。尿素用于秸秆氨化时添加的量：冬季为秸秆重量的3%，夏季为5.5%，加水量应为秸秆重量的50%~60%。

尿素氨化处理秸秆法较适用旳是窖贮氨化法，此法是我国目前推广应用较广泛的一种秸秆氨化方法。窖贮氨化法首先要根据羊场需要确定窖的大小，窖的建造形式也多种多样，可建在地上、地下或半地上，通常 1 m³ 装粉碎的风干秸秆 150 kg 左右。从多年生产实践来看，长方形窖为好，若在窖的中间砌一堵隔墙，建成双联窖更好，可轮换氨化秸秆。双联窖最好用水泥和砖制成，用这种永久性窖进行秸秆氨化时，可以节省塑料薄膜的使用量而降低氨化成本，容易测算出秸秆的重量，便于确定尿素的用量，也便于使用管理。

窖贮氨化法秸秆的具体操作步骤：第一步，现将秸秆切成 2 cm 左右长段，每 100 kg 秸秆使用 5 kg 尿素、40~60 L 水，把尿素搅拌完全溶于水中。第二步，把尿素溶液分数次均匀喷洒在秸秆上，入窖前后喷洒均可。如果在入窖前将秸秆摊开喷洒则更为均匀。第三步，把喷洒尿素溶液的秸秆边装窖边踏实，特别是窖的四角要踏实。第四步，装满窖后用塑料薄膜覆盖密封，窖顶要稍高于周边以便于排水，然后再用细土压好。氨化所需时间受温度影响较大，一般气温 0~10 ℃，氨贮时间为 30~60 d；气温 10~20 ℃，氨贮时间为 15~30 d；气温 20~30 ℃，氨贮时间为 10~15 d。

（2）秸秆氨化饲料的品质评定标准。秸秆氨化饲料的品质评定有感官评定法、生物技术法和化学分析法，生产实践中我们主要采用感官评定法。

感官评定法简便易行，主要用眼观秸秆氨化后的颜色，鼻闻秸秆氨化后的气味，手摸秸秆氨化后的湿润度。一般来讲，氨化好的秸秆，其标准为质地变软，颜色呈现棕黄色或浅褐色，释放余氨后气味烟香。如果氨化后的秸秆变为灰色或白色，并出现发黏或结块等现象，说明秸秆已经霉变，通常是因为秸秆含水率过高和密封不严造成的，也可能是开封后未及时晾晒造成的。如果秸秆氨化的颜色同氨化前基本一样，说明秸秆没有氨化彻底。

（3）使用秸秆氨化饲料饲喂羊只需要注意的事项。饲喂秸秆氨化饲料时，必须坚持采用"头天取料放氨，次日饲喂，喂后半天饮水"的方式，以避免出现氨中毒。具体有以下几点：第一，要根据当地气候条件，掌握好秸秆氨化成熟的时间，采用尿素氨化秸秆，一定要使尿素完全溶解。第二，要掌握好氨化秸秆散氨的时间，一般晴天应在 10 h 以上，阴雨天在 24 h 以上，用鼻闻稍有氨味，但不刺鼻和眼为度。也不能使氨化秸秆晾晒的时间过长，否则会影响氨化的效果。第三，对未断奶的羔羊严禁饲喂秸秆氨化饲料，以免发生氨中毒。

（4）使用秸秆氨化饲料喂养要预防氨中毒。

1）中毒原因。一是秸秆氨化饲料开封后未经散氨处理而直接饲喂引起羊中毒；二是秸秆氨化时间短，尿素分离不完全，用此氨化秸秆喂羊也会发生中毒；三是阴雨天气，秸秆氨化饲料中余氨散发不彻底，饲喂后也会引起羊中毒。

2）中毒症状。羊出现中毒后，表现为精神呆滞和沉郁，食欲减退或绝食，反刍减少或停止，唾液分泌过多，步态不稳，这是羊轻微氨中毒的症状。严重者表现为不安，呼吸急促而呻吟，肌肉震颤，运动失调，口吐白沫，腹胀，倒地直至窒息而死。

3）治疗方法。发现羊有中毒症状时，要立即停喂秸秆氨化饲料，并检查分析中毒原因，及时采取恰当的防控措施。对出现中毒症状的羊可灌服食醋 1.5 kg，同时灌服 1 L 清水或白糖水；也可使用硫代硫酸钠静脉注射*，同时用高渗葡萄糖、葡萄糖酸钙、水合氯醛等对症治疗，可提高治疗效果。对有炎症的慢性中毒羊，除选用上述药物处理外，可选用抗菌药物注射，如青霉素、头孢类等。对恢复期的羊可灌服健胃散，以利于瘤胃微生物菌群的恢复建立。

二、青绿饲料

（一）天然牧草

我国天然牧草种类繁多，主要有禾本科、藜科、豆科、菊科、葡科、莎草科等，分布最广，利用最多。天然牧草适口性好，特别是在生长早期，细嫩可口，采食量高，菊科虽有特殊气味，但羊也喜食。天然牧草再生力较强，特别是禾本科牧草的匍匐茎或地下茎再生力很强，比较耐放牧。

（二）人工种植的牧草

人工种植的牧草是指人工播种种植的各种牧草，其种类很多，但以产量高、营养好的豆科和禾本科牧草为主，此外也包括青刈玉米、青刈麦草和青刈菜类等青饲作物。由于人工种植的牧草产量高，营养价值高，是羊场（户）青绿饲料的重要来源，可为羊常年提供丰富而营养均衡的青绿饲料。

1. 科学认识牧草，避免盲目引种，确保引种优良牧草 种草养羊已成为农区和半农牧区农业结构调整的特色之一，但在如今牧草市场中，销售牧草种子的广告满天飞，夸大宣传比比皆是，使一部分养羊种草者种草后觉得种植的牧草达不到先前宣传的效

注：书中提到的静脉注射，包括静脉推注和静脉滴注，根据实际情况选用。

果，甚至种植牧草失败者也有，导致所种并非选用，劳民又伤财。其主要原因还是不了解牧草品种特点，只是盲目随从，不管当地的生态条件如何，偏听商家说哪种牧草好，就盲目引进种植。因此，去伪存真，科学地选择适宜的牧草品种，做到适地、适草、适种、适用，是种草养羊成败的关键所在。

（1）牧草品种现状。牧草是指一切可供饲用的草本植物。我国已登记注册的牧草和饲料品种有 200 多个。养羊业普遍栽培的牧草主要是豆科和禾本科牧草，还有一些菊科、蓼科和苋科牧草。豆科牧草主要有紫花苜蓿、红三叶和白三叶、紫云英、草木樨、沙打旺、毛苕子、豌豆、柠条等；禾本科牧草主要有黑麦草类、苏丹草、皇竹草、羊茅类、饲用玉米等；菊科牧草主要有串叶松香草、菊苣、苦荬菜等；紫草科牧草有聚合草等；苋科牧草主要有籽粒苋等。

（2）不同牧草的品质差异大。牧草的品质主要是指粗蛋白质含量、适口性、消化率等。豆科牧草含有较高的粗蛋白质和钙，分别占干物质的 18%~24% 和 0.9%~2%，其他矿物质元素和维生素含量也较高，适口性好，易消化。其主要缺点是叶子干燥时容易脱落，进行干草处理时养分容易损失；羊采食单一鲜豆科牧草易发生膨胀病。禾本科牧草富含无氮浸出物，在干物质中粗蛋白质的含量为 10%~15%，不及豆科牧草，但其适口性好，羊很爱吃。同时禾本科牧草容易制作干草而保存，再生能力强，适于多次刈割利用。菊科牧草的串叶松香草和紫草科牧草的聚合草，为多年生草本，产量也高，粗蛋白含量为 25%~30%，但因叶子多有茸毛，存在适口性问题，饲喂羊时需逐步驯化。蓼科牧草鲁梅克斯 K-1 杂交酸模的粗蛋白为 30%~40%，但蛋白质的消化率不高，又因含有单宁，影响适口性，长时间饲喂羊会产生厌食，并且吃多了会引起拉稀，不适用于养羊。有的牧草还有一定药用价值，如苦荬菜柔嫩多汁、味微苦、性甘凉，长期饲用可减少羊肠道疾病的发生。

（3）不同牧草对生态条件的适应性。牧草对温度、湿度、土壤、阳光、水和肥等有不同的要求，这些都是在引种牧草前必须要详细了解的。比如适宜在南方种植的三叶草、皇竹草、黑麦草、墨西哥玉米等，均不适宜在北方栽培。而且海拔不同，牧草种植的品种也不相同。

（4）牧草生长年限及经济特性。

1）一年生牧草：只在一个生长期内，完成其生命周期的牧草。国内较为常见的种类有饲用玉米、饲用高粱、豌豆、苏丹草、籽粒苋、苦荬菜等。一年生牧草具有生长速度快、产量高、占用农田时间短，能充分、快速地利用当地的热量、水分、光照时间等优点，在农区草田轮作、间混套种及休闲地压青中受到养羊者青睐。

2）越年生牧草：是指那些在两年内完成其生命周期，而在第一年只进行营养生长，很少开花结实或不结实的牧草。我国常用的越年生牧草品种有冬牧-70黑麦、紫云英、草木樨等。该类牧草具有占地时间短、生长迅速、产草量高等特点，常在农区短期草田轮作中应用。特别是冬牧-70黑麦，已广泛作为冬春季羊的青饲料来源。

3）多年生牧草：主要品种有紫花苜蓿、白三叶、红三叶、鸭茅、多年生黑麦草、串叶松香草、菊苣、皇竹草等。多年生牧草生长周期长，除皇竹草外，当年产量一般不高，但利用年限长，其生长年限以品种栽培管理而异，少则3~4年，多则10年，产草量一般都高。

（5）饲用方式。栽培牧草主要饲用方式有青饲、青贮、晒制干草或制成草粉等。禾本科牧草主要用于青饲和调制干草保存；豆科牧草一般青饲、青贮、晒制干草均可；叶菜类适宜青饲、青贮。

2. 因地制宜，以养定种、以种促养、种养结合，促进养羊高效 栽培牧草要以种养结合为原则，做到以养定种、以种促养。在养羊生产中，一般根据利用目的选择牧草品种。若以收获青绿饲料用于青饲、青贮或晒制干草，应考虑以牧草的生物产量高低作为标准。此外，牧草的抗病性、抗倒伏性和是否耐刈割也应作为考虑的因素。一般选择初期生长良好、短期收获量高且对肥效较敏感的品种，如紫花苜蓿、冬牧-70黑麦、象草、皇竹草、白三叶、红三叶、聚合草、串叶松香草等。这类牧草鲜草产量一般都高，低者每公顷45～60 t，高者可达150 t以上。若在草场放牧，在考虑牧草生产性的同时，应优先考虑再生能力强、耐踩踏且密度大的品种，如多年生黑麦草、鸭茅、苇状羊茅等，这类牧草的生产量季节变化较平稳，而且耐践踏，有较好的再生性和利用性。

3. 推广牧草种植和套播模式，科学搭配牧草品种，确保营养平衡和均衡供应 种草养羊要依据规模养羊的数量、饲养方式和羊的品种，按照长短结合、周年四季合理供应原则选择牧草品种，应用牧草种植模式和套播模式，有计划地将多种牧草搭配种植，以确保营养平稳和均衡供应。

（1）牧草种植的套播模式。其模式主要有一年生牧草与一年生牧草轮作、一年生牧草与多年生牧草套作、一年生牧草与农作物轮作的套播模式。在南方地区还可根据海拔不同，即海拔600 m以下，采用扁穗牛鞭草或皇竹草套种多花黑麦草，冬闲田单种黑麦草；海拔600～800 m，采用紫花苜蓿或红三叶与牛鞭草或鸭茅间作，高丹草或饲用玉米与多花黑麦草轮作；海拔800 m以上，用鸭茅、白三叶、多花黑麦草、红三叶混播。此几种牧草套种模式很适合南方地区。

（2）禾本科牧草与豆科牧草混播模式。采用这种方法播种，两类牧草的根系和叶片分布不同，吸收的养分也有差异。禾本科牧草可利用豆科牧草根瘤菌提供氮素，可显著提高牧草产量。同时，还可防止羊只因采食豆科牧草过量而发生膨胀病。常用混播组合模式有苇状羊茅与白三叶、苏丹草与红三叶、无芒雀麦与紫花苜蓿、草木樨与黑麦草等。

（3）不同生长季节栽培牧草的搭配模式。为实现常年供牧草，在春季选择种植黑麦草、紫花苜蓿、红三叶、白三叶等，在夏季可选择种植紫云英、冬牧-70黑麦等。

（三）鲜树枝叶类

我国有丰富的森林资源，大多数树木的嫩枝、叶子和果实都可以作为羊的饲料。

1. 灌木的饲用价值 灌木具有抗逆性强、植丛大等特点。一些灌木如豆科灌木粗蛋白质含量高，蛋白质含量占干物质的25%~29%，氨基酸种类齐全，是羊很好的蛋白质补充饲料，同时还含有丰富的维生素。

2. 树叶的饲用价值 多数树木的叶子可作为羊的饲料，其中优质紫穗槐叶、槐树叶、胡枝子、松针、银合欢等树的叶子，还是羊的蛋白质和维生素的很好来源。

（四）块茎、块根类

块根、块茎类饲料主要包括胡萝卜、甘薯、木薯、马铃薯、甜菜等，常作为羊冬季主要青饲料的补充来源，特别是对哺乳母羊具有催乳作用。

三、青贮饲料

青贮饲料就是把青绿（半干）植物装入密闭的青贮窖、塔、袋中，在厌氧条件下利用乳酸菌发酵，或利用化学制剂处理，或经晾晒等方法，降低水分含量而成为长期贮存的饲料。

（一）青贮的原料来源

制作青贮的原料来源较多，有玉米秸秆或全株玉米，苏丹草和禾本科的黑麦草，以及其他如瓜菜类的副产品、甘薯秧、萝卜叶、白菜叶等。此外，可饲用的小灌木枝叶、树叶等都可以作为青贮原料。采用低水分青贮的方法，豆科牧草也可以作为半干青贮原料。

（二）青贮饲料贮存的设施

1. 青贮窖　青贮窖是青贮饲料使用最多的青贮设施，根据其在地面上的位置分地下式、半地下式和地上式。根据其形状亦有圆形与长方形之分。一般在地下水位比较低的地方，可使用地下式青贮，而在地下水位比较高的地方宜建半地下式和地上式青贮。

青贮原料多时，可采用长方形窖。一般深 1.5~3.5 m，长度可根据羊场需要确定。建长方形窖时，窖的四角必须做成圆弧形，便于青贮料下沉，排出青贮窖残留气体。地下、半地下式青贮窖内壁要有一定倾斜度，要求口大底小，以防窖壁倒塌，可用砖、石、水泥等原料将窖底、窖壁都砌筑起来，保证青贮窖密封和提高青贮效果。如在地面上建长方形窖，长、宽可根据原料多少来确定，同样用砖、石、水泥砌筑。青贮窖的优点是建窖成本低，技术要求不高；缺点是窖贮饲料损失率大，一般为 8%~12%。

当青贮原料少时，最好建造圆形窖。因为圆形窖与同样容积的长方形窖相比，窖壁面积要小，贮藏损失小。一般圆形窖的大小以直径 2 m、窖深 3 m 为宜。

2. 青贮塔　青贮塔是用砖、水泥、钢筋等原料砌筑而成的永久性塔形建筑。塔的高度应根据设备的条件而定，羊场有自动装填原料的青贮切碎机，可以建高达 8~10 m 的青贮塔，甚至更高的青贮塔。装填青贮料一般都从塔顶部装入，取出青贮料可采用由顶部或底部两种取料方法。青贮塔的优点是坚固、经久耐用，青贮料霉坏损失率低，使用中受气候影响较小；缺点是建塔费用较高，适用于在地势低洼、地下水位高的地区及大型牧场或城市郊区建造。

3. 袋装青贮 采用 0.8~1.0 mm 厚的聚乙烯塑料薄膜制成塑料袋，用户只需把青贮原料切短，压实装袋，扎口，保证不透气，然后堆积存放在避光阴凉处。袋装青贮的优点是经济简便易行，青贮物料质量好，营养可保存 85% 以上，物料损失小，便于人力搬运和取饲。在贮放期间要注意预防鼠害和薄膜破裂，以免引起二次发酵。袋装青贮的缺点是塑料袋成本较高，人力付出较大，袋装量大时需要配备压实装填机。

（三）制作青贮饲料应具备的基本条件

1. 青贮原料的水分含量要适宜 无论何种青贮方式，为保证青贮料的质量，青贮原料中含有适宜的水分是保证乳酸菌正常活动与繁殖的重要条件，过高或过低的含水量都会影响乳酸菌正常的发酵过程与青贮料的品质。青贮原料的适宜水分含量随原料的种类和质地不同而异，常规青贮（一般青贮）装窖或装袋前要将原料水分降到 60%~70% 为宜，超过 75% 则容易霉烂变质。半干青贮的原料经风干晾晒，含水量降至 45%~55% 之间为宜。最简单的水分测定方法是手测，将原料切碎后握在手中，指缝中有水珠渗出但不下滴，这时原料的含水量较适宜。若原料水分含量过高，可适当加一些麦麸类等干粉；原料水分过低时，在青贮时需要混加一些水分含量较高的原料，使含水量适宜。

2. 常规青贮的原料中要有足够的含糖量 常规青贮过程是一个把青贮原料中的糖分转化成乳酸的发酵过程。乳酸的产生和积累，使青贮饲料内酸度提高，在 pH 值下降到 4.2 时，抑制各种有害微生物的生长和繁殖，从而达到保存青绿饲料的目的。要让青贮饲料处于最佳发酵状态，必须保证青贮原料不低于 2% 的含糖量，一般要求 3% 左右即可。对含糖量低的原料如豆科牧草、瓜藤等，青贮时每 100 kg 可添加糖 5 kg，也可与含糖较高的禾本科牧草按 4 : 6 或 5 : 5 的比例混合，同样也可制成优质的青贮饲料。

3. 要求厌氧环境　乳酸菌属于厌氧菌，最适宜在厌氧环境中生长、繁殖。青贮饲料需要处于厌氧环境，必须做好以下三点：一是把青贮原料切成 5 cm 以内的短节。原料切碎后装填容易，也便于踩压，而且原料切碎后会有部分细胞汁液渗出，有利于乳酸菌的生长繁殖。二是要压实。压实是为了尽量排除青贮窖内的空气，减弱腐败菌等好氧微生物的活动，从而提高青贮饲料的质量。三是要密封。密封的目的是保持青贮窖内的厌氧环境，以利于乳酸菌的生长和繁殖。

4. 合适的温度　青贮时还必须要求青贮窖内具有适宜的温度，青贮料的温度最好在 25~35 ℃，在此温度下乳酸菌能够大量繁殖，抑制其他杂菌繁殖。青贮过程中温度是否适宜，关键在于青贮原料的水分含量是否合适，青贮原料是否有足够的含糖量，以及青贮窖是否处于厌氧环境这三个方面。当满足这三个条件时，青贮温度一般会维持在 30 ℃左右，这个温度有利于乳酸菌的生长与繁殖，保证青贮料的质量。如果不能满足上述条件，就有可能造成青贮过程中温度过高，则可能出现过量产热而抑制乳酸菌增殖，促进其他杂菌如丁酸菌等生长，高温青贮使青贮料变臭不能饲用，从而造成青贮失败。

（四）青贮的步骤和主要技术要点

1. 制作青贮饲料的主要步骤　制作青贮饲料是一项短时间内需要完成的工作，其过程概括为：随割、随运、随切、随装、随踩、随封，连续操作，当天完成。特殊情况下不能完成的，需先行密封。青贮原料要切短，装填要踩实，窖顶要封严。制作青贮饲料的主要操作步骤用一个流程表示为：收割→运输→切碎→装窖（喷洒添加剂）→踩实→密封。

2. 制作青贮饲料主要环节的技术要点

（1）适时收割。一般来说，制作优质青贮饲料的关键是控制青贮原料的水分，掌握好各种青贮饲料的原料收割时间，做到及时收获。一般青贮玉米在乳熟时收割，半干青贮在腊熟期收割，黄贮玉米秸在完熟期提前 15 d 摘穗后收割。收果穗后的玉米秸秆青贮，宜在玉米穗成熟、玉米茎叶仅有下部 1~2 片叶收割；禾本科牧草在孕穗至抽穗期收割；甘薯藤在收薯前 1~2 d 或霜前收割。适时收割可使青贮饲料原料营养成分较高，含水量也较适宜，便于制作优质青贮饲料。

（2）及时运输。对刈割的原料要及时运输到青贮地点，如果不能及时运送而放置时间较长，则会使水分蒸发，养分损失。

（3）切短。少量青贮原料的切断可用人工铡草机，大规模青贮可用青贮切碎机，一般切成 1.2~5 cm 碎段较好。对青贮玉米秸，要求破节率在 70% 以上。

（4）装填压实。如果使用青贮窖青贮，在装青贮原料前，可先在底部填一层 10~15 cm 厚的切断的干秸秆或青干草，以便吸收青贮窖底多余液汁。切碎后的原料若常规青贮，含水率在 60%~70% 为宜。装填过程一般是将青贮切碎机置于青贮窖旁，使切碎的原料直接落于窖内。装填青贮料时应逐层装入，每层装 15~20 cm 厚时踩实一次，然后再继续装填，尤其是边缘部分和四个角踩得越实越好。切记不要等青贮原料装满后进行一次性的压实。最好一次装满，如不能一次装满，则装填一部分后立即在原料上面盖塑料薄膜，次日继续装填。青贮料紧实程度也是青贮成败的关键因素之一，青贮紧实度适当，发酵完成后青贮饲料下沉一般不超过深度的 10%。青贮原料装填压实这道工序也是非常重要的。

（5）密封窖顶。密封窖顶目的是防止漏水透气。当原料装到超过窖口 60 cm 时，即可加盖封顶。封顶一定要严实，绝对不能漏水透气，这也是制作优质青贮饲料的一个关键环节。封顶时，先在青贮原料上面盖一层 10~20 cm 切短的秸秆或青干草，上面再盖一层塑料薄膜，薄膜上面再压上 30~50 cm 厚的土层，窖顶呈馒头形，以利于排水。

（6）加强管理。青贮窖的周边需要挖排水沟，同时要经常排查，防止漏水透气。一般在窖封顶之后，青贮原料都要下沉，特别是封顶后第一周下沉最多。一旦发现由于下沉造成顶部裂缝或凹陷，要及时用土填平并密封好，切实保证青贮窖内青贮饲料处于无氧环境中。

（五）青贮饲料的品质鉴定标准

1. 色泽　青贮料的色泽因原料的种类而异，一般青贮饲料应接近作物原先的颜色。原料发酵的温度是影响青贮饲料色泽的主要因素，青贮器（窖、袋）内温度越低，青贮饲料就越接近于原先的颜色。经试验证明，对于禾本科植物，温度高于 30 ℃，颜色变成深黄；当温度为 45~60 ℃，颜色接近于棕色；温度超过 60 ℃，颜色近乎黑色。因此，品质优良的青贮饲料颜色呈黄绿色或青绿色，品质中等的青贮饲料为黄褐色或暗绿色，劣等的青贮饲料为褐色或黑色。

2. 气味　优质青贮饲料有好闻的酸味、芳香或果香味，这种青贮料 pH 值在 4.0 以下，乳酸含量多。若有刺鼻的酸味，则醋酸较多，青贮料品质较次。若有强烈的臭味、氨味加上腐败气味的青贮料为劣等，不能作为饲喂羊只的饲料使用。有碱性气味或芳香味的青贮料表明正在进行二次发酵。

3. 质地　优良的青贮饲料，虽然在窖内压得非常紧实，但拿时松散柔软，略湿润，不粘手，植物的茎叶等结构能清晰辨认，茎、叶、花保持原状，而且容易分离。中等青贮饲料植物茎叶部分保持原状，柔软，但水分稍多。劣等的青贮饲料结成一团，腐败发黏，植物结构受到破坏及呈黏滑状态，这是青贮饲料腐败的标志，黏度越大，表示腐败程度越高。青贮饲料的感官鉴定标准如表2-1所示。

表2-1　青贮饲料感官鉴定标准

等级	颜色	酸味	气味	质地
优良	黄绿色、绿色	较浓	芳香酸味	柔软湿润，茎叶结构良好
中等	黄褐色、墨绿色	中等	芳香味弱，稍有乙醇或醋酸味	柔软，水分稍干或稍多，结构变形
劣等	黑色、褐色	淡	刺鼻腐臭味	黏滑或干燥、粗硬、腐烂

（六）青贮饲料的使用

1. 开窖取用时的注意事项　青贮饲料一般要经过40~50 d才能完成发酵过程，此时即可开窖饲用。开窖时间根据需要而定，一旦开窖使用，就必须每天按羊实际采食量连续取用。

2. 青贮饲料的科学使用　青贮饲料具有酸味，羊只初喂青贮饲料时，部分羊会因不习惯而拒食，这就需要进行训饲。常用的训饲方法有四种：一是在羊饥饿空腹时先饲喂少量青贮饲料，然后再喂其他饲料；二是将青贮饲料放在饲草的底层，上层放常喂的草料，让羊逐渐适应青贮料气味；三是将少量青贮饲料与精饲料混合后饲喂，然后再喂其他饲料；四是将青贮饲料与其他草料搅拌均匀后饲喂。在训饲的基础上，青贮饲料的用量可由少到多逐渐增加。但必须注意，青贮饲料的饲用必须与精料或其他饲料，按羊饲养的营养需要合理搭配使用。

羊能有效地利用青贮饲料，而且饲喂青贮饲料的羔羊生长发育良好，成年羊育肥迅速。其饲喂量为：成年羊每天饲喂4~5 kg/只，羔羊每天饲喂400~600 g/只。因青贮饲料含有大量的有机酸，有轻泻作用，对妊娠后期的母羊应少量喂食。青贮饲料酸度过大，也会影响种公羊的精液品质，因此，种公羊也宜少喂。

四、能量饲料

能量饲料是指干物质中粗蛋白质含量低于 20%，粗纤维含量低于 18%，每千克干物质含有消化能 10.46 J 以上的饲料，这类饲料主要包括谷实类和糠麸类。

（一）谷实类饲料

谷实类饲料是养羊最常用的能量饲料。谷实类饲料是指禾本科作物成熟的籽实，有玉米、高粱、稻谷、小麦、大麦、燕麦等。这类饲料适口性好，消化率高，因而有效能值也高。正是由于具有上述营养特点，谷实类饲料是羊的最主要的能量饲料。

（二）糠麸类饲料

糠麸类饲料是谷物的加工副产品，也是羊的重要能量饲料原料来源，主要有米糠、小麦麸、大麦麸、燕麦麸、玉米皮等，其中以米糠与小麦麸占主要位置。

五、蛋白质饲料

蛋白质饲料是指干物质中粗纤维含量小于 18%，粗蛋白质含量大于或等于 20% 的饲料。蛋白质饲料可分为植物性蛋白质饲料、动物性蛋白质饲料及非蛋白氮饲料。

（一）植物性蛋白质饲料

植物性蛋白质饲料包括豆类籽实、饼粕类及其他植物性蛋白质饲料。常见的豆类籽实有大豆、豌豆、蚕豆等；饼粕类有大豆饼粕、花生饼粕、芝麻饼粕、菜籽饼粕、棉籽饼粕等；其他植物性蛋白质饲料有玉米蛋白粉等。

（二）动物性蛋白质饲料

动物性蛋白质饲料主要指鱼类、肉类及乳品加工业的副产品，有鱼粉、肉粉、肉骨粉、血粉、羽毛粉、内脏粉、乳制品等。

动物性蛋白质饲料是以动物胴体及下脚料为原料生产加工而成的副产品，常成为动物疾病的传染源或富集某些有毒化合物。针对 1996 年以来国际上相继发生的"疯牛病"和"二噁英"事件，以及痒病等某些传染病的蔓延，世界上有许多国家对生产、进口和使用动物性饲料都做出了严格的规定。我国农业部（现为农业农村部）在 2001 年 3 月 1 日发布了《关于禁止在反刍动物饲料中添加和使用动物性饲料的通知》（NY 5150—2002），规定不准在肉羊饲料中添加使用除蛋、乳制品外的动物源性饲料。

（三）非蛋白氮饲料

凡含氮的非蛋白可饲物质均可称为非蛋白氮饲料（NPN）。非蛋白氮包括饲料用的尿素、双缩脲、氨、铵盐及其他合成的简单含氮化合物，其作用是作为羊瘤胃微生物合成蛋白质所需的氮源，补充蛋白质营养，从而节省蛋白质饲料。

非蛋白氮的种类虽然很多，但作为羊补充氮源的并不多，目前非蛋白氮类应用最广泛的是尿素。无论是从有效性还是从经济可行性分析，其他非蛋白氮的含氮化合物都不如尿素。尿素来源广、成本低，用适量尿素来代替羊日粮中的蛋白质，可以降低饲养成本，提高生产性能，并有显著效果。

1. 尿素的喂量及使用方法

（1）尿素的喂量。一般情况下，尿素喂量过大会使羊发生中毒。一般给予量占日粮干物质的 1% 或占混合精料的 2%，但尿素氮的含量不能超过日粮总氮量的 25%~30%。对妊娠和哺乳母羊每只每天可喂 13~18 g，6 个月以上的青年羊每只每天可喂 8~12 g，但对瘤胃机能尚未发育完全的羔羊不宜补饲尿素。也可按羊体重饲喂，羊饲喂尿素的最大用量为 0.1~0.3 g/kg 体重，超过 0.3 g/kg 体重不仅日粮的适口性大大降低，而且还能引起羊尿素中毒。以上规定的尿素日饲量，每日分早、中、晚三次饲喂，切不可将一天的喂量一次全部饲喂，以免造成羊只尿素中毒。

（2）尿素的使用方法。

1）拌入混合料中：饲喂肉羊时，可把尿素干粉均匀混入混合饲料中喂给。一般尿素在混合饲料中占 1%~2%。

2）与粗饲料混合：将尿素干粉均匀混入铡碎的青干草或农作物藤蔓中，其量也按 1%~2%。

3）制作尿素青贮饲料：由于玉米秸秆等禾本科作物蛋白质含量低，青贮时可边装铡短的原料，边洒尿素溶液。按青贮原料鲜重的 0.5%~0.7% 添加，一般不超过 1%。若青贮原料干物质含量为 35% 时，则每吨青贮料添加 2.25 kg 尿素；若青贮原料干物质含量为 40% 时，则每吨青贮料添加 2.5 kg 尿素。

4）用尿素制作氨化饲料。

2. 尿素使用过程中应注意的问题

（1）要严格掌握饲喂量，喂量过大会使羊发生中毒。

（2）尿素只能供成年羊饲喂。一般 6 月龄以上的羊使用效果较好，而幼年羊不可饲喂，否则会出现氨中毒。

（3）饲喂尿素需经过一定的适应期。一般需经 10~15 d，由少到多，逐步达到计划用量。同时应注意使用时不要时用时停，以免影响瘤胃内微生物的平衡。

（4）尿素不能单独饲喂或溶于水中饮用。喂前一定要与精料或混合料拌匀，更不能溶于水中饲喂，还不能把一天的量一次喂完；喂后不能马上饮水，一般要求喂后半天饮水为宜，也不能饮水过少。

3. 尿素中毒及解救措施　尿素饲喂过量或喂法不当，如饲料混合不均匀、配比错误、饲喂粗饲料的质量太差、饮水不当、饲喂含尿素精料前采食太少等，则易出现尿素中毒。羊轻度中毒表现为口吐白沫，严重的可出现呼吸急促、肌肉震颤、动作失调、出汗不止等典型的氨中毒症状。

对于成年羊的尿素中毒，最常用的治疗方法是静脉注射

10%~25% 的葡萄糖，每次 100~200 mL；或灌服 10~15 L 凉水，使瘤胃温度下降，从而抑制尿素的溶解，冷水还能稀释氨的浓度，减缓瘤胃吸收氨的速度；也可灌服 1 L 0.5% 的食醋，用冷水和食醋同时灌服效果较好；如果饲喂 1 L 左右 20%~30% 糖蜜浆或白糖溶液效果更好。对于幼年羔羊尿素中毒，急救方法与成年羊相同，但是使用药物剂量要根据体重酌减。

六、矿物质饲料

（一）常用矿物质饲料

1. 食盐 食盐的成分是氯化钠，地质学上叫石盐，包括海盐、岩盐和井盐三种。精制食盐含氯化钠 99% 以上，粗盐含氯化钠 95%，纯净的食盐含氯 60%、含钠 39.7%，此外尚有少量的钙、镁、硫等杂质。食用盐为白色细粒，工业用盐为粗粒结晶。

食盐是羊不可缺少的矿物质饲料之一，因羊饲用的植物性饲料大都含钠和氯的数量较少，其含钾丰富。为了保持羊生理上的平衡，维持体液正常的渗透压，食盐对羊有着非常重要的作用。同时，饲料中添加食盐还可以改善饲料的适口性，提高羊的食欲。一般在羊的风干日粮中饲喂 1% 的食盐为宜，如果喂量过多，易引起中毒。缺碘地区可补饲碘化食盐。

2. 石粉 石粉又称石灰石粉，为天然的碳酸钙，含钙 34%~38%，是补钙最廉价、来源最广、最方便的矿物质饲料。

3. 磷酸氢钙 磷酸氢钙为白色或灰色粉末，含磷量为 16%~18%，含钙量为 23%。磷酸氢钙中的钙、磷利用率高，是优质的钙、磷补充饲料，这种既含钙又含磷的矿物质饲料在养羊生产中使用较多。

4. 碳酸氢钠 碳酸氢钠也称小苏打，不仅可以补充钠，更重要的是其具有缓冲作用，能够调节日粮电解质平衡和胃肠道 pH 值。研究证实，在反刍动物饲粮中添加碳酸氢钠可以调节瘤胃

pH 值，防止精料型饲粮引起代谢性疾病，提高增重、产奶量和乳值率。羊的一般添加量为 0.2%~1%，与氧化镁配合使用效果更好。

5. 硫酸钠 硫酸钠又名芒硝，为白色粉末。一般含钠 32%以上，含硫 22% 以上，生物利用率高，既可补钠又可补硫，硫的利用率为 54%，特别是补钠而不会增加氯含量，是优质的钠源和硫源之一。补充量不宜超过日粮干物质的 0.05%。

6. 贝壳粉 贝壳粉是由各种贝类外壳（蚌壳、蛤蜊壳、牡蛎壳、螺蛳壳等）精加工粉碎而成的粉状或粒状产品。其主要成分为碳酸钙，钙含量为 35%~38%，纯度在 95% 以上，其吸收利用率比石粉稍好。

（二）天然矿物质饲料

自然中可供动物饲用的天然矿物质，除了石灰石和磷矿石等，还有其他一些天然矿物质，如沸石、麦饭石、膨润土、稀土和泥炭等，它们不仅含有常量元素，而且富含微量元素。并且由于这些矿物质结构的特殊性，所含元素大都具有可交换性和可溶性，因而容易被羊吸收利用。

第三节 羊的营养需要与饲养标准

一、羊的营养需要

（一）营养需要的定义

羊的营养需要是指为了正常生长、健康和获得理想的生产成绩，在适宜的环境条件下，羊每天每只对能量、蛋白质、矿物质、碳水化合物、维生素和水等各种营养物质的需要量。

（二）营养需要的内容

羊因其生理机能、生产性能、生产目的、体重、性别和年龄等的不同，对能量和各种营养物质的需要，在数量和质量上都有很大差别。从生理活动角度上来看，羊的营养需要可分为维持生存需要和生产需要两个部分。维持生存需要主要指用于羊的消化、血液循环、呼吸、体温的维持等。羊的营养需要首先要保证维持生存需要后才有可能满足生产需要。生产需要又称生产活动，可分为生长需要、繁殖需要、泌乳需要、产毛需要等。

二、羊的饲养标准

（一）饲养标准的定义

所谓羊的饲养标准，是指根据大量的实践经验和科学实验，针对羊的不同品种、性别、年龄、体重、生理状态及生产性能、生产目的、环境条件等制定的羊对能量和各种营养物质的需要量。

（二）饲养标准的作用

1. 对羊实行标准化管理　饲养标准是发展养羊生产、制订生产计划、组织饲料供给、设计饲料配方、生产平衡饲粮，对羊实行标准化饲养管理的技术指南和科学依据。

2. 饲养标准能提高养羊的生产效率　在饲养标准指导下饲养肉羊，能显著提高生长速度，而且还能提高羊的产品质量，与传统经验饲养的羊相比，生产效率和产品产量可提高 1 倍以上。饲养标准的科学性和先进性，是保证羊只适宜、快速生长和高产的技术基础。

3. 使用饲养标准，要符合养羊自身生产实际需要　使用某个饲养标准，要根据实际饲养效果和生产成绩进行衡量和适当的增减调整，应符合养羊生产实际情况。饲养标准规定的营养定额一般对具有广泛或比较广泛的共同基础的动物饲养有应用价值，对共同基础小的动物饲养则有指导意义。因此，要使饲养标准规定的营养定额变得可行，必须根据不同的具体情况对营养定额进行适当调整。也只有注意将饲养标准与实际生产统一，才能获得养羊生产良好的结果。

4. 饲养标准与效益的统一性 应用饲养标准规定的营养定额，不能只强调满足羊对营养物质的客观要求，而不考虑饲料生产成本，必须遵守营养与效益相统一的原则。要注意的是，饲养标准中规定的营养定额实际上是显示了动物的营养平衡模式，按此模式向动物供给营养，既可使动物有效利用饲料中的营养物质，又可实现调节动物产品的量和质的目的，从而体现了饲养标准与效益统一性的原则。

（三）肉羊饲养可引用的饲养标准

1. 中国肉羊饲养标准 2004 年我国农业部颁布了《肉羊饲养标准》（NY/T 816—2004），本标准规定了肉用绵羊、山羊对日粮干物质进食量、消化能、代谢能、粗蛋白质、矿物质、维生素每日需要值。该标准适用于产肉为主，产毛、产绒为辅的绵羊、山羊品种，并附有中国羊常用饲料成分及营养价值表。规模养羊可依据和引用此标准，对肉用绵羊、山羊不同阶段的营养需要进行科学的饲料配合。

2. 其他可使用的饲养标准 我国目前已完成了湖羊、中国美利奴羊、大尾寒羊、小尾寒羊、内蒙古细毛羊、新疆细毛羊、萨能奶山羊的饲养标准制定工作，并已在生产实践中使用。另外，国外饲养标准中被普遍接受和广泛应用的是美国 NRC 标准、英国 ARC 标准和 Keral（1982）推荐的适宜于发展中国家的山羊饲养标准。

第四节 羊的饲料配合技术

规模养羊另一个标准生产的体现，是对羊的日粮按饲养标准进行配制。饲料配合是否达到所养羊的营养需要，这是决定标准化规模养羊生产效益高低的关键。

一、日量配合与饲料配方的定义

（一）日粮与日量配合

日粮指羊一昼夜采食的饲草或饲料的量。日量配合就是根据羊的饲养标准和饲草饲料的营养成分，选择几种适宜的饲草饲料互相搭配，使日量能满足羊的营养需要。由上可见日粮配合是饲养标准的具体化。在肉羊生产中，按日粮中各种成分的比例配制而成的大量混合饲料也被称为饲粮。

（二）饲料配方

根据羊的营养需要、饲料的营养价值、原料及价格等条件，合理地确定各种饲料的配合比例，这种饲料配合比例叫饲料配方。

二、日粮配合及饲料配方设计应遵守的原则

（一）安全性与合法性

羊的日粮配置或饲料配方设计必须遵守国家有关的法律法规和行业标准规定，如《饲料和饲料添加剂管理条例》《无公害食品肉羊饲养饲料使用准则》《饲料卫生标准》等，严禁使用明令禁用的兽药和非法饲料添加剂，使日粮或饲料配方设计有一定的内在质量，使之达到安全、卫生、无毒、无药残、无污染，完全符合营养指标、卫生指标和感官指标的标准。

（二）要以饲养标准为基础

羊配合饲料的作用是要保证羊生产能力、生长发育等所需的营养。因此，在进行日粮配制时，首先要以羊不同生理阶段的饲养标准和选用饲料的营养成分与营养价值表为依据，并根据本地的饲养时间灵活应用。使用饲养标准还要注意以下几点。

1. 饲养标准的选择　对既有明确的羊的品种、生理阶段又有相应品种的推荐标准时，尽量以这一标准为参考。如山羊饲养一般参照《肉羊饲养标准》（NY/T 816—2004）和 Keral（1982）推荐的适宜于发展中国家的山羊饲养标准，当然也可参照美国NRC 推荐的山羊饲养标准，并根据本地具体情况进行适当调整。

2. 营养指标的选择　营养指标的选择，要参照选用的羊饲养标准中规定的各营养指标，且指标中至少要考虑干物质采食量（DM）、消化能（NE）或代谢能（ME）、粗蛋白质（CP）、粗纤维（CF）、钙（Ca）、磷（P）、食盐（NaCl）、微量元素（铁、锰、铜、锌、钴、碘、硒等）、维生素 A、维生素 D 和维生素 E等指标。

3. 确定适宜的营养水平　要根据羊在不同阶段的生理特点及营养需要进行科学配制，确定适宜的营养水平。如母羊在空怀期、怀孕期、哺乳期，要分别给予适宜的营养水平。

（三）选择适宜的饲料原料

1. 注意日粮的适口性　除了选择适口性好的饲料原料外，还可在日粮中添加饲料调味剂，如胡萝卜、食盐等，用以提高日粮的适口性。

2. 尽量选择适口性好、来源广、营养丰富、价格便宜、质量可靠的饲料原料　饲料成本一般占羊生产成本的 50%~70%，在配制日粮时要尽可能选用营养丰富、价格低廉、容易获得的饲料原料。要因地制宜，选用当地容易得到、价廉的饲料原料作为主要成分，并认真地进行成本核算来设计科学可行的饲料配方。

3. 要考虑羊的消化生理特点，选用适宜的粗纤维饲料　羊是反刍动物，在进行饲料配制时，必须含有一定比例的粗纤维饲料，以符合其生理消化特点。因此，可大量使用青干草，尤其是农作物秸秆，还有品质优良的苜蓿干草、豆科和禾本科混播的青贮玉米、青刈干草等，降低精饲料的饲喂量。禁止使用动物性饲料，充分使用饼粕类或用加热处理等过瘤胃饼粕。但对肉羊品质有影响的饲料如菜籽粕、糟渣类饲料、蚕蛹粉等，应尽量少用。

4. 饲料原料要多样化　饲料原料多样化，可起到养分互补的作用，达到饲料间组合正效应，能提高饲料的全价性和饲养效益。

（四）要以青、粗饲料为主，适当搭配精饲料

为了充分发挥羊瘤胃微生物的消化作用，在日粮组成中，要以青、粗饲料为主，首先满足其对粗纤维的需要，再根据情况适当搭配精、粗饲料的比例。精饲料的喂量不宜过高，要保证羊四季不缺青、粗饲料和多汁饲料。要保证所配日粮与消化道的消化液相适应，这是保证羊正常消化的物质基础。

（五）注意饲料添加剂的合理使用

饲料添加剂是配合饲料的核心，要选择既安全、高效、卫生、低毒、无残留又经过国家批准使用的饲料添加剂，如非蛋白氮、过瘤胃氨基酸、脲酶抑制剂、生长促进剂、微生态制剂、瘤胃代谢调控剂、酶制剂、中草药饲料添加剂等。

（六）饲料在配制时一定要混合均匀

对使用比例较小的饲料添加剂，应先与少量饲料预混合，然后再和大量饲料混合均匀。如果混合不均匀，羊个体间采食不均，除了失去应发挥的作用外，还会对羊的生长发育有不良影响，也易造成中毒而带来不应有的损失。

三、配制日粮的方法与步骤

（一）配制日粮的方法

配制日粮的方法有手工计算和计算机优化饲料配方设计两种。

1. 手工计算法　手工计算法简称手算法，即运用掌握的羊的营养和饲养知识，结合日粮配制原则，运用方程组法、交叉法、试差法等进行运算，最终设计出羊的日粮配方。此配方计算技术是近代应用数学与动物营养学相结合的产物，也是饲料配方的常规计算方法，简单易学，可充分体现设计者的意图，而且设计过程清楚明了，但计算过程较复杂，需要有一定的实践经验，且不易筛选出最佳饲料配方。手工计算法适合在饲料品种少的情况下使用。

2. 计算机优化饲料配方法　现在用于反刍动物配方的软件较多，具体操作各异，但无论采用哪种配方软件，所有原理基本是相同的。计算机设计饲料配方的方法原理，主要是根据有关数学模型编制专门程序软件进行饲料配方的优化设计，涉及的数学模型主要包括线性规划法、多目标规划法、模糊线性规划法、参数规划法等。其中最常用的是线性规划法原理，可优化出最低成本饲料配方。多目标规划法及模糊线性规划法也是目前较为理想的优化饲料配方的方法。应用这些方法获得的配方也称优化配方或最低成本配方。

配方软件主要包括两个管理系统，即原料数据库和营养标准数据库管理系统、优化计算配方系统。对熟练掌握计算机应用技术的人员，除了购买现成的配方软件外，还可应用 SAS 软件、电子表格等进行配方设计，非常经济实用。使用计算机成本优选配方技术适用于多种饲料原料，同时考虑多项营养指标，设计出营养成分合理、价格低的配方饲料配方，工作简化，效率较高，但也必须遵循常规饲料配方计算的基本知识和技能。该方法适合规模化养羊场（户）使用。

（二）使用手工计算法设计饲料配方的基本步骤

1. 查找羊的饲养标准表，找出羊的营养需要量 首先根据羊的品种、性别、年龄、体重等指标，查找出羊的营养需要量。

2. 查所选饲料的原料营养成分及营养价值表 有条件的地方或对于要求精确的，最好使用实测的原料养分含量值，这样可减少误差。

3. 确定日粮精、粗比配制日粮 首先确定羊每日的精、粗饲料喂量，并计算出精、粗饲料所提供的营养成分的数量。一般根据当地精、粗饲料的来源、品质、价格，最大限度地利用当地所产精、粗饲料。特别是粗饲料的利用，通常给予占羊体重1%~3%的粗饲料或相当于干草干物质的青贮饲料，一般按每3 kg的青绿饲料或青贮饲料可代替1 kg的青干草和干秸秆计算。

4. 与饲养标准比较，调整能量和蛋白质含量 与饲养标准相比较，确定应由精料补充料提供的干物质及其他养分数量，配制精料补充料，并对精料原料的比例进行调整，直到达到饲养标准要求。调整能量含量一般常用玉米、麦麸等精料来调整。每日的总能量需要量与粗饲料所提供的能量之差，就是精料需要提供的能量。调整蛋白质含量一般多用植物性蛋白质饲料进行调整，通常用豆粕、芝麻饼、花生饼和菜籽饼、棉籽饼，禁用动物性蛋白饲料。每日的总蛋白质需要量与粗饲料和精料二者所提供的蛋白质之差，就是需由蛋白质饲料所提供的蛋白质。

5. 调整矿物质含量 调整矿物质含量主要是调整钙、磷及食盐含量。若钙、磷含量没有达到羊的营养需要量，就需要用适宜的矿物质饲料进行调整。每日的总矿物质需要量与粗饲料、精饲料、蛋白质饲料三者所提供的矿物质之差，就是需由矿物质饲料提供的矿物质补充量，食盐另外添加。

6. 确定日粮配方　将所有饲料原料提供的各种养分进行综合，与饲养标准相比较，调整到基本一致（范围为±5%）。最后确定羊的日粮配方和所提供的营养水平，并附精料补充料配方。

（三）日粮配制要求与示例

1. 肉用羊精料的配制要求　肉用羊能量消耗较大，在制定饲料配方时应使其能量水平高些。谷物饲料，如玉米的比例可控制在 50%~80%，糠麸类在 10%~20%，饼粕类在 10%~25%。在育肥期间的能量水平应由低到高进行调整，如日粮的消化能在 11.70~13.5 MJ/kg；蛋白质水平可从高向低调整，一般从 18% 降到 12%；矿物质常量元素主要考虑钙、磷和食盐。用石粉或贝壳粉补充钙，钙水平在 0.7%~0.9%；用磷酸氢钙调整总磷水平在 0.5%~0.7%；食盐在 0.5%~0.8%。育肥羊还可使用饲料添加剂，如生长促进剂、缓冲剂、微量元素和维生素，以及过瘤胃氨基酸产品等。

2. 手工计算法示例

（1）试差法配制羊日粮。所谓试差法，就是先按日粮配合的原则，结合羊的饲养标准规定和饲料的营养价值，先粗略地把所选用的饲料原料加以配合，计算出各种营养成分，再于饲养标准相对照，对过剩的和不足的营养成分进行调整，最后达到符合饲养标准的要求为止。

试差法配制日粮的一般步骤如下：

第一步：先确定限制饲料的比例。如在配制羊日粮过程中，对有高粱的原料，要考虑到高粱中含单宁，一般高粱以不超过 10% 为宜。

第二步：用玉米和豆饼来平衡日粮的能量和粗蛋白质。

第三步：用矿物质饲料平衡钙、磷水平。

第四步：各项养分分别相加后与饲养标准相比较，再加以调整，手工计算法一般达不到 100%，但如不超出±5% 即为合格，否则可增减个别饲料比例，或更换饲料品种。

（2）试差法配制羊日粮示例。

例：一批体重 25 kg 的育肥山羊，计划日增重 0.20 kg，试用中等品质苜蓿干草、羊草、玉米青贮、玉米、大豆饼、棉粕、磷酸氢钙、食盐等原料，配制日粮。

第一步：查阅羊的饲养标准表，找出育肥山羊每天每只的营养需要量，如表 2-2 所示。

表 2-2　育肥山羊每天每只的营养需要量（NY/T 816—2004）

营养指标	营养需要
体重/kg	25
日增重/（kg/d）	0.2
DMI/（kg/d）	0.81
代谢能/（MJ/d）	7.63
粗蛋白质/（g/d）	91
钙/（g/d）	8.8
磷/（g/d）	5.9
食盐/（g/d）	4.0

第二步：查饲料营养价值表，列出几种饲料原料的营养成分，如表 2-3 所示。

第三步：确定粗饲料的用量。设定该育肥山羊日粮精、粗饲料比为 40：60，即粗饲料占日粮的 60%，精饲料占日粮的 40%，则育肥山羊粗饲料干物质进食量为 0.81×60%=0.486 kg，精饲料干物质进食量为 0.81×40%=0.324 kg。假设粗饲料中玉米青贮日给干物质 0.242 kg，羊草 0.122 kg，苜蓿干草 0.122 kg，计算出粗饲料提供的总养分，与标准相比，确定需由精料补充的差额部分，如表 2-4 所示。

表2-3　饲料原料营养成分（以干物质为基础）

原料	干物质/%	代谢能/（MJ/kg）	粗蛋白质/%	钙/%	磷/%
苜蓿干草	90.0	7.20	19.3	1.07	0.32
羊草	88.3	6.07	3.6	0.25	0.18
玉米青贮	22.7	7.74	8.1	0.10	0.06
玉米	88.4	14.27	9.7	0.04	0.21
麦麸	88.8	10.33	17.6	0.11	0.98
大豆饼	90.6	14.43	47.5	0.32	0.50
棉粕	92.2	12.22	36.7	0.31	0.64
磷酸氢钙	98.0	—		23.3	18.0

表2-4　日粮粗饲料所提供的养分

日粮组成	干物质/（kg/d）	代谢能/（MJ/d）	粗蛋白质/（g/d）	钙/（g/d）	磷/（g/d）
苜蓿干草	0.122	0.88	23.55	1.31	0.39
羊草	0.122	0.74	4.39	0.31	0.22
玉米青贮	0.242	1.87	19.6	0.24	0.15
总计	0.486	3.49	47.54	1.86	0.76
差额（精料标准）	0.324	4.14	43.46	6.94	5.14

　　第四步：用试差法制定精饲料日粮配方。由以上饲料原料组成日粮的精料部分，按经验和饲料营养特性，将精料应补充的营养配成精料配方，再与饲养标准相对照，对过剩和不足的营养成分进行调整，最后基本达到符合饲养标准的要求，如表2-5所示。

　　第五步：调整矿物质和食盐含量。由表2-5可知，能量和蛋白质均满足需要，钙、磷不足，可补充石粉7.28/0.35=20.8（g/d），补充磷酸氢钙2/0.18=11.11（g/d），食盐添加4.0 g/d。

第六步：列出日粮配方。全面调整后的日粮组成及营养水平如表 2-6 所示。

表 2-5　日粮精料配方

原料	比例/%	干物质/（g/d）	代谢能/（MJ/d）	粗蛋白质/（g/d）	钙/（g/d）	磷/（g/d）
玉米	70	226.8	3.24	22	0.28	1.47
麦麸	20	64.8	0.67	11.4	0.22	1.96
大豆饼	3	9.72	0.14	4.62	0.1	0.15
棉粕	5	16.2	4.25	5.95	0.16	0.32
食盐	1	3.24	—	—	—	—
预混料	1	3.24	—	—	—	—
合计	100	324	4.25	43.97	0.76	3.9
精料标准	—	324	4.14	43.46	8.04	5.9
差额	—	0	+0.11	+0.51	−7.28	−2

表 2-6　育肥山羊日粮配方

原料	DMI/［g/(d·只)］	组成比例/%
玉米	226.8	26.9
麦麸	64.8	7.7
大豆饼	9.72	1.2
棉粕	16.2	1.9
苜蓿干草	122	14.5
羊草	122	14.5
玉米青贮	242	28.7
石粉	20.8	2.5
磷酸氢钙	11.11	1.3
食盐	3.24	0.4
预混料	3.24	0.4
合计	841.91	100

注：DMI 为"dry matter intake"的缩写，意为干物质采食量。

（3）交叉法在饲料配方中的应用。交叉法又称四角法、方形法、对角法或图形法，简单易学，一般在饲料原料不多、考虑指标较少的情况下使用此方法。其缺点是在配制日粮中，不能考虑多项营养指标，采用饲料种类较多时运用此法较复杂。

例1：用混合干草和豆粕为体重70kg的带双羔的哺乳母羊配制含蛋白质15%的混合日粮。其计算步骤如下：

第一步：查饲养标准和饲料成分及营养价值表。查饲料成分及营养价值表后混合干草的可消化蛋白含量为8.9%，豆粕的可消化蛋白含量为43.0%。查《肉羊饲养标准》（NY/T 816—2004），体重70kg带双羔的哺乳母羊日需可消化粗蛋白226g。

第二步：画一个交叉图，在交叉图中写出所要配制的混合饲料的粗蛋白质需要量。交叉图的左边上下角分别为饲料中蛋白质的含量，沿对角线方向，以大减小，计算差数。

第三步：计算。各差数分别除以这两差数之和，得出这两种饲料的百分比，即饲料配方的组成。

混合干草应占的比例：28%/（28%+6.1%）=28%/34.1%=82.1%

豆粕应占的比例：6.1%/（28%+6.1%）=6.1%/34.1%=17.9%，或100%-82.1%=17.9%。

第四步：列出日粮配方。由以上计算得出，体重70kg的带双羔的哺乳母羊的日粮由82.1%的混合干草和17.9%的豆粕组成。

例2：用可消化蛋白含量为8.9%的混合干草（其中苜蓿干草为30%，野干草为50%，苏丹草为15%，沙打旺为5%）和可消化蛋白质含量为43%的蛋白质饲料（其中豆粕为50%，麻饼为20%，菜籽粕为30%），为体重70kg的带双羔的哺乳母羊配制含蛋白质15%的混合日粮。

其计算步骤如下：

第一、二步：同例1。

第三步：计算结果。体重70 kg的带双羔的哺乳母羊的日粮由82.1%的混合干草和17.9%的植物蛋白质饲料组成。

第四步：再计算日粮中各原料的比例。由于混合干草由30%苜蓿干草、50%野干草、15%苏丹草、5%沙打旺组成；植物蛋白质饲料由50%豆粕、20%麻饼、30%菜籽粕组成，因而要计算出以上饲料在日粮中的比例。

苜蓿干草：30%×82.1%=24.63%

野干草：50%×82.1%=41.05%

苏丹草：15%×82.1%=12.32%

沙打旺：5%×82.1%=4.10%

豆粕：50%×17.9%=8.95%

麻饼：20%×17.9%=3.58%

菜籽粕：30%×17.9%=5.37%

第五步：列出计算后的日粮配方，如表2-7所示。

表2-7　体重70 kg带双羔的哺乳母羊的日粮配方

饲料原料	苜蓿干草	野干草	苏丹草	沙打旺	豆粕	麻饼	菜籽粕
比例/%	24.63	41.05	12.32	4.10	8.95	3.58	5.37

第三章 羊场的环境管理和消毒

羊场的环境是指影响羊的生长、发育、生产和繁殖等的一切外界因素。这些外界因素有自然因素，也有人为因素。具体来说，羊场的环境包括作用于羊身体的一切物理性、化学性、生物性和社会性因素。物理性因素主要有羊舍、笼具、温度、湿度、光照、通风、灰尘、噪声、海拔和土壤、气候等；化学性因素有空气、有害气体和水、消毒等；生物性因素包括草料、病原体、微生物等；社会因素有饲养、管理及与其他家畜或羊的群体之间的关系等。

第一节 羊场场区的外界环境管理

一、科学合理规划羊场

羊场要选择适宜的场地，并进行科学合理的分区规划，这是维持场区环境良好的基础，并应注意羊舍朝向、间距、羊场道路的选择等。

二、绿化

绿化不仅可以美化环境，而且能够隔离和净化环境。好的绿化环境，不仅起到净化空气，改善局部小环境，而且能够有效地减少病原微生物的传播。羊场要根据当地及本场情况做好场区的绿化工作。

（一）羊场周围的绿化

在场界周围应该种植乔木和灌木混合林带，具体品种如乔木的小叶杨、旱柳、榆树及常绿针叶树等，灌木的河柳、紫穗槐、刺槐等。为加强冬季防风效果，主风向应多排种植。行距幼林时为 1~1.5 m，成林时为 2.5~3.0 m。要注意缺空及时补栽和按时修剪，以保持美观。

（二）场区路旁绿化

路旁绿化既可以夏季遮阴，防止道路被雨水冲刷，还可以起防护林的作用。路旁绿化多以种植乔木为主，乔木、灌木搭配种植效果更佳。

（三）遮阳林的种植

遮阳林主要种植在羊舍运动场周围及房前屋后，但要注意不影响通风采光，一般要求树木的发叶到落叶时间，北方在 5~9 月，南方在 4~10 月。

（四）美化林

场区美化林多以种植花草为主。

三、水源的防护

羊生产过程中，需要提供大量的水，所以在选择羊场场址时，应将水源作为重要因素考虑。羊场建好后还要注意水源的保护，减少对水源地的污染。

（一）水源位置的选择要适当

水源位置要选择远离生产区的管理区内，远离其他污染源（如工业污染、其他养殖场污染区等，羊舍与井水水源间应保持30 m 以上的距离），且于地势高燥处。羊场可以自建深水井和水塔，深层地下水经过底层的过滤作用，又是封闭性水源，水质、水量稳定，受污染的机会少。

（二）加强水源的保护

水源的优劣直接影响羊只的健康，因此，水源附近不得建厕所、粪池、污水坑、垃圾堆等，井水水源周围 30 m，江河取水点周围 20 m，湖泊等水源周围 30~50 m 范围内，应划为卫生防护地带，四周不得有任何污染源。保护区内禁止一切破坏水环境生态平衡的活动及破坏水源林、护岸林、与水源保护相关植被的活动；严禁向保护区内倾倒工业废渣、城市垃圾、牲畜粪便及污水、污物等其他废弃物；运输有毒有害物质、油类、粪便的船舶和车辆一般不准进入保护区；特别是保护区内禁止使用剧毒和高残留农药，不得滥用化肥；避免污染物通过各种渠道流入水源。最易造成水源污染的区域，如病羊隔离舍、化粪（尸）池或堆肥场更应远离水源，粪污应做到无害化处理，并有防渗漏、防雨淋的晾粪场，防止流进或渗入水源。

（三）注意饮水系统的消毒卫生

羊饮水系统的长期使用，会滋生某些有害的细菌、真菌、藻类等微生物，所以要定期清洗和消毒饮水用具和饮水系统，保持饮水用具的清洁卫生，保证饮水的新鲜。

（四）注意定期进行饮水的检测和处置

定期检测水源的水质，发现污染时要查找原因，及时解决；当水源水质较差时要进行净化和消毒处理。地面水一般水质较差，须经沉淀、过滤和消毒处理，地下水一般较为清洁，可直接饮用，必要时需要进行消毒净化处理。

四、灭鼠

老鼠能够携带传播多种疾病，还偷食饲料、咬坏物品、污染饲料和饮水，对羊只健康危害极大。羊场必须加强灭鼠工作。

（一）羊场的建筑物设计施工应考虑防止鼠类的进入

鼠类多从墙基、瓦顶、天棚、过道、窗户等处窜入室内，在设计、施工时注意，墙基最好用水泥涂刷，碎石和砖切的墙基用灰浆抹严缝隙。墙面应平直光滑，防止鼠沿粗糙墙面攀爬。如果使用砌缝不严的空心墙体，易使鼠隐匿营巢，不易发现，因此缝隙要填补抹平。各种管道周围要用水泥填平。通气孔、地脚窗、排水沟（粪尿沟）等出口均应安装孔径小于 1 cm 的铁丝网，以防鼠窜入。窗户外可使用铁丝网，可有效阻止老鼠、鸟、猫等生物侵入羊舍。

（二）使用器械灭鼠

使用器械灭鼠方法简单而易行，效果可靠，对人畜无害，但人工耗费较大。灭鼠器械种类繁多，主要作用有夹、关、压、卡、翻、扣、淹、粘、电等。

（三）使用化学药物灭鼠

化学灭鼠效率高、使用方便、见效快、成本低，缺点是操作不当或误食能引起人畜中毒，有些鼠对药物有选择性、拒食性和耐药性。所以，使用时需选好药剂，注意使用方法，以确保安全有效。灭鼠药剂种类很多，主要有灭鼠剂、烟剂、熏蒸剂、化学绝育剂等。羊场的鼠类以饲料库、羊舍最多，这些是灭鼠的主要场所。饲料库可使用熏蒸剂毒杀。投放的毒饵一定要远离羊栏、饲槽和水槽，防止毒饵混入饲料和饮水中。投放鼠药后，应及时清理鼠尸，以防被误食而发生中毒情况。选用鼠吃惯了的食物做饵料，突然投放，饵料充足，分布广泛，以保证灭鼠的效果。常用的慢性灭鼠药物有敌鼠钠盐、杀鼠灵、杀鼠醚等。

五、杀虫

蚊、蝇、蚤、蜱等吸血昆虫常常会侵袭羊并传播疫病。因此，在养羊生产中，要采取有效的措施防止和消灭这些昆虫。

（一）搞好环境卫生

搞好羊场环境卫生，保持环境的清洁、干燥、通风，是控制蚊、蝇的基本措施。蚊虫须在水中产卵、孵化和发育，蝇蛆也需在潮湿的环境及粪便等废弃物中生长。因此，应填平那些无用的污水池、土坑、水沟和洼地等。保持各通水系统畅通，对阴沟、沟渠等定期疏通，勿使污水贮积，在蚊蝇活动活跃季节要定期投药杀灭幼虫。对贮水池等容器加盖，以防蚊蝇飞入产卵。对不能清除或加盖的防水贮水器，在蚊蝇滋生季节，应定期换水。永久性水体（如鱼塘、池塘等），蚊虫多滋生在水浅而有植被的边缘区域，可修整边岸，加大坡度和填充浅湾，能有效地防止蚊虫滋生。羊舍内的粪便应定时清除，并及时处理。贮粪池加盖并保持四周环境的清洁。

（二）物理方法杀灭

利用机械方法及光、声、电等物理方法，扑杀、诱杀或驱除蚊虫。如羊场可以使用诱蚊灯、粘蝇纸等。

（三）生物方法杀灭

利用天敌杀灭害虫，如池塘养鱼即可达到鱼类治蚊的目的。此外，应用细菌制剂如内菌素杀灭吸血蚊的幼虫，效果较好。

（四）化学方法杀灭

化学方法杀灭是使用天然或人工合成的化合物，以不同的剂型（粉剂、乳剂、油剂、水悬剂、颗粒剂、缓释剂等），通过不同的途径（胃毒、触杀、熏杀、内吸等）毒杀或驱逐蚊、蝇。化学杀虫法具有使用方便、见效快等优点，是当前杀灭蚊、蝇的常用方法。常用的杀虫剂有马拉硫磷、倍硫磷、二溴磷、皮蝇灵等。

六、羊场废弃物的无害化处理

（一）粪尿处理

羊的粪尿由于土壤、水、大气及生物的作用，经过扩散、分解逐渐完成自净过程，进而通过微生物、动植物的同化和异化作用，又重新形成动、植物的糖类、蛋白质和脂肪等，也就是再度变为饲料，再行饲养畜禽。这种农牧结合、互相促进的办法，是处理羊粪便的基本措施，同时可改善土质，增加农作物产量，起到保护环境作用。但目前羊场多数是先收集羊粪，然后再进行堆积发酵，而羊尿和冲舍用的污水等需排入污水处理池处理。

1. 用作肥料 生产中有用新鲜粪尿直接上地，也有经过腐熟后再行施用的。

（1）土地还原法。把羊粪尿作为肥料直接施入农田的方法，称为土地还原法。羊粪尿不仅给作物提供营养，还含有许多微量元素等，能增加土壤中的有机质含量，促进土壤微生物繁殖，改良土壤结构，提高土地肥力，从而使作物有可能获得高而稳定的产量。实行农牧结合，就不会出现因粪便污染环境而形成畜产公害的问题。

（2）腐熟堆肥法。腐熟堆肥法是利用好气性微生物分解羊只粪便与垫草等固体有机废弃物的方法。此法能杀灭细菌与寄生虫卵，并能使土壤直接得到一种腐殖质类肥料，其使用量可比新鲜粪尿多 4～5 倍。

好气性微生物在自然界到处存在，它们发酵需要有足够的氧气，如物料中氧气不足，厌气性微生物将起作用，而厌气性微生物的分解产物多数有臭味，为此要安置通气的设备，经通气的腐熟堆肥比较稳定，没有怪味，不招苍蝇。除好气环境外，腐熟时的温度保持在 65~80 ℃，水分保持在 40% 左右较适宜。

我国利用腐熟堆肥法处理家畜粪尿是非常普遍的，并有很丰富的经验，所使用的通气方法简便易行。例如，将玉米秸捆或带小孔的竹竿在堆肥过程中插入粪堆，以保持好气发酵的环境，经4~5 d 堆肥内温度升高至 60~70 ℃，2 周即可达到均匀分解、充分腐熟的目的。粪便经腐熟处理后，其无害化程度通常用两项指标来评定，见表 3-1。

表3-1　高温堆肥法后的指标要求

项目		指标
肥料质量	外观	呈暗褐色，松软无臭
	测定其中总氮、速效氮、磷、钾的含量	速效氮有所增加，总氮和磷、钾不应过多
卫生指标	堆肥温度	最高温度达 50~55 ℃，持续 5~7 d
	蛔虫卵死亡率	95%~100%
	大肠杆菌值	10^{-2}~10^{-1} 个/g
	苍蝇	有效地控制苍蝇滋生

（3）粪便工厂化好氧发酵干燥处理法。此项技术是随着养殖业大规模集约化生产的发展而产生的，通过创造适合发酵的环境条件，来促进粪便的好氧发酵，使粪便中易分解的有机物进行生物转化，性质趋于稳定。利用好氧发酵产生的高温（一般达 50~70 ℃）杀灭有害的病原微生物、虫卵、害虫，降低粪的含水率，从而将粪便转化为性质稳定、能贮存、无害化、商品化的有机肥料，或制造其他商品肥的原料。此方法具有投资省、耗能低、没有二次污染等优点，是目前发达国家普遍采用的粪便处理方法，也将成为我国今后处理粪便的主要形式。

（4）有机-无机型复合肥的开发利用。有机-无机型复合肥，既继承了有机养分全面、有机质含量高的优点，又克服了有机肥养分释放慢、数量不足、性质不稳定、养分比例不平衡的缺点，同时弥补了无机化肥养分含量单一、释放速度过快易导致地力退化和农产品质量下降的不足。工厂化高温好氧发酵处理畜禽粪便，可得到蛋白质稳定的有机肥，这种有机肥为生产有机-无机型复合肥提供了良好的有机原料。施用有机-无机型复合肥是一种适合现代农业，给土壤补充有机质，消除有害有机废弃物，发展有机农业、生态农业、自然农业的重要手段。实践经验证明，在蔬菜作物黄瓜、辣椒田上施用有机-无机型复合肥比施用常规肥明显增产，其中黄瓜田施用有机-无机型复合肥比施常规肥增产 13%，辣椒田增产 6%。

2. 利用粪尿生产沼气　利用羊只粪尿及其他有机废弃物与水混合，在一定条件下产生沼气，可代替柴、煤、油供照明或作燃料等用。沼气是一种无色、略带臭味的混合气体，可以与氧气混合进行燃烧，并产生大量热能，每立方米沼气的发热量为 20.9~27.2 MJ。

粪尿产生沼气的条件：第一是保持无氧环境，可以建造四壁不透气的沼气池，上面加盖密封。第二是要有充足的有机物，以保证沼气菌等各种微生物正常生长和大量繁殖的需要。第三是有机物中碳氮比合适，在发酵原料中，碳氮比一般以 25∶1 产气系数较高，这一点在进料时需注意，适当搭配，综合进料。第四是沼气菌的活动温度以 35 ℃最活跃，此时产气快而多，发酵期约为 1 个月；如池温降至 15 ℃时，则产生沼气少而慢，发酵期约为 1 年。沼气菌生存温度范围为 8～70 ℃。第五是沼气池酸碱度保持在中性较好。过酸、过碱都会影响沼气的产生，一般以 pH 值 6.5~7.5 时产气最高。酸碱度可用 pH 试纸检测。一般情况下发酵时可能出现过酸，可以使用适量的石灰水或草木灰中和。

在设计沼气池容量时，需要考虑粪便的每天产生量和沼气产生速度。沼气的产生速度与沼气池内的温度、酸碱度、密闭性等条件有关。沼气池的容积确定一般以贮存 10～30 d 的粪便产量为准。

（二）污水处理

随着畜牧业经营与管理方式的改变，其畜产废弃物的形式也有所变化。如羊的密集饲养，取消了垫料，或者采用漏缝地面，为保持羊舍的清洁，用水冲洗地面，使粪尿都流入下水道。因而，污水中含粪尿的比例更高，有的羊场每千克污水中含干物质达 50～80 g；有些污水中还含有病原微生物，直接排至场外或施肥，对环境危害极大。如果将这些污水在场内经适当处理，并循环使用，则可有效减少对环境的污染，也可大大节约水费的开支。污水的处理主要包括分离、分解、过滤、沉淀等过程。

1. 将污水中固形物与液体分离　污水中的固形物一般只占 1/6～1/5，将这些固形物分出后堆成堆，便于贮存，可作堆肥处理，即使施于农田，也无难闻气味。剩下的稀薄液体，易于用水泵抽送，并可延长水泵的使用年限。液体中的有机物的含量下降，从而减轻了生物降解的负担，也便于下一步处理。将污水中的固形物与液体分离，一般用干湿分离机，分离出来的干粪通过晾晒发酵的无害化处理，变成良好的有机肥。废水经过三级沉淀发酵等处理最终可浇地，作为肥料。

2. 通过生物滤塔使分离的稀液净化　生物滤塔是依靠滤过物质附着在滤料表面所建立的生物膜来分解污水中的有机物，以达到净化的目的。通过这一过程，污水中的有机物含量大大降低，从而使污水得到相当程度的净化。

用生物滤塔处理工业污水已较为普遍。生物滤塔用于处理畜牧场的生产污水，在国外也已从试验阶段进入使用阶段，国内由于饲养规模和模式的限制使用得较少。

3. 沉淀　沉淀也是一种净化污水的有效手段。粪液或污水沉淀的主要目的是使一部分悬浮物质下沉。据报道，将羊粪以 1∶10 的比例用水稀释，在放置 24 h 后，其中 80%～90% 的固形物沉淀下来。在 24 h 沉淀下来的固形物中的 90% 是前 10 h 沉淀的。试验结果表明，沉淀可以在较短的时间去掉高比例的可沉淀固形物。

污水经过机械分离、生物过滤、氧化分解、沉淀等一系列处理后，可以去掉沉下的固形物，也可以去掉生化需氧量及总悬浮固形物的75%～90%。达到这一水平即可作为生产用水，但不适宜作为家畜的饮水。要想能为家畜饮用，必须进一步减少生化需氧量及总悬浮固形物，大量减少氮、磷的含量，使之符合饮用水的卫生标准。

（三）病死羊及其产品的无害化处理

患传染病、寄生虫病及中毒性疾病的羊，其肉尸、皮毛、内脏及其产品，如蹄、骨、血液、角，已被病原体污染，易造成疫病传播或其他危害，所以必须进行无害化处理。国家标准《病害动物和病害动物产品生物安全处理规程》（GB 16548—2006），规定了畜禽病害肉尸及其产品的销毁、化制、高温处理和化学护理的技术规范。目前各地基本上都有病死动物无害化处理厂，对病死动物及其产品的无害化处理逐步正规化。

1. 病死羊的无害化处理方法

（1）销毁。经确认为炭疽、羊快疫、羊肠毒血症、肉毒梭菌中毒症、羊猝击、蓝舌病、口蹄疫、钩端螺旋体病、李氏杆菌病、布鲁氏菌病等传染病和恶性肿瘤或两个器官以上发现肿瘤的整个羊尸体，必须销毁。可采用湿法化制（熬制工业用油）、焚毁炭化的方法予以销毁。

（2）化制。上述传染病以外的其他传染病、中毒性疾病、囊虫病及自行死亡或不明原因死亡的山羊、绵羊尸体，必须化制。化制的方法主要有干化制、分类化制或湿法化制。

（3）高温处理。经确认为羊痘、绵羊梅迪-维斯纳病、弓形虫病的羊尸体，属销毁处理的传染病羊的同期绵羊和怀疑受其污染的绵羊尸体和内脏，必须高温处理。其处理方法是把肉尸切成

2 kg 重、8 cm 厚的肉块，放入高压锅内，在 112 kPa 压力下蒸煮 1.5~2 h；或把切成的肉块，放在普通锅内煮沸 2~2.5 h。

2. 病死羊产品的无害化处理

（1）血液。属销毁传染病羊及血液寄生虫病病羊的血液，需进行无害化处理。其方法包括：①漂白粉消毒法：将 1 份漂白粉加入 4 份血液中充分搅拌，放置 24 h 后掩埋。②高温处理：将凝固血液切成方块，放入沸水中烧煮，烧至血块深部成黑红色并成蜂窝状时为止。

（2）蹄、骨和角。把肉尸进行高温处理后剔出羊骨、蹄、角，用高压锅蒸煮至脱骨或脱脂为止。

第二节　羊舍的环境管理

一、舍内温度的控制措施

羊的各种生产性能，只有在一定的外界温度条件下才能得到充分发挥。温度过高或过低，都会使生产水平下降，育肥成本提高，甚至使羊的健康和生命受到影响。例如，冬季温度太低，羊吃进去的饲料主要用于维持体温，没有生长发育的余力，有的反而掉膘，造成"一年养羊半年长"的现象，温度过低甚至会发生严重冻伤；温度过高，超过一定界限时，绵羊、山羊的采食量随之下降，甚至停止采食、喘息。羊育肥的适宜温度，决定于品种、年龄、生理阶段及饲料条件等多种因素，很难划出统一的范围。根据有关研究资料，中国四种不同生产类型的绵羊育肥对气温适应的生态幅度如表 3-2 所示。舍内温度控制就是要做好夏季的防暑降温和冬季的防寒保暖工作，避免温度过高和过低对羊的不良影响。

表3-2　不同类型的绵羊育肥对气温适应的生态幅度

类型	掉膘极端低温/℃	掉膘极端高温/℃	抓膘气温/℃	最适抓膘气温/℃
细毛羊	≤-5	≥25	8~22	14~22
半细毛羊	≤-5	≥25	8~22	14~22
中国卡拉库尔羊	≤-10	≥32	8~22	14~22
粗毛肉用羊	≤-5	≥30	8~24	14~22

（一）羊舍的防寒措施与保暖措施

通过隔热控制达到防寒目的是最根本的措施，对多数羊舍只要合理设计施工，基本可以保证适宜的温度环境需求。只有羔羊，由于热调节功能尚不完善，对低温极其敏感，故在冬季比较寒冷的地区，需要在产羔舍、羔羊舍通过采暖以保证羔羊所需求的适宜温度。

在我国东北、西北、华北等寒冷地区，由于具有冬季气温低、持续期长（建筑设计的计算温度一般在-25~-15℃，黑龙江省甚至到-30℃左右），四季及昼夜气温变化大，冬春风大且多为偏西、偏北风等特点，在这些地区发展养羊业必须有良好的羊舍越冬，必须重视羊舍的设计和建设。

1. 加强羊舍的保温隔热设计　加强羊舍的隔热设计与施工，提高羊舍的保温能力，比消耗饲料能量用来维持羊只体温或通过取暖措施维持舍温更加经济、更加有效。

（1）屋顶、天棚的保温隔热。在羊舍外围护结构中，失热最多的是屋顶与天棚，其次是墙壁、地面。屋顶失热多，一方面是因为它的面积一般大于墙壁，另一方面是因为热空气上升，故热能易通过屋顶散失。

在寒冷地区，天棚是一个重要的防寒保温结构。它的作用在于使屋顶与羊舍空间之间形成一个不流动的空气缓冲层，所以对保温极为重要。天棚铺足够的保温层（炉灰、锯末等），是加大屋顶热阻值的一项重要措施。

屋顶、天棚的结构必须严密、不透气。随着建材工业的发展，一些轻型的高效合成隔热材料已开始用于天棚隔热，为改进屋顶保温开辟了广阔的前景。用于天棚隔热的合成材料有玻璃棉、聚苯乙烯泡沫塑料、聚氨酯板等。在寒冷地区适当降低羊舍净高，有助于改善舍内温度状况。

（2）墙壁的保温隔热措施。墙壁是羊舍的主要外围护结构，失热仅次于屋顶，故在寒冷地区为建立符合养羊要求的适宜的羊舍环境，必须加强墙壁的保温设计，确定最合理的隔热结构，提高羊舍墙壁的保温能力。墙体可选用空心砖代替普通红砖，墙的阻热值可有效提高 41%，而使用加气混凝土块，则可提高 6 倍。采用空心墙体或在空心中填充隔热材料，也会大大提高墙的热阻值。

在外门加门斗、设置双层窗或临时加塑料薄膜、窗帘等，在受冷风侵袭的北墙、西墙少设窗、门，对加强羊舍冬季保温均有重要意义。在寒冷地区，对任何羊舍，均不宜设置北门。此外，对冬季受主风和冷风影响大的北墙和西墙加强保温，或在墙体周边放置植物秸秆也是一项切实可行的措施。

（3）地面的保温隔热措施。与屋顶、墙壁比较，地面失热在整个外围结构中虽然位于最后，但由于羊只直接在地面上活动，因而具有重要意义。夯实土及三合土地面在干燥状况下，具有良好的温热特性，故多在较干燥、很少产生水分又无重载物通过的羊舍里使用；水泥地面具有坚固、耐久和不透水等优良特点，但既硬又冷，在寒冷地区对羊只极为不利，若直接用作羊床必须加铺木板或垫草。

保持干燥状态的木板是理想的温暖地面羊床。但实际上木板铺在地上往往由于吸水而变成良好的热导体，故很冷也不结实。

此外，木板价格昂贵。

（4）选择有利于保温的羊舍形式与朝向。羊舍形式和朝向与保温有密切关系。在热工学设计相同的情况下，大跨度羊舍的外围护结构的面积相对地比小型羊舍、小跨度羊舍的小，故通过外围结构的总失热值也小，也节省建筑材料。同时，羊舍的有效面积大、利用率高，便于实现生产过程机械化和采用新技术。

小跨度羊舍，外围护结构的面积相对较大，不利于冬季保温。如两端墙有门，极易形成穿堂风。但南向单列舍小跨度羊舍可充分利用阳光取暖。

羊舍朝向，不仅影响采光，而且与冷风侵袭有关。在寒冷的北方，由于冬春季风多为偏西、偏北风，故在实践中，羊舍以南向为好，有利于保温。

2. 加强防寒管理

（1）提高饲养密度。在不影响饲养管理及舍内卫生状况的前提下，适当加大羊舍内羊的密度，等于增加热源，是一项行之有效的辅助性防寒保温措施。

（2）保持舍内干燥。采取一切措施保持舍内干燥是间接保温的有效办法。在寒冷地区设计、修建羊舍，不仅要采取严格的防潮措施，而且要尽量避免羊舍内潮湿和水汽的产生。同时也要加强舍内的清扫与粪尿的及时清除，防止空气污浊。

（3）利用垫草。利用垫草改善羊只周围小气候，是在寒冷地区常用的一种简便易行的防寒措施。铺垫草不仅可改进冷硬地面的使用价值，而且可在畜体周围形成温暖的小气候。此外，铺垫草也是一项防潮措施。

（4）加强羊舍的维修保养。入冬前进行认真仔细的越冬防御准备工作，包括封门、封窗、设置防护林和挡风障等，对改进羊舍防寒保温有不容低估的意义。

（5）合理的饲养管理。合理安排给水与排水，及时清除舍内粪尿，减少水汽来源。控制气流、防止贼风。气流经过羊体可加快热量散失，降低羊的临界温度，贼风还会影响羊的健康。所以，冬季换气时应加以控制，防止气流过大，避免进气口的冷空气直接吹到羊身上。此外，入冬前应注意关闭门窗，堵塞漏洞，设置挡风障。合理利用太阳辐射。太阳辐射可通过玻璃和透明塑料将热量传至舍内，提高舍温。羊舍阳面可增设塑料暖棚，尽可能利用太阳辐射热。故冬季应注意保持玻璃的清洁，增加辐射热量。

3. 羊舍的采暖措施　在生产实践中，只要能按舍温要求进行相应的热工学设计，并按设计施工，对于成年羊舍，基本上可以有效利用羊体自身产生的热能维持适当的舍温。对于羔羊由于其热调节功能发育不全，要求较高的舍温，故在寒冷地区，冬季须实行采暖。此外，当羊舍保温不好或舍内过于潮湿、空气污浊时，为保持比较高的温度和有效换气，也必须采暖。一般情况下，采暖是极不经济的。羊舍的供暖包括集中供暖、局部供暖、太阳能供暖等。

（1）集中供暖。采用集中供暖设备，通过煤、油、煤气、电能等的燃烧产热来加热水或空气，再通过管道将热介质输送到舍内的散热器，放热加温羊舍的空气，保持室内的适宜温度，一般要求分娩舍温度在15~22 ℃，最好在18~22 ℃，保育舍温度在20 ℃左右。集中供暖主要用于提高舍温，常用的设备有锅炉和热风炉。

（2）局部供暖。局部供暖设施有红外线灯、电热保温板等，主要用于哺乳羔羊局部供暖。一般要求舍温达到20~28 ℃的红外线灯，功率一般为250 W，吊于羔羊躺卧区效果比较理想；缺点是红外线灯寿命较短，容易碰坏或溅上水滴被击坏。电热保温板由电热丝和工程塑料外壳等组成，使用时可放在羔羊躺卧区。电热保温板使用寿命较长，缺点是羔羊周围空气环境温度较低。

（3）太阳能供暖。我国北方有着漫长而寒冷的冬季，低温严重影响羊的正常生长和繁殖。为了节约能源，降低养羊成本，一些养羊专业户和部分规模羊场采用塑料暖棚养羊，利用太阳能供暖，取得了良好的效果，提高了养羊的经济效益。

另外，还有采用火墙、地龙、火炉等方式供暖。这些方式虽简便易行，但对热能的利用不甚合理，供暖效果不太理想，温度变化幅度较大。

（二）羊舍的防暑与降温措施

羊的生理特征决定了羊是比较耐寒而怕热的动物，因而在养羊生产中要采取措施消除或缓和高温对羊只健康和生长的不利影响，以减少由此而造成的经济损失。与低温情况下防寒保温措施相比，在炎热季节防暑降温的任务更为艰巨和复杂。

1. 加强羊舍外围护结构的隔热设计　在炎热地区，造成舍内过热的原因有三个，即大气温度高、强烈的太阳辐射及羊在舍内产生的热量。因此，加强羊舍外围护结构的隔热设计的出发点就在于防止或削弱高温与太阳辐射对舍内环境的影响。

（1）屋顶的隔热措施。在炎热地区，由于强烈的太阳辐射和高气温，屋顶温度可达到 60~70 ℃甚至更高。可见，如果屋顶不采取隔热措施，舍内温度必然升高而致过热。因此，应选用隔热材料和确定合理结构。尽量选用导热系数小的材料，以加强隔热。一般一种材料往往不可能保证最有效的隔热，所以从结构上综合几种材料的特点而形成较大的热阻来求得良好的隔热，是常用的也是有效的办法。如在屋面的最下层铺设导热系数小的材料，其上为蓄热系数比较大的材料，再上为导热系数大的材料。采用这样的多层结构，当屋面受太阳照射变热后，热传到蓄热系数大的材料层而蓄积起来，而在上下传导时受到阻碍，从而缓和了热量向舍内传播；而当夜晚来临，被蓄积的热又通过其上导热系数大的材料层迅速散失。这样，白天可避免舍温升高而致过热（这种结构只适用于夏热冬暖地区，而在夏热冬冷地区，则应将上层导热系数大的材料换成导热系数小的材料）。

（2）充分利用空气的隔热特性。由于空气具有较小的导热系数，可用作保温材料；而且由于空气具有可吸收、容纳热量和受热后因密度发生变化而流动的特性，也常用作防热材料。

空气用于屋面隔热，通常采用空气间层屋顶来实现。为了保证通风间层隔热良好，应使间层内壁光滑，以利于通风和对流散热。进风口应对着夏季主风向，排风口应设在高处，以充分利用风压和热压。排风口面积应大于或等于进风口面积。间层通风路线应尽可能短，以克服气流阻力。间层应有适宜的高度：坡屋顶可取 120~200 mm；平顶可取 200 mm 左右。但在夏热冬暖地区，若屋顶深度大或坡度较大，为使通风顺畅，可适当提高间层高度；而在夏热冬冷地区，则间层高度宜在 100 mm 左右，并要求间层的基层能满足冬季热阻。

由此可见，在炎热地区，羊舍设置天棚对防热具有极其重要的意义。但设置天棚时，只有处理好顶楼的通风，才能起到隔热作用。

（3）增强围护结构的反射，以减少太阳辐射热。由于白色或其他浅色反射光的能力强，故墙面采用浅色以减少太阳辐射热，对缓和强烈阳光对舍内温度影响有一定的意义。

（4）墙壁的隔热。在炎热地区多采用开放舍或半开放舍，在这种情况下，墙壁的隔热没有实际意义。但是在夏热冬冷地区，羊舍必须兼顾冬季保温，故墙壁必须具备适宜的隔热要求，既有利于冬季保温，又有利于夏季防热。

2. 组织好羊舍的通风　通风是羊舍防热措施的重要组成部分，目的在于驱散舍内产生的热能，不使其在舍内积累而致舍温升高。羊舍的通风分为自然通风和机械通风。自然通风主要是利用羊舍内外温差和自然风力进行羊舍内外空气的交流。

（1）地形。地形与气流活动关系密切，与在寒冷地区相反，在炎热地区羊场场址一定要选在开阔、通风良好的地方；切忌选在背风、窝风的场所。

（2）羊舍朝向。羊舍朝向对羊舍通风、降温也有一定影响。为组织好羊舍通风、降温，在炎热地区羊舍朝向除考虑减少太阳辐射和防暴风雨外，必须同时考虑夏季主风向。

（3）羊场布局。羊舍布局和羊舍间距除与防疫、采光有关外，也可影响通风，故必须遵守总体布局原则。牧场建筑以行列式布置有利于生产、采光。这种情况下，当羊舍朝向均朝夏季主导风向时，前后行应左右错开，即呈"品"字形排列，等于加大间距，有利于通风。

（4）合理布置通风口位置。为保证舍内有穿堂风，应使进气口位于正压区（迎风一面），排气口位于负压区，并且进气口要均匀布置，使进入舍内的气流方向不变。同时，进气口要远离尘土飞扬及污浊空气产生的地方。

一般说来，在炎热地区通风口面积越大，通风量越大，越有利于降温。但开口太大，又会引进大量辐射热，且使舍内光线过强，所以应在所要求的范围内综合考虑通风口面积。

3. 实行遮阴与绿化　遮阴是指阻挡阳光直接射进舍内。绿化是指栽树、种植牧草和饲料作物，覆盖裸露地面以缓和太阳辐射。在羊舍和运动场南侧种植爬行植物，可在屋顶和运动场上形成遮阳物。

4. 羊舍降温　通过隔热、通风与遮阴，只能削弱、防止太阳辐射与气温对舍内温度的影响及驱散舍内畜体放出的热能，并形成对羊体舒适的气流，而并不能降低大气温度，所以当气温接近羊体温度时，为缓和高温对羊只健康和生产力的影响，必须采取降温措施。

（1）喷雾冷却。在往羊舍内送风之前，用高压喷嘴将低温水呈雾状喷出，以降低空气温度。

（2）蒸发冷却。在通风时，使进入舍内的空气经过一个盛优质垫料（如细木刨花）并不断向其上喷洒冷水的木槽，通过水分蒸发，从而降低温度。

（3）干式冷却。这种方式是使空气经过盛冷物质（水、冰、干冰等）的设备（如水管、金属箱等）而降低温度。这种方式有别于湿式冷却，空气和水不直接接触。

二、舍内湿度的控制措施

空气相对湿度的大小，直接影响着绵羊、山羊体热的散发。在一般温度条件下，空气湿度对绵羊、山羊体热的调节没有影响，但在高温、低温下湿度对羊体的影响较大。羊在高温、高湿的环境中，散热更困难，甚至受到抑制，往往引起体温升高，皮肤充血，呼吸困难，中枢神经因受体内高温的影响而功能失调，最后致死。在低温、高湿的条件下，绵羊、山羊易患感冒、神经痛、关节炎等各种疾病。潮湿的环境还有利于微生物的发育和繁殖，使绵羊、山羊易患疥癣、湿疹及腐蹄病等。对羊来说，较干燥的空气环境对健康有利，应尽可能地避免出现高湿度环境。不同生产类型的绵羊对空气湿度的适应生态幅度如表3-3所示。建筑羊舍时基础要做防潮处理，舍内排水系统畅通，适当使用垫草和防潮剂等加强羊舍防潮。湿度低时，可在舍内地面洒水或用喷雾器在地面和墙壁上喷水；湿度高时，应加大舍内换气量或提高舍内温度。

表3-3 不同类型的绵羊育肥对空气相对湿度适应的生态幅度

绵羊类型	适宜的空气相对湿度/%	最适宜的空气相对湿度/%
细毛羊	50~75	60
茨盖型半细毛羊	50~75	60
肉毛兼用半细毛羊	50~80	60~70
卡拉库尔羊	40~60	45~50
粗毛肉用羊	55~80	60~70

三、舍内光照的控制措施

光照是影响羊舍环境的重要因素,对绵羊、山羊的生理机能具有重要调节作用。光照不仅影响羊的健康与生产力(如影响繁殖和育肥),也影响管理人员的工作条件。首先,光照的连续时间影响生长和育肥。据报道,对绒山羊分别给予 16 h 光照、8 h 黑暗(长光照制度)和 16 h 黑暗、8 h 光照(短光照制度),结果在采食相同日粮的情况下,短光照组山羊体重增长速度高于长光照组;公羊体重增长高于母羊,如表 3-4 所示。其次,光照的强度对育肥也有影响,如适当降低光照强度,可使日增重提高 3%~5%,饲料转化率提高 4%。

表 3-4　不同光照周期对山羊体重影响

项目	光照周期	
	短光照	长光照
始重/kg	31.2	30.6
结束体重/kg	39.0	37.3
平均日增重/g	130	112

为便于舍内得到适宜的光照,通常采用自然采光与人工照明相结合的方式来实现。

开放式或半开放式羊舍的墙壁有很大的开露部分,主要靠自然采光。封闭式有窗羊舍也主要靠自然采光。自然采光就是用太阳的直射光或散射光通过羊舍的开露部分或窗户进入舍内达到照明的目的。自然采光的效果受羊舍方位、舍外情况、窗户大小、窗户上缘和下缘高度、玻璃清洁度、舍内墙面反光率等多重因素影响。

羊舍要获得较好的采光,最好坐北朝南,周围近距离没有高大建筑物,窗户面积大小适中(采光系数是指窗户的有效采光面积与羊舍地面面积之比，种羊舍一般为 1：10~1：12，肥羊舍为 1：12~1：15），窗户上下缘距离较大（透光角度），舍内墙面呈浅白色等。

人工照明仅应用于密闭式无窗羊舍。

四、舍内通风的控制措施

保证舍内适量通风，维持适宜的空气流动速度，便于羊舍排出污浊空气，进入新鲜空气；气温高时，通风可以加大气流，使羊体感到舒服，缓和高温的不良影响。在一般情况下，气流对绵羊、山羊的生长发育和繁殖没有直接影响，而是加速羊只体内水分的蒸发和热量的散失，间接影响绵羊、山羊的热能代谢和水分代谢。在炎热的夏季，气流有利于对流散热和蒸发散热，因而对绵羊、山羊育肥有良好作用。因此，在气候炎热时应适当提高舍内空气流动速度，加大通风量，必要时可辅以机械通风。冬季，气流会增强羊体的散热量，加剧寒冷的影响。在寒冷的季节，舍内应保持适当的通风，这样可使舍内空气的温度、湿度、化学组成均匀一致，有利于将污浊气体排出舍外，气流速度以 0.1~0.2 m/s 为宜，最高不应超过 0.25 m/s。

（一）通风方式

1. 自然通风 借助自然界的风压和热压通风，如通过开启门窗通风换气。或安装通风管道装置，进气管通风用板木做成，断面呈正方形或矩形，断面面积 20 cm×20 cm 或 25 cm×25 cm，均匀交错嵌于两面纵墙，距天棚 40~50 cm。墙外受气口向下防止冷空气直接侵入。墙内受气口设调节板，把气流扬向上方，防止冷空气直吹羊体。炎热地区于墙下方设进气管，排气管断面面积为 50 cm×50 cm 或 70 cm×70 cm。排气管设于屋脊两侧，下端伸向天棚处，上端高出屋脊 0.5~0.7 m。管顶设屋顶式或百叶窗式管帽，防降水落入。两管间距为 8~12 m。

2. 机械通风　用机械驱动空气产生气流，一为负压通风，用风机把舍内污浊空气往外抽，舍内气压低于舍外，舍外空气由进气口入舍。风机安装于侧壁或屋顶。另外为正压通风，强制向舍内送风，使舍内气压稍高于舍外，污浊空气被压出舍外。

（二）通风换气量参数

羊舍内通风换气量：每只绵羊冬季需求 0.6~0.7 m³/s，夏季需求 1.1~1.4 m³/s；每只育肥羔羊冬季需求约 0.3 m³/s，夏季需求约 0.65 m³/s。以上只是一个大概参数，由于羊舍内羊只大小、年龄等不同，季节不同，具体生产中根据羊场的实际掌握。

五、舍内有害气体、微粒和微生物的控制措施

羊的呼吸、排泄物和生产过程中的有机物分解，使羊舍内有害气体含量较高；打扫地面，分发干草和粉干料，刷拭、翻动垫草等会产生大量的微粒；同时，微粒上会附着许多微生物。这些都可以直接或间接引起羊群发病或生产性能下降，影响羊群安全和产品安全。

减少舍内有害气体、微粒和微生物，可采取以下措施：一是加强羊场绿化。绿化可以有效净化环境。绿色植物进行光合作用可以吸收二氧化碳，生产出氧气。如每公顷阔叶林在生长季节每天可吸收 1000 kg 二氧化碳，产出 730 kg 氧气。绿色植物可大量地吸附氨而生长。植物表面粗糙不平，多绒毛，有些植物还能分泌油脂或黏液，能阻留和吸附空气中的大量微粒。含微粒的大气流通过林带，风速降低，大颗粒微粒下沉，小颗粒被吸附，夏季可吸附 35.2%~66.5% 的微粒。二是注意隔离。羊场应远离工矿企业、其他养殖场、屠宰场等污染源。三是加强舍内管理，保持舍内排水系统畅通，维持适宜湿度。舍内要保持卫生，在进气口安装过滤器，对羊舍和环境定期消毒。

六、舍内的垫料管理措施

使用垫料改善羊舍环境条件，是舍内空气环境控制的一项重要辅助性措施。垫料（垫草或褥草）指的是在日常管理中给地面铺垫上的材料，具有保暖、吸潮、吸收有害气体、避免碰伤和压疮、保持羊体清洁等作用。由于以上原因，铺垫料可收到良好效果。凡是较冷的地区，冬季皆应尽量采用。

垫料应具备导热性低、吸水力强、柔软、无毒、对皮肤无刺激性等特性，同时还要考虑它本身有无肥料价值，来源是否充足，成本高低等。常用的垫料有秸秆类（稻草、麦秸等，价廉易得，铡短后再用）、树叶（柔软适用）、野草（往往夹杂有较硬的枝条，易刺伤皮肤和乳房，有时还可能夹杂有毒植物）、锯末（易引起蹄病）及干土等。垫料要进行熏蒸或在阳光下暴晒消毒，保持垫料相对干燥，及时更换垫料。无疫病时更换的垫料在阳光下暴晒后可以再利用；有疫病时垫料要焚烧或深埋，不能再使用。

第三节　羊场的消毒

一、消毒的形式和常用的消毒方法

消毒是贯彻"预防为主"方针的一项重要措施。构成传染病的流行过程，必须具备传染源、适当环境（传播途径）及易感畜群。切断其中一个环节就能阻断传染病的流行。消毒的目的就是消灭被传染源散播于外界环境中的病原体，以切断传播途径，阻止疫病继续蔓延。

（一）消毒的形式

根据消毒的目的，可分为以下三种消毒形式。

1. 预防性消毒　结合平时的饲养管理对畜舍、场地、用具和饮水等进行定期消毒，以达到预防一般传染病的目的。

2. 随时消毒　在发生传染病时，为了及时消灭刚从病畜体内排出的病原体而采取的消毒措施。消毒的对象包括病畜所在的畜舍、隔离场地，以及被病畜分泌物、排泄物污染和可能污染的一切场所、用具物品，通常在解除封锁前，进行定期的多次消毒，病畜隔离舍应每天随时进行消毒。

3. 终末消毒　在病畜解除隔离、痊愈或死亡后，或者在疫区解除封锁之前，为了消灭疫区内可能残留的病原体所进行的全面彻底的大消毒。

（二）常用的消毒方法

以下介绍养羊生产中比较常用的一些消毒方法。

1. 机械性消毒　用机械的方法如清扫、洗刷、通风等清除病原体，是最普遍、常用的方法。如羊舍地面的清扫和洗刷、羊体被毛的刷洗等，可以使畜舍内的粪便、垫草、饲料残渣清除干净，并将羊体表的污物去掉。随着这些污物的消除，大量病原体也被清除。在清除之前，应根据清扫的环境是否干燥，病原体危害性大小，决定是否需要先用清水或某些化学消毒剂喷洒，以免打扫时尘土飞扬，造成病原体散播，影响人畜安全。机械性消毒不能达到彻底消毒的目的，必须配合其他消毒方法进行。清扫出来的污物，根据病原体的性质，进行堆积发酵、掩埋、焚烧或其他药物处理。清扫后的房舍地面还需要喷洒化学消毒药或其他方法，才能将残留的病原体消灭干净。

通风也具有消毒的意义。它虽不能杀灭病原体，但可在短期内使羊舍内实现空气交换，减少病原体的数量。如在 80 m³ 的畜舍内，当无风与舍内外温差为 20 ℃时，约 9 min 就能交换空气；

而温差为 15 ℃就需要 11 min。通风的方法很多，如利用窗户或气窗换气、机械通风等。通风时间视温差大小可适当掌握，一般不少于 30 min。

2. 物理消毒法

（1）阳光、紫外线。阳光是天然的消毒剂，其光谱中的紫外线有较强的杀菌能力，阳光的灼热和蒸发水分引起的干燥亦有杀菌作用。一般病毒和非芽孢性病原菌，在直射的阳光下几分钟至几天可以被杀死，即使是抵抗力很强的细菌芽孢，连续几天在强烈的阳光下反复暴晒，也可以变弱或被杀死。因此，阳光对于牧场、草地、畜栏、用具和物品等的消毒具有很大的现实意义，应该充分利用。但阳光的消毒能力大小取决于很多条件，如季节、时间、纬度、天气等。因此利用阳光消毒要灵活掌握，并配合其他方法进行。

在实际工作中，很多场合用人工紫外线来进行空气消毒。根据波长可将紫外线分为 A 波、B 波、C 波和真空紫外线，消毒灭菌使用的紫外线为 C 波紫外线，其波长范围是 200~275 nm，杀菌作用最强的波段是 250~270 nm。要求消毒用紫外线灯在电压 220 V 时，辐射的 253.7 nm 紫外线的强度不得低于 70 μW/cm^2（普通 30 W 直管紫外线灯在距灯管 1 m 处测定的）。

革兰氏阴性细菌对紫外线消毒最为敏感，革兰氏阳性菌次之。紫外线消毒对细菌芽孢无效。紫外线虽有一定实用价值，但其杀菌作用受到很多因素的影响，如对表面光滑的物体才有较好的消毒效果。空气中尘埃能吸收很大部分紫外线，应用紫外线消毒时，室内必须清洁，最好能先做湿式打扫（洒水后再打扫），人员必须离开现场，紫外线对人有一定的伤害（如应用漫射紫外线则对人无害，漫射紫外线的装置与直射紫外线相反，即反光板装在灯下，紫外线直射天花板，然后漫射向下）。对污染表面消毒时，灯管距表面不超过 1 m。灯管周围 1.5~2 m 处为消毒有效范围。消毒时间为 1~2 h。房舍消毒每 10~15m² 面积可设 30 W 灯管 1 个，最好每照 2 h 后，间歇 1 h 后再照，以免臭氧浓度过高。当空气相对湿度为 45%~60% 时，照射 3 h 可杀灭 80%~90% 的病原体。若灯下装上一小吹风机，能增强消毒效果。

（2）高温。

1）火焰的烧灼和烘烤，是简单而有效的消毒方法。缺点是很多物品由于烧灼而被损坏，因此实际应用并不广泛。当发生抵抗力强的病原体引起的传染病（如炭疽、气肿疽等）时，病畜的粪便，饲料残渣、垫草、污染的垃圾和其他价值不大的物品，以及倒毙病畜的尸体，均可用火焰加以焚烧。不易燃的畜舍地面、墙壁可用喷火消毒。金属制品也可用火焰烧灼和烘烤进行消毒。应用火焰消毒时必须注意房舍物品和周围环境的安全。

2）煮沸消毒，是经常应用而效果确定的方法。大部分非芽孢病原微生物在 100 ℃ 的沸水中迅速死亡，大多数芽孢在煮沸后 15~30 min 内亦能致死，煮沸 1~2 h 可以确保消灭所有病原体。各种金属、木质、玻璃用具、衣物等都可以进行煮沸消毒。将污染物品放入锅内，加水浸没物品，可加少许碱，如 1%~2% 的碳酸氢钠溶液、0.5% 的肥皂或氢氧化钠溶液等，可使蛋白质、脂肪溶解，防止金属生锈，提高沸点，增强灭菌效果。

3）蒸汽消毒。相对湿度在 80%~100% 的热空气能携带许多热量，遇到消毒物品凝结成水，放出大量热能，因而能达到消毒的目的。这种消毒方法与煮沸消毒的效果相似，在农村一般利用铁锅和蒸笼进行。如果蒸汽和化学药品（如甲醛等）并用，杀菌力可以加强。高压蒸汽消毒在实验室和病死畜化制站应用较多。

3. 化学消毒法 利用化学药品的溶液进行消毒。化学消毒的效果取决于许多因素，例如病原体抵抗力的特点、所处环境的情况和性质、消毒时的温度、药剂的浓度、作用时间长短等。在选择化学消毒剂时，应着重考虑对病原体的消毒力强、对人畜毒性小、不损害被消毒的物体、易溶于水、在消毒的环境中比较稳定、不易失去消毒作用（如对蛋白质和钙盐的亲和力要小）、价廉易得和使用方便等。

（1）根据化学消毒剂对微生物的作用进行分类。

1）凝固蛋白质和溶解脂肪类的化学消毒药：如甲醛、酚（石炭酸，甲酚及其衍生物——来苏尔、克辽林）、醇、酸等。

2）溶解蛋白质类的化学消毒药：如氢氧化钠、石灰等。

3）氧化蛋白质类的化学消毒药：如高锰酸钾、过氧化氢（双氧水）、漂白粉、氯胺、碘、硅氟氢酸、过氧乙酸等。

4）与细胞膜作用的阳离子表面活性消毒剂：如新洁尔灭、洗必泰（氯己定）等。

5）对细胞发挥脱水作用的化学消毒剂：如甲醛液、乙醇等。

6）与巯基作用的化学消毒剂：如重金属盐类（氯化汞、汞溴红、硝酸银、蛋白银等）。

7）与核酸作用的碱性染料：如龙胆紫（结晶紫）。

8）其他类化学消毒剂，如戊二醛、环氧乙烷等。

以上各类化学消毒剂虽各有其特点，但有的一种消毒剂同时具有几种药理作用。

（2）根据化学消毒药的不同结构分类。

1）酚类消毒药：如石炭酸等，能使菌体蛋白变性、凝固而呈现杀菌作用。

2）醇类消毒药：如 70%~75% 乙醇等，能使菌体蛋白凝固和脱水，而且有溶脂的特点，能渗入细菌体内发挥杀菌作用。

3）酸类消毒药：如硼酸、盐酸等，能抑制细菌细胞膜的通透性，影响细菌的物质代谢。乳酸可使菌体蛋白变性和水解。

4）碱类消毒药：如氢氧化钠等，能水解菌体蛋白和核蛋白，使细胞膜和酶受害而死亡。

5）氧化剂：如过氧化氢、过氧乙酸等，一遇有机物即释放出生态氧，破坏菌体蛋白和酶蛋白，呈现杀菌作用。

6）卤素类消毒剂：如漂白粉等，容易渗入细菌细胞内，对原浆蛋白产生卤化和氧化作用。

7）重金属类：如氯化汞等，能与菌体蛋白结合，使蛋白质变性、沉淀而产生杀菌作用。

8）表面活性类：如新洁尔灭（苯扎溴铵）等，能吸附于细胞表面，溶解脂质，改变细胞膜的通透性，使菌体内的酶和代谢中间产物流失。

9）染料类：如甲紫、利凡诺等，能改变细菌的氧化还原电位，破坏正常的离子交换机能，抑制酶的活性。

10）挥发性烷化剂：如甲醛等，能与菌体蛋白和核酸的氨基、羟基、巯基发生烷基化反应，使蛋白质变性或核酸功能改变，呈现杀菌作用。

（3）羊场常用的化学消毒剂。

1）氢氧化钠（苛性钠、烧碱）：对细菌和病毒均有强大的杀灭力，且能溶解蛋白质。常配成 1%~2% 的热水溶液消毒被细菌（巴氏杆菌、沙门氏菌等）或病毒（口蹄疫、水疱病、羊痘）污染的畜舍、地面和用具等。1%~2% 热氢氧化钠溶液中加 5%~10% 食盐时，可增强其对炭疽杆菌的杀菌力。本品对金属物品有腐蚀性，消毒完毕要冲洗干净。对皮肤和黏膜有刺激性，消毒畜舍时，应驱出羊只，隔半天以水冲洗饲槽地面后，方可让羊只进圈。

2）碳酸钠：其粗制品又称碱，常配成 4% 热水溶液洗刷或浸泡衣物、用具、车和场地等，以达到消毒和去污的目的。外科器械煮沸消毒时在水中加本品 1%，可促进黏附在器械表面的污染物溶解，使灭菌更为安全，且可防止器械生锈。

3）石灰乳：用于消毒的石灰乳是生石灰（氧化钙）1 份加水 1 份制成熟石灰（氢氧化钙，也称消石灰），然后用水配成

10%~20%的混悬液用于消毒。若熟石灰存放过久，吸收了空气中的二氧化碳，变成碳酸钙，则失去消毒作用。因此，在配制石灰乳时，应随配随用以免失效浪费。石灰乳有相当强的消毒作用，但不能杀灭细菌的芽孢，它适于粉刷墙壁、围栏、消毒地面、沟渠和粪尿等。生石灰1 kg加水350 mL化开而成粉末，也可撒布在阴湿地面、粪池周围等处进行消毒。直接将生石灰粉撒布在干燥地面上，不会产生消毒作用，反而会使羊蹄部干燥开裂。生石灰的杀菌作用主要是改变介质pH值，夺取微生物细胞的水分，并与蛋白质形成蛋白化合物。

4）漂白粉：又称氯化石灰，是一种广泛应用的消毒剂。其主要成分为次氯酸钙，是用氯气将石灰氯化而成的。漂白粉遇水产生极不稳定的次氯酸，易离解产生氧原子和氯原子，通过氧化和氯化作用，而呈现强大而迅速的杀菌作用。漂白粉的消毒作用，与有效氯含量有关。其有效氯含量一般为25%~30%，但有效氯易散失，故应将漂白粉保存于密闭容器中，放在阴凉通风处，在妥为保存的条件下，有效氯每月损失1%~3%。当有效氯低于16%时即不适用于消毒。所以在使用漂白粉前，应测定其有效氯含量。常用剂型有粉剂和澄清液（溶液）。其5%溶液可杀死一般性病原菌，10%~20%溶液可杀死芽孢。常用浓度1%~20%不等，视消毒对象和药品的质量而定。一般用于畜舍、地面、水沟、粪便、运输车船、水井等消毒。对金属及衣物、纺织品有破坏力，使用时应加注意。漂白粉溶液有轻度的毒性，使用浓溶液时应注意人畜安全。

各种铵化合物如氯化铵、硫酸铵、硝酸铵、氨等均为含氯剂的促进剂。促进剂能加强化学反应，因此可缩短消毒时间及降低消毒剂的浓度。

5）氯胺（氯亚明）：为结晶粉末，含有效氯11%以上。性质稳定，在密闭条件下可长期保存，携带方便，易溶于水。消毒作用缓慢而持久，可用于饮水消毒（0.000 4%），污染器具和畜舍的消毒（0.5%~5%）等。

6）次氯酸钠（NaClO）：为广谱消毒剂，因易于分解，不易保存，未能广泛应用。现有国产次氯酸钠消毒液发生器，利用特制的电极电解氯化钠（4%NaCl）制备次氯酸钠，有效氯含量1%~5%，成本低、高效、无毒，有推广价值，对细菌、真菌、病毒均有较强的杀灭作用。

7）二氯异氰尿酸钠：为新型广谱高效安全消毒剂，对细菌、病毒均有显著的杀灭效果。以此药为主要成分的商品消毒剂有强力消毒灵、灭菌净、抗毒威等，为白色粉末，易溶于水、性稳定、易保存，其1：200或1：100水溶液可用于喷洒羊舍等消毒，1：400水溶液用于浸泡器皿等。

8）三氯异氰尿酸钠：该药的性质和特点与二氯异氰尿酸钠相似，但消毒效果优于前者。类似的消毒药还有溴氯异氰尿酸钠等。

9）二氯海因、溴氯海因、二溴海因：为新型广谱高效的卤素类消毒药，广泛用于畜禽养殖场和水的消毒。对细菌、真菌、病毒具有强的杀灭作用，尤其是对病毒的消毒效果好，是本药特色。

10）过氧乙酸（过醋酸）：纯品为无色透明液体，易溶于水。市售成品有40%水溶液，性质不稳定，需密闭避光贮放在低温（3~4 ℃）处，有效期半年。高浓度加热（70 ℃以上）能引起爆炸，但低浓度如10%溶液则无此危险。低浓度水溶液易分解，应现用现配。本品为强氧化剂，消毒效果好，能杀死细菌、真菌、芽孢和病毒。除金属制品和橡胶外，可用于消毒各种物品，如0.2%溶液用于浸泡污染的各种耐腐蚀的玻璃、塑料、陶瓷用具和白色纺织品；0.5%溶液用于喷洒消毒畜舍地面、墙壁、料槽等。由于分解后形成产物无毒，不遗留残药，因此能消毒水果蔬菜和食品表面。一般用 0.01%~0.5% 溶液浸泡（用 0.03% 溶液在 25 ℃浸泡 3 min 可杀死物体外表污染的沙门氏菌）；用 5% 溶液按 2.5 mL/m³ 量喷雾消毒密闭的仓库、加工车间等。本品浓液能使皮肤和黏膜烧伤，稀液对黏膜也有刺激性，均应注意。

鉴于过氧乙酸具有浓度高时的易爆性，对金属有腐蚀性，对呼吸道有刺激性较强等缺陷，目前有厂家已专门配制成专用缓冲液与过氧乙酸同时应用（A+B），可以有效消除以上缺陷。

11）二氧化氯（ClO_2）：为新型广谱高效消毒剂。加酸（如硫酸、乳酸）活化后，可产生原子氧（O）和氯（Cl），与病原微生物分子结构中某些主要物质发生氧化、卤代反应，从而杀灭这些病原微生物。本品不仅具有强消毒作用，同时还可清洁用水及其他养殖环境（如畜舍、地面等），是一种优良的消毒剂。

12）乙醇：为临诊常用的皮肤消毒剂，浓度为 70%~90%。常与碘酊合用。能杀死一般细菌，但对芽孢无效，对病毒也无显著效果。

13）来苏尔：甲酚的肥皂溶液，通用名为甲酚皂溶液（或称煤酚皂溶液），应含有不少于 47% 甲酚。皂化较好的来苏尔易溶于水，对一般病原菌具有良好的杀菌作用，但对芽孢和结核杆菌的作用小。常用浓度为 3%~5%，用于畜舍、护理用具、日常器械、洗手等消毒。

14）新洁尔灭、洗必泰、消毒净、度米芬：这四种都是季铵盐类阳离子表面活性消毒剂。新洁尔灭为胶状液体，其余为粉剂；均易溶于水，溶解后能降低液体的表面张力。其共同特性为毒性低、无腐蚀性、性质稳定、能长期保存、消毒对象范围广、效力强、速度快。对一般病原细菌均有强大的杀灭效能。上述消毒剂的 0.1% 水溶液用于浸泡器械时须加 0.5% 亚硝酸钠以防锈；对玻璃、搪瓷、衣物、敷料、橡胶制品消毒，用新洁尔灭需经 30 min，用其余三药经 10 min 即可达到消毒的目的；皮肤消毒可用 0.1% 新洁尔灭溶液或消毒净溶液、度米芬的醇（70%）溶液，效果与碘酊相等；0.01%~0.02% 洗必泰溶液用于伤口或黏膜冲洗消毒。

使用上述消毒剂时，应注意避免与肥皂或碱类接触。因肥皂属于阴离子清洁剂，能对抗或减弱其抗菌效力，如已用过肥皂必须冲洗干净后再使用这些消毒剂。配制消毒液的水质硬度过高时，应加大药物浓度 0.5~1 倍。

15）双链季铵盐：此药与新洁尔灭、洗必泰等单链季铵盐不同。本类消毒剂分子中有两个侧链，其性质和特点与单链相似，但消毒效果优于前者，达到相同效果时所需浓度则是单链季铵盐类药物的一半。本类消毒药对细菌有强杀灭作用，但与单链季铵盐一样，对病毒的杀灭作用较弱。此类消毒药目前市场上较多，如百毒杀等。

16）福尔马林：为甲醛的水溶液，粗制的福尔马林为含36% 甲醛的水溶液。福尔马林的杀菌作用，一般认为是甲醛与微生物蛋白质的胺基结合，引起蛋白质变性所致。它有很强的消毒作用，2%~4% 福尔马林水溶液用于喷洒墙壁、地面、护理用具、饲槽等，1% 水溶液可做畜体体表消毒。对用 0.5% 碱溶液洗涤过的皮毛，在 60 ℃时用 4% 福尔马林浸泡 2 h，可以杀死其中的炭疽芽孢。福尔马林也常用作畜舍等的熏蒸消毒。待消毒的畜舍应先将家畜、饲料、粪便等移出，将舍内待消毒的物品、橱柜、用具等敞开，门窗和通气孔尽量密闭，按每立方米空间用 12.5~50 mL 的剂量，加等量水一起加热蒸发，以提高相对湿度。无热源时，也可加入高锰酸钾（30 g/m³）即可产生高热蒸发。福尔马林对皮肤、黏膜刺激强烈，可引起湿疹样皮炎、支气管炎，甚至使人畜窒息，使用时应注意安全。

17）戊二醛：市售商品一般是其 25% 水溶液。常用其 2% 溶液，溶液呈酸性反应，以 0.3% 碳酸氢钠溶液作缓冲液，使 pH

值调整至 7.5~8.5，杀菌作用显著增强。戊二醛溶液的杀菌力比甲醛强，为快速、高效、广谱消毒剂，性质稳定，在有机物存在情况下不影响消毒效果，对物品无损伤。目前国内生产的优良种剂型，即碱性戊二醛及强化酸性戊二醛，常用于不耐高温的医疗器械消毒，如金属、橡胶、塑料和有透镜的仪器等。2% 溶液对病毒作用很强，2 min 可使肠道病毒灭活，对腺病毒、呼肠孤病毒和肝炎病毒等 30 min 内可灭活。30 min 内可杀死结核杆菌，3~4 h 内可杀死芽孢。

18）菌毒敌：原名农乐，为一种复合酚类新型消毒剂，抗菌谱广，对细菌、病毒均有较高的杀灭作用，稳定性好，安全有效，可用于喷洒或熏蒸消毒，喷洒时用 1∶100~1∶200 稀释液，熏蒸按 2 g/m³ 用量配制。同类产品有农福、农富、菌毒灭等。

4. 生物热消毒法 生物热消毒法主要用于污染的粪便的无害化处理。在粪便堆沤过程中，利用粪便中微生物发酵产热，可使温度高达 70 ℃以上。经过一段时间，可以杀死病毒、病菌（芽孢除外）、寄生虫卵等病原体而达到消毒目的，同时又保持了粪便的良好肥效。

在发生一般疫病时，这是很好的一种粪便消毒方法。但这种方法不适用于由产芽孢的病菌所致疫病（如炭疽、气肿疽等）的粪便消毒，这种粪便最好予以焚毁。

二、消毒的器械

（一）紫外线灯

紫外线灯用于室内空气、物体表面和水及其他液体的消毒。消毒使用的紫外线灯利用的是 C 波紫外线，其波长范围是 200~275 nm，杀菌作用最强的波段是 250~270 nm。紫外线可以杀灭各种微生物，包括细菌繁殖体、芽孢、分枝杆菌、病毒、真菌、立克次氏体和支原体等，凡被上述微生物污染的表面、水和空气均可用紫外线消毒。紫外线消毒的最适宜温度范围是 20~40 ℃，温度过高过低均会影响消毒效果，需适当延长消毒时间。用于空气消毒时，消毒环境的相对湿度低于 80% 为好，否则应适当延长照射时间。在使用过程中，应保持紫外线灯表面的清洁，一般 2~3 周使用 95% 酒精棉球擦拭一次，发现灯管表面有油污灰尘脏污等，要及时擦净，以免影响使用效果。

（二）喷雾器

用于喷洒消毒液的器具称为喷雾器。喷雾器有两种：一种是手动喷雾器，一种是机动喷雾器。前者有背携式和手压式两种，常用于小量消毒；后者有背携式和担架式两种，常用于大面积消毒。

装入喷雾器的消毒液，应先在一个木制或铁制的桶内充分溶解、过滤，以免有些固体消毒剂不清洁或存有残渣，以致堵塞喷雾器的喷嘴而影响消毒工作的进行。喷雾器应经常注意维修保养，以延长使用期限。

（三）火焰喷灯

火焰喷灯是利用汽油或煤油作为燃料的一种工业用喷灯，因喷出的火焰具有很高的温度，在兽医实践中常用以消毒各种被病原体污染了的金属制品，如管理羊群用的用具，金属的笼舍、圈舍等。在消毒时不要喷烧过久，以免将被消毒物品烧坏；在消毒时还应有一定的次序，以免发生遗漏。

三、消毒的操作

由于羊场的高度集约化生产，消毒防疫工作就显得更加重要。羊场消毒主要包括入口的消毒、环境的消毒、羊舍的消毒、废弃物的消毒、土壤的消毒、尸体的处理消毒、皮毛的消毒、兽医诊疗室和诊疗器械的消毒，以及水、空气的消毒等。

（一）入口消毒

羊场大门、生产区入口及各栋羊舍的入口都要设消毒池，消毒池内要有消毒液。大门口的车辆消毒池长度为汽车车轮周长的2倍，深度为15~20 cm，宽度与大门同宽；生产区入口要有消毒室或淋浴室供出入人员淋浴消毒；各栋羊舍入口也要有脚踏消毒槽。消毒液可选用2%~5%氢氧化钠溶液、1%菌毒敌、1：200百毒杀等。池内的消毒液应注意更换，使用时间最好不超过1周，雨过天晴后应立即更换，确保消毒效果。

进入场门的车辆除要经过消毒池外，还必须对车身、车底盘进行高压喷雾消毒，消毒液可用2%过氧乙酸或1%灭毒威等。严禁车辆（包括员工的摩托车、自行车）进入生产区。生产区的料车每周需彻底消毒一次。所有工作人员进入场区大门必须进行鞋底消毒，并经自动喷雾器进行喷雾消毒。进入生产区的人员必须淋浴、更衣、换鞋、洗手，并经紫外线照射15 min（注：不能用眼看灯管，否则可能发生光照性眼炎）。工作服、鞋、帽等定期消毒，可放在1%~2%碱水内煮沸消毒，也可在每立方米空间用42 mL福尔马林熏蒸20 min消毒。严禁外来人员进入生产区。进入羊舍的人员，脚先踏消毒池（消毒池的消毒液每3天更换一次），再洗手后方可进入。工作人员在接触羊群、饲料等之前必须洗手，并用消毒液浸泡消毒3~5 min。病羊隔离人员和剖检人员操作前后都要进行严格消毒。

（二）环境消毒

1. 生活区、办公区消毒 生活区、办公区院落或门前屋后于4~10月每7~10天消毒一次，11月至翌年3月每半月消毒一次，可用2%~3%的氢氧化钠或市售广谱高效消毒液喷洒消毒。

2. 生产区的消毒 生产区道路、每栋羊舍前后每2~3周消毒一次，场内污水池、堆粪坑、下水道出口每月消毒一次，可用2%~3%的氢氧化钠或市售广谱高效消毒液喷洒消毒。

3. 垃圾处理消毒　生产区的垃圾实行分类堆放，并定期收集，每周定期进行环境清理、消毒和焚烧垃圾。可用 3% 的氢氧化钠溶液喷湿，阴暗潮湿处撒生石灰。

（三）羊舍的消毒

1. 空舍的消毒　在春秋季节或羊出栏后，应对羊舍内外进行彻底的清扫和消毒。消毒步骤如下：

（1）清扫。机械清扫是搞好羊舍环境卫生最基本的方法，清除了污物，大量的病原微生物也同时被清除。首先清除空舍内的粪便、污水、垫料、剩余饲料、墙壁和顶棚上的蜘蛛网、尘土等。扫除的污物集中进行烧毁或生物热发酵。据试验，采用清扫方法，可使羊舍内的细菌数减少 20% 左右；如果清扫后再用清水冲洗，则细菌数可减少 54%~60%；清扫冲洗后再用药物喷洒，细菌数可减少 90% 左右。当发生疫情时，清扫前应先用消毒液喷洒，然后清扫。

（2）浸润。对地面、羊栏、出粪口、食槽、粪尿沟、风扇匣、护仔箱等进行低压喷洒，并确保充分浸润，浸润时间不低于 30 min，但不能时间过长，以免再次干燥影响刷洗效果。

（3）刷洗。使用高压冲洗机，由上至下彻底冲洗屋顶、墙壁、栏架、网床、地面、粪尿沟等，用刷子刷洗藏污纳垢的缝隙，尤其是食槽、水槽等，冲刷不要留死角。

（4）喷洒消毒液或熏蒸。羊舍清扫、洗刷干净后，即可用消毒液进行喷洒或熏蒸。选用广谱高效消毒剂，消毒舍内所有表面、设备和用具，用 2%~3% 的氢氧化钠溶液、20% 石灰乳、5%~20% 漂白粉溶液、30% 草木灰水、3%~5% 来苏尔等，进行喷雾消毒。30~60 min 后低压冲洗，晾干后用另一种广谱高效消毒药喷雾消毒。熏蒸消毒时按照畜舍面积计算所需用量，每立方米的空间用福尔马林 25 mL、水 125 mL、高锰酸钾 25 g，计算好用量后将水与福尔马林混合。羊舍的室温不低于正常的室温

（15~18 ℃），相对湿度 70%~80%。封闭羊舍墙壁所有缝隙、孔洞，羊舍内的管理用具、工作服等适当地打开，箱子和柜橱的门都开放，使气体能够通过其周围。先把福尔马林与水的混合液倒入陶瓷容器内，然后将高锰酸钾迅速倒入，倒入后迅速离开畜舍，将门关闭。经过 24 h 后方可将门窗打开通风。当急需使用羊舍时，可用氨蒸气来中和甲醛气体。

（5）复原。恢复原来栏舍内的布置，并检查维修，做好进羊前的准备工作，并进行第二次消毒。

2. 产房和隔离舍的消毒 产房和隔离舍在产羔前应进行 1 次消毒，产羔高峰时进行多次消毒，产羔结束后再进行 1 次消毒。在病羊舍、隔离舍的出入口处应放置浸有消毒液的麻袋片或草垫。如为病毒性疾病（猪口蹄疫、小反刍兽疫等），消毒液可使用 2%~4% 氢氧化钠溶液；其他的一些疾病，则可浸以 10% 克辽林溶液。

3. 带羊消毒 正常情况下选用过氧乙酸或喷雾灵等消毒剂，0.5% 浓度以下对人畜无害。夏季每周消毒 2 次，春秋季每周消毒 1 次，冬季 2 周消毒 1 次。如果发生传染病，每天或隔天带羊消毒 1 次；带羊消毒前必须彻底清扫，消毒时不仅限于羊的体表，还包括整个羊舍的所有空间。应将喷雾器的喷头高举空中，喷嘴向上，让雾粒从空中缓慢地下降，雾粒直径控制在 80~120 μm，压力为 0.019 6~0.029 4 MPa。注意不宜选用刺激性大的药物。

（四）废弃物的消毒

1. 粪便消毒 羊的粪便消毒主要采用生物热消毒法，即在距羊场 100~200 m 以外的地方设一堆粪场，将羊粪堆积起来，上面覆盖 10 cm 厚的沙土，堆放发酵 30 d 左右，即可用作肥料。

2. 污水消毒 最常用的方法是将污水引入污水处理池，加入化学药品（如漂白粉或其他氯制剂）进行消毒，用量视污水量而定，一般 1 L 污水用 2~5 g 漂白粉。

（五）土壤的消毒

病羊的排泄物、分泌物、尸体和污水等污物进入土壤而使土壤污染，因此应对土壤进行消毒，以防传染病继续发生和蔓延。不同种类的病原微生物在土壤中生存的时间有很大的差别，无芽孢的病原微生物生存时间较短，一般为几小时到几个月不等；而有芽孢的病原微生物生存时间较长，如炭疽杆菌芽孢在土壤中存活可达十几年以上。土壤中的病原微生物除了来自外界污染以外，土壤本身就存在着能够较长时间存活的病原微生物，如肉毒梭状芽孢杆菌、厌氧芽孢杆菌等。消毒土壤表面可用含25%有效氯的漂白粉溶液、4%福尔马林或10%氢氧化钠溶液。

存放过芽孢杆菌所致传染病（如炭疽等）病羊尸体的场所，或者是此种病羊倒毙的地方，应给予严格消毒处理。首先用含2.5%有效氯的漂白粉溶液喷洒地面，然后将表层土壤掘起30 cm左右，撒上干漂白粉并与土混合，将此表层土运出掩埋，运输时避免沿途漏撒。如果无条件将表层土运出，则应多加干漂白粉的用量（1 m² 面积加漂白粉 5 kg），将漂白粉与土混合，加水湿润后原地压平。其他传染病所污染的地面土壤消毒：如为水泥地，则用消毒液仔细刷洗；如为土地，则可将地面翻一下，深度约30 cm，在翻地的同时撒上干漂白粉（用量为 1 m² 面积用漂白粉0.5 kg），然后用水湿润、压平。

如果放牧地区被某种病原体污染，要充分利用生物学和物理学因素来消灭土壤中的病原微生物。疏松土壤，可增强微生物间的拮抗作用，使其充分接受阳光中紫外线的照射。另外，种植冬小麦、黑麦、葱、蒜、三叶草、大黄等植物，也可杀灭土壤中的病原微生物，使土壤净化。但在牧场土壤自净之前，或是被接种疫苗的羊只产生免疫之前，不应再在这种地区放牧。如果污染的面积不大，则应使用化学药剂消毒，常用的消毒剂有漂白粉或5%~10% 漂白粉澄清液、4% 甲醛溶液、10% 硫酸苯酚合剂溶液、2%~4% 氢氧化钠热溶液等。消毒前应首先对土壤表面进行机械清扫，被清扫的表层土、粪便、垃圾等集中深埋或生物热发酵或焚烧，然后用消毒液进行喷洒。

（六）尸体的处理消毒

病羊尸体含有较多的病原微生物，若处理不善，其病原微生物会污染大气、水源和土壤，造成疾病的传播与蔓延。因此，及时地无害化处理病死羊尸体，对防治羊的传染病和维护公共卫生都有重要意义。目前很多县区都有无害化处理厂，对于病死羊可喷洒消毒液，装入不透水的密封袋，交给无害化处理厂处理。需要羊场自己处理的，可采取掩埋、焚烧、化制和发酵 4 种方法处理。

1. 掩埋法 此法简便易行，但不是彻底处理的方法，故烈性传染病尸体不宜掩埋。在掩埋病羊尸体时，应注意选择在远离住宅、农牧场、水源、草原及道路的僻静地方，土质干燥、地势高、地下水位低，并避开水流、山洪的冲刷。掩埋坑的长度和宽度以容纳侧卧的羊尸体即可，从坑沿到尸体上表面的深度不得小于 2 m。掩埋前，将坑底铺上 2~5 cm 厚的石灰，尸体投入后（将污染的土壤、捆绑尸体的绳索一起抛入坑），再撒上一层石灰，填土夯实。

2. 焚烧法 此法是销毁尸体、消灭病原最彻底的方法，但消耗大量的燃料，所以非烈性传染病尸体不常应用。焚烧尸体时要注意防火，选择离村镇较远、下风头的地方，在焚尸坑内进行。

3. 化制法 将病死羊尸体放入特制的加工器中进行炼制，以达到消毒的目的。该法要求有一定的设备条件，在基层可用土法化制方法，将尸体或组织块放在有盖铁锅内进行烧煮炼制，直至骨肉松脆为止。

4. 发酵法 将尸体抛入尸坑内，利用生物热的方法进行发酵分解，从而起到消毒除害的作用。尸坑一般为井式，深 9~10 m，直径 2~3 m，坑口有一木盖，坑口高出地面 30 cm 左右。将尸体投入坑内，堆到坑口 1.5 m 处盖封木盖，经 3~5 个月发酵处理后尸体即可完全腐败分解。

（七）皮毛的消毒

患炭疽、口蹄疫、布鲁氏菌病、羊痘、坏死杆菌等病的羊皮、羊毛均应消毒。应当注意，羊患炭疽病时，严禁从尸体上剥皮；在贮存的原料皮中即使只发现一张患炭疽病的羊皮，则应将整堆与它接触过的羊皮进行消毒。皮毛的消毒，常用福尔马林气体在密闭室中进行熏蒸。但此法会损坏皮毛品质，且穿透力低，较深层的物品难以达到消毒目的。因此，目前广泛利用环氧乙烷气体进行消毒。消毒时必须在密闭的专用消毒室或密闭良好的容器（常用聚乙烯或聚氯乙烯薄膜制成的篷布）内进行。环氧乙烷的用量，如用于病原体繁殖型消毒，每立方米用 300~400 g，作用 8 h；如用于芽孢和霉菌消毒，每立方米用 700~950 g，作用 24 h。环氧乙烷的消毒效果与湿度、温度等因素有关，一般认为，相对湿度为 30%~50%，温度在 18 ℃以上，以 38~54 ℃最为适宜。本品对人畜有毒性，且其蒸气遇明火会燃烧以至爆炸，必须注意安全，应经过专门的培训才可使用。

如皮张被炭疽菌污染，也可用酸渍法消毒，即在专用消毒池内，用含 2.5% 盐酸和 15% 食盐溶液进行消毒。先将池内消毒液加热至 35 ℃，皮张称重后堆放于事先铺在池边地面的麻袋上。皮重应是全池溶液重量的 10%，向池内放皮张时应边放边压，最后麻袋也放入池内一起消毒。保持池内温度 30 ℃左右，不可过高过低，并随时加以翻动，到第 20 h 将皮张大翻一次，检测盐酸含量并补充盐酸，使浓度维持在 2.5%，到第 40 h 消毒完毕。取出皮张，挂架，待消毒液滴净后，放入 1.5%~2% 氢氧化钠溶液中和盐酸 1.5~2 h，中和后用自来水冲洗 10~15 min，即可送往加工厂。

（八）兽医诊疗器械及用品的消毒

兽医诊疗器械及用品是直接与羊体接触的物品，用前和用后都必须按要求进行严格的消毒。根据器械及用品的种类和使用范围不同，其消毒方法和要求也不一样。一般对进入羊体内或与黏膜接触的诊疗器械，如手术器械、注射器及针头、胃导管、导尿管等，必须经过严格的消毒灭菌；对不进入动物组织内，也不与黏膜接触的器具，一般要求去除细菌的繁殖体及亲脂类病毒。

（九）水和空气的消毒

养羊生产中要消耗大量的水，水的质量好坏直接影响到羊的健康及产品的卫生质量。养羊生产用水总的要求应符合饮用水的标准。为了杜绝经水传播的疾病发生和流行，保证羊的健康，对于不符合饮用水标准的水必须经过消毒处理后才能饮用。水的消毒方法很多，概括起来可分为两大类。一类是物理消毒法，如煮沸消毒、紫外线消毒、超声波消毒、磁场消毒等。通常使用的方法是煮沸消毒。另一类是化学消毒法，主要有氯消毒法、碘消毒法、溴消毒法、臭氧消毒法、二氧化氯消毒法等。其中，以氯消毒法使用最为广泛，且安全、经济、便利、效果可靠。

空气中缺乏微生物所需要的营养物质，加上日光的照射、干燥等因素，不利于微生物的生存。但是，空气中确有一定数量的微生物存在，只能以浮游状态存在。但随着羊场的饲养条件和气候等的改变，如空气湿度变大大、空气污浊等，有利于空气中的微生物生长繁殖。特别是羊只出现呼吸道疫病时，将有更多病原微生物随着羊呼出的气体、咳嗽痰液、鼻液形成气溶胶悬浮于空气中。如患有结核病的羊在咳嗽时，喷出的痰液中含有结核杆菌，在顺风状态下可飞扬 5 m 以上，造成空气的微生物污染。空气中微生物的种类和数量受地面活动、气象条件、人口密度、地区、室内外、羊的饲养量等因素影响。在添加粗饲料、更换垫料、羊出栏、打扫卫生时，空气中的微生物也会大大增加，因此必须对羊舍空气进行消毒，尤其是被病原污染的羊舍。空气消毒常用紫外线照射和化学药物消毒。

第四章　规模养羊的科学饲养

生产实践证明，先进和科学的饲养技术和模式，已成为推动养羊业现代化的重要措施。养羊生产和经营要取得一定的生产效率和经济效益，必须按照科学饲养和科学管理的标准要求，用创新的理念，应用新的科学饲养技术成果和饲养生产模式，才能在规模养羊中做到标准化生产。

第一节　规模养羊的饲养技术与营养调控

一、规模养羊的饲养技术

（一）做到以青粗饲料为主、精饲料为辅

羊属于草食性小型反刍动物，其自身消化生理特点应以饲喂青粗饲料为主，我们可根据不同季节羊只的生产性能和生长阶段，将饲养中营养不足的部分用精饲料补充。羊是一个采食范围很广的动物，既能采食乔灌木枝叶及多种植物，也能采食各种农作物秸秆及农副产品。同其他畜禽相比较，羊消化粗纤维能力最强，可达到 80% 以上，单位体重消耗精饲料的数量最少，是比较理想的节粮型家畜。对于羊有这样广阔的饲料来源，应该充分加以利用。有条件的地区，尽量采取放牧、半放牧、

青刈等形式来满足其对营养物质的需要，而在枯草期可用贮存的精粗料加以补充。这样既能广泛利用青粗饲料，又能科学地满足其对各种营养的需求。我们在对羊应用配合饲料时，应充分考虑当地实际，以当地的青绿多汁饲料和粗饲料为主，尽量利用本地价格低、来源广、数量多的各种饲料，这样既符合羊的消化生理特点，又能利用植物性粗饲料，降低饲料成本，达到较高的经济效益。

（二）保证饲料的全价性和多样性

根据羊的生产性能、性别、年龄及饲料来源、种类、质量、管理条件等，合理地配合饲料，做到饲料饲草多样化，以满足羊对各种营养物质的需求。生产中饲料多样化，可保证日粮的全价性，能显著提高羊机体对营养物质的利用效率，是提高养羊生产性能的基础。同时，饲料饲草的多样化和全价性，能提高饲料的对羊适口性，可增强羊的食欲，促进机体消化液的分泌，提高羊对饲料利用效率，提高养羊的经济效益。

（三）保持饲料质量及饲料种类的相对稳定

饲料质量也是决定养羊效益的一个关键条件。质量好的饲料能保证羊的正常生长发育和生产性能；而质量差、变质、发霉的饲料饲草不能促进羊正常生长发育，还会降低羊的生产性能，甚至造成羊消瘦、腹泻、抵抗力降低而发病，甚至因吃霉变饲料饲草而中毒死亡。

养羊生产具有明显的季节性，不同的季节饲料饲草不同，因而羊采食的饲草饲料种类也不同。一般来说，羊对采食的饲料具有一种习惯性，而且瘤胃中的微生物对羊采食的饲草饲料也有一定的适应性。当饲草饲料组成发生骤然变化，不仅会降低羊的采食量和消化率，而且会影响瘤胃中微生物的正常生长和繁殖，造成羊的消化机能紊乱。因此，在一定条件下要保证饲料种类的相对稳定，饲料的变化应有一个相适应的渐进过程，千万不可今日喂一种饲料，明日改为另一种饲料，这样会对羊造成很大应激。

(四) 合理分群管理

应根据养羊场规模和饲养条件，按羊的年龄、性别及不同生产性能等进行科学合理的分群管理。这样可避免公、母混养影响相互之间的正常生活和采食，也避免混养时强欺弱、大欺小现象，可保证不同的羊均得到正常的生活和生长发育。

羔羊 45~60 日龄或 2~3 月龄后，要把母子分开进行断奶，这样可使母羊体质迅速恢复，达到早发情早配种、多产高产的目的，同时及早锻炼羔羊独立自主的生活能力。对断奶后的羔羊按公母、大小、强弱进行合理分圈饲养，防止强者更强、弱者更弱而影响整体发育水平和整齐度。

二、规模养羊的营养调控

营养调控主要是合理应用饲料添加剂和科学使用添加剂复合预混料。生产实践已证实，营养调控技术是提高标准化规模养羊生产效率一项最主要的技术措施。

(一) 合理补饲食盐

食盐的成分是氯化钠，纯净的食盐含氯 60%，含钠 39.7%，此外尚含有少量的钙、镁、硫等杂质。各种饲料中钠都较缺乏，其次是氯，钾一般不缺乏。食盐是羊生产发育和新陈代谢不可缺少的物质，常有"春不补盐羊不饱，冬不补盐不吃草"之说。生产实践证明，羊补盐后精神好、饮水足、增加食欲、行走有力、被毛光亮、饲料利用率提高；羊缺盐则表现食欲差、被毛粗糙、异食癖、生长发育不良、生产力下降和饲料利用率低。

(二) 饲喂碳酸氢钠

碳酸氢钠又叫小苏打，含钠在 27% 以上，生物利用率较高，是优质的钠源性矿物质饲料之一。碳酸氢钠不仅可以补钠，更重

要的是其具有缓冲作用，能够调节日粮电解质平衡和胃肠道 pH
值，特别对防止肉羊代谢性疾病、提高日增重有一定作用。羊日
粮中一般添加量为 0.2%~1%，与氧化镁配合使用效果更好。

（三）定期定量喂硫酸钠

硫酸钠又叫芒硝，含钠 32% 以上，含硫 22% 以上，生物利
用率高，既可补钠又可补硫，硫的利用率为 54%，是优质的钠、
硫源饲料添加剂，补充量不宜超过日粮干物质的 0.05%。硫酸钠
清凉而苦咸，有清除胃肠实热积滞的功效。三伏天每 7~10 d 喂
一次硫酸钠，与补盐交错进行，每只羊每次喂硫酸钠 15~20 g，
按日常饮水量化开，口尝不太苦为度，倒入盆内或水槽内让羊饮
用。由于硫酸钠性凉，怀孕母羊不能饮用，经过风化以后的粉硝
也不能用来喂羊，否则将引起中毒。

（四）使用舔砖

舔砖是给肉羊补充已缺乏养分的一种简单而有效的方式，逐
渐受到养羊生产者的重视。羊复合营养添加剂舔砖由尿素、矿物
质、固化剂、膨润土、维生素预混料、蜜糖等经过科学精细加工
压模而成。肉羊舔食能补充非蛋白氮（NPN）、矿物质和糖分等
营养物质，使日粮中的营养成分趋于平衡和全价，是肉羊有效的
营养补充办法之一，在我国广大牧区、农区推广应用均已取得了
良好的效果。标准化规模养羊采用这项成熟技术，可充分发挥优
良肉羊品种和杂种优势的生产潜能，提高肉羊产品质量与经济
效益。

（五）使用预混料

科学实验研究已证实，在肉羊生产中仅以单一饲料或几种饲
料简单配合，无法满足肉羊对多种营养物质的需要，即使应用更
多种类饲料进行配合，也会出现营养过多或过少。只有多种必需
饲料添加剂的参与才能平衡养分，满足羊的繁殖、生长、生产的
需要，达到最佳饲养效益。为了使肉羊生产达到高产、优质、高

效的目标，养羊生产者要意识到，应有目的地借助现代高新技术以强化利用肉羊的特定功能和生理特点，提高产品的产量和品质，来获取更高的效率和效益。要达到这些目的，除了培育品种、加强饲养管理外，正确而灵活地应用添加剂复合预混料是最有效的途径和技术。生产实践已证明，添加剂复合预混料的应用可提高肉羊生产量 5%~20%，减少饲料消耗 5%~15%，降低生产成本 10%~30%。

第二节 规模养羊的日常管理

规模养羊生产日常管理事项诸多，而每一项管理工作关系到生产效率和羊的福利。从某种意义上说，管理出效益，管理是科学技术的具体实践。

一、合理安排养羊生产环节

规模养羊的生产环节是指在一个生产周期内，在组织肉羊生产上所必须进行的生产管理工作，主要包括配种、产羔、断奶、羔羊和育成羊培育、肉羊育肥、羊群的鉴定、分群、剪毛等。生产环节有主次之分，必须着重考虑安排好主要的生产环节，才能保证整个生产有条不紊；反之，如果主要环节安排不妥，就会打乱整个生产秩序，造成管理工作混乱和生产上的损失。每一个生产环节的安排原则是尽量争取在较短的时间内完成。如配种工作，一般争取 1 个月左右结束。配种时间延长，必然产生不良后果，一是影响种羊繁殖效益，二是延长产羔时期，使母羊一年两胎和两年三胎的繁殖模式受到一定影响或难以实现。再如羔羊的断奶时间可提前到 45~60 d，如果延长断奶时间，不仅使羔羊发育不一致，还会造成编群和培育困难，更严重的是影响以后各个生产环节的安排，打乱了整个管理秩序。但也应注意的是，全年生产环节安排妥当后，还应根据具体条件的变化，随时调整或改变。生产实践中一般是把生产环节的安排列出明细，最好上墙公示，及时提醒管理人员。

二、定期驱虫和药浴

（一）羊驱虫和药浴的目的

羊在饲养过程中极易感染上体内外寄生虫，造成生长缓慢，抵抗力低下，严重的还会造成死亡，所以养羊场应根据寄生虫流行情况，进行驱虫和药浴。通常在春季进行驱虫，多用左旋咪唑或虫克星等驱线虫，间隔 5~7 d，再用硝氯酚驱吸虫 1 次；秋天再进行 1 次。

（二）药浴的技术

1. 建造药浴池　药浴是防治疥癣等体外寄生虫病的有效办法，应建造比较标准的羊药浴池。

2. 药浴方法　药浴池内水深 75~100 cm，水温以 30 ℃左右为宜。药浴方法：先把羊群圈入待浴栏内，逐只放入池中，羊由池的另一端出池须经 1~2 min（患羊治疗药浴需 2~3 min）。出浴前用药浴叉子按羊头入水 2~3 次，务必使其周身全部浸透药液。在浴后栏内待羊身带出的药液淌尽流回池内后再将羊放出，以减少药液损失。患羊治疗药浴，相隔 7~8 d 再重复药浴一次；预防药浴每年一次即可。

3. 药浴的浓度和配制　药浴前，准确测量和计算池内水的数量，按照不同药物的不同浓度要求计算出所需药量入池，搅拌均匀，即可药浴。中途如水深不足，应及时补水，按补入的水量和规定的浓度计算应补加药量，搅拌均匀，继续药浴。药浴顺序为先大羊后小羊，可减少水和药的补充次数。不同药物的药浴：林丹乳油浓度 0.025%~0.03% 或敌百虫浓度 1.5%~2.0%，配制时先用凉水稀释，加热到 60~70 ℃，再加入池内；来苏尔浓度 2%~2.5%，辽克林浓度 1%，凉水加热到 38~40 ℃入池。以上几种药物比较而言，以林丹乳油使用方法简便且效果佳。

4. 药浴注意事项

（1）先浴健康羊群，后浴患疥癣病的羊群。

（2）药浴前停食 18 h，浴前充分饮水，以防药浴时误饮药液中毒。

（3）选择无风晴暖天药浴，浴后 1~2 d 内防止雨淋，以保药效。

（4）浴后不要马上进入舍内，以免舍内空气流通差而中毒。

（5）浴后不要马上喂精料，也不要在豆科牧草地放牧，以防因停食饥饿而暴食胀肚。

（6）妊娠母羊不宜药浴，以防流产。如妊娠母羊患疥癣病，可于患部涂擦治疗。

（7）注意防止药物中毒。

三、制订免疫计划

羊常见传染病较多，对羊危害比较严重的疫病有炭疽病、口蹄疫、羊痘、小反刍兽疫、布鲁氏菌病、大肠杆菌病、链球菌病、传染性胸膜肺炎、传染性脓疱病等。尤其是梭菌感染引起的疫病，如羊快疫、羔羊痢疾、羊猝击、羊肠毒血症、羊黑疫等，常常引起急性猝死，发病后几乎没有治疗时间。预防这些疫病都有相应的疫苗，免疫保护期大多在半年至一年，应根据当地的疫情特点，制订出合理的免疫接种计划，按照程序定期进行免疫接种，不要盲目地乱接种，否则会诱发某些疫病。有疫情威胁时，要立即进行紧急免疫接种。

四、严格执行消毒制度

羊舍地面、墙壁、围栏等都要经常进行消毒，常用的工具、饲槽、水槽、补料槽等也需要定期清洗消毒。一般情况下，1~2周消毒 1 次，如果出现疫情，每周应消毒 2~3 次。消毒剂可使用无腐蚀性、无毒性的表面活性剂类，如新洁尔灭、洗必泰、度米芬、百毒杀、畜禽安等。空圈消毒可选用杀菌效力更好的消毒剂，如 10% 的漂白粉溶液、3% 的来苏尔、2%~4% 的氢氧化钠溶液、4% 的甲醛溶液等。

五、重视环境卫生

传统的养羊业管理粗放，环境脏乱，这不但使蚊蝇等昆虫大量繁衍，而且会滋生病原微生物和寄生虫，还会污染饲料和饮水，从而导致疫病发生和传播。因此，规模养羊要重视改善环境卫生条件，经常清扫地面，保持圈舍清洁、干燥、卫生，粪便和污染物要堆积发酵。秋夏季节，每晚在圈舍及场区内喷洒 3%~5% 的敌敌畏溶液，可防止蚊虫和羊鼻蝇侵害羊群。

六、观察日常行为

平时要注意观察羊群，对可疑羊进行细致的检查，及时挑出体征异常的羊。观察的主要内容有体态、眼神、被毛、采食、反刍、粪便、尿液等；检查的主要内容有黏膜、结膜、体温、异味、舌苔、脉搏、呼吸等。另外，羊鼻镜是否湿润，是羊健康与否的关键特征，观察或检查时，一定不能忽略。健康羊有 3 个生理常数需要记住：体温 38~39.5 ℃，呼吸每分钟 18~24 次，脉搏每分钟 70~80 次，发现异常应及时请专业兽医进行诊治。

七、及时处理病羊和死尸

传染病传播迅速，危害严重，一旦出现疫情，应迅速隔离病羊，防止疫情扩散。隔离区内所有未彻底消毒的东西都不能运出，与病羊有过接触的羊要单独圈养观察。发生口蹄疫、羊痘、小反刍兽疫等传染病时，要及时报告兽医管理机构，划定疫区，隔离封锁，尽快消灭疫情。病尸不能随意抛弃、食用或进入市场，应根据《病害动物和病害动物产品生产安全处理规程》（GB 16548—2006），采取焚烧或深埋等无害化处理措施。

八、建档与编号

（一）建档

在羊的饲养和繁殖工作中，应建立起系统的养殖档案盒系谱记载。一般要求养羊场（户）使用统一规定的养殖档案。养殖档案由畜牧兽医卫生监督部门统一制作，记载的内容有防疫计划和程序，注射疫苗种类、时间、只数，环境卫生消毒时间，饲料兽药购入和使用情况，饲养只数等。

在羊的繁殖中，应当建立系统的系谱记载，一般要求使用卡片档案和电子档案两种形式。种羊系谱档案主要包括种羊本身记录、鉴定成绩、系谱及配种产羔记录和后裔品质鉴定等资料。主要记录形式有种羊卡片、配种登记表、羔羊登记表、母羊繁殖成绩统计表和鉴定记录表等。

1. 种羊卡片　凡供作种用的优秀公、母羊皆应用种羊卡片，它分为种公羊卡片和种母羊卡片两种。种羊卡片是对种羊一生各种性能表现和各种关系的综合记录档案，卡片中包括种羊的系谱、本身生长发育或生长性能及鉴定成绩、历年配种产羔记录和后裔品质，如图 4-1、图 4-2 所示。

种公羊卡片

编号　　　　　品种　　　　　　出生地点

毛色　　　　　同胎羊数　　　　出生时间

①系谱

父：编号　　　　　　　　母：编号

　　品种　　　　　　　　　　品种

　　年龄　　　　　　　　　　年龄

　　体重　　　　　　　　　　体重

　　等级　　　　　　　　　　等级

②生长发育情况

测定项目	出生	断奶（月龄）	1 岁	1 岁半	2 岁半
体重					
体高					
体长					
胸围					
管围					
鉴定结果					
等级					

③外貌鉴定

评分　　　　　　　　　等级

④历年配种情况及后裔品质

年份	精液品质			与配母羊数及等级分布	产羔母羊数	羔羊数			后裔品质（鉴定等级）					
	精液量	密度	活力			公	母	合计	特级	一级	二级	三级	四级	等外

图 4-1　种公羊卡片

种母羊卡片

编号　　　　品种　　　　　　出生地点

毛色　　　　同胎羊数　　　　出生时间

①系谱

父：编号　　　　　　　　　母：编号

　　品种　　　　　　　　　　　品种

　　年龄　　　　　　　　　　　年龄

　　体重　　　　　　　　　　　体重

　　等级　　　　　　　　　　　等级

②生长发育情况

测定项目	出生	断奶（月龄）	1岁	1岁半	2岁半
体重					
体高					
体长					
胸围					
管围					
鉴定结果					
等级					

③外貌鉴定

评分　　　　　　　　　　等级

④历年配种产羔成绩

年度	与配公羊				产羔情况					断奶		1岁
	编号	品种	等级	配种日期	产羔日期	羔羊编号	性别	初生重	断奶重	鉴定结果	鉴定结果	等级

图4-2　种母羊卡片

2. 配种记录 配种记录是检查繁殖性能的重要依据，也是生产中不可缺少的工作，登记项目如表 4-1 所示。

表4-1 配种登记表

品种   群别

母羊		选配公羊		配种日期		分娩			生产羔数					
编号	等级	编号	等级	第一次	第二次	预产日期	实产日期	妊娠天数	编号	性别	编号	性别	编号	性别

3. 羔羊生产发育记录 羔羊生长发育速度是评定羊只肉用性能的一个重要性状，是组织季节性肉羊生产、提高肉羊经济效益的依据，登记项目如表 4-2 所示。

表4-2 羔羊登记表

羔羊							亲代			
编号	性别	出生日期	初生重	断奶日期	断奶重	评定等级	父		母	
							编号	等级	编号	等级

4. 母羊繁殖成绩统计表 母羊繁殖成绩统计表属于统计性质，在配种、分娩、羔羊断奶等项目测定登记结束后进行统计，

它能反映一个羊群母羊的繁殖性能的高低和羔羊培育效果，是改进母羊繁殖技术水平、采取恰当繁殖措施和羔羊饲养管理的依据，如表4-3所示。

表4-3　母羊繁殖成绩统计表

适繁母羊只数	配种		妊娠		流产		分娩		产羔		育成		繁殖率/%
	只数	占比/%	只数	占比/%	只数	占比/%	只数	占比/%	只数	占比/%	只数	占比/%	

（二）编号

为了方便进行育种工作和识别羊，必须给羊编号。常见的编号方法是插耳标法。耳标一般用铝或塑料制成，有圆形和长方形两种，圆形的较好，目前普遍使用。安置前先用特制的钳子在羊的耳朵上打一圆孔，再将耳标扣上。耳标上由特制的钢字打上羊出生年份的末一个数字及个体号，例如2019年出生的，个体号是25的羊，则耳标应打上9-25。为了查找方便，可将公羊耳标打上单号，母羊耳标打上双号。

九、去势

去势也称为阉割，去势的公羊统称为羯羊，农村称为骟羊。去势是为了让公羊生长快，改善肉的质量，提高屠宰率及出肉率。去势后的羊性情温顺，便于管理，容易育肥，节省饲料，肉无膻味。一般不做种用的公羊多在春、秋两季去势，出生的公羔不做种用时，在出生后2~4周去势。去势的方法主要有结骟、钳法去势。

（一）结骟

羔羊生后 7~10 d，用橡皮筋把阴囊连同睾丸紧紧扎起来，以阻止血液流通，10 d 后阴囊、睾丸便自行枯萎脱落。这种方法操作简便，对羔羊发育没有影响，也不会感染疾病。

（二）钳法去势

用特制的去势钳，在阴囊上部用刀夹紧，睾丸便逐渐枯萎。此法不用切刀口、不失血、无感染的风险。

十、修蹄与防治腐蹄病

（一）修蹄

羊蹄壳不断生长，会使羊的蹄形不正，蹄壳过长时则会影响放牧或发生蹄病，严重时会使羊跛行，甚至会导致种公羊种用价值降低或丧失。因此羊每年要定期修蹄，至少要给羊修蹄一次。修蹄可用蹄剪或蹄刀，也可用其他刀剪代替。正确的修蹄方法是：先掏出趾间的脏物，再用小刀或修蹄剪剪掉蹄甲，但要平行于蹄毛绒修剪；然后剪掉在趾间的螯生物和削掉软的蹄踵组织，使蹄表面平坦，修后的羊蹄呈椭圆形。修蹄时要细心，要慢慢一薄层一薄层地往下削，不要一刀削得过多，以免修得过深而损伤蹄肉。修蹄在雨后进行为好。

（二）防治腐蹄病

羊若经常放牧在潮湿牧地和居住在泥泞的圈舍内，往往会发生腐蹄病。为了避免发生腐蹄病，日常管理中应注意羊栖息地的干燥和通风，勤打扫和勤垫圈；或撒干石灰、草木灰于圈内或在圈门口进行消毒；也可把羊群赶到浅河水中洗涤羊蹄夹杂的脏污物。如发现腐蹄病后应及时检查和治疗，可用 2% 来苏尔洗净蹄部并涂以碘酊，或用其他药物治疗。

十一、保证安全过冬

保证绵羊、山羊安全过冬，是肉羊生产中的一个关键环节。生产中采取的主要措施有以下几条。

（一）修建圈舍

羊的圈舍是帮助羊群抵御风寒、减少体力消耗和安全过冬的保证条件。特别是高寒地区，冬季时间长，羊的越冬管理尤其重要。在高寒地区冬季推广使用塑料暖棚是一项实用技术，尤其对怀孕和产羔母羊，塑料暖棚是其安全越冬必须具备的条件。南方地区的楼式羊舍，在冬季也要用塑料围住一面透风的栅墙，这对山羊过冬有一定作用。此外，检修圈舍和破损设施，为羊安全过冬创造一定的环境和条件。

（二）准备充足的草料

草料是羊过冬的物质，一般一只成年羊（以体重 50~60 kg 成年母羊为例）每天需干草 5~8 kg，并要适当搭配青贮饲料和精饲料。一般来说，在确定羊的饲草需要量时，按不同类型、年龄、性别分别考虑，并根据饲养标准和实践经验确定数量。可根据下列公式计算：

饲草需要量=平均日定量×饲养日数×平均只数

（三）调整羊群和合理淘汰生产性能低下的种羊

在入冬之前，要检查羊群。凡久病不愈、体小瘦弱、长期空怀、年老体弱难以过冬，以及生产性能低的种羊，在秋季育肥期及时淘汰处理。此外，要做到当年羊羔，当年育肥出栏。这都是提高规模养羊经济效益的关键措施。

（四）抓好秋膘

生产实践证明，充分利用夏秋良好的气候和牧草条件，加强放牧，尽可能延长放牧时间，使羊营养良好，则入冬后掉膘慢，这是保证羊群安全越冬度春的关键。

第三节 规模养羊的饲养模式

一、放牧加补饲的饲养模式

(一)放牧的优点与缺点

1. 放牧的优点 在一定程度上讲,放牧具有一定的合理性,这也是千百年来传统的养羊生产饲养模式。

(1)有利于降低肉羊生产中的饲养成本。肉羊在放牧条件下饲养和育肥,可使饲草饲料和人工等方面的费用比舍饲圈养低50%~70%。放牧可使廉价的天然牧草和乔灌木枝叶资源得到转化和利用,可降低饲料成本,能使规模养羊减少生产费用,因此放牧具有经济性。

(2)有利于天然草地和乔灌木丛地的牧草及枝叶再生。根据有关研究表明,天然草地和乔灌木丛地的牧草及枝叶被羊采食了顶端后,植物会发生超补偿生长,也就是说去除了顶端生长点的植物产量高于顶端未受伤害的植物。

2. 放牧的缺点

(1)超载放牧会对植被造成破坏,易使草原、草山和草坡形成沙漠化及石漠化。长久以来传统的放牧养羊,在一些地区因超载过牧、过度啃食牧草和枝叶、过度践踏,使土壤结构发生变化,使保水保肥能力降低,防风固沙、涵养水源、蓄水保土、净化空气的绿色生态屏障功能日益衰竭,草地生态系统失衡,生物链结构发生变化,草质和产草量下降甚至无草可生,草原生态自我调节能力和承载能力逐年下降,草原生态持续恶化,草原保护面临的形势十分严峻。其原因是过分追求草原的经济功能,盲目增加草原草食家畜数量,而忽视了草原承载能力和生态安全,误认为草原及草山草坡是取之不尽、用之不竭的自然资源，盲目掠夺性地、不科学性地、无计划性地利用自然草场，导致天然草地严重超载家畜及过度放牧。

（2）四季放牧致使肉羊对营养物质进食量存在季节性不平衡。放牧饲养主要依靠天然草地为肉羊提供营养物质来源，而天然牧草品质和产量由于随季节发生变化，致使羊营养物质进食量存在季节性不平衡。特别是在冬春枯草期，能量和蛋白质的摄入量严重不足，易造成羊年复一年的"夏壮、秋肥、冬瘦、春死"现象。

（3）放牧饲养受外界生态环境的影响较大。我国北方地区从12月至翌年3月，平均气温都低于4℃，1月平均气温甚至低到−11℃以下。故冬春季羊面临营养缺乏和寒冷应激的双重影响，不得不动用体内贮存的脂肪和蛋白质供能维持体温，从而发生严重掉膘损失，羊只体质逐渐瘦弱，易造成羊死亡。

（4）放牧饲养容易感染寄生虫病。寄生虫病对羊的危害性最严重，其程度不亚于传染性疾病。羊的很多寄生虫病就是在放牧过程中，由于采食了被污染的牧草和污水后而被感染的。当然，也有些寄生虫因寄生在牧草和水源中，羊采食牧草和饮水后而感染。羊感染寄生虫病后轻者会造成羊只消瘦、饲料饲草利用率降低，影响羊只的生长发育，降低羊只的抵抗力；严重的寄生虫感染会造成羊整群发病，甚至出现较大死亡率，给养羊生产造成重大损失。

（5）放牧饲养运动强度大。一般来说，放牧的羊每天往返的路程在6~10 km，山羊的运动强度比绵羊还大。运动强度大对肉羊有正、负两方面的影响。在营养充足条件下，锻炼了羊的体质，使其抗逆性增加，适应性也强；但在营养缺乏条件下，则使羊营养消耗加剧，如羊在春季牧草返青时"跑青"，可使羊体重损失，造成春乏、春死现象。

（二）补饲的原因和条件

1. 补饲的原因　在养羊生产中可观察到这样一种情况，很多规模养羊场（户）采取以放牧为主的饲养模式，每天羊群放牧归来基本上都能吃得饱，但生长发育缓慢，大多数羊一直处于中下等膘情，母羊流产现象也多。很多规模养羊场（户）由于羊生产性能低，而造成生产效益不高，投资难以在一定时期内回收，投入与产出未达到预期目标，多数规模养羊场（户）由此而亏损倒闭。在所有的放牧养羊场（户）中，都不同程度地存在羊能吃饱但生长发育不好的现象。传统的散养方式一般不会发生此种现象，因散养户养羊，大都是老人或小孩随便牵几只羊放牧，羊活动量小，也能吃得饱，消耗的体力小，大多能上膘。而规模放羊饲养，羊走的路程一般较远，体力消耗较大，一般山羊以放养为主，冬春季节每天放牧 6 h 左右，每天上午 11 时出牧，下午 16~17 时回牧，放牧半径 2.5 km 左右；夏秋季放牧超过 7 h，放牧半径也在 3.8 km 左右。据观察，以放牧为主的羊体况表现为"夏饱，秋肥，冬春瘦"，其原因还是采食的饲草量满足不了自身的生长发育需要，大都用在维持生命体征需要上。如一只体重 20 kg 的山羊，在 7 天的放牧中，走路占近 60 min，采食时间平均 276 min，休息时间要反刍，平均近 90 min；在采食过程中，采食频率每分钟平均采食 38.65 口，用计数法测得每口采食量为 0.20 g，一般平均全天放牧采食量为 2.13 kg，折合风干物质占羊体重的 1.92%。国内也有养羊科技工作者研究，通过对羊 24 天连续观察，山羊在舍饲情况下，每昼夜平均采食 362 min，其中夜间采食时间占 4.4%，全天采食量为 4.05 kg，折合风干物质占羊体重的 3.7%。也就是说，羊放牧 7 天，放牧采食量为 2.13 kg，仅占舍饲自由采食量 4.05 kg 的 52%。由此可见，放牧羊虽然放牧 7 天，但只有一次吃饱的机会，其余 3/4 的时间实际处于挨饿状态。

此外，冬春季节牧草枯黄，品质下降。如牧草生长期粗蛋白质含量平均为 13.16%~15.75%，枯草期则下降至 2.26%~3.28%，而此时由于天气寒冷，能量消耗大，特别是妊娠母羊对营养物质需要量增加，单靠放牧难以满足羊只的营养需要。这就是放牧羊群能吃饱但不长膘的原因所在，这也是放牧羊饲养周期长的一个根源。因此，传统的以放牧为主的饲养模式，并不是一个科学的饲养模式。现代养羊生产中，必须推行放牧加补饲的饲养模式。

2. 科学合理配制补饲饲料　补饲饲料的合理配制是提高补饲效果的重要手段，饲料间组合正效应对营养调控能起到一定作用。传统意义上的补饲是有啥饲料补啥饲料，或用单一的炒黄豆、玉米籽实，或用晒干的甘薯、花生秧、豆秆等，饲料按组合效应难以起到营养调控作用。现代的规模化羊生产，补饲的饲料搭配应参照养羊饲养标准，并以粗饲料为主，再用精饲料和某些饲料添加剂补充完整，以提高补饲饲料中营养物质的平衡性。在没有条件按饲养标准配制补饲饲料时，我们也应采用多种饲料配制成混合料，在混合饲料中适量添加一些矿物质和食盐，充分混合后贮备使用，对保证羊的健康和提高其生产性能有明显作用。

3. 补饲方法和补饲量　对放牧羊的补饲，常在收牧归圈后进行。精饲料一般日补一至两次，于每日放牧归圈后，先喂精料，然后补饲粗料。若补饲多汁青饲料，应在归牧后喂完精料后即喂，多汁饲料补充后再补粗料。粗饲料最好将长草铡短放入饲槽，以免随意饲喂造成浪费。为了补充蛋白质营养不足，在补饲草料中添加适量尿素，对羊生长可取得明显效果。但要注意的是，尿素喂量必须严格控制，一般按羊每只体重的 0.02%~0.05% 喂给，即每 10 kg 体重喂尿素 2~5 g，或按日粮中干物质的 1%~2% 喂给。

对羊补饲量可按每只成年羊每天 0.5~1.0 kg 干草和 0.1~0.3 kg 精料来安排。但应注意优羊优补，就是对怀孕后期母羊、配种期公羊、断奶前后期的羔羊可采取多补的原则。

（三）放牧饲养的技术

1. 放牧人员应该具备的条件　放牧既然是养羊生产的一种重要方式，在一定程度上，羊群营养状态的好坏及生产性能的高低，都与放牧人员的组织工作有密切关系。做到放牧饲养管理科学化，是合理利用草地资源和提高肉羊生产效率的基础。熟悉肉羊的生物学特性和生活习性，掌握肉羊的采食规律，善于勤于管护羊群，通晓放牧草地上的饲草、乔灌木草丛枝叶、水源及地形地貌等，是放牧人员必须具备的条件。

2. 合理组织羊群

（1）放牧羊群结构。放牧羊群的组织，应根据羊的类型、品种、性别、年龄（如羔羊、育成羊、成年羊）、健康状况等综合考虑；也可根据生产和科学研究的特殊需要组织羊群。生产实践中，羊群一般分为公羊群、母羊群、育成公羊群、育成母羊群、羔羊群、阉羊群等。如果阉羊数量很少时，可随成年的母羊群放牧。

（2）放牧羊群规模。生产中繁殖母羊群一般以 50~100 只为宜，核心母羊群可适当减少；成年种公羊 20~30 只，后备种公羊 40~60 只。即使在适宜放牧的地区和牧区，繁殖母羊组成羊群放牧，农区也不宜超过 150 只，牧区不宜超过 500 只；育肥肉羊在农区不宜超过 300 只，在牧区不宜超过 1000 只。

3. 放牧方式　放牧方式是指对放牧场地的利用方式。放牧方式可分为固定放牧、季节轮牧、围栏放牧和小区轮牧四种。

（1）固定放牧。固定放牧是一种比较原始的放牧方式，是指羊群一年四季在一个特定区域内自由放牧采食。固定放牧不利于草场或草山草坡的合理利用与保护，载畜量低，单位草场面积提供的畜产品数量少，每个饲养人员所创造的价值不高。而且固定放牧羊的数量与草地生产力之间呈现自然平衡，羊多了草就必然死亡，这是现代养羊业应该放弃的一种放牧方式。

（2）季节轮牧。季节轮牧是根据四季牧场的划分，按季节轮流放牧。它能较合理地利用草场或草山草坡，能提高放牧效果。

（3）围栏放牧。围栏放牧是根据地形把放牧场围起来，在一个围栏内，根据牧草所提供的营养物质数量结合羊的营养需要量，安排一定数量的羊放牧。这种放牧方式，能合理利用和保护草场。据国外资料介绍，草场围起来，产草量可提高25%。

（4）小区轮牧。小区轮牧是指在划定季节牧场基础上，根据牧草的生长，草地生产力，羊群对营养的需要和寄生虫的侵袭动态等，将放牧地划分为若干个小区，羊群按一定顺序在小区内进行轮回放牧。小区轮牧是一种先进的放牧方式，一是能合理利用和保护草场或草山草坡，提高草场载畜量；二是小区轮牧将羊群控制在小区范围内，减少了游走所消耗的热能，增重较快；三是能控制寄生虫感染，因羊体内寄生虫卵随粪便排出约经6 d发育成幼虫便可感染羊群，所以羊群只要在某一小区放牧时间限制在6 d以内，就可减少寄生虫的感染；四是山区可利用好林间草地和灌木林，对成年林地采取适度适量有计划地放牧，这样既不会破坏林木，又不会造成林牧矛盾，而且还能促进牧草的再生能力。

4. 四季放牧技术

（1）季节对放牧的影响。季节实际上是各种自然气候因子在一定时间、区域或特定环境条件下，综合形成的外界环境因素，它对羊的生态作用，实际上是各种环境因素综合对羊发生的作用。季节不同，气温、降水也不一样，因而牧草的生长、产量和品质也不同。为了减少由于季节气候变化出现的影响，应依当地的地势、气候、草场情况，选好放牧地，增强抗灾能力。一般平原地区按照"春洼、夏岗、秋平、冬暖"的原则进行选择，山区按照"冬放阳坡、春放背、夏放岗头、秋放地"的原则进行选择。为了不使草场退化，要将放牧场地划成小区，进行轮牧。这样可提高饲草再生量，从而提高载畜量，还可以防止寄生虫的感染和传播。认真研究季节这一生态因子的变化规律，深入探讨它对羊有机体的作用和影响，把季节变化特点与养羊业紧密结合起来，合理组织一年四季中养羊生产各个环节，充分发挥四季优势，对放牧饲养羊群有着重要的意义。

（2）放牧方法和放牧技术。羊的放牧主要立足于"抓膘和保镖"，使羊常年保持良好的体况，充分发挥羊的生产性能。要达到这样的目的，必须理解和掌握科学的放牧方法和放牧技术。

1）放牧方法。

领着放：羊群较大时，由放牧员走在羊群前面，带领羊群前进，控制其游走的速度和距离，羊群一边吃草，一边前进。这种放牧方法适用于平原、浅丘地区及丘陵山区，牧草茂盛季节采用这种放牧方法最为适宜。

赶着放：就是在放牧或归牧时，放牧员尾随在羊群后面，跟着羊群前进，或赶着羊前进，这种放牧在平原、丘陵山区都可使用。春、秋两季放牧，以及归牧时，为防止丢羊，多采用这种放牧方法。

陪着放：又叫挎着放，就是在平坦牧地放牧羊时，放牧员站在羊群一侧；在坡地放牧时，放牧员站在羊群的中间；在田边放牧时，放牧员站在地边，以观察羊群，用口令配合扔石块的方法控制羊群前进的方向和速度。此种方法适用于各种地形放牧，尤其是丘陵山区，四季放牧都可使用。

2）放牧技术。为了控制羊群游走和采食时间，使其多采食，少走路，有利于抓膘，在放牧实践中，是通过一定的队形来控制羊群。归纳起来基本队形有两种，即"一条鞭"和"满天星"放牧技术。

一条鞭：是指羊群放牧时，排列成类似"一"字形横队。形成"一条鞭"放牧队形的方法：刚出牧时，是羊采食高峰期，放牧人员先把羊打几个回头（让羊群向反方向前进），使羊不再乱跑，然后人站在羊群前面中央部位，挡住前面羊前进，让后面纵行羊向横面的两侧前进，形成一个基本上成"一"字形横排面。一条鞭放牧队形，适用于比较平坦、植被比较均匀的中等牧场。春季采用这种队形，对控制羊群"跑青"有好处。

满天星："满天星"队形，如同天上的星星一样，使羊散一片。这种队形，多应用于牧草丰盛的季节，适用于各种牧场放牧。这种队形能使羊群少跑路，各类羊都能吃饱。

5. 放牧注意事项

（1）讲究一个稳字。放牧饲养羊必须注意"四稳"，即出牧稳、放牧稳、收牧稳、饮水稳。

（2）注意四看。放牧饲养羊还要注意"四看"，即看地形、看牧场、看水源、看天气。

（3）做到四勤。放牧人员要做到四勤，即腿勤、手勤、嘴勤、眼勤。要做到宁为羊群多磨嘴，不让羊群多跑腿，保证羊一日三饱；否则羊走路多，采食少，不利于抓膘。四勤的目的是保证羊群多吃少消耗，即慢走、少走、吃饱、吃好。

（4）要数羊。每天放牧前后都要清点羊数，看是否有没出栏或未归群的羊。

（5）要防野兽、毒蛇、毒草。有经验的放牧人员在山地放牧防兽害总结出"早防前，晚防后，中午要防沟洼洼"，即早上放牧要防野兽从羊群前面出现，晚上要防野兽从羊群后面出现，中午要防野兽从低沟洼出现。防毒蛇危害一般采取"打草惊蛇"的办法。防毒草危害，一般毒草多生长在潮湿的阴坡上，幼嫩时毒草毒性大，一般尽量不到阴坡放牧。

6. 要调训羊群　羊同其他家畜一样，经过人的驯养之后可产生条件反射，懂得人的一些简单言行。除狗之外，羊也是被人类驯服的较早的动物。羊具有合群性，因此条件反射的建立也较快，便于训练。放牧羊群中仅有领头羊的带头作用是不够的，还要解决好全群羊服从指挥的问题。调训羊群有利于发挥羊的合群性、游牧性，便于饲养管理，凡是有经验的放牧人员，都对羊群进行严格的训练。

（1）建立指挥羊群的口令。要想让羊群理解放牧人员的固定口令，要言短、音响、字清，这样条件反射才易建立；选口令时注意语言应配合固定手势，不可随音改变，否则会发生口令混乱，羊不易建立条件反射。调教的方法：如让卧着的羊群站起来时，可以边喊"起来"这句口令，边扬臂或手拿细条棍哄羊起来，经重复训练，不用手势，羊一听这句口令就能自动站起来。其他放牧管理口令也可用以上方法反复调训。

（2）建立示意口令。示意口令就是通过调训后用口令让羊群按照放牧人员的意图行动，这主要是调训个别的调皮羊。如有个别羊往往乘放牧人员不注意，进庄稼地偷吃禾苗和豆角等；有的羊喜欢独立到群外较远的地方吃草，这就需要去赶它归群。如果有示意口令，一经喊出，羊就能顺利归群。

7. 领头羊的选育与训练

（1）选好作为领头羊的苗子。只要选好作为领头羊的苗子，就能缩短调教的时间；若选不好领头羊的苗子，则要花费精力大，还会造成劳而无功。公羊胆子大，粗野，不听口令，在配种季节又总是追逐母羊，不宜做头羊。因此宜选择个体大、体壮、对口令反应灵敏、胆子比较小、平时喜欢走在羊群前面的青年母羊作为调教对象。选领头羊所产的母羔为调教对象更好，因为羔羊喜欢跟随母羊，必然接受母羊的条件反射较多，比其他羊易于调教。

（2）领头羊要重点培育。对于选中作为领头羊的羊，要保持良好的营养，在饲养时应注意补充蛋白质、矿物质饲料，比其他羊有一定的特殊性照顾。

（3）做好引导工作。

1）首先要给被调教的领头羊起名字。给领头羊起名字，是为了区别羊的不同个体，记载羊的不同情况，以利于在放牧饲养中用呼唤名字来指挥管理羊群。给领头羊命名，可以根据特点、外貌特征，或用耳号数字等来命名。

2）引导被调教羊走在羊群的前面。方法是：放牧时放牧人员要领着放，总走在羊群前面，随时采集一些羊喜欢吃的草或其他植物等，边走边喂被调教的羊，时间长了，被训练的羊就会很习惯地走在羊群前面。

3）建立口令。在生产实践中当羊群通过窄路或独木桥时，先把羊集中，慢慢将头羊引到最前面，放牧人员在其前面带领头羊通过。另一个方法是先喊头羊的名字，引起它的注意，然后发出口令，如边喊"出发"或"走"的同时，边用土块掷它，让头羊率领羊群慢慢通过，放牧人员千万不可甩鞭催打羊群。当头羊通过后，前面道路能容纳羊群时，对头羊边发口令"站住"边掷土块，让头羊等在前面，带全群羊通过后，再下指挥行走的口令。

4）给领头羊树立威信。为了保证领头羊很好地率领全群羊统一行动，还应人为地给它树立威信。方法是当其他羊走在领头羊前面时，应押住它们不让其前进，而引导领头羊走在前面；当其他羊顶斗领头羊时，要鞭打其他羊，帮助领头羊取胜。这样经反复长期驯服，可巩固领头羊地位，领头羊有走在群羊前面的习惯，同时也能形成其他羊跟随领头羊的习惯。

5）经常调训领头羊。即使是已调训好的领头羊，若长时间不调训，其条件反射也会消失；为避免口令失效，应隔一段时间对领头羊进行口令的调训。

二、放牧加舍饲的饲养模式

（一）放牧加舍饲饲养模式的意义和作用

在我国由于草场的不断退化和放牧地草资源的不足，有些地方已不再具备全年放牧的条件。如果在不具备全年放牧的草地和草山草坡还实行四季放牧，其结果必然会导致草地过度放牧践踏，易使沙漠化和石漠化面积不断扩大。肉羊在冬春季放牧地采食的牧草也有限，营养缺乏，极易发生"夏肥、秋壮、冬瘦、春死"的恶性循环状况。因此，为了加快自然草原和草山草坡生态恢复更新，实现自然草原和草山草坡发挥更好的生态效益、经济效益，解决肉羊饲养的规模化与草场、草山草坡生态之间的矛盾，也为了给草场、草山、草坡有一个休养的时期，在牧区及草地资源比较贫乏的地区，应大力提倡在夏秋季节以放牧为主、冬春季节以舍饲为主的放牧加舍饲的饲养模式，也称为半放牧半舍饲的饲养模式。这也是对传统的以放牧养羊为主的饲养模式的一个改革，可促进生态与养羊业的可持续发展，而且实行舍饲的饲养方式能达到科学养羊的效果，并能更有效地挖掘肉羊繁殖和产肉生产性能的潜力，是今后大力发展肉羊业的一条必由之路。

（二）实行放牧加舍饲饲养模式的主要措施

1. 调整羊群 实行冬春季舍饲，必须在入冬前对羊群进行调整，除尽量出售完肉羊外，要坚决淘汰不孕母羊、弱羊、病羊、残羊及老羊。根据具体条件，如饲草料的贮备量、暖棚和圈舍面积等确定饲养规模。

2. 贮备足够草料 饲草料的贮备是保证肉羊冬春季舍饲的物质基础，规模养羊场（户）应把饲草料的贮备工作放到首要位置。生产中一般采取以下措施贮备饲草料。

（1）晒制青干草。青干草的营养价值高于农作物秸秆，有条件的地区夏季应采集野草及灌木枝叶晒制成青干草。

（2）收集农作物秸秆。玉米秸、稻草、麦秸、花生秧、甘薯藤、豆秆、豆荚角等，都是舍饲羊的粗饲料，可加工处理后贮备饲喂。

（3）种植优质牧草。在有条件的地区可种植优质高产牧草，如紫花苜蓿亩产在 10 000 kg 左右，刈割青贮或晒干，因其蛋白质等营养物质含量丰富，对冬春季舍饲羊补饲能起到一定的营养调控作用。

（4）种植青绿多汁饲料。有条件的地区可种植胡萝卜、南瓜等青绿多汁饲料，以保证舍饲种羊维生素等营养的需求。

3. 驱虫防疫、分群饲养管理 在入冬前要对舍饲羊进行驱虫和防疫，并对公羊、怀孕母羊、后备羊实行分群饲养与管理。

4. 搭建暖棚和维修圈舍 在入冬前修建和维修舍饲的暖棚和圈舍，并进行彻底清扫后消毒；对运动场也要整理消毒，在出入门口设置消毒池。

（三）冬春季舍饲羊的日粮配合

实行冬春季舍饲的羊一般有种公羊、怀孕母羊和后备羊，为了降低饲养成本，可分别有重点地对舍饲羊进行饲养。总的饲养原则是除对怀孕母羊按饲养标准饲养外，其他羊一般采取维持需要的营养来搭配日粮，饲养定额和日粮的组成以粗饲料为主，适量补饲精料。具体可采取以下几种日粮搭配类型：

1. 农作物秸秆另加少量干野草 此类日粮搭配中所含热能与可消化粗蛋白质仅供维持尚感不足，故对营养物质必须另加适量精料补饲。

2. 青割野草、乔灌木枝叶加农作物秸秆 此类日粮搭配中所含热能与可消化粗蛋白质也仅供维持基本需要，故也必须补饲适量精料。

3. 禾本科干草或一般青干草加青贮料 这类粗饲料折合干物质计算，其热能含量用于维持尚有余，故可少补或不补精料。

以上舍饲的日粮搭配饲养，主要取决于粗饲料的品质，粗饲料的品质好，对补饲的精料需要量也减少。为了节省粗料，首先要提高粗饲料的品质，调制加工是关键。要训练舍饲羊采食各种饲料的顺序习惯，首先喂秸秆或干草，再喂青贮料或块根块茎类饲料，最后才补喂精饲料。先喂适口性差的粗饲料，后喂适口性好的饲料，可增加羊的采食量，而且不浪费饲草料，达到科学性和经济性。

三、舍饲圈养的饲养模式

（一）舍饲圈养的含义和优点

1. 舍饲圈养的含义　舍饲圈养羊是在标准养羊场的基础上，对肉用绵羊、山羊进行舍饲圈养，通过改善羊的饲草料、饲养管理技术与福利，加上定期对羊防疫和驱虫，使舍饲圈养的羊生产能力得到最大程度的发挥，从而提高羊只生产效率，使规模养羊达到多生、少死、增重快、出栏率与规模效益高的目的。在一定程度上说，舍饲圈养羊是发展肉羊规模化、专业化和集约化的主要途径，也是现代养羊技术进步的体现。

2. 舍饲圈养羊的优点

（1）标准化规模养羊在一定程度上体现在舍饲圈养的饲养模式上。由于羊舍饲圈养后，完全处于人的饲养与管理之下，饲养者可有计划地按照羊只各种生理阶段的不同需要，进行科学饲养和管理，既可按饲养标准进行定额饲养，又可实行营养调控技术，提高饲料报酬。发展舍饲圈养，能促使规模养羊者树立新的理念和增强肉羊持续发展意识。能够持续发展的肉羊产业必须具备高产优质、高效的特点，而且符合经济、社会、生态三大效益协调与发展的要求。第一，高产是基础。这里的高产不是指以破坏生态环境为代价，或盲目扩大饲养量所得到的羊肉产量的叠加，而是以降低生产成本，在舍饲圈养下提高羊只个体生产性能所获得的最大生产量（以羔羊形式来提供）。第二，优质是前提。舍饲圈养羊一般为规模化饲养，所饲喂的饲草料人为控制，便于接受畜牧兽医部门的监督，所生产的羊肉都可达到无公害羊肉的标准，这也是消费者所期望的。第三，高效是目的。高效是指规模养羊者的利益在规模生产条件下的最大实现，体现了投入与规模的比例关系。它不仅决定投资者和生产者近期收入的多少和对规模养羊投入额及积极性的发挥，而且决定着发展的可能性和持续性。因此，增强规模养羊的持续发展意识，树立新的理念，对肉羊产业走上合作经营的产业化生产经营模式有着非常重要的意义。国内很多养羊合作社是以"公司+合作社+农户"生产经营模式建立与发展的，这也是很好的证明。

（2）发展舍饲圈养，可实现农户家庭养羊的规模化和适度规模经营。

（3）舍饲圈养提高了羊的综合生产能力。舍饲圈养能显著提高羊的繁殖率，羊的体重增加明显；同时，舍饲圈养使养殖场（户）能科学规范地对羊群进行饲养管理，有利于各方面的综合防控，显著降低羊只的发病率。

（二）圈养养羊技术措施

1. 养羊场建设要标准化，有利于羊的福利待遇

（1）养羊场地的选择。舍饲圈养的养羊场应选择地势较高、背风向阳、面积宽敞、通风干燥、坐北朝南的地方建造。

（2）羊舍标准。北方地区可以建造塑料暖棚式羊舍，夏秋季节可把塑料暖棚取下，入冬前再把塑料暖棚遮盖上；南方地区必须修建楼式羊舍。

（3）运动场及围栏建设标准。舍饲圈养羊必须修建羊只运动场，运动场是羊群活动的场所，要紧邻羊舍的地方建造，运动场与羊舍面积按照4∶1以上的比例建造。在运动场内要放置饲草架和饮水槽，让羊尽量在运动场内采食、饮水和活动，给羊一个充足的活动空间和运动场所。

（4）羊舍内设施标准。羊舍内要按种公羊、怀孕母羊、空怀母羊、后备羊、断奶羔羊、育肥羊分群分栏隔离饲养。由于羊的性别、生产性能和体质不同，饲槽、水槽、草架和木栅都要有差异。一般要把饲槽、水槽建造成 U 形，槽底宽 20 cm，槽口宽 30 cm。不管是单列式或双列式羊舍，一定要有过道，这样便于饲养与管理。

2. 舍饲圈养饲养模式要适度规模 舍饲圈养羊必须根据人力、财力、饲草料、圈舍面积、场地大小等条件，来确定适宜的规模。一般来说，北方以饲养肉用绵羊为主，因土地面积较大、饲草资源特别是农作物秸秆资源丰富，一般建造羊舍投资不大，舍饲圈养羊规模在 500~1000 只，其中种羊饲养规模在 250~500 只。南方地区以饲养肉用山羊为主，饲养规模在 300~500 只，其中种羊饲养规模在 100~150 只。

3. 饲草料要充足 舍饲圈养羊一般需日供粗饲料 3~5 kg，青饲料 1~1.5 kg，混合精料 0.2~0.6 kg，根据肉用绵羊、山羊的大小、性别和生产性能，按不同阶段确定适宜的饲喂量。实际生产中，每只母羊需贮备各类干草 500 kg，青贮或多汁饲料 150 kg，精料 60 kg，食盐 10 kg。每只羊年需饲草料量如表 4- 4 所示。

表4-4 羊只年需饲草料量

羊	羊草/kg	青贮/kg	块根块茎/kg	混合精料/kg
种公羊	500~600	300~400	200~250	230~250
种母羊	400~500	400~500	100	70~100
育成公羊	300~400	200~300	50	70~100
育成母羊	300~400	200~300	50	40~50
哺乳羔羊	500	10	10	20
育肥肉羊	300~400	300~400	50	50~70

舍饲圈养肉羊必须有稳定的饲草料来源，一是有丰富的农作物秸秆来源，二是要收集或刈割晒制青干草，三是必须种植优质牧草，特别要保证冬春季青饲料的适量供给。可采取以下几种办法：其一，在退耕还林地建立混播牧草基地。其二，用承包地种

植优质高产牧草。其三，充分利用农作物秸秆开展氨化和青贮。

舍饲圈养羊的关键技术是根据不同品种和不同生产性能的肉羊，按饲养标准配制日粮，并实行营养调控技术。生产实践中，主要以下几个原则为主：

（1）做到饲草料搭配科学合理，降低饲草料成本，提高饲料间组合正效应和转化效率。舍饲圈养必须科学饲养，即在饲草料营养的合理配置与供给上，不仅要考虑到肉羊对饲草料的数量需求，还要考虑其质量要求；不仅要考虑羊的适口性，更要考虑到饲料成本；不仅要考虑不同性别、不同生产性能肉羊的生理特点，还要考虑到当地饲草料的资源条件。以力求降低饲草料费用，提高饲草料转化效率为原则。生产实践中，饲草搭配中用一定比例的乔灌木树叶、豆科牧草作为调整营养的骨干饲草，再与农作物秸秆合理搭配，可满足粗饲料多样化的营养需求。一般饲草料搭配可分青草期和枯草期。

青草期（当年 5~9 月）饲草料的搭配：青刈饲料作物（其中青秆玉米占 15%）+牧草（其中沙打旺、苜蓿、天然野草占 75%）+精饲料（占 5%）+乔灌木枝条（占 5%）。青草期每只羊平均供给搭配的青饲料 3.5~5 kg，精料 60~100 g。肉用山羊供给量要小，肉用绵羊供给量要大，每天饲喂 2~3 次。

枯草期（每年 10 月至翌年 4 月）饲草料的搭配：青干草（人工种植牧草和天然野生牧草占 40%）+农作物秸秆（占 30%）+青贮饲料（占 10%）+精饲料（占 5%）+树叶类（占 5%）。并保持 2~3 d 内喂 1~2 次青饲料和块根块茎类饲料，青饲料可每天饲喂 1 次。枯草期每只羊日均供给风干饲草 1.2~3 kg，精料 80~150 g。山羊饲喂量小一些，绵羊饲喂量大些，每天饲喂 2~3 次。

（2）以粗饲料为主，并充分供应优质青干草和青贮饲料。舍饲圈养的肉羊，除羔羊外，所有羊的日粮中粗饲料应达到 60%

左右，任羊自由采食或定量供给，其中优质青干草在粗饲料中的比例不低于30%，青贮饲料也应占到粗饲料的30%左右。对于一个规模化养羊场来说，舍饲圈养的青贮饲料的供应十分重要，它不仅可以补充部分青饲料，而且还可降低饲料费用。在正常情况下，日粮中保持一定量的青贮饲料，能保持羊瘤胃内微生物区系处于相对稳定的状态，可提高饲料利用率。另外，要充分供给青绿多汁饲料，特别在冬春季节也要有适量的青饲料供给。

（3）实行营养调控技术，保证添加剂符合预混料及矿物质的供给。生产实践证明，舍饲圈养羊一个最关键的技术是必须在日粮的补饲精料中添加复合预混料，此外，要保证矿物质和食盐的供给。除了在日粮中添加必要的添加剂符合预混料和食盐外，还可将富含营养物质的舔砖挂在羊舍运动场内，让羊能伸长脖子或站立后舔食，这样既可以补充营养，也可以让羊加强活动，对促进羊只运动、提高羊的体质有好处。对于怀孕母羊要特别注意，不可将舔砖挂得太高，以免造成孕羊勉强站立采食而发生流产。

4. 对舍饲圈养羊疾病实行综合性防控措施

（1）搞好羊只圈舍环境卫生，减少疾病传播。环境差、空气污浊等有利于病原微生物的滋生和传播，因此，羊舍、运动场、用具等应保持清洁干燥，每天坚持清除圈舍、场地的粪便、尿液及污物，并及时将粪便、尿液及污物堆积发酵处理。

老鼠、苍蝇、蚊子等常是病原体的宿主和携带者，能传染多种传染病和寄生虫病，要按常规制度开展杀虫灭蝇灭鼠工作。此外，饲养的犬、猫等动物均是许多寄生虫的中间宿主，易导致寄生虫病的发生，要定期对这类动物驱虫。

（2）定期实施药物消毒，杀灭病原体。定期用10%漂白粉溶液或2%~4%氢氧化钠溶液等消毒药物，喷雾消毒羊舍、墙面、天花板、用具、运动场及周围环境。

（3）定期驱虫。羊的寄生虫病是养羊生产中极为常见和危害特别严重的疾病，必须定期用药，坚持每季度给羊群进行预防性和治疗性驱虫。在药物选择上，可选用丙硫咪唑、硝氯酚等具有高效、低毒、广谱优点的药物，可同时驱除混合感染的多种体内寄生虫。利用药物喷雾或药浴方法驱除体外寄生虫，如蜱、螨、虱等，常用药物有 0.1%~0.2% 杀虫脒溶液、0.1% 敌百虫溶液。

（4）定期进行防疫注射。羊传染病发病快，传染性大，致死率高，对养羊生产危害极大，对羊定期防疫注射疫苗是有效控制传染病发生和传播的主要措施。生产中一般是在春秋两季注射羊快疫、羊猝击、羊肠毒血症、羔羊痢疾四联疫苗及羊传染性胸膜肺炎、羊痘疫苗、口蹄病疫苗等，近年来特别要做好小反刍兽疫的防疫。注射疫苗可有效预防相应传染病的发生，对规模养羊尤其重要。

第四节　养羊品种的选择和引进

一、养羊品种的选择

羊的种类和品种较多，不同品种有不同的特点、适应性和生产能力，因此，饲养时需要选择相对适宜的品种来获取最大经济效益。羊品种的选择，应根据市场情况及饲养者本身的需要、生产性能和本地的环境气候、草料结构等多重因素综合考虑。

（一）市场需要

羊的品种繁多，用途亦不同，有细毛、半细毛、毛肉兼用、羔皮用、裘皮用等绵羊品种，有肉皮兼用、肉毛兼用、绒用、毛用等山羊品种。选择适合的羊种，要根据国际、国内市场需求和发展趋势，尤其要根据当地市场、销路、能否批量销售来选择。近年来，羊肉、板皮、裘皮形势看好，各地可大力组织发展肉皮兼用型、肉裘兼用型品种。

(二) 生产性能

肉羊的生产，主要考虑生长发育速度、繁殖力、产肉量三项指标；皮肉兼用型羊的生产，主要考虑皮的品质、皮的面积、繁殖率、肉的产量、生长发育五项指标；羊奶的生产，主要考虑产奶量、生长发育两项指标；羊毛的生产，主要考虑产毛量、净毛率、生长发育三项指标。

(三) 适应能力

羊的品种是在自然环境条件下，经过人工选育和自然淘汰而逐步形成的。品种独特的生物学特征与自然环境条件相一致（表现为适应能力）时，改变其环境条件，往往会降低生产能力或发生变异，甚至退化。所以，适应能力直接影响到生产潜力的发挥，要选择适合本地区环境条件的优良品种。品种优良的特性是饲养者所需要的，但因环境、气候、草料与引进地悬殊，优良品种羊的引进饲养很难表现出与引进地一致的优越性。如小尾寒羊个头大，生长也较快，但不适应南方饲养。过去，安徽淮南地区有些养殖户盲目引进，结果生产效果并不好，因为安徽淮河以南地区的气候特点和环境条件不适宜饲养绵羊。我国的畜牧工作者在多年的实践中证实，北方的绵羊一般不适合在南方规模养殖。因此，养殖户在引种时一定要先咨询当地养羊基地的专家，问明白哪些品种适合当地饲养，哪些品种不适合在当地饲养。

(四) 选择杂交良种羊

当前，养羊生产的规模化养殖场多从国外引进优良品种与本地羊进行杂交，改良当地肉羊品种，使肉用性能明显提高。实践证明，杂交是提高肉羊生产性能快速、有效的方法。杂交常用二元杂交和三元杂交。

二、养羊品种的引进

(一)引种目的

1. 改变当地羊的生产方向 当地原有羊的品种生产方向不能适应社会和市场变化要求，通过本品种选育无法实现时，必须引进外来品种，改变原有品种的生产方向。如我国大量引进波尔山羊、无角道赛特羊等肉用品种，与地方品种进行级进杂交，改变其生产方向。

2. 提高当地羊的生产水平 通过引进优良高产品种，可以提高当地养羊水平，生产更多优质的产品，获得更好效益。

(二)引种原则

1. 注意引入品种产地的气候和生态条件 气候和生态条件对羊的繁殖和生产影响较大，如果原产地与引入地的气候和生态条件差异过大，就可能引种失败。这些条件主要包括海拔、湿度、温度、降水量及饲草资源等。我国国土面积广阔，适合养羊的区域较广，不同地区以上条件均有差异。北方草原面积较大，气候寒冷，以饲养绵羊为主；黄河中下游地区则适合小尾寒羊、湖羊等羊群生长；淮河以南地区高温多雨，适于饲养山羊。如果北方引进南方品种山羊，则难以越冬；南方引进绵羊、绒山羊，则难以越夏。生长在宁夏的滩羊向北方和南方输出，均丧失原有的特性。

2. 注意新品种的适应性 适应性是一个复合的性状，包括品种的抗寒、耐热、耐粗饲及繁殖力、生产性能发挥等一系列性状，只有适应性好的品种才能正常繁殖并充分发挥其生产潜力。

(三)引种方式

1. 购进种羊 直接购进种羊是常用的引种方式。其优点是可以了解种羊，直接使用，但运输、管理麻烦，风险和投资较大。

2. 引进冷冻精液 引进优质公羊的冷冻精液，进行人工授精。这是一种较好的引种方式，运输方便，风险小，投资少。缺点是冷冻精液的质量不好掌握。

（四）引种注意事项

1. 选好引入的个体 引入的个体应具有典型品种特性（如体形、外貌、生产特征、适应性等）、较高的生产性能（如体尺、体重、生长发育速度、繁殖率等高于群体平均值）、较好的健康状况（无任何传染病，体质健壮，公羊睾丸大小正常，无隐睾、单睾现象，母羊乳头整齐、发育好），有详细且清楚的系谱，规模适度，幼年健壮。

2. 妥善安排调运季节 为了使引入羊只在生活环境上的过渡不至于过于突然，使机体有一个逐步适应的过程，在调运时间上应考虑两地之间的季节差异。如由温暖地区向寒冷地区引种羊，应以夏季为宜，由寒冷地区向温暖地区引种应以冬季为宜。在起运时间上要根据季节而定，尽量减少途中不利的气候因素对羊造成的影响。如夏季运输应选择在凉爽的夜间行驶，防止日晒。冬季运输应选择在暖和的白天行驶。一般春、秋两季运输羊比较适宜。

3. 严格执行检疫隔离制度 动物检疫是引种必须进行的一个项目，检疫的目的，一是保证引进健康的种畜，二是防止传染病的带入和传播。进行动物检疫的部门是县级以上动物卫生监督所。国内的检疫项目一般由临床检查和传染病检查，包括布鲁氏菌病、蓝舌病、羊痘、口蹄疫、小反刍兽疫等。种羊必须经检疫、车辆消毒后才允许持证运输。引进的种羊也要在相对封闭、远离当地羊群的地方进行隔离观察，5周后才可和当地羊在同一牧坡或圈舍饲养。

（五）引种管理

1. 做好准备

（1）途中饲草料及水的准备。一般短距离运输（不超过 6 d），途中可以不喂草料，但必须饮水，因而运输前要准备好饮水器具。长距离运输，特别是火车运输时，一定要准备好草（一般为青干草），饲草的用量以运输距离、途中运输天数而定。饲草要用木栏和羊隔开，以防羊踩踏污染。

（2）押运人员、途中用品、药品的准备。汽车押运一般一辆车一人即可；火车押运时，一节车厢上应有两人。押运人员必须是有责任心、对羊饲养管理较为熟悉且有较好体力的人。随车应准备铁锹、扫帚、手电及常用药品（特别是外伤用药）等。

（3）车辆准备。一般在办理铁路、公路检疫证时，就应联系车辆，并和检疫部门合作对车辆进行消毒。车辆的准备包括以下几个方面：一是车辆的大小和数量，二是车辆的消毒，三是装车时间、地点的确定，四是车辆上必要设施的配置准备。如用汽车运输时，车厢要搭上高马槽，在车厢中间横栓一条或两条绳子，以便押运人员在车上行动；同时在车厢底撒上沙子，铺上干草或玉米秸秆、麦秸等，在运输中起吸湿、防滑作用。为防止运输中日晒和下雨，长距离运输时还应在车厢上搭车棚，用树枝或雨布遮盖。

2. 装车　装车前羊应当空腹或半饱，不宜放牧后装车，以防腹部内容物多，车上颠簸引起不良反应。装车时，车辆应停放在高台处，让羊能自动上车，上车速度不宜过快，以防拥挤造成挤伤、跌伤。在车厢马槽边沿处应放上木棒挡住空隙，防止羊蹄踩入造成骨折。每辆车上装羊的数量以羊能活动开为宜，太少时羊会因车速的变化而向前或向后快速移动，站立不稳，且容易挤伤。太多时，体弱羊若被挤倒则很难站起，容易引起踩伤、踏伤或致死。若夏季运输羊不能过多拥挤，否则会因通风散热不畅导致中暑。羊装上车后，要清点车内羊数。

3. 途中管理　运输途中要快、稳、勤。快就是要求尽量缩短运输时间，尽早到达目的地，途中做到人休息车不休息，特别是在夏季中午行走，车更不能停下（车在行驶中风可加快散热），以防日晒、拥挤造成中暑；稳就是要求行车中车速要平稳，以防羊前后拥挤、踩踏和倒伏；勤就是眼要勤、腿勤和手勤，行车中跟车人员要勤观察车厢内羊只，发现挤倒的要随时扶起。

在行车途中要给羊喂草、料、水。若用罐车装运，羊应分别装在车厢两端，中间开门处用木栏杆挡住，行车中打开车门和车厢内通风孔，保持良好的通风。冬季则可适当打开门缝，勿开大门，以防风吹受凉。行车中应勤清除粪尿，勤换垫草，并保证羊的饮水。在车站停车或编组时，要尽快给车上补足水，人员不要远离车厢，以防走丢误车。

4. 到达羊场后的管理 到达运输目的地后，汽车可停放在有高台的地方，打开一侧马槽，在马槽与车厢底连接处垫上草或木条，以防羊踩入造成骨折，并让羊自己走下车，切勿拥挤，使羊安全下车，并清点羊数，清洗车辆。下车后有的羊卧地休息，有的羊急于饮水、吃草，此时不宜喂草料和放牧，且第一次不宜喂得过饱。对病羊、受伤羊则要抓紧时间治疗。羊到达目的地5周内，要和其他羊群隔离，注意观察其采食和其他行为，并逐渐过渡到正常的饲养管理程序。

第五章　羊的繁殖

第一节　羊的繁殖规律

羊的繁殖是一个长期而复杂的过程，其整个过程包括性器官发育、精卵成熟、发情、交配、妊娠、分娩等多个环节。在生产中掌握种羊的繁殖生理，对羊的配种工作至关重要。

一、母羊的发情和发情周期

（一）发情

母羊能否正常繁殖，取决于是否正常发情。正常发情，是指母羊发育到一定程度所表现的一种周期性的性活动现象。母羊发情有三个方面的变化。

1. 母羊的精神状态　母羊发情时，常常表现兴奋不安，对外刺激反应敏感，食欲减退，有交配欲，主动接近公羊，在公羊追逐或爬跨时常站立不动。

2. 生殖道的变化　母羊发情时，在雌激素的作用下，生殖道发生了一系列有利于交配活动的生理变化。发情母羊外阴松弛、充血、肿胀，阴蒂勃起；阴道充血松弛，阴道分泌有利于交配的黏液；子宫颈口松弛，充血肿胀，并有黏液分泌。子宫腺体增长、基质增生、充血与肿胀，为受精卵的发育做好准备。

3. 卵巢的变化　母羊在发情前 2~3 d 卵巢的卵泡发育很快，卵泡内膜增厚，卵泡液增多，卵泡部分突出与卵巢表面，卵子被颗粒层细胞包围。

（二）发情持续期

母羊每次发情持续的时间称为发情持续期。如马头山羊母羊发情持续期为 1.5~3 d，产后发情一般为 15~25 d，马头山羊终年均可发情，但春季 3~4 月、秋季 9~10 月发情配种较多。母羊排卵一般多在发情后期，成熟卵排出后在输卵管中存活的时间为 4~8 d，公羊精子在母羊生殖道内授精作用最旺盛时间约为 24 h。因此，为使精子和卵子得到充分的结合机会，最好在排卵前期，即发情后 12~16 h 配种。在生产实践中，采取早晨试情，挑出的发情母羊早晨配种，傍晚再配种 1 次。

（三）发情周期

发情周期是指母羊性活动表现的周期性。母羊出现第一次发情以后，其生殖器官及整个机体的生理状态有规律地发生一系列周期性变化，这种变化周而复始，一直到停止繁殖的年龄为止，这种变化称为发情的周期性变化。相邻两次发情的间隔时间为一个发情周期。绵羊的发情周期平均为 17 d，山羊的发情周期平均为 21 d。如马头山羊发情周期为 20 d 左右。

一个发情周期可分为发情前期、发情期、发情后期和休情期四个时期。

（1）在发情前期，母羊卵巢上开始有卵泡发育，但母羊并不表现发情症状，无性欲表现。

（2）发情期，又叫发情持续期，此期卵泡发育很快并能达到成熟，母羊表现出强烈的性兴奋，食欲减退，喜接近公羊或在公羊追逐与爬跨时站立不动，外阴充血肿胀，有黏液从阴门流出，母山羊发情表现尤为明显。此期持续时间绵羊为 30 h 左右，山羊为 24~48 h。

（3）母羊排卵一般在发情开始后 12~24 h，故称发情后期，卵子排出并开始形成黄体，母羊性欲减退，生殖器官发情症状逐渐消失，不再接受公羊交配。

（4）休情期为下次发情到来之前的一段时期，此期母羊的精神状态正常，生殖器官的生理状态稳定。

二、母羊的初情期

母羊幼龄时期的卵巢及性器官均处于未充分发育状态，卵巢内的卵泡在发育过程中多数萎缩闭锁，随着母羊的生长发育，当达到一定年龄和体重时，母羊发生第一次发情和排卵，即到了初情期。此时，母羊虽有发情表现，但生殖器官功能不完全，发情周期也往往不正常，其生殖器官仍在继续生长发育中。此后，垂体前叶产生大量促性腺激素释放到血液里，促进卵泡发育；同时，卵泡产生雌激素释放到血液中，刺激生殖道的生长发育。初情期是首次使繁殖成为可能的时间，以生殖细胞的释放为特征。发情的最初可见的信号并非总是伴随着排卵。初情期与性成熟有区别。羊的初情年龄和体重在品种间和品种内存在相当大的变异。在绵羊多胎品种中，母羊表现初情信号的月龄为其出生后的4~5 个月；而在山羊多胎品种中，如马头山羊属早熟多胎品种，母羊初情期在 3 月龄左右。

三、性成熟与初配年龄

羊到一定年龄，生殖器官已发育完全，并出现第二性征，能产生成熟的繁殖细胞（精子或卵子），具备了繁殖能力，称为性成熟。这一时期，公羊开始表现明显的性行为，母羊表现发情现象，如果令其交配，则能受孕产生后代。一般山羊、绵羊在 6~8 月龄，体重达到成年体重的 70% 左右时达到性成熟。早熟品种4~6 月龄达到性成熟，晚熟品种 8~10 月龄达到性成熟。性成熟后，虽然能够繁殖后代，但此时身体发育尚未成熟，故性成熟并非最适宜的配种年龄。生产实践证明，种羊过早配种，不仅严重阻碍本身的生长发育，而且也严重影响后代体质和生产性能。

性成熟主要取决于品种、个体、气候和饲养管理条件等因素，早熟品种的性成熟期较晚熟品种早，温暖地区较寒冷地区早，饲养管理好的性成熟也较早。对母羊而言，初配年龄过迟，不仅影响其遗传进展，而且对生产也会造成经济上的损失，因配种过迟浪费人力、饲料。公羊性成熟的年龄要比母羊稍大一些。我国的地方绵羊、山羊品种 4 月龄时就出现性活动，如公羊爬跨、母羊发情等。但此时由于公羊、母羊的生殖器官尚未完全发育成熟，不宜配种，过早交配对本身和后代的生长发育都不利。所以，要提倡适时配种。

山羊、绵羊的最佳初配年龄受品种、季节、营养状况等因素影响，因此，羊场的初配日龄要根据羊场的生产实际确定。一般而言，对早熟品种、饲养管理条件好的母羊，配种年龄可较早。如山羊的母羊适宜配种月龄多在 8~10 月龄，而公羊的适配月龄在 10~12 月龄。

四、发情鉴定

发情鉴定的目的是及时发现发情母羊，正确掌握配种或人工授精时间，防止误配、漏配，提高受配率。因此，要做好此项工作，饲养人员要有责任心，勤观察、多走动，掌握正确鉴定方法，通过发情鉴定，确定适配的配种时间，提高母羊受胎率。母羊的发情鉴定一般采用以下三种方法。

（一）外部观察法

外部观察法是指观察母羊的精神状态、性行为表现及外阴部变化情况。母羊发情时，常常表现兴奋不安，对外界刺激反应敏感，食欲减退，有交配欲，主动接近公羊，在公羊追逐或爬跨时常站立不动，并强烈摆动尾部、频尿等，且外阴部分泌少量黏液。初配母羊发情不明显，要认真观察，不要错过配种时机。

（二）阴道检查法

阴道检查法是指用开膣器辅助观察母羊阴道黏膜、分泌物和子宫颈口变化判断发情与否。若发情，则母羊阴道黏膜充血、红色、表面光亮湿润，有透明黏液流出；子宫颈口充血、松弛、开张，有黏液流出。进行阴道检查时，先将母羊固定好，外阴部清洗干净。开膣器清洗、消毒、烘干后，涂上灭菌的润滑剂或生理盐水湿润。操作人员左手横向持开膣器，闭合前端，慢慢插入，轻轻打开开膣器，通过反光镜或手电筒光线检查阴道变化，检查完后稍微合拢开膣器再抽出。

（三）公羊试情法

公羊试情法是指用试情公羊鉴定母羊的发情。试情公羊即用来发现发情母羊的公羊，要选择身体健壮、性欲旺盛、无疾病、年龄 2~5 岁、生长性能较好、有性经验的公羊。为避免试情公羊偷配母羊，对试情公羊可系试情布，布长 40 cm、宽 35 cm，四角系上带子，每当试情时拴在试情羊腹下，使其无法直接交配。也可采用输精管结扎或阴茎移位手术。

试情公羊应单独喂养，加强饲养管理，远离母羊群，防止偷配。对试情公羊每隔 1 周应本交或排精一次，以刺激其性欲。试情应在每天清晨进行。试情公羊进入母羊群后，用鼻去嗅母羊，或用蹄子去挑逗母羊，甚至爬跨到母羊背上，母羊不动，不拒绝，或伸开后腿排尿，这样的母羊即为发情羊。发情羊应从羊群中挑出，做上记号。由于初配母羊对公羊有畏惧心理，当试情公羊追逐时，不像成年发情母羊那样主动接近。但只要试情公羊紧跟其后者，即为发情羊。试情时，公羊、母羊比例以 2：100 为宜。

五、正常发情和异常发情

（一）正常发情

母羊发情是由于卵泡分泌雌激素，并在少量孕酮的协同作用下，刺激神经中枢，引起兴奋，使母羊表现出兴奋不安，对周围外界的刺激反应敏感，常鸣叫，举尾弓背，频频排尿，食欲减退。放牧的母羊离群独自行走，喜主动寻找和接近公羊，愿意接受公羊交配，并摆动尾部，后肢叉开，后躯朝向公羊，当公羊追逐或爬跨时则站立不动。泌乳母羊发情时，泌乳量下降，出现不照顾羔羊的现象。

在母羊发情周期中，在雌激素和孕激素的共同作用下，生殖道发生周期性的生理变化，所有这些变化都是在为交配和受精做准备。发情母羊由于卵泡迅速增大并发育成熟，雌激素分泌增多，强烈刺激生殖道，使血流量增加，母羊外阴部充血、肿胀、松软，阴蒂充血勃起。阴道黏膜充血、潮红、湿润并有黏液分泌，发情初期黏液分泌量少且稀薄透明，中期黏液增多，末期黏液稠如胶状且量较少。子宫颈口角松弛，开张并充血肿胀，腺体分泌增多。

母羊发情开始前，卵巢卵泡已开始生长，至发情前 2~3 d 卵泡发育迅速，卵泡内膜增生，到发情时卵泡已发育成熟，卵泡液分泌不断增多，使卵泡容积增大，此时卵泡壁变薄并突出于卵巢表面，在激素的作用下促使卵泡壁破裂，致使卵子被挤压而排出。

（二）异常发情

母羊异常发情多见于初情期后、性成熟前及繁殖季节开始阶段，也有因营养不良、内分泌失调、疾病及环境温度突然变化等引起异常发情。常见有以下几种。

1. 安静发情　安静发情也称静默发情，由于雌激素分泌不足，发情时缺乏明显的发情表现，卵巢上卵泡发育成熟但不排卵。

2. 短促发情　由于发育的卵泡迅速成熟并破裂排卵，也可能卵泡突然停止发育或发育受阻而缩短了发情期。如不注意观察，就极容易错过配种期。

3. 断续发情　母羊发情延续时间很长，且发情时断时续，常发生于早春及营养不良的母羊。其原因是排卵功能不全，以致卵泡交替发育，先在某一侧卵巢内卵泡发育，产生雌激素使母羊发情；当卵泡发育到一定程度后萎缩退化，而另一侧卵巢又有卵泡发育，产生雌激素，母羊又出现发情，出现断续发情现象。调整饲养管理并加强营养，母羊可以恢复正常发情，就可能正常排卵，配种也可受孕。

4. 孕期发情　绵羊中有 3% 左右怀孕中期的母羊有发情现象。其主要原因是激素分泌失调，怀孕黄体分泌孕酮不足，而胎盘分泌雌激素过多。母羊在怀孕早期发情，卵泡虽然发育，但不发生排卵。

六、排卵与受精

（一）排卵

排卵是卵泡破裂排出卵子的过程。山羊和绵羊均属自发性排卵动物，即卵泡成熟后自行破裂排出卵子。羊一次发情时，两侧卵巢排卵的比率称为排卵率。羊的排卵率高低取决于发育未成熟卵细胞的数目，决定了母羊所怀胎儿的数量。一般而言，山羊的排卵率高于绵羊。影响排卵率的主要因素有遗传、体况、年龄、营养水平和季节。例如，同群内膘情好的母羊排卵多，膘情差的母羊排卵少，甚至不排卵。3~5 岁是母羊一生中排卵的最高峰时期，为母羊的最佳繁殖年龄。大多数母羊的排卵率从配种前一个月给予补饲高水平的日粮，有助于同期发情并增加排卵数，提高母羊的产羔率。羊只的排卵时间，绵羊在发情开始后的 20~39 h，山羊为发情后的 24~36 h。

（二）精子、卵子的运行过程

母羊在交配或输精后 15 min 即可在输卵管壶腹部发现精子，在配种或输精后 12~24 h 在输卵管内即可找到大量的精子。精子在子宫和输卵管内保持有受精能力的时间为 12~16 h。在卵子和精子均具有旺盛受精能力的时间内受精，胚胎发育可能正常；若二者任何一个逾期到达受精部位，都很难完成受精，即使受精，胚胎发育也会异常。如胚胎活力不强，则可能在发育的早期被吸收，或者在出生前死亡。

卵子到达受精部位后，如果没有精子与其结合，则继续运行。此时除卵子已接近衰老外，由于它外面包上一层输卵管分泌物形成的一层薄膜，阻碍精子进入，此时卵子不能再受精。所以羊配种最好在排卵前某一时刻进行交配，使受精部位能有活力旺盛的精子等待新鲜的卵子，以提高受胎率。

（三）受精

受精是精子和卵子相融合，形成一个新的二倍体细胞——合子，即胚胎。受精部位在输卵管壶腹部。卵子排出后落入输卵管，沿着输卵管伞部通过漏斗部进入壶腹部。自然交配时，公羊精液可射到阴道前部近子宫颈端；人工输精时将精液直接输入子宫颈内。精子主要依靠子宫和输卵管肌层收缩而完成由输精部位到达受精部位的运行。卵子在第一极体排出后开始受精。当精子进入卵子时，卵子进行第二次成熟分裂。受精时，精子依次穿透放射冠、透明带和卵黄膜，而后构成雄原核、雌原核。两个原核同时发育，几天内体积可达原体积的 20 倍，二者相向移动，彼此接触，体积缩小合并，染色体合为一组，完成受精过程。绵羊、山羊从精子入卵到完成受精的时间为 16~21 h。

七、繁殖季节

一般来说，母羊为季节性多次发情动物，每年秋季随着光照从长变短，羊便进入了繁殖季节。我国牧区、山区的羊多为季节性多次发情类型，而某些农区的羊品种，经长期舍饲驯化，如湖羊、小尾寒羊等往往可终年发情，或存在春、秋两个繁殖季节。羊的繁殖受季节的影响，实际上是光照时间、温度和饲料等因素的综合作用。

受环境因素的调节，母羊一般在夏、秋、冬三个季节有发情表现，从晚冬到第二年夏天的这段时间，一般不表现发情，但在大多数情况下，卵巢中都存在正常发育的中型至大型的卵泡，这些卵泡通常不持续发育，不能达到排卵。但在此时若对母羊进行生殖调控处理，存在的卵泡就可能继续发育，并出现发情和排卵。粗放条件下饲养的绵羊、山羊，其发情季节性明显；饲养条件好的绵羊、山羊，一年四季都可以发情。公羊性活动以秋季最高，冬季最低。精液品质除受季节影响外，与温度和昼夜长短也有关系，持续或交替的高温、低温变化，都会降低精子的总数、活动和正常精子的比例。因此，公羊的利用期最好选择秋季和春季。

第二节　羊的配种

一、制订配种计划

饲养种羊数量较多的养羊场，在配种前要做好配种计划及各项准备工作，以保证顺利完成配种任务。配种计划主要包括配种任务、组织领导及劳动分工、配种进度安排、配种起止时间、种公羊配备、母羊整群、饲养管理技术措施、放牧抓膘、设备、房舍及其他物资等内容，并认真总结往年配种经验和存在的主要问题。羊的配种计划安排具体要根据地区和每个羊场每年的产羔次数和时间来决定。种羊一年一产的情况有冬季产羔和春季产羔两种。冬产羔时间在 1~2 月间，需要在 8~9 月配种；春产羔时间在 4~5 月之间，需要在 11~12 月配种。一般产冬羔的母羊配种时膘情较好，对高产羔率有益处，同时由于母羊妊娠期体内供给营养充足，羔羊的出生体重大，存活率较高。而且，冬羔利用青草期较长，有利于抓膘追肥。但冬产羔需要有足够的保温产房，要有足够的饲草、饲料贮备，否则母羊容易出现奶水不足，影响羔羊的生长发育。春季产羔，气候较暖和，对保暖产房要求不严甚至不需要保暖产房。母羊产后很快吃到青草，奶水充足，羔羊出生不久，就可吃到嫩草，有利于羔羊的生长发育。但春产羔的缺点是母羊妊娠后期膘情较差，胎儿的生长发育受到一定的限制，容易出现羔羊初生重小。同时，羔羊断奶后利用青草期时间较短，不利于抓膘育肥。

随着现代繁殖技术的广泛应用，密集型产羔技术越来越多地应用于各大养羊场。如果是两年三产的情况，则：第 1 年 5 月配种，10 月产羔；第 2 年 1 月配种，6 月产羔；9 月配种，第 2 年 2 月产羔。如果是一年两产的情况下，则：第 1 年 10 月配种，第 2 年 3 月产羔；4 月配种，9 月产羔。

二、整群与抓膘

羊群的整群和抓膘工作对配种成绩的影响很大，经过整群可进一步提高羊群的整体生产水平。另外，抓好秋冬膘，提高母羊配种前的体重，有利于提高母羊的发情配种率、受胎率。

（一）整群

整群就是把不适合作为配种的母羊进行淘汰。整群一般从两个方面进行，一是在羔羊断奶以后就要对羊群进行整顿。把不适宜繁殖的老龄母羊，屡配不孕的母羊，连续两胎流产、产死胎、难产和因母性差、泌乳低而不能奶活羔羊的母羊，以及有缺陷达不到标准的母羊，都要单独组成育肥羊群，经过短期育肥出栏肉用。二是根据选配计划整顿母羊群。对年龄结构比较合理的羊群，每年的淘汰率为 15%~20%，如果羊群的数量不再扩大，还应及时补充育成母羊 15%~20%。在做好羔羊断奶的同时，还要对母羊驱虫、药浴。

（二）抓膘

对参加配种的母羊应加强放牧和饲养管理，使母羊达到中上等膘情，确保发情整齐，尽量缩短配种期。对在配种前不到配种体重要求的瘦弱母羊要进行短期优饲。抓膘指抓好夏秋膘，提高配种前体重。实践证明，膘情好的母羊，可经 1~3 个发情期就可结束配种。由于配种期短，产羔期比较集中，所产羔羊的年龄差别不大，便于管理，有利于同时出栏。为了提高母羊配种前的体重，应当保证母羊在配种前至少要有 1.5~2 个月的休息和复壮期，这就要做到羔羊及时断乳或提前断乳。

三、做好选种选配工作

（一）种公羊和繁殖母羊的选种选配

对公、母羊进行选种选配是迅速提高羊群质量和生产性能的一项重要工作，在配种计划中要明确每只种公羊的配种任务，要科学地分配每只种公羊给配种母羊。为母羊确定了配种公羊之后，要登记注册。

选种要根据本身、亲代和后代三方面的生产性能，选择优秀的种公羊，也可通过其母羊的繁殖成绩和后裔测定来进行选择。选择母羊主要看其母羊的繁殖成绩，还可采用群体继代选育法，即首先选择繁殖性能本身较好的母羊组建基础群，作为选育零世代，实行闭锁繁育，逐代对繁殖成绩进行选育，可提高繁殖力。选配要掌握"两配四不配"的原则。"两配"是指同质选配和异质选配，"四不配"是指有共同缺点的不配、近亲的不配、公羊等级低于母羊等级的不配、极端矫正的不配。采用自由交配配种的羊群，也应进行登记选配，特别要注意避免近亲交配，要定期调换种公羊。

（二）安排配种时期

根据自然生态条件和养羊场（户）实际，合理安排配种时期。合理配种时期的确定原则，是既有利于发挥母羊的繁殖潜力，又有利于羔羊存活和生长发育。从生产实践中看，炎热的夏季，公羊性欲减弱，精液品质下降，所生后代体质差；严寒季节，母羊体况不良，不易发情或发情受胎率低，羔羊品质差。此外，羊是草食家畜，饲草是羊生长发育的物质基础，特别是新鲜的优质饲草，对羊尤为重要。因此，羊繁殖季节应选择气候较好、牧草充足或有较多农副产品的春秋季节。羊的妊娠期为150 d 左右，一年可产一胎或两胎。一般春配在 4~5 月，产羔在9~10 月；秋配在 10~11 月，产羔在第 2 年的 3~4 月，这样产羔比较集中，有利于羔羊集中管理。需要注意的，一个配种季节集中能够在较短 1~2 个月内完成，时间不能拖得过长，否则达不到一年产两胎或两年产三胎。

四、做到适时配种

（一）注意观察发情母羊

发现母羊阴部红肿，流出白色黏液，举动不安，不思饮食，不时叫唤，好爬跨同性母羊，愿意接近公羊，用试情公羊配种时母羊不动让公羊交配，即为发情母羊，应适时配种。

（二）把握最佳配种时机

母羊配种率的高低，关键在于配种时机。母羊一般每隔 17~

21 d 发情一次，产后发情一般为 15~25 d，发情持续期 1.5~3 d。但除老母羊外，不要见情就配，大多数母羊排卵时间常在发情开始后 30~40 h，精子进入卵子到完成受精的时间是 16~27 h。配种的本质就是使精子、卵子在母羊输卵管相会并结合。因此，最佳的配种时机就是使精子、卵子在生殖道内一定时间的运行，彼此相会时具有受精能力，并发生受精作用，形成受精卵，发育成新个体。实践中，就是要使上述时间参数能相互吻合，一般比较适宜的配种时间应在母羊发情后 12~16 h 进行，这就要求母羊配种要适时，做到既不操之过急，也不坐失良机。如配种过早，卵子尚未排出，精子生命力逐渐减弱，达不到受胎的目的；若配种时间过迟，卵子已衰老，受精能力很弱，以致丧失受精能力，即使精子、卵子相遇，也不能受胎。由于羊年龄不同，配种时间也不一样，应遵守"老配早、少配晚，不老不少配中间"的原则。年轻母羊发情持续时间长，配种时间应稍向后排，发情当天不配，可选在第 2 天早上和晚上配种最合适，能配准。而老龄母羊发情持续时间短，应在发情后提前配种，即见情就配，以后每隔 12 h 配一次，一直配到发情终止。中年母羊发情期既不长也不短，长短适中，配种时间在一早和一晚最适宜，准胎率最高。为提高母羊准胎率和产羔只数，可在发情中期或末期，用不同的好品种或同一品种公羊两次或多次配种，效果更好。生产实践中，一般早晨鉴定出的发情母羊早晨配种，傍晚再配一次，第 2 天上午再配一次，有利于确保受胎率。

五、配种方法

羊的配种方法有自由交配、人工辅助交配（前两种统称为本交）和人工授精。

（一）自由交配

自由交配是最简单也是最原始的交配方式。将选好的种公羊放入母羊群中，或公羊常年与母羊混群，任其自行、随机与发情母羊交配。该法简单易行、节省劳力、不漏配，适合于小型分散的羊场。缺点：一是不能充分发挥优秀种公羊的作用，因为1只种公羊只能配20~30只母羊；二是无法掌握具体的产羔时间；三是公羊、母羊混群，公羊追逐母羊，不安心采食，消耗公羊体力，不利于母羊抓膘；四是无法掌握交配情况，公、母羊过早交配，影响自身发育，羔羊系谱混乱，不能进行选配工作，又容易早配和近亲交配，致使后代退化。

为克服上述缺点，在非配种季节，公羊、母羊要分群管理，配种期可按1：（20~30）的比例将公羊放入母羊群内，配种结束后即将公羊隔离出来。为了防止近交，每年群与群之间要有计划地进行公羊调换，交换血统。

（二）人工辅助交配

人工辅助交配是将公羊、母羊分群隔离放牧和饲养，在配种期用试情公羊试情，有计划地将发情母羊与指定的种公羊进行配种。采用这种交配方式，不仅可以提高种公羊的利用率，增加配种年限，而且可有目的地进行选种选配，提高后代生产性能和质量。采用人工辅助交配，在配种期内，每只公羊与交配母羊数可增加到60~70只；在良好的饲养管理条件下，每只公羊每天可交配3~5次，在一般饲养条件下每天可交配2~3次。具体操作方法：早晨发情的母羊傍晚配种，下午或傍晚发情的母羊于次日早晨配种。为确保受胎，最好在第一次交配间隔12 h左右再重复交配1次。

（三）人工授精

人工授精是借助于器械将公羊的精液输入到母羊的子宫颈内或阴道内，达到受孕目的的一种配种方式。人工授精能够准确登记配种时间。由于精液的稀释，可使一只种公羊精液在三个配种季节使400~500只母羊受孕，从而大大提高了优秀种公羊的利用率，减少了种公羊的饲养量。同时冷冻精液制作，可达到远距离的异地配种的目的，使某些地区在不引进种公羊的前提下，就能达到杂交改良和育种的目的。人工授精也使生殖器类疾病大大减少。

六、人工授精具体操作技术

（一）器材用具的准备

人工授精主要的器材用具有假阴道、输精器、阴道开张器、集精瓶、镊子、玻璃棒、磁盘、烧杯等。凡采精、输精及与精液接触的一切器材都要求清洁、干燥、消毒，存放于消毒柜内，柜内不能再放其他物品。

安装假阴道时，要注意假阴道内部的温度和压力，使其与母羊阴道相仿。灌水量占内胎和外壳空间的 1/2~1/3，一般以 150~180 mL 为宜。水温控制在 45~50 ℃，采精时内胎腔内温度保持39~42 ℃。为保持一定的润滑度，用清洁玻璃棒蘸少许灭菌凡士林均匀涂抹在内胎前 1/3 处。通过气门活塞吹入气体，以内胎壁的采精口一端呈三角形为宜。

（二）采精

采精前应选好台羊，台羊的选择应与采精公羊的体格大小相适应，且发情明显。将台羊外阴道用 2% 来苏尔消毒，再用温水冲洗干净并擦干。将公羊腹下污物擦洗干净。采精时采精人员必须精力集中，动作敏捷、准确。采精员蹲在台羊右后方，右手握假阴道，贴靠在母羊尾部，入口朝下，与地面呈 35°~45°角。当种公羊爬跨时，用左手轻托阴茎包皮，将阴茎导入假阴道中，保持假阴道与阴茎呈一直线。当公羊向前一冲时即为射精。随后采精员应随同公羊在台羊身上跳下时将阴茎从假阴道中退出。把集精瓶竖起，拿到处理室内，放出气体，取下集精瓶，盖上盖子，做好标记，准备精液检查。

（三）精液质量的检查

对采出的精液首先通过肉眼和嗅觉检查，公羊精液为乳白色，略带腥味，肉眼可见云雾状运动，射精量 0.8~1.8 mL，平均为 1 mL。其次通过显微镜检查精液的活率、密度及精子形态等情况。检查时用灭菌玻璃棒蘸取一滴精液，滴在载玻片上，加上盖片，置于 400 倍显微镜下观察，检查温度以 38~40 ℃为宜。全部精子都做直线运动的活率评为 1 分，80% 做直线运动的活率评为 0.8 分，60% 做直线运动的活率评为 0.6 分，其余以此类推。活率在 0.8 分以上方可用来输精。精子密度分为密、中、稀、无四个等级。"密"是指视野中精子密集、无空隙，看不清单个精子运动；"中"是指视野中精子间距相当于 1 个精子的长度，可以看清单个精子运动；"稀"是指视野中精子数目较少，精子间距较大；"无"是指视野中无精子。精子形态检查是通过显微镜检查，精液中是否有畸形精子，如头部巨大、瘦小、细长、圆形、双头，颈部膨大、纤细、带有原生质滴，中段膨大、纤细、带有原生质滴，尾部弯曲、双尾、带有原生质滴等。如精液中畸形精子较多，则不宜输精。

（四）精液的稀释

精液稀释一方面是为了增加精液容量，以便为更多的母羊输精；另一方面还便于精液保存，长期使用，且有利于精液的长途运输，从而大大提高种公羊的配种效能。采好精液后应尽快稀释，稀释越早，效果越好，因而采精以前就应配制好稀释液。常用的稀释液见表 5-1。

表5-1　常用的稀释液

名称	配制方法
牛奶或羊奶稀释液	将新鲜牛奶或羊奶用几层纱布过滤，煮沸消毒 10~15 min，冷却至 30 ℃，去掉奶皮即可。一般可稀释 2~4 倍
葡萄糖-卵黄稀释液	在 100 mL 蒸馏水中加入无水葡萄糖 3 g，枸橼酸钠 1.4 g，溶解后过滤 3~4 次，然后再蒸煮 30 min，至 30 ℃左右时加入蛋黄 20 mL 混匀即可。一般可稀释 2~3 倍
生理盐水稀释液	用注射用 0.9% 生理盐水或自行配制的 0.9% 氯化钠溶液作为稀释液。此种稀释液只能用于即时输精，不能用于保存和运输稀释。稀释倍数不宜超过 2 倍

新采集的精液温度一般在 30 ℃左右，如室温低于 30 ℃时，应把集精瓶放在 30 ℃的水浴箱里，以防精子因温度剧变而受影响。精液与稀释液混合时，二者的温度应该保持一致，在 20~25 ℃室温和无菌条件下操作。把稀释液沿集精瓶瓶壁缓缓倒入，为使混匀，可用手轻轻摇动。稀释后的精液应立即进行镜检，观察其活力。

精液的稀释倍数应根据精子的密度大小决定。一般镜检为"密"时精液方可稀释，稀释后的精液输精量（0.1 mL）应保证有效精子数在 7500 万个以上。

（五）精液的保存

精液保存按保存温度可分为常温（10~14 ℃）保存、低温（0~5 ℃）保存和冷冻（-196~-79 ℃）保存三种。

1. 常温保存　常温保存的精液，其稀释液可用含有明胶的稀释液。稀释液配方：RH 明胶液配方为枸橼酸钠 3 g、磺胺甲基嘧啶钠 0.15 g、后莫安磺酰 0.1 g、明胶 10 g、蒸馏水 100 mL；明胶牛奶液配方为牛奶 100 mL，明胶 10 g。将稀释好的精液，盛于无菌的干燥试管中，然后加塞盖严、封蜡隔绝空气即可。该法保存 48 h，活力为原精液的 70%。

2. 低温保存　低温保存应该缓慢降温。可以将盛放精液的试管等包上棉花，再装入塑料袋内，然后放入冰箱中。一般此种方法可保存 1~2 d。

3. 冷冻保存　将采集到的精液用乳糖、卵黄、甘油稀释液按 1:（1~3）稀释后，放入冰箱在 3~5 ℃下经 2~4 h 降温平衡。然后在装满液氮的光口保温瓶上，放一光滑的金属薄板或纱网，距液氮液面 1~2 cm，几分钟后待温度降到恒温时，将精液用滴管或细管逐滴滴在薄板或纱网上，滴完后经 3~5 min 用小勺刮取颗粒，收集后立即放入液氮中保存。冷冻精粒在超低温条件下，可常年保存而不变质。

（六）输精

羊的输精最好使用横杠式输精架。地面埋两个木桩，木桩间距可根据母羊数量而定，一般可设 2 m，在木桩上固定一根圆木（直径约 6 cm），圆木距地面 50 cm 左右。输精母羊的后肋搭在圆木上，前肢着地，后肢悬空，可将几只母羊同时搭在圆木上输精。

输精前所有的输精器材都要消毒灭菌，输精人员手指甲应剪短磨光，洗净双手，并用 75% 乙醇消毒。对母羊外阴部用来苏尔消毒，并用水洗净擦干，再将开腔器慢慢插入，寻找子宫颈口，之后轻轻转动 90°，打开开腔器。子宫颈口的位置不一定正对阴道，但阴道附近黏膜颜色较深，容易找到。输精时，将吸好精液的输精器慢慢插入子宫颈口内。注射完后，抽出输精器和阴道开腔器，随机消毒备用。输精量应保持有效精子数在 7500 万以上，即原精液 0.05~0.1 mL。只能进行阴道输精的母羊，其输精量应加倍。

第三节　羊的妊娠和分娩

一、羊的妊娠

（一）妊娠期

受精结束后就是妊娠的开始。从精子和卵子在母羊生殖道内形成受精卵开始，到胎儿产出时所持续的日期称为妊娠期。妊娠期包括受精卵卵裂、桑葚胚、囊胚，囊胚后期的胚泡在子宫内附植，建立胎盘系统，发育成胚胎，继而形成胎儿，最后娩出体外的全过程。妊娠期通常以最后一次配种或输精的那一天算起，至分娩之日止。绵羊的妊娠期为146~157 d，平均为150 d；山羊的妊娠期为146~161 d，平均为152 d。妊娠期因品种、年龄、胎次和单双羔等因素而有差异。湖羊的妊娠期为146~161 d，小尾寒羊为146~151 d，细毛羊为133~154 d。一般本地羊比杂种羊短些，青壮羊比老、幼龄羊短些，产多羔母羊较产单羔母羊妊娠期短些。

（二）妊娠母羊形态和生殖器官的变化

母羊妊娠后，随着胚胎的出现和生长发育，母体的形态和生理发生许多变化。

1. 妊娠母羊的生长　母羊怀孕后，新陈代谢旺盛，食欲增进，消化能力提高。因此，怀孕母羊由于营养状况的改善，表现为体重增加，毛色光亮。青年母羊除因交配过早或营养水平很低外，妊娠并不影响其继续生长，在适当的营养条件下尚能促进生长，若以同龄及同样发育的母羊试验，怀孕母羊的体重显著增加；营养不足，则体重反而减少，甚至造成胚胎早期死亡，尤其是在妊娠的后两个月，营养水平的高低直接影响胎儿的发育。妊娠末期，母羊因不能消化足够的营养物质以供给迅速发育的胎儿需要，致使消耗妊娠前期贮存的营养物质，在分娩前常常消瘦。因此，母羊在妊娠期要加强营养，保证母羊本身生长和胎儿发育的营养需要。

2.卵巢的变化　母羊受孕后，胚胎开始形成，卵巢上的黄体成为妊娠黄体继续存在，从而中断发情周期。

3.子宫的变化　随着怀孕时间的延长，在雌激素和孕酮的协同作用下，子宫逐渐增大，使胎儿得以伸展。子宫的变化有增生、生长和扩展三个时期。子宫内膜由于孕酮的作用而增生，主要变化为血管分布增加、子宫腺增长、腺体卷曲及白细胞浸润；子宫的生长从胚胎附植后开始，主要包括子宫肌的肥大、结缔组织基质的广泛增长、纤维成分及胶质含量的增加；子宫的扩展，首先是由子宫角和子宫体开始的。母羊在整个怀孕期，右侧子宫角要比左侧大得多。怀孕时子宫颈内膜的脉管增加，并分泌一种封闭子宫颈管的黏液，称为子宫颈栓，使子宫颈口完全封闭。

4.阴户及阴道的变化　怀孕初期，阴唇收缩，阴户裂禁闭。随着妊娠进展，阴唇的水肿程度增加，阴道黏膜的颜色变为苍白，黏膜上覆盖由子宫颈分泌出来的浓稠黏液；妊娠末期，阴唇、阴道水肿而变得柔软。

5.子宫动脉的变化　由于子宫的生长和扩展，子宫壁内血管也逐渐变得较直，由于供应胎儿的营养需要，血量增加，血管变粗，同时由于动脉血管内膜的皱褶增高变厚，而且因它和肌肉层的联系疏松，使血液流过时造成脉搏从原来清楚地跳动变成间隔不明显的颤动。这种间隔不明显的颤动，叫作怀孕脉搏。

（三）早期妊娠诊断

配种后的母羊应尽早进行妊娠诊断，能及时发现空怀母羊，以便采取补配措施。对已受孕的母羊应加强饲养管理，避免流产。早期妊娠诊断有以下几种方法：

1. 表观症状观察 母羊受孕后，发情周期停止，不再表现有发情症状，性情变得较为温顺。同时，孕羊的采食量增加，毛色变得光亮润泽。仅依靠表现症状观察不易早期确切诊断母羊是否怀孕，因此还应结合触诊法来确诊。

2. 触诊法 待检查母羊自然站立，然后用两只手以抬抱方式在母羊腹壁前后滑动，抬抱的部位是乳房的前上方，用手触摸是否有胚胎胞块。

3. 阴道检查法 妊娠母羊阴道黏膜的色泽、黏液性状及子宫颈口形状均有一些和妊娠期相一致的规律变化。

阴道黏膜：母羊怀孕后，阴道黏膜由空怀时的淡粉红色变为苍白色，但用开膣器打开阴道后，很短时间内即由白色又变成粉红色。空怀母羊黏膜始终为粉红色。

阴道黏液：孕羊的阴道黏液呈透明状，而且量很少，也很浓稠，能在手指间牵成线。相反，黏液量多、稀薄、颜色灰白的母羊为未孕。

子宫颈：孕羊子宫颈紧闭，色泽苍白，并有糨糊状的黏块堵塞在子宫颈口，人们称之为子宫栓。

4. 免疫学诊断 怀孕母羊血液、组织中具有特异性抗原，用已制备的抗体血清与母羊细胞进行血球凝集反应。如果待查母羊已怀孕，则红细胞会出现凝集现象，否则不会发生凝集。此法可判定被检母羊是否怀孕。

5. 超声波探测法 超声波探测仪是一种先进的诊断仪器，检查方法是将待查母羊保定后，在腹下乳房前毛稀少的地方涂上凡士林或石蜡，将超声波探测仪的探头对着骨盆入口方向探查。用超声波诊断羊早期妊娠的时间最好是配种 40 d 以后，这时诊断准确率较高。

二、羊的分娩

(一)分娩前的表现

对接近预产期的母羊，饲养员每天早上放牧时要时刻检查，如发现母羊肷窝下陷，阴户肿痛，乳房胀大，乳头垂直发硬，即为当日产羔症状。如果发现母羊不愿走动，喜靠在墙角用前蹄刨地，时起时卧等症状时，即为临产羔现象，要准备接羔。初产母羊，因为没有经验，往往羔羊已经入阴道仍边叫边跟群，或站立产羔，这时要设法让它躺下产羔。

(二)接羔前的准备

在接羔工作开始前，应将羊舍、饲草、饲料、用具、药品等准备好。

1. 羊舍准备 接羔用的羊舍要彻底消毒，保持卫生和温度。同时要求阳光充足，通风良好，地面干燥，没有贼风。冬季舍内要铺垫干草，注意保温。

2. 草料准备 要准备充足优质干草、精料和多汁饲料以提供母羊补饲，以保证母羊能够大量分泌乳汁。

3. 接羔用具及药品准备 用具如水桶、脸盆、毛巾、剪刀、秤、手电筒、消毒纱布、脱脂棉、记录表格，消毒药品如来苏尔、乙醇、高锰酸钾、碘酊等都需事先备好。

(三)接羔

母羊产羔时，一般无需助产，最好让它自行产出。接羔人员应观察分娩过程是否正常，并对产道进行必要的保护。正常接产时首先剪净临产母羊乳房周围和后肢内侧的羊毛；然后用温水洗净乳房，并挤出几滴初乳；再将母羊的尾根、外阴部、肛门洗净，用1%来苏尔消毒。

一般情况下，羊膜破裂后几分钟至半天羔羊就生出，先看到前肢的两个蹄，随着是嘴和鼻，到头露出后，即可顺利产出。产双羔时先产出一只羔，可用手在母羊腹部推举，能触到光滑有胎儿。产双羔前后间隔一般为 5~30 min，长的达到几天，要注意观察，母羊疲倦无力时则需要助产。

羔羊生下后 0.5~3 h 胎衣脱出，要即时拿走，防止被母羊吞食。

羔羊出生后，先把口腔、鼻腔、耳内黏液擦净，以免误吞，引起窒息或异物性肺炎。羔羊生出后，脐带一般会自然扯断。也可以在离羔羊脐窝部 5~10 cm 处用刀剪短，或用手拉断。为了防止脐带感染，可用 5% 碘酊在断处消毒。母羊一般在产羔后，会将羔羊身上黏液自行舔干净。如果母羊不舔，可在羔羊身上撒些麸皮，促使母羊将它舔干净。

（四）难产及假死羔羊的处理

1. 难产的一般处理 一般初产母羊骨盆狭窄、阴道过窄、胎儿过大，或因母羊体弱无力、子宫收缩无力或胎位不正等，均会造成难产。

母羊分娩时，胎儿先露出前蹄和嘴，然后露出头部、全身，为顺产。若羊膜破水 30 min 后羔羊仍未产出，或仅露前蹄和嘴，然后露出头部、全身，为顺产。若羊水破水 30 min 后羔羊仍未产出，或仅露蹄和嘴，母羊又无力努责时，需助产；胎位不正的母羊也需助产。助产人员应先将手指甲剪短磨光，将手用肥皂洗净，再用来苏尔消毒，涂上润滑剂。如胎儿过大，可用手随着母羊的努责，用手向后上方推动母羊腹部，这样反复几次，就能产出。如果胎位不正，先将母羊后躯抬高，等将胎儿露出部分推回后，手入产道摸清胎位，慢慢帮助纠正成顺胎位，然后随母羊有节奏的努责，将胎儿轻轻拉出。

2. 假死羔羊的处理 羔羊产出后，全身发育正常，但只有心脏跳动而没有呼吸时，称为假死。假死的原因主要是羔羊吸入羊水，或分娩时间较长，子宫缺氧等。假死羔羊的处理方法有两种：一种是提起羔羊两后肢，使羔羊悬空并拍击其背、胸部；另一种是让羔羊平卧，用两手有节律地推压胸部两侧，短时假死的羔羊经过处理后，一般能复苏。

第四节 种羊的高效繁殖技术

一、影响种羊繁殖的因素

（一）遗传因素

种母羊的繁殖力的高低主要受遗传因素的影响。因此，不同品种间羊的繁殖力不同，同一品种不同个体间的繁殖力亦不同。母羊在一个发情周期中的排卵数有一个、两个或三个甚至多个。由于排卵数不同，直接影响受精卵数和胎儿数。

公羊的精液的品质和受精力也与遗传密切相关。精液品质差的公羊与繁殖力正常的母羊配种，也会发生不受精或受精卵数低于排卵数的情况，从而影响母羊的繁殖能力，并有可能使其后代也具有繁殖力低的遗传特性。

（二）环境因素

温度和光照是影响羊繁殖能力的主要环境因素。在炎热的夏季，公羊性欲差，精液品质下降，后代羔羊体质就弱。母羊在炎热和寒冷的季节，一般发情较少。春秋两季光照、温度适宜，饲草饲料丰富，母羊出现发情的就多，公羊性欲也较高，精液品质好，此时繁殖力较高。

（三）营养因素

营养水平的高低对种羊繁殖力的影响较大。充足和均衡的营养提供，可以明显提高种公羊的性欲和精液的品质，促进母羊发情和增加排卵数。一般而言，营养水平对种羊的发情活动的启动和终止无明显作用，但是对排卵数和产羔有着重要作用。影响排卵率的主要因素不是体格，而是羊只的膘情，即膘情为中等以上的母羊排卵率较高。生产实践中证实，在配种之前实行短期优饲，母羊平均体重每增加 1 kg，其排卵率提高 2%~5%，相应产羔率则提高 1.5%~2%。因此，一般情况下，母羊膘情好，则发情早、排卵多、产羔多；母羊瘦弱，则发情迟、排卵少、产羔少。

营养对母羊的发情、配种、受胎以及羔羊成活等起决定性作用，其中以蛋白质和能量对繁殖影响最大，其次是维生素和矿物质。如能量饲料长期不足，影响羔羊的生长发育，会推迟性成熟，从而缩短一生的有效繁殖年限。对成年母羊如果提供能量长期不足，就会延误配种时机。在配种前提高能量水平，能够增加母羊的排卵数及双羔率，特别是对低水平饲养的母羊效果尤为明显。蛋白质缺乏，则影响母羊的发情、受胎和妊娠，也会使种羊体重下降、食欲减退，从而影响种羊的繁殖与健康。矿物质中磷对母羊的繁殖力影响较大，如果饲料中缺磷就会引起母羊的卵巢机能不全，推迟初情期的到来，成年母羊可造成发情症状不明显，发情间隔不规律，最后导致发情完全停止。维生素 E 和维生素 A 与母羊繁殖关系密切，缺乏维生素 A 可引起流产、弱胎、死胎及胎衣不下等。

（四）配种时间和方式

在自由交配时公、母羊比例不当；人工辅助交配时过度利用公羊，错过发情期，交配时间不合适；人工授精时操作技术不过关等。以上因素都会影响母羊的繁殖力。

在卵子和精子都属正常的情况下，能否适时配种，是影响母羊繁殖力的主要因素。卵子排出后，如不能及时与精子相遇完成受精这一过程，随着时间的延长，其受精能力逐渐减弱或丧失。

（五）管理和饲养方式

现代养羊生产中，种羊的繁殖受人为控制的因素越来越多。在对整个种羊群或个体的繁殖能力全面了解的基础上，制定科学的饲养管理措施，对种羊群的繁殖力会有积极的作用。若饲养管理不当，常会使母羊的繁殖力降低，甚至会失去种用价值。

饲养方式的不同，对种羊的繁殖力产生一定的影响。如放牧羊能够采食营养丰富的饲草及植物果实，不仅弥补了舍饲营养不足的缺陷，还增强了母羊性腺活动能力，促进卵细胞成熟，多排卵，所以多羔率机会较多。舍饲养的母羊饲养管理到位，有条件的养羊场实行半放牧半舍饲的饲养模式，并按饲养标准配制日粮，繁殖能力超过其他饲养方式。

（六）年龄

公羊 3~7 岁为壮年，这一阶段公羊身体强壮，性欲旺盛，繁殖力强。母羊 3~6 岁为壮年，这一阶段繁殖力最强，所产的羔羊也较健康。

二、提高种羊繁殖力的途径和措施

（一）要加强种羊的选育和选配

遗传对于种羊的繁殖力影响很大，一般来说种羊的产羔率具有稳定的遗传性，具有多胎特性的公、母羊，其后代产羔也较多，所以要选留那些双羔及多羔的公、母羊作种用，可提高羊群整体的多胎基因的频率，提高产羔率和多胎性能。

1. 种公羊的选育 公羊对新世代基因的贡献率是 50%，由于公羊的交配比率高，公羊对羊群繁殖力的影响要明显大于母羊。因此，种公羊应从多产母羊中的后代中选取，要求其体质健壮、雄性特征明显及精液品质良好。一般来说，选育具有较高产羔率的公羊与母羊交配，所产后代在遗传上有优势。选留种公羊除要注意血统、生长发育、体质外形和生产性能外，还应对睾丸情况严加检测，凡属隐睾、单睾、睾丸过小、睾丸畸形、睾丸质地坚硬、雄性特征不强的，一概不能留作种用。此外，要经常检查精液品质，包括精子活力、pH 值、密度等。种公羊长期性欲低下、射精量少、配种能力不强、精子活力差、精子密度稀、畸形精子多、受胎率低等，都不能留作种用。

2. 母羊的选育　　母羊的产羔数受遗传因素的影响也很大，选用那些繁殖力高的母羊进行繁殖，可显著提高羊群的整体产羔率。对于母羊的选育，应特别注意从多胎母羊的后代中选择，同时要兼顾母羊的泌乳性能和哺乳性能。同一品种的母羊平均排卵水平达到 2 个以上，个体间就可出现 1~6 个甚至更大的差异，这就为选择提供了机会。生产中证实第一胎产双羔的母羊，具有较大的繁殖力，所以种母羊的选择要倾向于每一胎产多羔和头三胎产多羔或终生繁殖力高的母羊。

（二）增加可繁母羊的比例

在羊群结构中，适龄可繁母羊的比例大小对羊群的繁殖有很大的影响。羊群结构依其生产方向不同而有所差别。按年底存栏计，可繁母羊的占比，肉羊应为 70%，毛肉兼用型羊应为 60%~70%，毛用羊应为 50%~60%。肉羊生产中可推行当年羊羔肥育出栏，每年清理羊群，及时淘汰老龄羊和不孕羊，出栏处理不留种用的小公羊、小母羊和老弱病残母羊，从而使可繁母羊在羊群中的比例达到 70% 以上，对提高肉羊群整体的繁殖率效果明显。其他品种也可采取相应的措施，来提高适龄可繁母羊在羊群中的比例。

（三）加强种羊的营养水平

营养情况对种羊的繁殖力影响极大，良好的饲养水平可以提高种公羊的性欲，改善精液品质，促进母羊的发情和增加发情时的排卵数。应特别重视配种前一个半月和配种期间用公、母羊的饲养，做到满膘配种。对于营养状况不良的种羊，除放牧外应给予短期优饲，补充精料特别是日粮中粗蛋白质和能量，从而促进母羊发情整齐度、排卵数增加、受胎率提高，公羊精液品质好、性欲强、射精量大。

（四）防止母羊空怀，做到适时配种和多次配种

一般来说，各个品种的羊在配种季节的长度和时间上差异很大。从理论上讲，种羊可在一年中任何时间发情、配种、产羔。但是，夏季炎热高温，冬季严寒，多数母羊则于春、秋季节发情。因此，做好发情的识别鉴定工作，及时适时地配种，能够明显缩短母羊的产羔间隔，减少空怀。在实际生产中，羊场抓好第一情期的配种最为关键，因为一个情期配不上则要延迟至少半个月。从一定程度上说，母羊怀胎率高低与配种时间的选择关系很大，因此要非常熟练地掌握母羊的配种时机，做到适时给发情母羊配种或输精。如果能够做到适时配种，在一个发情期内，只配种一次即可；而且在一次发情中，采用多次补配也有利于提高母羊受胎率。

（五）导入多胎品种基因，进行杂交繁殖

羊的繁殖率有很高的遗传性，因而通过导入多产品种血液，与繁殖性能较差的品种杂交，可以有效提高繁殖率。新疆紫泥泉种羊场，通过引进湖羊导入杂交新疆细毛羊，培育出了多胎细毛羊，繁殖率提高了 60%~70%。内蒙古引进小尾寒羊与蒙古羊杂交，其杂交后代繁殖率提高了将近 1 倍。由此可见，导入多胎基因是从根本上提高繁殖率的切实可行的技术措施。

（六）合理应用繁殖技术

1. 诱导发情　诱导发情即人工引起发情，是指母羊在发情期内，借助外源激素引起正常发情并进行配种，实行密集产羔，达到一年两产或两年三产，提高母羊的繁殖力。

促性腺激素可以在母羊发情期内引起发情排卵。如连续 12~16 d 给母羊注射孕酮，每次 10~12 mg，随后 1~2 d 内一次注射孕

马血清促性腺激素（PMSG）750~1000 IU，即可引起发情排卵。给母羊注射雌激素，亦可在发情期内引起发情，但不排卵。与此相反，施用孕马血清促性腺激素和绒毛膜促性腺激素（HCG）能引起排卵，但不确定有发情症状。

为了使母羊既有发情表现又发生排卵，必须每隔16~17 d重复注射促性腺激素，或结合使用孕激素，这样能促成正常的发情周期。此外，使用氯地酚（每只10~15 mg）亦具有促进母羊发情排卵的效果。

在母羊发情季节，把公羊投放到与公羊隔离的母羊群中，可促使和诱导母羊发情。如因哺乳造成的母羊不发情，应实行早期断奶，以促进母羊发情。但羔羊断奶的时间要根据不同的季节及不同的生产需要及对断奶后羔羊的饲养管理水平等来确定。

2. 同期发情 同期发情就是利用激素或药物处理母羊，使母羊在预定的时期集中发情，便于组织配种。同期发情配种时间集中，节省劳力、物力，有利于羊群抓膘，提高优秀种羊利用率，使羔羊年龄整齐，便于管理及断奶育肥。具体方法如下：

（1）阴道海绵法。将浸有孕激素的海绵塞入子宫颈外口处，14~16 h后取出，当天注射孕马血清促性腺激素400~750 IU，2~3 d后即开始发情，发情当天和次日各输精1次。常用孕激素的种类及剂量为：孕酮150~300 mg，甲孕酮50~70 mg，甲地孕酮80~150 mg，18-甲基炔诺酮30~40 mg，氟孕酮20~40 mg。

（2）口服法。每天将一定数量（为阴道海绵法的1/10~1/5）的孕激素均匀地拌在饲料中，连续12~14 d，最后一次口服的当天，肌内注射孕马血清促性腺激素400~750 IU。

（3）注入法。将前列腺素F2α或其类似物，在发情结束数日后向子宫内灌注或肌内注射，能在2~3 d内引起母羊发情。

3. 超数排卵 在母羊发情周期的适当时间，注射促性腺激素，使卵巢比一般情况下有较多的卵泡发育并排卵，这种方法称为超数排卵。它主要用于单胎的绵羊、山羊。经过超数排卵处理，一次可排除数个，甚至数十个卵子，使母羊的繁殖性能大大提高。超数排卵有两种情况：一种是为提高产羔数，处理后经配种，使母羊正常妊娠，一般要求是产双胎或三胎；另一种是结合胚胎移植时进行，要求排卵数以 10~20 个为宜。

超数排卵的具体处理：在成年母羊预定发情期到来前 4 d，即发情周期的第 12 或 13 天，肌内或皮下注射孕马血清促性腺激素 750~1000 IU，出现发情后或配种当日肌内或静脉注射绒毛膜促性腺激素 500~700 IU，即可达到超数排卵的目的。

4.受精卵移植 受精卵移植简称卵移，是从一只母羊的输卵管或子宫内取出早期胚胎移植到另一母羊的相应部位，即"借腹怀胎"。胚胎移植结合超数排卵，可使优秀种羊的遗传品质更多地保存下来。这项技术主要用于纯种繁育。

（七）应用现代高新生物技术和优化配种模式

现代生物技术作为一项高新技术，已被广泛应用于动物生产、繁育，在一定程度上改变了家畜的传统繁育模式，主要有人工授精、冷冻精液、性别预测、体外受精、胚胎移植、胚胎的冷冻保存、超数排卵等。目前对羊的繁殖配种应用主要有人工授精、冷冻精液、胚胎移植、胚胎的冷冻保存和超数排卵等技术，较为常用的有人工授精、冷冻精液和超数排卵技术。

（八）提高母羊的繁殖效率

提高母羊的繁殖效率，主要从以下两方面着手：一是增加母羊每胎的产羔数，如选育多胎品种、利用多羔素诱产双羔技术和采用超排技术等；二是通过缩短母羊的产羔间隔，提高母羊在一年中的产羔频率，如通过选育四季发情品种，采取诱发分娩技术、诱导发情技术等。采取以上措施必须从羊场实际出发，因地制宜地从羊所处的地域生态条件、饲养品种的繁殖特点、管理和技术水平及饲料资源等情况，合理安排母羊的周年繁殖。在实际操作中不管采取哪种模式，都要结合经济效益和可行性，不能单纯追求胎次和多产性能。

以下为母羊的几种繁殖方式：

1. 一年一产 母羊产羔的间隔时间一般为 12 个月，若出现空怀情况，那么产羔间隔会延长至 24 个月，生长周期长。

2. 一年两产 采用一年两产方式可使母羊繁殖效率增加 25%~30%，但现实是，一年两产即使在全年发情母羊群中也比较难以做到，特别是规模养羊场。从理论上讲，母羊平均妊娠期为 150 d，发情周期不超过 25 d，母羊的产后第一次发情可在产后 60 d 以内实现，可见一年实现母羊繁殖 2 次是可能的。但在自然或人工条件下要想实现母羊多胎多产，必须结合较高的饲养管理技术如羔羊早期断奶、人工代乳料等以保证羔羊的成活和正常的发育，同时母羊产后的恢复等也需要相关方面的技术和经济投入。一般的饲养水平和管理技术不容易实现母羊的一年两产模式。

3. 两年三产 对四季发情的母羊而言，两年三产是较为常用的繁殖模式。母羊产羔间隔时间约 8 个月，两年恰好产羔 3 次，采用这种模式一般要求羔羊 45~60 日龄断奶，母羊在羔羊断奶后 1 个月配种。我们可以按下面方式轮流安排以提高羊场利用率：可将繁殖母羊分成 2 组或 4 组，若分成 2 组则每 4 个月产羔 1 次，若分成 4 组，则每 2 个月产羔 1 次。这种繁殖方式一般有固定的配种和产羔计划，如 5 月配种，那么 10 月产羔；第 2 年 1 月配种，6 月产羔；9 月配种，2 月产羔。采用此种方式，羔羊生产效率比常规方式增加 40%，而且设备成本也随之减少，可有效提高养羊的出栏率和生产效率。

4. 三年四产 采用此种繁殖方式母羊产羔时间间隔为 9 个月，可采用一年 4 组繁殖母羊产羔。也就是在繁殖母羊产羔后第 4 个月配种，以后几轮则为第 3 个月配种，即 1 月、4 月、7 月和 10 月产羔，5 月、8 月、11 月和 2 月配种。这样全群繁殖母羊的产羔为 6 个月和 9 个月。其中 1 月为寒冷季节外，其他 3 个月为最佳产羔季节，从生产上讲，这是最为理想的频繁产羔模式。

5. 三年五产　繁殖母羊妊娠期的 1/2 约为 73 d，也正是一年的 1/5。可把繁殖母羊分群为 3 组，第 1 组繁殖母羊在第 1 期产羔，第 2 期配种，第 4 期产羔，第 5 期再次配种；第 2 组繁殖母羊在第 2 期产羔，第 3 期配种，第 5 期产羔，第 1 期再次配种；第 3 组繁殖母羊在第 3 期产羔，第 4 期配种，第 1 期产羔，第 2 期再次配种。按这种方式周而复始，产羔时间间隔为 216 d，这对于一胎产一羔的绵羊，一年可获得 1.67 只羔羊；对一胎产双羔的绵羊、山羊，可获得 3.34 只羔羊。这种产羔方式适合标准化较高和生态条件较好的羊场或地区。

第六章 羊的选育和利用

第一节 羊的生产性能指标

一、肉用性能指标

（一）宰前活重

宰前活重是指动物的活体重量。由于相同活重的个体产肉量相差很大，因此，常根据某种动物一定年龄时的体重大小作为评定的指标。

（二）胴体重

胴体重是指屠宰放血后剥去毛皮，去头、内脏及前肢腕关节和后肢关节以下部分，整个躯体（包括肾脏及其周围脂肪）静置30 min 后的重量。

（三）屠宰率

屠宰率是指胴体重加上内脏脂肪（包括大网膜和肠系膜脂肪）和尾脂重，与羊屠宰前活重（宰前空腹 24 h）之比。

（四）胴体净肉率

胴体净肉率是胴体净肉重与胴体重的比值。

（五）肉骨比

肉骨比是胴体净肉重与骨重的比值。

（六）眼肌面积

眼肌面积它是指倒数第一和第二肋骨间脊椎上的背最长肌的横切面积，与产肉量呈正相关。测量方法：用硫酸纸描绘出横切面的轮廓，再用求积仪计算面积。如无求积仪，可用下面公式估测：

眼肌面积（cm^2）＝眼肌高（cm）×眼肌宽（cm）×0.7

（七）胴体品质

胴体品质主要根据瘦肉的多少及颜色、脂肪含量、肉的鲜嫩度、多汁性与味道等特性来评定。上等品质的羔羊肉，质地坚实且细嫩味美，膻味轻，颜色鲜艳，结缔组织少，肉呈大理石状，背脂分布均匀而不过厚，脂肪色白、坚实。

二、毛用性能指标

（一）剪毛量

剪毛量它是指从一只羊身上剪下的全部羊毛（污毛）的重量。细毛羊比粗毛羊的剪毛量要大得多。剪毛量一般在 5 岁以前逐年增加，5 岁以后逐年下降。公羊的剪毛量高于母羊。

（二）净毛率

除去污毛中各类杂质后的羊毛重量为净毛重；净毛重与污毛重的比值，称为净毛率。

（三）毛的品质

毛的品质包括细度、长度、密度和油汗等指标。

1. 细度 细度是指毛纤维直径的大小。直径在 25 μm 以下的为细毛，25 μm 以上的为半细毛。工业上常用"支"来表示，1 kg 羊毛每纺出 1 个 1000 m 长度的毛纱称为 1 支，能纺出 60 个 1000 m 长的毛纱，即为 60 支。毛纤维越细，则支数越多。

2. 长度 长度是指毛丛的自然长度。一般用钢尺量取羊体侧毛丛的自然长度。细羊毛要求在 7 cm 以上。

3. 密度 密度是指单位皮肤面积上的毛纤维根数。

4. 油汗　油汗是皮脂腺和汗腺分泌物的混合物，对毛纤维有保护作用。油汗以白色和浅黄色为佳，黄色次之，深黄色和颗粒状为不良。

5. 裘皮和羔皮品质　一般要求裘皮和羔皮要轻便、保暖、美观。具体是从皮板的厚薄、皮张大小、粗毛与绒毛的比例、毛卷的大小与松紧、弯曲度及图案结构等方面进行评定。

三、繁殖性能指标

（一）适繁母羊比率

适繁母羊比率主要反映羊群中适繁母羊的比例。适繁母羊多指10月龄（山羊）以上和1.5岁（绵羊）以上的两种母羊。

（二）配种率

配种率是指实配母羊数占预配母羊数的百分比，即

$$配种率 = \frac{实配母羊数}{预配母羊数} \times 100\%$$

（三）受胎率

受胎率是指妊娠母羊数（妊娠母羊数是流产、死产和正常生产的总和）占实配母羊数的百分比，即

$$受胎率 = \frac{妊娠母羊数}{实配母羊数} \times 100\%$$

（四）产羔率

产羔率是指每百只分娩母羊数所产羔羊占分娩母羊数的百分比，即

$$产羔率 = \frac{产出羔羊数}{分娩母羊数} \times 100\%$$

（五）断奶成活率

断奶成活率是指本年度断奶成活羔羊数占产活羔数的百分率，即

$$断奶成活率 = \frac{断奶时成活羔羊数}{产活羔数} \times 100\%$$

（六）繁殖成活率

繁殖成活率是指本年度断奶成活羔羊数占上年度适繁母羊数的百分率，即

$$繁殖成活率 = \frac{本年度断奶成活羔羊数}{上年度适繁母羊数} \times 100\%$$

四、生长发育指标

生长发育指标是羊的主要生产性能，通常以出生、断奶、6~7月龄、12月龄、1.5岁、2岁、3岁等不同阶段体重、体尺的变化来表示。称重时应在清晨空腹状况下进行。体尺指标主要有体高、体长、胸围、管围、十字部高、腰角宽、腿臀围等。

五、泌乳性能指标

泌乳性能指标主要是泌乳量，以羔羊出生后 15~21 d 的总增重乘 4.3 来计算，代表该时期的泌乳量，其中 4.3 是羔羊增重 1 kg 所消耗的母乳量。

第二节　羊的个体鉴定

种羊的选择除了依靠生产性能的表现外，种羊的个体鉴定也是重要的依据。基础母羊一般每年进行一次鉴定，种公羊一般在 1.5~2 岁进行一次。鉴定种羊包括年龄鉴定、体形外貌鉴定和体况鉴定。

一、年龄鉴定

年龄鉴定是其他鉴定的基础。现在比较可靠的年龄鉴定法仍然是牙齿鉴定。牙齿的生长发育、形状、脱换、磨损、松动有一定的规律。因此，人们利用这些规律，就可以比较准确地进行年龄鉴定。成年羊共有32枚牙齿。上颌有12枚，每边各6枚，上颌无门齿；下颌有20枚牙齿，其中12枚是臼齿，每边6枚，8枚是门齿，中间的一对门齿叫切齿，切齿两边的两个门齿叫内中间齿，内中间齿的外边两颗叫外中间齿，最外边一对门齿叫隅齿。利用牙齿鉴定年龄主要是根据下颌门齿的发生、更换、磨损、脱落情况来判断。羔羊一出生就长有6枚乳齿；约在1月龄，8枚乳齿长齐；1.5岁左右，乳齿齿冠有一定程度的磨损，切齿脱落，随之在原脱落部位长出第一对永久齿；2~2.5岁时，内中间齿更换，长出第二对永久齿；约在3岁时，外中间齿更换，长出第三对永久齿；4岁时，隅齿更换，长出第四对永久齿；5岁时，8枚门齿的咀嚼面磨得较为平直，俗称齐口；6岁时，可以见到个别牙齿有明显的齿星，说明齿冠部已基本磨完，暴露了齿髓；7岁时，已磨到齿颈部，门齿间出现了明显的缝隙；8岁时，缝隙更大，出现露孔现象；9岁时，牙齿脱落。为了便于记忆，总结出下面顺口溜：一岁不扎牙（换牙）；一岁半，中齿换（切齿脱落，长出第一对永久齿）；到两岁换两对（内中间齿脱落，长出第二对永久齿）；三岁三对全（外中间齿脱落，长出第三对永久齿）；四岁齐（隅齿脱落，长出第四对永久齿）；五齐口；六齿星；七斜（齿龈凹陷，有的牙齿开始松动）；八歪（牙齿与牙齿之间有了空隙）；九掉（牙齿脱落）。

二、体形外貌鉴定

体形外貌鉴定的目的是确定种羊的品种特征、种用价值和生产力水平。

（一）外貌评分

种羊的外貌评定是通过对各部位打分，最后求出总评分。如肉羊的外貌评分，是将肉羊外貌分成四大部分。公羊分为整体结构、育肥状态、体躯和四肢，各部位的给分标准分别为 25 分、25 分、30 分和 20 分，合计 100 分；母羊分为整体结构、体躯、母性特征和四肢，各部位的给分标准分别为 25 分、25 分、30 分和 20 分，合计 100 分。具体评分标准见表 6-1。

表 6-1 肉用种羊外貌评分标准

项目	满分标准	给分	
		公	母
整体结构	整体结构匀称，外形浑圆，侧视呈长方形，后视呈圆桶形，体躯宽深，胸围大，腹围适中，背腰平直，后躯宽广、丰满，头小耳短，四肢相对较短	25	25
育肥状态	体形呈圆桶状，无明显的棱角，颈、肩、背、尻部肌肉丰满，肥度指数在 150~200	25	0
体躯	前躯：头小颈短，肩部宽平，胸宽深中躯，背腰平直、宽阔，肋骨开张不外露，膣部下凹，腹围大小适中，不下垂，呈圆桶状。 后躯：肩部平宽，腰角不外突，尻长且平宽，后膝突出，胫部肌肉丰满，腿臀围大	30	25
母性特征	头颈清秀，眼大鼻直，肋骨开张，后躯较前躯发达、中躯较长，乳房发育良好	0	30
四肢	健壮结实，肢长势良好，肢蹄质地坚实	20	20
总计		100	100

（二）体形评定

体形评定往往要通过体尺测定，并计算体尺指数加以评定。测量部位如下：①体高，指肩部最高点到地面的垂直距离；②体长，指取两耳连线的中点到尾根的水平距离；③胸围，指肩胛骨后缘经胸一周的周径；④管围，指取管部最细处的水平周径，在管部的上 1/3 处；⑤腿臀围，由左侧后膝前缘突起，绕经两股后面，至右侧后膝前缘突起的水平半周。为了衡量肉羊的体态结构、比较各部位的相对发育程度和评价产肉性能，一般要计算体尺指数：体长指数=体长/体高；体躯指数=胸围/体长；胸围指数=胸围/体高；骨指数=管围/体高；产肉指数=腿臀围/体高；肥度指数=体重/体高。

三、体况鉴定

繁殖母羊的体况鉴定是选择种羊的重要方面，因为体况直接影响到种羊的生产性能。体况鉴定采用 4 分制，详细评分标准见表 6-2。

表6-2　繁殖母羊体况评定标准

项目	1分（过瘦）	2分（瘦）	3分（适中）	4分（肥）
脊突	明显突出，呈尖峰状	突起分明，每个脊椎区分明显	突起不明显，呈圆形峰状	呈圆形，双脊背
尻部	狭窄，凹陷，骨骼外露	棱角分明，肉很少	稍圆，棱角不分明	丰满
尾部	瘦小，呈楔形	较小，不圆满	圆形，大小适中	大而丰满

第三节　羊的选种和选配

一、羊的选种

选种，就是把那些符合育种要求的个体，按不同的标准从羊群中挑选出来，组成新的群体再繁殖下一代，或者从别的羊群中选择那些符合要求的个体，加入现有的繁殖群体中再繁殖下一代的过程。

选种的目的是经过多世代选择，提高羊群的整体生产水平，或把羊群育成一个新的类群或品种（品系）。绵羊、山羊的选种主要是对公羊，选择的主要性能多为有重要经济价值的数量性状和质量性状。如细毛羊的体重、剪毛量、毛品质、毛长度，绒山羊的产绒量、绒纤维长度、细度及绒的颜色等，肉羊的体重、产肉量、屠宰率、胴体重、生长速度和繁殖率等。

（一）选种的依据

选种主要根据体形外貌、生产性能、后代品质、血统四个方面，在对羊只进行个体鉴定的基础上进行。

1. 体形外貌 体形外貌在纯种繁育中非常重要，凡是不符合本品种特征的羊不能作为选种的对象。另外，体形和生产性能方面有直接的关系，也不能忽视。如果忽视体形，生产性能全靠实际的生产性能测定来完成，则需要较长时间。比如，产肉性能、繁殖性能的某些方面，可以通过体形选择来解决。

2. 生产性能 生产性能指体重、屠宰率、繁殖力、泌乳力、早熟性、产毛量、羔裘皮的品质等方面。羊的生产性能，可以通过遗传传给后代，因此选择生产性能好的种羊是选育的关键环节。但要在各个方面都优于其他品种是不可能的，应突出主要优点。

3. 后代品质 种羊本身具备的优良性能是选种的前提条件，但这仅仅是一个方面，更重要的是它的优良性能是不是传给了后代。优良性能不能传给后代的种羊，不能继续作为种用。同时在选中过程中，要不断地选留那些性能好的后代作为后备种羊。

4. 血统 血统即系谱，是选择种羊的重要依据，它不仅提供了种羊亲代的有关生产性能的资料，而且记载着羊只的血统来源，对正确地选择种羊很有帮助。

（二）选种的方法

1. 使用科学方法鉴定　选种要在对羊只进行鉴定的基础上进行。羊的鉴定有个体鉴定和等级鉴定两种，要求按鉴定的项目和等级标准准确地进行评定等级。个体鉴定要有按项目进行的逐项记载；等级鉴定则不做具体的个体记录，只写等级编号。进行个体鉴定的羊包括特级公羊、一级公羊和其他各级种用公羊，准备出售的成年公羊和公羔，特级母羊和指定做后裔测验的母羊及其羔羊。除进行个体鉴定的外，其他的都要做等级鉴定。等级标准可根据育种目标的要求制定。羊的鉴定一般在体形外貌、生长性能达到充分表现，且在有可能做出正确判断的时候进行。公羊一般在成年时，母羊在第一次产羔后，可对生产性能予以测定。为了培育优良羔羊，在初生、断奶、6月龄、周岁的时候都要进行鉴定。裘皮型的羔羊，在羔皮和裘皮品质最好时进行鉴定。这是选种的重要依据，凡是不符合要求的要及时淘汰，合乎标准的作为种用。除了对个体鉴定和后裔的测验之外，对种羊和后裔的适应性、抗病力等方面也要进行考查。

2. 审查羊只血统关系　通过审查血统，可以得出选择的种羊与祖先的血缘关系方面的结论。血统审查要求有详细记载，凡是自繁的种羊应做详细的记载。购买种羊时要向出售单位和个人索取卡片资料，在缺少记载的情况下，只能根据羊的个体鉴定作为选种的依据，无法进行血统的审查。

3. 后备种羊的选留　为了选种工作顺利进行，选留好后备种羊是非常必要的。后备种羊的选留要从以下几个方面进行：一是选窝（看祖先），从优良的公羊、母羊交配后代中，全窝都发育良好的羔羊中选择。母羊应选择第二胎以上的经产多羔羊。二是选个体，要从初生重和生长各阶段增重快、体尺长、发情早的羔羊中选择。三是选后代，要看种羊所产后代的生产性能，是不是将父母代的优良性能传给了后代，凡是没有这方面的遗传，不能选留。后备母羊的数量，一般要达到需要数量的 3~5 倍，后备公羊的数量也要多于需要数量，以防在育种过程中有不合格的羊不能种用而导致数量不足。

二、羊的选配

所谓选配，就是在选种的基础上，根据母羊的特点，为其选择恰当的公羊与之配种，以期获得理想的后代。因此，选配是选种工作的继续。在规模化的绵羊、山羊育种工作中，选配与选种是两个相互关系、不可分割的重要环节，是改良和提高羊群品质最基础的方法。

选配的作用在于巩固选种效果。通过正确的选配，使亲代的固有优良性状稳定传给下一代，把分散在双亲个体上的不同优良性状结合起来传给下一代，把细微的、不甚明显的优良性状累积起来传给下一代，对不良性状、缺陷性状给予削弱或淘汰。

（一）选配的原则

1. 公羊要优于母羊 为母羊选配公羊时，在综合品质和等级方面必须优于母羊。

2. 注意要以公羊优点补母羊缺点 为具有某些方面缺点和不足的母羊选配公羊时，必须选择在这方面有突出优点的公羊与之配种，决不可用具有相同缺点的公羊与之配种。

3. 不宜滥用 采用亲缘选配时应当特别谨慎，合理利用，切忌滥用；过幼、过老的公羊、母羊不配；级进杂交时，高代杂种母羊不能和低代杂种公羊交配。

4. 及时总结选配结果 如果效果良好，可按原方案再次进行选配。否则，应修正原选配方案，另换公羊进行选配。

（二）选配的类型

选配可分为表型选配和亲缘选配两种类型。表型选配是以公羊、母羊个体本身的体形外貌、生产性能等表型特征作为选配的依据，亲缘选配则是根据双方的血缘关系进行选配。这两类选配都可以分为同质选配和异质选配。亲缘选配的同质选配和异质选配即指近交和远交。表型选配即品质选配，也可分为同质选配和异质选配。

1. 同质选配 同质选配是指具有同样优良性状和特点的公羊、母羊之间的交配，以便使相同特点能够在后代身上得以巩固和继续提高。通常特级羊和一级羊是属于品种理想型羊只，它们之间的交配即具有同质选配的性质；或者羊群中出现优秀公羊时，为使其优良品质和突出特点能够在后代中得以保存和发展，则可选用同群中具有同样品质和优点的母羊与之交配，这也属于同质交配。例如，体大毛长的母羊选用体大毛长的公羊相配，以便使后代在体格和羊毛长度上得到继承和发展。这就是"以优配优"的选配原则。

2. 异质选配 异质选配是指选择在主要性状上不同的公羊、母羊进行交配，目的在于使公羊、母羊所具备的不同的优良性状在后代身上得以结合，创造一个新的类型；或者是用公羊的优点纠正或克服与之相配母羊的缺点或不足。用特级、一级公羊配二级以下母羊即具有异质选配的性质。例如，选择体大、毛长、毛密的特级、一级公羊与体小、毛短、毛密的二级母羊相配，使其后代体格增大、羊毛增长，同时羊毛密度得到继续巩固提高。又如，用生长发育快、肉用体形好、产肉性能高的肉用型品种公羊，与适应性强、体格小、肉用性能差的蒙古土种母羊相配，其后代在体格大小、生长发育速度和肉用性能方面都显著超过母本。在异质选配中，必须使母羊最重要的优异品质借助于公羊的优势得以补充和强化，使其缺陷和不足得以纠正和克服。这就是"公优于母"的选配原则。

第四节　羊的纯种繁育和杂交利用技术

一、纯种繁育技术

（一）品系的繁育技术

品系是品种内具有共同特点、彼此有亲缘关系的个体所组成的遗传性稳定的群体。品系繁育就是根据一定的育种制度，充分利用卓越的种公羊及优秀的后代，建立优质高产和遗传稳定的畜群的一种方法。

1.建立基础群　建立基础群，一是按血缘关系组群，二是按性状组群。按血缘组群，是先将羊群进行系谱分析，查清公羊后裔特点，选留优秀公羊后裔建立基础群，其后裔中不具备该品系特点的不留在基础群。这种组群方法在羊群遗传力低时采用。按性状组群，是根据性状表现来建立基础群，这种方法不依据血缘而按个体表现组群，是根据性状表现来建立基础群。按性状组群方法在羊群遗传力高时采用。

2.建立品系　基础群建立之后，一般把基础群封闭起来，只在基础群内选择公、母羊进行繁殖，逐代把不合格的个体淘汰，每代都按品系特点进行选择。最优秀的公羊尽量扩大利用率，质量较差的不配或少配。亲缘交配在品系形成中是不可缺少的，一般只做几代近交，以后转而采用远交，直到特点突出和遗传性稳定后纯种品系才算育成。

（二）血液的更新

血液更新是指把具有一致遗传性和生产性能但来源不相接近的同品系的种羊，引入另外一个羊群。由于公、母羊属于同一品系，仍是纯种繁育。血液更新在下列情况下进行：一是在一个羊群中或羊场中，由于羊的数量较少而存在近交产生不良后果时；二是新引进的品种在改变环境后，生产性能降低时；三是羊群质量达到一定水平，生产性能及适应性等方面呈现停滞状态时。在血液更新中，被引入的种羊在体质、生产性能、适应性等方面没有缺点。

二、杂交利用技术

羊品种的杂交利用有两条途径：一是杂交培育新品种；二是进行经济杂交，发展商品羊生产。

（一）育成羊只的杂交技术

育成杂交指不同品种间个体相互进行杂交，以大幅度地改进和提高生产性能，或纠正当地品种在某一方面的缺点，到一定程度时，导致新品种的产生。如果以提高生产性能为目的的杂交，一般采用级进杂交的方式，即用引进的国外肉羊品种的公羊与当地的母羊进行杂交，淘汰杂种公羊，选留优良杂种母羊，并继续与国外纯种肉用公羊交配，依照此法连续几个世代地杂交下去，杂种后代的生产性能将趋于父本品种。如果地方品种能基本满足生产需要，无须改变生产方向和生产特点，但要纠正某个缺点时，一般采用导入杂交方式，即引进少量的外来血液，与当地品种进行一个世代的杂交，在杂交后代中选择合乎标准的公羊、母羊留种，推广使用。

育成杂交在肉羊新品种培育方面发挥了巨大作用。英国的萨福克、陶赛特、科布雷德、罗姆尼，德国的肉用美利奴，美国的波利帕，法国的夏洛莱，荷兰的特科赛尔等几十个肉羊新品种，都是通过品种间的杂交而育成的。

杂交培育新品种过程可分为三个阶段：

1. 杂交改良阶段　杂交改良主要任务是以培育新品种为目标，选择参与育种的品种和个体，较大规模地开展杂交，以取得大量的优良杂种个体。在培育新品种的杂交阶段，选择较好的基础母羊，能加快杂交进程。

级进杂交一般要进行 3~4 个世代的杂交；导入杂交一般要经过 1~2 个世代杂交，然后与本地品种回交；还有一些品种是通过两个以上的品种的复杂杂交选育而成的。

2. 横交固定阶段 当有一定数量的复合育种目标的杂种后代时，就可以在这些杂种后代中进行横交固定。这一阶段的主要任务是选择理想型杂种公羊、母羊互交，即通过杂种羊自群繁育，固定杂种羊的理想特性。此阶段的关键在于发现和培育优秀的杂种公羊，往往个别杰出的公羊在品种形成过程中起着十分重要的作用。横交初期，后代性状分离比较大，须严格选择。凡不符合育种要求的个体，则应归到杂交改良群里继续用纯种公羊配种。在横交固定阶段，为了尽快固定杂交优势，可以采用一定程度的亲缘选配或同质选配。横交固定时间的长短，应根据育种方向、横交后代的数量和质量确定。

3. 发展提高阶段 发展提高阶段是指品种形成和继续提高阶段。这一阶段的主要任务是建立品种整体结构，增加数量，提高羊品质和扩大品种分布区。杂种羊经横交固定阶段后，遗传性已较稳定，并已形成独特的品种类型。此阶段可根据具体情况组织品系繁育，以丰富品种结构，并通过品系间杂交和不断组建新品系来提高品种的整体水平。

（二）经济杂交技术

经济杂交是为了利用各品种之间的杂种优势，提高羊的生产水平和适应性。不同品种的公羊、母羊杂交，是利用本地品种耐粗饲、适应性强和外来羊品种生长发育快、肉品质好的特点，使杂种一代具有生命力强、生长发育快、饲料利用率高、产品规格整齐划一等多方面的优点，在商品肉羊的生产中已被普遍采用。杂交方式有二元杂交、回交和三元杂交。

1. 二元杂交 二元杂交是指两个品种之间进行杂交，产生的杂种后代全部用于商品生产的杂交方式。这种杂交方式简单易行，适合于技术水平落后、羊群饲养管理粗放的广大地区使用，其杂种的每一个位点的基因都分别来自父本和母本，杂种后代中100%的个体都会表现杂种优势。一般是以当地品种为母本，引进的肉羊品种为父本。

2. 回交 二元杂交的后代又叫杂交一代，回交方式就是利用杂交一代的母羊与原来任何一个亲本的公羊交配，也可以用公羊与亲本母羊交配。为了利用母羊繁殖力的杂种优势，实际生产中常用纯种公羊与杂种母羊交配，但回交后代中只有50%的个体获得杂种优势。在生产实践中，有人试图采用杂交公羊与异地品种母羊回交的方式，这种交配方式一般是不允许的，即杂种后代不能滥用，否则可能造成品种退化。

3. 三元杂交 两个品种杂交产生的杂种母羊与第三个品种的公羊交配，所生后代为三元杂种。其优点是后代具有三个原种的互补性，使羊的性能更好，商品性更完善。人们常把三元杂交最后使用的父本品种叫作终端品种。

第五节　生产育种资料的记录和整理

　　山羊、绵羊在生产和育种过程中的各种记录资料，是了解羊群的重要档案，尤其对于育种场、种羊群，生产和育种记录资料更是必不可少。通过对养羊场的各种档案资料的分析总结，我们能够及时、全面地掌握和认识、了解羊群存在的缺点及主要问题，进行个体鉴定、选种选配和后裔测验（系谱审查），合理安排配种、产羔、剪毛、防疫驱虫、羊群的淘汰更新、补饲等日常管理，都要依据生产和育种记录，可见做好记录和整理生产育种资料工作有非常重要的意义。

生产育种资料所需要记录的种类较多，如种羊卡片（凡提供种用的优秀公羊、母羊，都必须有种公羊卡片和种母羊卡片。卡片中包含种羊本身具备的优良性能和鉴定成绩、系谱、历年配种产羔记录和后裔品质等）、个体鉴定记录、种公羊精液品质检查及利用记录、羊配种记录、羊产羔记录、羔羊生长发育记录、体重及剪毛量（抓绒）记录、羊群补饲饲料消耗记录、羊群月变动记录和疫病防治记录等。不同性质的羊场、企业，不同羊群、不同生产目的记录资料不尽相同，生产育种记录要力求准确、全面，并及时进行整理分析。记录表格如表 6-1 至表 6-9 所示。

种羊卡片（正面）

品种_____ 个体号_____ 登记号_____

出生日期_____ 性别____ 出生时母亲月龄____ 单（多）羔_____

初生重____ 1 月龄重____ 2 月龄重____ 4 月龄重____ 6 月龄重____

12 月龄外貌评分　　　　等级

指标	1 岁	2 岁	3 岁	4 岁	5 岁	6 岁
体高						
体长						
胸围						
尻宽						
体重						
羊毛长度						
羊毛细度						
剪毛（抓绒）量						
繁殖成绩						

种羊卡片（背面）

亲、祖代品质及性能

	个体号	产自单(多)羔	等级	体高/cm		体重/kg			12月龄剪毛量	繁殖成绩
				12月龄	24月龄	6月龄	12月龄	24月龄		
父亲										
母亲										
祖父										
祖母										
外祖父										
外祖母										
后裔表现										
		公羔					母羔			

表6-1　种羊卡片

个体鉴定记录表

序号	品种	羊号	性别	年龄	体形外貌	体重/kg	羊毛品质	剪毛(抓绒)量/kg	损征或失格	等级	备注

鉴定时间_____鉴定员_____记录员_____

表6-2　个体鉴定记录表

种公羊精液品质检查及利用记录表

序号	采精			射精量/mL	原精液				稀释精液			稀释后品质			输精量/mL	授精母羊数/只	备注
	日月	时间	次数		色泽	气味	密度	活力	种类	倍数	活力	保存时间/d	保存温度/℃	活力			

检查日期_____ 地点（站）_____ 检查员_____

表6-3　种公羊精液品质检查及利用记录表

羊配种记录表

序号	配种母羊			与配公羊			配种日期				分娩		生产羔羊			备注
	品种	羊号	等级	品种	羊号	等级	第一次	第二次	第三次	第四次	预产期	实产期	单(双)羔	羊号	性别	

登记员_____ 技术员_____

表6-4　羊配种记录表

种羊生长发育记录表

品种（系）_____ 个体号_____ 出生日期_____

性别_____ 单（双）羔_____

指标	1月龄	2月龄	3月龄	断奶	4月龄	5月龄	6月龄	9月龄	12月龄
体重									
身高									
体长									
胸围									
管围									
尻宽									

登记员_____ 检查员_____

表6-5　种羊生长发育记录表

羊产羔记录表

序号	品种	耳号	等级	羔羊						公羊耳号	羔羊出生鉴定		备注
				耳号		性别	单（双）羔	出生日期	初生重/kg				
				临时	永久								

登记员_____ 检查员_____

表6-6　羊产羔记录表

羊体重及剪毛（抓绒）记录表

序号	品种	羊号	性别	年龄	体重	剪毛量	抓绒量	备注

称重日期_____ 称重员_____ 检查员_____

表6-7 羊体重及剪毛（抓绒）记录表

羊群饲料饲草消耗记录表

品种_____ 群别_____ 性别_____ 年龄_____

供应日期	精饲料/kg		粗饲料/kg		多汁饲料/kg		矿物质饲料/kg		备注
		合计		合计		合计		合计	

登记员_____ 检查员_____

表6-8 羊群饲料饲草消耗记录表

羊群变动月统计表

饲养员	群别	年龄	性别	上月底结存数	本月内增加数				本月内减少数					本月底结存数	备注
					调入	购入	繁殖	合计	调出	死亡	出售	宰杀	合计		

报出日期_____ 负责人_____ 技术员_____

表6-9 羊群变动月统计表

225

第七章 羊的饲养管理和疫苗免疫

第一节 种公羊的饲养管理

种公羊种用价值高，对后代影响大。俗话说："公羊好，好一坡，母羊好，好一窝。"对种公羊必须精心饲养管理，要求常年保持中上等膘情，健壮的体质、充沛的精力、旺盛的精液品质，保证和提高种公羊的利用率。

一、种公羊的饲养模式和营养需要

（一）种公羊的饲养模式

对种公羊的饲养，应采取放牧与补饲相结合的饲养模式，在有的地区还可采取半放牧半舍饲的饲养模式，并根据配种期和非配种期按不同的饲养标准饲养。种公羊必须有适度的放牧和运动时间，最好每天都要保证充足的运动量，这对非配种期种公羊的饲养尤为重要，以免因过肥而影响配种。

（二）种公羊的营养需要

种公羊全年的营养需要，必须维持在较高的营养水平，可参照我国《肉羊饲养标准》（NY/T 816—2004）或其他饲养标准来配制日粮，以保证常年健康、活泼和精力充沛。但种公羊的膘情在中等以上，不可过肥也不可过瘦。生产中必须按以下标准要求配制日粮。

1. 饲料搭配合理，保证饲草料的多样性　种公羊的饲草料要做到多样性，并尽可能保证青饲料全年均衡供给；同时，要保证复合添加剂预混料、矿物质、维生素的合理补给。

2. 日粮要保持较高的能量和蛋白质水平　即使在非配种期，也不能给种公羊饲喂单一粗饲料或青饲料，必须做到青粗合理搭配，并补饲一定量的混合精料，保持日粮中有较高的能量和蛋白质水平。

二、种公羊的营养特点

种公羊的营养应维持在较高的水平，以使其常年精力充沛，维持中等以上的膘情。配种季节前后，应加强种公羊的营养，保持上等体况，使其性欲旺盛，配种能力强，精液品质好，充分发挥作用。种公羊精液中含高质量的蛋白质，绝大部分必须直接来自饲料。因此，种公羊日粮中应有足量的优质蛋白质。另外，还要注意脂肪、维生素 A、维生素 E 及钙、磷等矿物质的补充，因为它们与精子活力和精液品质有关。秋、冬季节种公羊性欲比较旺盛，精液品质好；春、夏季节种公羊性欲减弱，食欲逐渐增强，这个阶段应有意识地加强种公羊的饲养，使其体况恢复，精力充沛。8 月下旬日照变短，种公羊性欲旺盛，若营养不良，则很难完成秋季配种任务。配种期种公羊性欲强烈，食欲下降，很难补充身体消耗，只有尽早加强饲养，才能保证配种季节种公羊的性欲旺盛，精液品质好，圆满地完成配种任务。

要求喂给种公羊的草料营养价值高，品质好，容易消化，适口性好。种公羊的草料应因地制宜，就地取材，力求多样化。

三、种公羊不同时期的饲养

（一）种公羊非配种期的饲养

种公羊非配种期的饲养以恢复和保持其良好的种用体况为目的。配种结束后，种公羊的体况都有不同程度的下降。为使种公羊体况很快恢复，在配种刚结束的 1~2 个月，种公羊的日粮应与配种期基本一致，但对日粮的组成可做适当调整，加大优质青干草或青绿多汁饲料的比例，并根据体况的恢复情况，逐渐转为饲喂非配种期的日粮。在我国，绵羊、山羊品种的繁殖季节大都集中在 9~12 月（秋季），非配种期较长。在冬季，种公羊的饲养保持较高的营养水平，既有利于其体况恢复，又能保证其安全越冬度春。要做到精粗料合理搭配，补喂适量青绿多汁饲料（或青贮料），在精料中应补充一定的矿物质微量元素，每天混合精料的用量不低于 0.5 kg，优质干草 2~3 kg。种公羊在春、夏季有条件的地区应以放牧为主，每天补喂少量的混合精料和干草。

（二）种公羊配种期的饲养

种公羊配种期的饲养分配种预备期和配种期两个阶段。

1. 配种预备期 配种预备期指配种前 1~1.5 个月的时间，在此时期要着重加强种公羊的补饲和运动锻炼，同时开始喂给配种期的标准日粮。开始时按标准喂量的 60% ~ 70% 逐渐加喂，直至全部变为配种期日粮。饲喂量：混合精料 1.0~1.5 kg，青贮料或其他青绿多汁饲料 1.0~1.5 kg，青干草足量。精料每天分两次饲喂，补饲青干草要用草架或饲槽饲喂，精料和青绿多汁饲料放在料槽里饲喂。混合精料组成：谷物饲料占 60%，以玉米为主；豆类和豆粕占 20% 以上，麸皮占 10% 以上，并添加一定比例的矿物质、食盐、维生素等饲料添加剂。

配种预备期内要进行采精训练和精液品质检查，每只公羊要人工采精 3~5 次，检查精液的品质。精液检查的目的是确定精液是否可用于输精配种。精液检查项目包括密度、活力、射精量及颜色、气味等。正常精液的颜色为乳白色，无特殊气味，肉眼能看到云雾状。射精量为 0.8~1.8 mL，一般为 1 mL，每毫升含有精子 10 亿~40 亿个，平均 30 亿个。密度和活力要用显微镜检查。根据精液的品质调整饲料配方和补饲量，预测配种能力。当精子活力差时，应加强种公羊的运动，种公羊每天的运动时间要增加到 4 h 以上。

在配种预备期内，要安排好配种计划，羊群的配种期不宜拖得过长，争取在 1.5 个月左右结束配种。配种期越短，产羔期越集中，羔羊的年龄差别不大，这样便于管理。

2. 配种期 配种是种公羊的主要任务，种公羊在配种期内要消耗大量的养分和体力，因此，在此阶段饲养管理不到位，就不能很好地完成配种任务。配种期最重要的任务是进行合理补饲。日粮要求营养丰富全面，容积小且多样化、易消化、适口性好，特别要求蛋白质、维生素和矿物质要充足。种公羊每形成 1 mL 精液约需要可消化蛋白质 50 g。维生素 A、维生素 E 不足时，会影响精子形成，而且精液品质不佳。精液中钙、磷量较多，日粮中必须加喂磷酸氢钙和石粉，以满足生产精液的需要。种公羊个体之间对营养的需要量相差很大，补饲量可根据种公羊的体重大小、膘情和配种任务而定，每只种公羊每天补饲含蛋白质较高的混合精料 0.7~1.4 kg、食盐 10~15 g、优质青干草 2 kg、胡萝卜 0.5~1.5 kg。每日分 2~3 次供给，先喂精料，再自由采食青草或青干草，饮水 3~4 次。在配种任务较大时，为了提高种公羊的精液品质，可在饲料中加生鸡蛋 2~3 个，将鸡蛋捣碎拌入料中。

配种期种公羊的管理要做到认真、细致。要经常观察种公羊的采食、饮水、运动及粪、尿排泄等情况，并保持饲料、饮水的清洁卫生，要经常观察种公羊食欲好坏，以便及时调整饲料。

在我国农区的大部分地区，羊的繁殖季节有的表现为春、秋两季，有的则全年发情配种。因此，对种公羊全年均衡饲养较为重要。除搞好放牧、运动外，每天应补饲 0.5~1.0 kg 混合精料和一定的优质干草。对舍饲饲养的种公羊，每天应喂给混合精料1.2~1.5 kg，青干草 2 kg 左右，并注意矿物质和维生素的补充。

四、种公羊的管理措施

在管理上，种公羊要与母羊分群饲养，以避免系谱不清、乱交滥配、近亲繁殖等现象的发生，使种公羊保持良好的体质、旺盛的性欲及正常的采精配种能力。如长期栓系或配种季节长期不配种，种公羊会出现性情暴躁、顶人等恶癖，管理时应予以预防。

种公羊每天要保证充足的运动量，常年放牧条件下，应选择优良的天然牧场或人工草场放牧种公羊；舍饲羊场，在提供优质全价日粮的基础上，每天安排 4~6 h 的放牧运动，每天游走不少于 2 km，并注意供给充足饮水。

种公羊配种采精要适度，一般 1 只种公羊即可承担 30~50 只母羊的配种任务，人工授精能承担 300~500 只母羊的配种任务。种公羊配种前 1~1.5 个月开始采精，同时检查精液品质。开始一周采精 12 次，到配种时每天可采精 1~2 次，不要连续采精。对1.5 岁的种公羊，一天内采精不宜超过 1~2 次，2.5 岁种公羊每天可采精 3~4 次。采精次数多的，其间要有休息，种公羊在采精前不宜吃得过饱。

公羊初配年龄一般 12 月龄左右为宜。从经济效益和后代质量看，种公羊在饲养管理好的情况下，利用年限一般为 6~8 年，之后淘汰。

第二节　母羊的饲养管理

母羊是羊群生产的基础，也是羊生产中最关键的生产环节，其生产性能的高低直接决定着羊群的生产水平，因而要给予良好的饲养管理，以满足各阶段母羊的营养需求，保证顺利地完成配种、妊娠和哺乳期，实现母羊多胎、多产，羔羊全活、全壮，提高繁殖性能和种用价值。

一、母羊的营养特点

根据生理状态不同，母羊一般分为空怀期、妊娠期和泌乳期。对于每个阶段的母羊应根据不同的生理状况和生产性能，提供与其相适应的营养。空怀期母羊由于不泌乳、不妊娠，所需的营养最少，不要求增重只需要维持营养即可。妊娠的前 3 个月，胎儿的生长发育较慢，需要的营养物质稍多于空怀期。妊娠期的后 2 个月，由于身体内分泌机能发生变化，胎儿的生长发育加快，羔羊初生重的 80%~90% 都是在母羊妊娠后期增加的，因此营养需要也随之增加。泌乳期要为羔羊提供乳汁，以满足哺乳期羔羊生长发育的营养需要，应在维持营养需要的基础上，根据产奶量高低和产羔数多少给母羊增加一定量的营养物质，以保证羔羊正常的生长发育。

二、母羊不同时期的饲养管理

母羊数量多，个体差异大，必须根据母羊群体营养状况合理调整日粮，对少数体况较差的母羊，应单独组群饲养。对妊娠母羊和带仔母羊，要着重搞好妊娠后期和哺乳前期的饲养和管理。舍饲母羊饲粮中饲草和精料比以 7∶3 为宜，以防止过肥。体况好的母羊，在空怀期，只给一般质量的青干草，保持体况，钙的摄食量应适当限制，不宜喂给钙含量过高的饲料，以免诱发产褥热。如以青贮玉米作为基础日粮，则每天应喂给 60 kg 体重的母羊 3~4 kg，过多会造成母羊过肥。妊娠前期可在空怀期的基础上增加少量的精料，每只每天的精料喂量约为 0.4 kg；妊娠后期至泌乳期每只每天的精料喂量约为 0.6 kg，精料中的蛋白质水平一般为 15%~18%。

（一）空怀期的饲养管理

空怀期饲养的重点，是迅速恢复母羊体况，抓膘复壮，为下一个妊娠期做准备。饲养以青粗饲料为主，延长饲喂时间，每天喂 3 次，并适当补饲精料。空怀母羊这个时期已停止泌乳，但为了维持正常的消化、呼吸、循环及维持体况等生命活动，必须从饲料中吸收满足最低营养需要量的营养物质。空怀母羊每天需要的风干饲料为体重的 2.4%~2.6%。同时，应抓紧放牧，使母羊尽快复壮，力争满膘迎接配种。为保证母羊在配种季节发情整齐、缩短配种期、增加排卵数和提高受胎率，在配种前 2~3 周，除保证青饲料的供给、适当喂盐、满足饮水外，还要对空怀母羊进行短期补饲，每只每天喂混合精料 0.2~0.4 kg，这样做能促进母羊的发情、排卵和受孕。相反，如果营养缺乏，就会导致脑垂体分泌失常，卵泡不能正常发育，就会妨碍母羊的正常发情和排卵。在生产中我们重视空怀母羊的抓膘，特别是在配种前 1~1.5 月，以做好空怀母羊的饲养为重点，使母羊达到满膘配种。对于个体营养状况差者，需要单独优饲，使母羊群膘情趋于一致，有利于集中发情，便于配种，同时母羊产羔整齐，也便于管理。

我国《肉羊饲养标准》（NY/T 816—2004）规定了空怀期母羊每日营养需要量。根据此营养需要量，推荐空怀期和妊娠前期母羊精饲料配方如表 7-1 所示。

表7-1 空怀期和妊娠前期母羊精饲料配方

原料名称	配比/%	营养成分	含量
玉米	60	消化能/（兆焦/kg）	15.69
小麦麸	20	干物质/%	86.76
豆饼	10	粗蛋白质/%	14.9
芝麻饼	6	粗脂肪/%	4.0
石粉	1.5	粗纤维/%	4.07
磷酸氢钙	1	钙/%	0.99
预混料	1	磷/%	0.59
食盐	0.5	食盐/%	0.5
合计	100		

（二）妊娠期的饲养管理

1. 妊娠前期的饲养管理 在妊娠期的前3个月是胚胎形成阶段，胎儿发育较慢，体重增加较少，母羊所需养分不太多，但必须注意保证母羊所需营养物质的全价性，特别是保证此期母羊对维生素及矿物质元素的需要，所以要严格控制好饲料质量和营养平衡。对放牧羊群，在青草季节，一般放牧即可满足营养物质需要，可不用补饲或少补饲。但在枯草期，除放牧外，应视牧场情况补饲除青干草外，还应饲喂青贮饲料、胡萝卜及一定的混合精料。要求母羊保持良好的膘情。管理上要避免吃霜草或霉烂饲料，不使羊受惊猛跑，不饮冰水，重点是防止发生早期流产。

2. 妊娠后期的饲养管理 在妊娠后期的2个月中，胎儿生长发育迅速，羔羊80%~90%的初生重在此期间完成生长。为适应胎儿生长发育需要，母羊体内物质代谢急剧增强，表现为食欲增加，对饲料消化吸收的能力增强。如在此期间营养供应不足，就会产生一系列不良后果，如羔羊出生重小、成活率低及影响母羊泌乳等。因此，仅靠放牧一般难以满足母羊的营养需要，在母羊怀孕后期必须加强补饲，供给优质干草和精料，要注意蛋白质、钙、磷的补充。能量水平不宜过高，不要把母羊养得过肥，以免对胎儿造成不良影响。要注意保胎，出牧、归牧、饮水、补饲都要慢而稳，防止拥挤、滑跌，严防跳崖、跨沟，最好在较平坦的牧场上放牧和运动，注意保胎，羊舍要保持温暖、干燥、通风良好。怀孕后期避开驱虫和疫苗的免疫，临产前几天，要认真观察，尽量避免远距离放牧。

3. 产前、产后的饲养管理 产前、产后是母羊生产的关键时期，应给予优质干草舍饲，多喂优质、易消化的多汁饲料，保持充足饮水。产前 3~5 d，对接羔棚舍、运动场、饲草架、饲槽、分娩栏要及时修理和清扫，并进行消毒。母羊进入产房后，圈舍要保持干燥，光线充足，能挡风御寒。母羊在产后 1~7 d 应加强管理，一般应舍饲或在较近的优质草场放牧。产后 1 周内，母仔合群饲养，保证羔羊吃到充足初乳。产后母羊应注意保暖防潮，预防感冒。产后 1 d 左右应给母羊饮温水，第一次饮水不宜过多，切勿让产后母羊喝冷水。

我国《肉羊饲养标准》（NY/T 816—2004）规定了妊娠母羊每日营养需要量，推荐妊娠后期母羊精饲料配方如表 7-2 所示。

表7-2　妊娠后期母羊精饲料配方

原料名称	配比/%	营养成分	含量
玉米	55	消化能/（MJ/kg）	13.9
小麦麸	21	干物质/%	86.8
豆饼	15	粗蛋白质/%	16.16
芝麻饼	5	粗脂肪/%	4.04
石粉	1.5	粗纤维/%	4.25
磷酸氢钙	1	钙/%	0.96
预混料	1	磷/%	0.61
食盐	0.5	食盐/%	0.5
合计	100		

（三）哺乳期的饲养管理

哺乳期又分为哺乳前期和哺乳后期，哺乳前期是指产羔后 1 个月内。哺乳后期指哺乳第 2 个月至断奶这一阶段。哺乳前期饲养管理任务主要是恢复母羊体质，满足羔羊哺乳营养需求，尤为重要。

1. 哺乳前期母羊的饲养管理 母羊产羔后 1~2 d 内，由于腹部空虚，体质较为虚弱，体力能量等消耗极大，消化机能较差，这几天要给母羊易消化的优质青干草，多饮用盐水、麸皮汤，可少喂精料，以防消化不良或乳房炎。此外，母羊在产前已有腹下水肿或乳房严重肿胀等现象，多喂精料不仅提高饲料成本，而且会因营养过剩而加剧其腹下水肿或乳房肿胀症状，也会导致乳房疾病的发生。为了促进母羊的身体康复，同时有利于乳汁分泌，可以多喂一些青绿多汁、容易消化且有一定轻泻作用的饲料，如胡萝卜、新鲜牧草或麦麸等。青绿饲料和多汁饲料有催奶作用，但不能给得过早和太多。

母羊产后 7 d 左右，泌乳量逐渐增多，此时饲喂需要增加青干草、混合饲料和多汁饲料的饲喂量，并注意微量元素、维生素和矿物质的供给。如果此时所提供的饲料不能够满足母羊对于养分的需求，母羊就会动用身体贮备的养分来弥补，就会造成母羊瘦弱，特别是泌乳性能较好的母羊。

哺乳前期母羊消耗大，既要恢复体况，又担负着羔羊哺乳的重任，那么单靠放牧不能满足母羊泌乳的需要，必须补饲精料和饲草，增加粗蛋白质、青绿多汁饲料等各种营养物质的供应。哺乳母羊每天饲喂精料的量应根据母羊的食欲、反刍、排便、腹下水肿和乳房肿胀消退情况以及哺乳羔羊的数量、所喂饲草的质量和种类而定。一般情况下产单羔的母羊每天补充精饲料的量为 0.3~0.5 kg、青干草 2 kg、多汁饲料 1.5 kg；产双羔母羊每天补充精饲料的量为 0.4~0.6 kg、青干草 2 kg、多汁饲料 1.5 kg；如果是产 3 羔乃至 4 羔的母羊，需要提供更多的精料，以便能够充分发挥母羊的泌乳能力，一般每天饲喂精料 1.5 kg、青贮和鲜草 10 kg。补饲需注意，补饲量从少到多，多饲喂胡萝卜、青绿饲料。同时注意母羊哺乳卫生，做好相关消毒工作，防止乳房炎的发生。

要逐渐加强母羊的运动，放牧时间由短到长，距离由近到远，每天必须保证母羊 2 h 以上的运动，有助于促进血液循环，增强母羊体质和泌乳能力。

我国《肉羊饲养标准》（NY/T 816—2004）规定了泌乳母羊每日营养需要量，适用于绵羊、山羊母羊。哺乳前期母羊混合精料的日饲量为母羊体重的 1/15~1/10，推荐配方如表 7-3 所示。

表7-3　哺乳前期母羊混合精料配方

原料名称	配比/%	营养成分	含量
玉米	58	消化能/（MJ/kg）	14.52
小麦麸	25	干物质/%	86.99
豆饼	5	粗蛋白/%	18.85
芝麻饼	8	粗脂肪/%	4.19
石粉	1.5	粗纤维/%	3.69
磷酸氢钙	1	钙/%	0.97
预混料	1	磷/%	0.56
食盐	0.5	食盐/%	0.5
合计	100		

2. 哺乳后期母羊的饲养管理　哺乳后期母羊泌乳量逐渐下降，即使加强母羊的饲养，也不能继续维持其高的泌乳量。此时单靠母乳已不能满足羔羊的营养需要，此期羔羊肠胃功能已基本发育完善，可以大量利用饲草和饲料等，以减少对母乳的依赖。从 2 月龄后，母乳只能满足羔羊营养需要的 5%~10%。哺乳后期母羊的饲养已不是重点，精饲料的供给量应逐渐减少，日粮中精饲料可调整为哺乳前期的 70%，同时增加青草和普通干草的供

给量，逐步过渡到空怀期的饲养管理。生产中对哺乳后期的母羊可逐渐取消补饲，转为完全放牧。对于膘情较差的母羊，可酌情补饲有利于其恢复。但在羔羊断奶时段，要停止饲喂精料 3~5 d，以防哺乳母羊乳房炎的发生。

哺乳后期母羊混合精料的供给量应逐渐减少为泌乳前期的70%，每日 0.3~0.5 kg，同时增加青草和青干草的供给量。根据我国《肉羊饲养标准》（NY/T 816—2004），哺乳后期母羊混合精料推荐配方如表 7-4 所示。

表7-4　哺乳后期母羊混合精料配方

原料名称	配比/%	营养成分	含量
玉米	60	消化能/（MJ/kg）	14.04
小麦麸	16	干物质/%	86.9
菜籽饼	6	粗蛋白/%	15.43
豆饼	8	粗脂肪/%	4.21
芝麻饼	6	粗纤维/%	4.2
石粉	1.5	钙/%	0.98
磷酸氢钙	1	磷/%	0.6
预混料	1	食盐/%	0.50
食盐	0.5		
合计	100		

第三节　羔羊的饲养管理

一、羔羊的生理特点

从出生到断奶（一般到 2~4 月龄断奶）的小羊称为羔羊。羔羊生长发育快、可塑性大，但羔羊体质较弱，缺乏免疫抗体，体温调节功能差，易发病。因此，合理地对羔羊进行科学饲养管理，既可促使羔羊发挥其遗传性能，又能加强羔羊对外界条件的同化和适应能力，有利于个体发育，提高生产力和羔羊成活率。长期生产实践中，人们总结出"一专"到底（固定专人管理羔羊），保证"四足"（奶、草、水、料充足），做到"两早"（早补料、早运动），加强"三关"（哺乳期、离乳期及第一个越冬期）的行之有效的饲养管理措施。

二、羔羊胚胎期的饲养管理

羔羊的饲养管理从妊娠后期母羊的饲养管理开始。母羊妊娠后期为 2 个月，胎儿的增重明显加快，90% 的初生重在此期间完成。只有母羊的营养状况良好，才能保证胚胎充分发育，羔羊的初生重大、体格健壮；母羊乳汁多、恋羔性强，最终保证羔羊以后发育良好。对怀孕的母羊，要根据膘情好坏、年龄大小、产期远近，对羊群做个别调整。母羊日粮在普通日量的基础上能量饲料比例提高 40%~60%，钙、磷比例增加 1~2 倍。

产前 8 周精料比例提高 20%，产前 6 周精料比例提高 25%~30%；妊娠后期，不要饲喂体积过大和含水量过高的饲料，产前 1 周要减少精料用量，避免胎儿过大引起难产。对那些体况差的母羊，要将其安排在草好、水足，有防暑、防寒设备的地方，放牧时间尽量延长，保证每天吃草时间不少于 8 h，以利于增膘保膘；冬季饮水的温度不宜过低，尽量减少热量的消耗，增强抗寒能力。对个别瘦弱的母羊，早、晚要加草添料，或者留圈饲养，使群内母羊的膘情大体趋于一致。这种母羊群的产羔管理比较容易，而且羔羊健壮、整齐。对舍饲的母羊，要备足草料，夏季羊舍应有防暑、降温及通风设施，冬季羊舍应利于保暖。另外，还应有适当运动场所供母羊及羔羊活动。产后哺乳母羊不能和妊娠羊同群管理和进行放牧运动，否则会影响产后哺乳母羊恋羔性，不利于羔羊的生长。这时应该单独组群放牧或分群舍饲，以免相互影响。

三、羔羊的饲养

（一）尽早吃好、吃饱初乳

母羊产后 3~5 d 分泌的乳，奶质黏稠，营养丰富，称为初乳。初乳容易被羔羊消化吸收，是任何食物或人工乳都不能代替的食料。初乳含镁盐较多，镁离子有轻泻作用，能促进胎粪排出，防止便秘；初乳含较多的抗体、溶菌酶，还含有一种叫 K 抗原凝集素的物质，几乎能抵抗各品系大肠杆菌的侵袭。初生羔羊在出生后 30 min 内应该保证吃到初乳，吃不到自己母羊初乳的羔羊，最好能吃上其他母羊的初乳，否则较难成活。初生羔羊，健壮者能自己吸吮乳，不用人工辅助；弱者或初产母羊、保姆性差的母羊，需要人工辅助，即把母羊保定住，把羔羊推到乳房跟前，羔羊就会吸乳。辅助几次，它就会自己找母羊吃奶了。对于缺奶羔羊，最好为其找保姆羊，就是把羔羊寄养给死了羔或奶特别好的单羔母羊喂养。开始饲养员要帮助羔羊吃奶，先把保姆羊的奶汁或尿液抹在羔羊的头部和后躯，以混淆保姆羊的嗅觉，直到保姆羊奶羔为止。

（二）安排好吃奶时间

分娩后 3~7 d 的母羊可以外出放牧或运动，羔羊留家。如果母羊早晨出牧，傍晚时归牧，会使羔羊严重饥饿。母羊归牧时，羔羊往往狂奔迎风吃热奶，羔羊饥饱不均，易发病。哺乳期安排：母、仔舍饲 15~20 d，然后白天羔羊在羊舍饲养，母羊出牧，中午回来奶一次羔。加上出牧前和归牧后，一天共喂奶 3 次。

（三）加强对缺奶羔羊的补饲和放牧

1. 补饲　对多羔母羊或泌乳量少的母羊的羔羊，由于母乳不能满足其营养的需要，应适当补饲。一般宜用牛奶或人工乳，在补饲时应严格掌握温度、喂量、次数、时间及卫生消毒。

一般从出生后 15~20 d 开始训练羔羊吃草、吃料。这时，羔羊瘤胃微生物区系尚未形成，不能大量利用粗饲料，所以强调补饲高质量的蛋白质和纤维少、干净脆嫩的干草。把草捆成把子，挂在羊圈的栏杆上，让羔羊玩食。精料要磨碎，必要时炒香并混合适量的食盐和骨粉，以提高羔羊食欲。为了避免母羊抢吃，应为羔羊设补料栏。一般 15 日龄的羔羊每天补混合料 50~75 g，1~2 月龄 100 g，2~3 月龄 200 g，3~4 月龄 250 g，一个哺乳期（4 个月）每只羔羊需要补精料 10~15 kg。混合料以黑豆、黄豆、豆饼、玉米等为宜，干草以苜蓿干草、青野干草、花生蔓、甘薯蔓、豆秸、树叶等为宜。多汁饲料切成丝状，再和精料混合饲喂。羔羊补饲应该先喂精料，后喂粗料，而且应定时、定量饲喂，否则不易上膘。

2. 放牧 羔羊出生后 15~30 d 即可单独外出放牧和运动。放牧应结合牧地青草生长状况、牧地远近程度及羔羊体质的强弱考虑。一般首先在优良草地和近处放牧，随着羔羊日龄的增长，逐渐延长放牧时间和距离。目前我国有两种羔羊放牧形式。

第一种是母、仔合群放牧。母羊出牧时把羔羊带上，昼夜不离。这种方法适合于规模较小的羊群，且牧地较近，羔羊健壮，单羔者居多。优点是羔羊可以随时哺乳，放牧员可随时观察母、仔的活动状况。缺点是羔羊一般跟不上母羊，疲于奔跑；母羊恋羔，往往放牧时吃不饱。

第二种是母、仔分群放牧。羔羊单独组群放牧，可以任意调节放牧中的行进速度，羔羊不易疲劳，能安心吃草。但放牧地要远离母羊，以免母羊和羔羊相互咩叫，影响吃草，甚至出现混群。母、仔分群放牧往往造成羔羊哺乳时间间隔时间过长，一顿饱、一顿饥，同时也不利于建立母仔感情。母羊归牧时往往急于奔跑、寻羔，要加以控制，然后母、仔合群。这时放牧员应检查母性不强的羊，这样的母羊乱奶羔、不奶羔，甚至不找羔；也要注意羔羊偷奶吃、不吃奶等现象。发现以上情况，应及时纠正，特别是帮助孤羔（或母羊）找到自己的母亲（或羔羊）。当大部分羔羊吃完奶后，可从羔羊分布和活动状况看出羔羊是否吃饱。吃饱的羔羊活蹦乱跳，精神百倍，或者静静入睡。未吃饱的羔羊或是到处乱转，企图偷奶，或是不断围绕母羊做出想吃奶的动作。一般母、仔分群放牧，对羔羊以哺乳为主。

（四）无奶羔的人工喂养及人工乳配制

人工喂养就是用牛奶、羊奶、奶粉或其他流动液体食物喂养缺奶的羔羊。用牛奶、羊奶喂羊，要尽量用新鲜奶。鲜奶味道及营养成分均好，病菌及杂质较少。用奶粉喂羔羊应该先用少量冷开水或温开水，把奶粉溶开，然后再加热水，使总加水量达到奶粉量的5~7倍。羔羊越小，胃越小，奶粉兑水的量应该越少。有条件的羊场应再加点植物油、鱼肝油、胡萝卜汁及多种维生素、多种微量元素、蛋白质等。其他流动液体食物是指豆浆、小米汤、代乳粉或市售婴幼儿米粉等，这些食物在饲喂以前应加少量的食盐及骨粉，有条件的可添加鱼肝油、胡萝卜汁和蛋黄等。

1. 人工喂养　人工喂养的训练方法是把配制好的人工奶放在小奶盆（盆高 8~10 cm）内，用清洁手指代替接触奶盆水面训练羔羊吸吮，一般经 2~3 d 的训练，羔羊即会自行在奶盆内采食。人工喂养的关键技术是要搞好"定人、定温、定量、定时和讲究卫生"几个环节，才能把羔羊喂活、喂强壮。不论哪个环节出差错，都可能导致羔羊生病，特别是胃肠道疾病。即使不发病，羔羊的生长发育也会受到不同程度的影响。因此，从一定意义上讲，人工喂养是下策。

（1）定人。人工喂养中的定人，就是从始至终固定专人喂养。这样可使喂羊人员熟悉羔羊的生活习性，掌握喂奶温度、喂量及羔羊食欲的变化、健康与否等。

（2）定温。定温是指要掌握好羔羊所食人工乳的温度。一般冬季喂 1 月龄内的羔羊，人工乳的温度应控制在 35～41 ℃，夏季温度可略低些。随着羔羊日龄的增长，人工乳的温度可以降低些。没有温度计时，可以把奶瓶贴在脸上或眼皮上，感到不烫也不凉时就可以喂羔了。人工乳温度过高，不仅伤害羔羊，而且羔羊容易发生便秘；人工乳温度过低，羔羊往往容易发生消化不良、拉稀或胀气等。

（3）定量。定量是指每次喂量，掌握在七成饱程度，切忌喂得过量。具体量是按羔羊体重或体格大小来定，一般全天给奶量相当于初生重的 1/5 为宜。喂粥或汤时，应根据浓稠度进行定量。全天喂量应略低于喂奶量标准，特别是最初喂粥的 2～3 d，先少给，待慢慢适应后再加量。羔羊健康、食欲良好时，每隔 7～8 d 喂量比前期增加 1/4～1/3；如果消化不良，应减少喂量，增大饮水量，并采取治疗措施。

（4）定时。定时是指固定喂料时间，尽可能不动。初生羔羊每天应喂 6 次，每隔 3～5 h 喂 1 次，夜间可延长间隔时间或减少饲喂次数。10 d 以后每天喂 4～5 次，到羔羊吃草或吃料时，可减少到 3～4 次。

2. 人工乳配制　条件好的羊场或养羊户，可自行配制人工乳，喂给 7～45 日龄的羔羊。人工乳配方见表 7-5。

表 7-5　人工乳配方

序号	配方组成
配方一	羔羊出生后 20 日龄前：小麦粉 50%、炒黄豆粉 17%、脱脂奶粉 10%、酵母 4%、白糖 4.5%、钙粉 1.5%、微量元素添加剂 0.5%（其配方可参照如下：硫酸铜 0.8 g、硫酸锌 2 g、碘化钾 0.8 g、硫酸锰 0.4 g、硫酸亚铁 2 g、氯化钴 1.2 g），鱼肝油 1～2 滴，加清水 5～8 倍搅匀，煮沸后冷至 37 ℃左右代替奶水喂羔羊。羔羊 20 日龄后：玉米粉 35%、小麦粉 25%、豆饼粉 15%、鱼粉 12%、麸皮 7%、酵母 3%、钙粉 2%、食盐 0.5%、微量元素添加剂 0.5%，混合后加水搅拌饲喂羔羊

续表

序号	配方组成
配方二	代乳粉（代乳粉配方为大豆、花生、豆饼类、玉米面、可溶性粮食蒸馏物、磷酸氢钙、碳酸钙、碳酸钠、食盐和氧化镁。每千克代乳粉所含营养成分为水分 12.0%，粗蛋白质 25.0%，粗脂肪 1.5%，无氮浸出物 43.0%，粗灰分 8.2%，粗纤维 10.3%；维生素 A 5 万 IU，维生素 E 85 mg，烟酸 50 mg，胆碱 250 mg；钴 1.6 mg，铁 100 mg，碘 2.5 mg，镁 200 mg，铜 33 mg，锌 200 mg）30%，玉米面 20%，麸皮 10%，燕麦 10%，大麦 30%，按上述比例配成溶液喂给羔羊
配方三	面粉 50%，乳糖 24%，油脂 20%，磷酸氢钙 2%，食盐 1%，特制料 3%。将上述物品（不包括特制料）按比例标准（乳糖可用砂糖代替，油脂可用羊油、植物油各半）在热锅内炒制，使用时以 1∶5 的比例加入 40 ℃开水调成糊状，然后加入 3% 的特制料（主要成分为氨基酸、多种维生素）

第四节　羊的疫苗免疫

一、定期进行免疫接种

免疫接种疫苗可激发动物机体对某种传染病发生特异抵抗力，是动物从易感转为不易感的一种手段。在平时常发生某种传染病的地区或有某些传染潜在危险的地区，有计划地对健康羊群进行定期免疫接种，提高羊体特异性免疫力，是预防和控制羊传染病的重要措施之一。

各地区、各羊场可能发生的传染病各异，而可以预防这些传染病的疫苗又不尽相同，免疫期长短不一，因此，羊场往往需用多种疫（菌）苗来预防不同的羊传染病，这就要根据各种疫苗的免疫特性和本地区的发病情况，合理安排疫苗种类，免疫次数和间隔的时间。如防羊梭菌病用"羊四防"苗；重点预防羔羊痢疾时，应在母羊配种前1~2个月或配种后1个月左右进行预防注射。

目前在国内还没有一个统一的羊免疫程序，在实践生产中只能不断探索，不断总结经验，制定出适合本地区、本羊场具体情况的免疫程序。下面介绍了一些常用疫苗，供大家参考选用。

二、羊的常用疫苗

1. 山羊传染性胸膜肺炎氢氧化铝苗 本品用于山羊传染性胸膜肺炎，山羊皮下或肌内注射：6月龄以上山羊5 mL；6月龄以内的羔羊3 mL，免疫期1年。

2. 羊梭菌病四防菌苗 本品用于羊快疫、羊猝击、羊肠毒血症、羔羊痢疾。无论羊年龄大小，一律肌内或皮下注射1头份，免疫期1年。

3. 羊厌气菌氢氧化铝甲醛五联苗 本品用于羊快疫、羊猝击、羔羊痢疾、羊肠毒血症、羊黑疫，无论羊年龄大小，一律肌内或皮下注射3 mL，免疫期暂定0.5年。

4. 羔羊大肠杆菌病菌苗 本品用于羔羊大肠杆菌病。3月龄至1岁羊，皮下注射2 mL，3月龄以内的羔羊皮下注射0.5~1 mL，免疫期0.5年。

5. 破伤风抗毒素 本品用于紧急预防和治疗破伤风病。皮下或静脉注射，治疗时可重复注射一至数次。预防量1万~2万IU，治疗量2万~5万IU，免疫期2~3周。

6. 炭疽芽孢苗 本品用于绵羊、山羊的炭疽病。绵羊、山羊皮下注射1 mL，注射后14 d产生免疫力，免疫期1年。

7. 羊痘鸡胚化弱毒苗 本品用于绵羊、山羊痘。用生理盐水每头份稀释0.5 mL，摇匀。不论羊大小，一律尾巴内侧皮内注射0.5 mL，注射后6 d产生免疫力，免疫期1年。

8. 布氏菌病活疫苗（仅限使用于疫区）　布氏菌病活疫苗M5 株用法与用量：皮下注射、滴鼻或口服接种；皮下注射 1 头份，滴鼻 1 头份，口服 25 头份。布氏菌病活疫苗 S2 株用法与用量：口服 1 头份；皮下或肌内注射：山羊 0.25 头份，绵羊 0.5 头份。

9. 口蹄疫 O 型灭活疫苗　本品用于预防口蹄疫。绵羊、山羊皮下注射 1 mL，注射后 14 d 产生免疫力，免疫期 1 年。

10. 伪狂犬弱毒活疫苗　本品用于预防伪狂犬病。绵羊、山羊按瓶签标示的头份剂量使用专用稀释液（PBS 液）稀释皮下或肌内注射 1 头份，注射后 7 d 产生免疫力，免疫期 1 年。

11. 羊败血型链球菌活疫苗　本品用于预防败血型链球菌。绵羊、山羊按瓶签标示的头份剂量使用生理盐水稀释（PBS 液）皮下注射 1 头份，注射后 7 d 产生免疫力，免疫期 1 年。

12. 传染性脓疱性皮炎活疫苗（HCE 或 GO-BT 弱毒株）本品用于预防传染性脓疱。按照瓶签注明的头份，HCE 苗在下唇黏膜划痕免疫，GO-BT 苗在口唇黏膜内注射 0.2 mL。免疫期HCE 弱毒株为 3 个月，GO-BT 弱毒株为 5 个月。

13. 羊流产衣原体灭活疫苗　本品用于预防绵羊和山羊由衣原体引起的流产。绵羊、山羊皮下注射 3 mL。

注：上述疫苗接种的途径、方法和剂量仅供参考，实际用法以疫苗的说明书为准，并可咨询当地执业兽医或疫苗厂家。

三、免疫接种途径

（一）皮下注射

皮下接种是主要的免疫途径，凡引起全身性广泛损害的疾病，以此途径免疫为好。皮下接种应选择皮薄、被毛少、皮肤松弛、皮下血管的部位，一般选择颈部。局部消毒剪毛后，以左手的拇指与中指捏起皮肤，食指压其顶点，使其形成三角形凹窝，右手持注射器，针头垂直于凹窝中心，迅速刺入，深约 2 cm，右手继续固定注射器，左手放开皮肤，检查针头正确刺入皮下后，抽动活塞不见回血时，推动活塞注入药液。此方法优点是免疫确实，效果佳，吸收较皮内快；缺点是用药量较大，副作用也较皮内接种稍大。

（二）皮内注射

皮内接种目前只适用于羊痘疫苗和某些诊断液等。注射部位应选择皮肤致密，被毛少的部位，一般选择颈部外侧或尾根内侧。局部剪毛消毒后，以左手捏起皮肤呈皱褶，右手持注射器，针头与皮肤呈 30°角刺入皮内，缓慢注入药液（一般不能超过 0.5 mL），推药时感到费力，同时可见到针刺部隆起一个丘疹。注射完毕，拔出针头，用酒精棉轻轻压迫针孔，避免药液外溢。皮内接种的优点是使用药液少，注射局部副作用小，产生的免疫力比相同剂量的皮下接种为高；缺点是操作需要一定的技术和经验。

（三）肌内注射

肌内注射应选择肌肉丰满、血管少、远离神经干的部位，一般选择颈部及臀部两侧。局部剪毛消毒后，先以左手固定注射部位皮肤，右手拇指和食指捏住针头基部，中指固定针的深度，用力将针头垂直迅速刺入肌肉内，然后，改左手固定针头，右手持注射器，回抽活塞检查有无回血，如刺入正确，随机推进活塞，注入疫苗。肌内注射接种的优点是药液吸收快，方法简便易行；缺点是注射剂量不能大。

（四）口服法

将疫苗均匀地混于饲料和饮水中，经口服或特殊器械灌服后而获得免疫。例如羊的布氏菌病活疫苗、败血型链球菌活疫苗。口服免疫时，应按照羊只数和每头羊的平均饮水量及采食量，准确计算疫苗用量。需注意以下问题：免疫前应停水或停喂半天，以保证饮喂疫苗时每头羊都能够饮一定量的水或吃入一定量的饲料；稀释疫苗的水应用纯净的冷水，不能用含有消毒药物的水，在饮水中最好能加入 0.1% 的脱脂奶粉；混有疫苗的饲料或饮水的温度，以不超过室温为宜（一般要求 15~25 ℃）；疫苗混入饲料或饮水后，必须尽快用完，不能超过 2 h；最好在清晨，还应注意不要把疫苗暴露在阳光下。

（五）静脉接种法

此法奏效快，可以及时抢救患畜，主要用于注射抗病血清进行紧急预防或治疗。注射部位一般选择颈静脉。因疫苗残余毒力、佐剂等因素，一般不做静脉注射。

四、疫苗的运输和保存

（一）疫苗的运输

由于生物制品对保存温度要求比较严格，不论使用何种运输工具运送疫苗，都应注意防止高温、暴晒和冻融。运送时，在使用泡沫箱或保温瓶装上疫苗后，根据需要加上适量冰袋，然后立即盖上泡沫箱或瓶盖，再用胶带封严方可起运。在运送过程中，要避免高温和直射阳光。北方寒冷地区要避免液体制品冻结，尤其要避免由于温度高低不定而引起的反腐冻结和融化。切忌把疫苗放在衣袋内，以免由于体温较高而降低疫苗的效力。在实际的工作中，疫苗的运输很难达到要求的温度，因此应尽量用最快的速度运达目的地，缩短运输时间。

（二）疫苗的保存

根据生物制品的特性，在保存方面需要特定的条件，要严格按照疫苗说明书的规定要求保存。一般冻干弱毒活疫（菌）苗需要在-15 ℃以下保存，灭活疫（菌）苗一般要求在 2~8 ℃保存。

羊场必须设置必要的低温保存设备，要设专人建立"兽医生物制品保管记录"，生物制品运达后要认真核对和登记品名、批号、规格、数量、失效期等，并立即清点入库，按不同品种、批号分别贮放到规定的条件下保存。

五、疫苗免疫的注意事项

（一）免疫接种前的注意事项

疫苗免疫接种前应结合当地的实际情况制定出适合本地、本场疫病防疫的免疫程序；做好器械消毒，疫苗接种用的注射器、针头、镊子、滴管、稀释用的瓶子等要事先清洗，并用沸水煮15~30 min 消毒，且不可用消毒液消毒；使用前要对疫苗质量进行检查，严格把关并做详细记录。

若出现以下情形之一者，应弃之不用：

（1）没有标签，无头份和有效期（或不清者）。

（2）疫苗瓶破裂或瓶塞松动者。

（3）生物制品质量与说明书不符，如色泽、沉淀发生变化，瓶内有异物或已发霉者。

（4）未按产品说明和规定进行保存的疫苗。

（5）过了有效期的疫苗。

（二）接种时的注意事项

接种时应做好记录，记录项目包括接种对象、时间、使用疫苗的名称、剂量、途径、生产厂家、生产批号、失效期等，以便查询；对大批量羊只接种时，可先接种一小部分，观察 30 min左右，没有出现副反应时，再大群接种；接种时宜一只羊使用一个针头；接种时禁止出现工作人员吸烟、吃东西等与防疫无关的事项。

（三）接种后的注意事项

接种后收集使用过的疫苗瓶、注射器、针头、酒精棉，以及手套、口罩、防护用品等物品，进行严格消毒或无害化处理、深埋，防散毒；同时，加强羊只的饲养管理，添加抗应激添加剂如电解多维等，采取减少应激因素、改善饲养条件等措施配合增强免疫效果。

第八章　羊的传染病

第一节　羊的病毒性传染病

一、小反刍兽疫

小反刍兽疫（peste des petits ruminants，PPR）又叫小反刍兽瘟，是小反刍兽的一种以发热、眼鼻分泌物、口炎、腹泻和肺炎为特征的急性病毒病。世界动物卫生组织（OIE）将其列为 A 类疫病。PPR 病毒感染绵羊和山羊可引起临床症状，而感染牛则不产生临床症状。该病危害相当严重。目前，未见有人感染该病的报道。

小反刍兽疫于 1940 年在象牙海岸被首次记述，直到 1942 年才确认是一种新病。现流行于非洲、阿拉伯岛及大多数中东国家和南亚、西亚等，自 2003 年以来，我国周边国家均暴发过小反刍兽疫疫情。2007 年我国在西藏首次发现小反刍兽疫，2013 年末该病又出现于新疆，随后传入内地多省，对我国养羊业造成了极为不利的影响。虽然采取取消活羊调运、隔离扑杀、免疫等有效措施使该病得到有效控制，但目前该病的发生风险较高，应该把该病列入羊场防控的重点。

【病原】小反刍兽疫病毒属副黏病毒科麻疹病毒属，与牛瘟病毒有相似的物理化学及免疫学特性。病毒呈多形性，通常为粗糙的球形。病毒颗粒较牛瘟病毒大，核衣壳为螺旋中空杆状并有特征性的亚单位，有囊膜。病毒可在胎绵羊肾、胎羊及新生羊的睾丸细胞、绿猴肾细胞（vero cell）上增殖，并产生细胞病变（CPE），形成合胞体。

【流行病学】自然感染主要见于山羊、绵羊、羚羊、美国白尾鹿等小反刍动物，但山羊发病比较严重，时常呈最急性型，很快死亡。绵羊次之，一般呈亚急性经过而后痊愈，或不表现症状。野生动物、牛、猪等也可偶尔感染，通常为亚临床经过。2~18 个月的幼年动物比成年的易感。

该病的传染源主要为患病动物和隐性感染动物，处于亚临床型的病羊尤为危险。病畜的分泌物和排泄物均含有病毒。

该病通过直接接触患病动物和隐性感染者的分泌物和排泄物传染，也可通过呼吸道飞沫传播。还有可能经人工受精或胚胎移植传染，感染的母羊在发病前 1 d 至发病后 45 d 可经乳汁传染给幼羊。尚无间接感染病例的报告。非疫区多因引入感染动物而扩散，故需管制感染区羊只及相关物品的移出。患羊康复后不会成为慢性带毒者。病毒在体外不易存活。

该病流行无明显季节性。在首次暴发时易感动物群的发病率可达 100%，严重时致死率为 100%；中度暴发时致死率达 50%。但在老疫区，常为零星发生，只有在易感动物增加时才可发生流行。幼年动物发病严重，发病率和死亡率都很高。

【症状】小反刍兽疫潜伏期为 4~5 d，最长 21 d，《陆生动物卫生法典》规定为 21 d。由于动物品种、年龄差异以及气候和饲养管理条件不同而出现的敏感性不一样，临床症状表现有以下几个类型。

1. 最急性型　常见于山羊。高热 40~42 ℃，精神沉郁，感觉迟钝，不食，毛竖立。同时出现流泪及浆液、黏性鼻涕（图 8-

1）。口腔黏膜出现溃烂，或在出现之前即死亡。但常见齿龈充血，体温下降，突然死亡。整个病程 5~6 d。

2. 急性型 症状和最急性型的一样，但病程较长。自然发病多见于山羊和绵羊。患病动物发病急剧，高热 41 ℃以上，稽留 3~5 d。感染动物烦躁不安，背毛无光，口鼻干燥，食欲减退。鼻流黏液脓性分泌物，并很快堵塞鼻孔，呼出恶臭气体。在发热的前 4 d，口腔黏膜充血，颊黏膜进行性广泛性损害、导致多涎，随后出现坏死性病灶，开始口腔黏膜出现小的粗糙的红色浅表坏死病灶，以后变成粉红色，感染部位包括下唇、下齿龈等处。严重病例可见坏死病灶波及齿垫、腭、颊部及其乳头、舌头等处。后期出现水样腹泻（图 8-2），有的带血，严重脱水，消瘦，随之体温下降。出现咳嗽、呼吸异常。死前体温下降。幼年动物发病严重，发病率和死亡率都很高。母畜常发生外阴-阴道炎，伴有黏液脓性分泌物，孕畜可发生流产。病程 8~10 d，有的并发其他病而亡，有的痊愈，也有的转为慢性型。

图8-1 流泪、黏性鼻涕

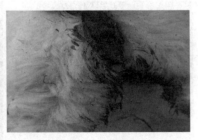

图8-2 水样腹泻

3. 亚急性型或慢性型 病程延长至 10~15 d，常见于急性期之后。早期的症状和上述相同。口腔和鼻孔以及下颌部发生结节和脓疱是本型晚期的特有症状，易与传染性脓疱混同。

【病理变化】尸体剖检病变与牛瘟病牛相似。患畜可见结膜炎、坏死性口炎等肉眼病变，严重病例可蔓延到硬腭及咽喉部。皱胃常出现病变（图8-3），而瘤胃、网胃、瓣胃很少出现病变，病变部常出现有规则、有轮廓的糜烂，创面红色、出血。肠可见糜烂或出血，尤其在结肠直肠结合处呈特征性线状出血（图8-4）或斑马样条纹。淋巴结肿大，脾有坏死性病变。有的肺脏出血（图8-5），在鼻甲、喉、气管等处有出血斑或感染，常有白色黏性分泌物（图8-6）。

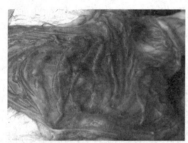

图8-3 皱胃出血

图8-4 直肠线状出血

图8-5 肺脏出血斑

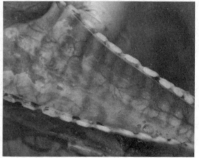

图8-6 气管内白色黏性分泌物

【诊断】该病主要引起山羊发病，绵羊较少发病，而牛等其他偶蹄兽呈隐性感染。根据该病的流行病学、临床症状和病理变化可做出初步诊断，确诊需要进一步实验室诊断。在国际贸易中，指定诊断方法为病毒中和试验，替代诊断方法为酶联免疫吸附试验（ELISA）。

用棉拭子无菌采集眼睑下结膜分泌物和鼻腔、颊部及直肠黏膜，全血（加肝素抗凝），血清（制取血清的血液样品无需冷冻，但要保存在阴凉处）。用于组织病理学检查的样品，可采集淋巴结（尤其是肠系膜和支气管淋巴结）、脾、大肠和肺脏，置于10%福尔马林中保存待检。

【防治】该病危害相当严重，是 OIE 及我国规定的重大传染病之一，因此一旦发现疑似疫情，要立即报告，并迅速采样送有关部门确诊，严格按照《小反刍兽疫防控技术规范》要求，按照一类动物疫情处置方式扑灭疫情。对该病的防控主要靠疫苗免疫，目前小反刍兽疫病毒常见的弱毒疫苗为 Nigeria7511 弱毒疫苗和 Sungri/96 弱毒疫苗。该疫苗无任何副作用，能交叉保护其各个群毒株的攻击感染。

对该病尚无有效的治疗方法，理论上可以采取以下措施：①紧急隔离发病羊，防止水平传播。②加强消毒，对羊群全场使用碘制剂消毒药每天消毒 2 次。③对没有出现发病症状假定健康羊群使用小反刍兽疫弱毒疫苗紧急接种，接种剂量要比正常剂量加大 0.5~1 头份。④对发病羊可采用康复羊血清配合庆大霉素等抗生素治疗，每天 1 次，连用 2~3 d，或者用康复羊血清配合头孢噻呋、干扰素分点肌内注射，连用 3 d，有一定效果。

小反刍兽疫的发生主要是由引进外购羊引起的，所以建议引进外购羊时采取以下防控措施：①现阶段进场的羊 3 d 内必须进行小反刍兽疫的免疫，3 周后加强一次；②混群之前必须隔离 3 周；③小反刍兽疫疫苗免疫后，之后依次进行羊痘、羊传染性胸膜肺炎、羊三联四防免疫。

二、羊痘

羊痘分为绵羊痘和山羊痘，以在皮肤和黏膜上发生特异的痘疹为特征。该病传播较快，流行广泛，发病率高，妊娠羊易流产，经常造成严重的经济损失。羊痘发生于许多国家，特别是在亚洲、中东和北非国家。现由于引种频繁及跨地区调运普遍等原因，我国也有该病的发生。

（一）绵羊痘

【病原】该病毒为痘病毒科正痘病毒属中的绵羊痘病毒。该病毒颗粒较其他动物痘病毒稍小而细长。病毒对热、直射阳光、碱和多数消毒药均较敏感，如58℃经5 min或37℃经24 h即可杀死病毒。但对寒冷和干燥抵抗力较强，冻干至少保存3个月以上；在痂皮中绵羊痘病毒能耐受干燥，自然环境中能存活6~8周；在动物毛中可保持活力2个月。

【流行病学】在自然情况下，绵羊痘病毒只感染绵羊，不感染山羊和其他家畜。不同品种、性别和年龄的绵羊均可感染，但以细毛羊最易感；羔羊比成年羊易感，病死率亦高。易引起妊娠母羊流产，如果在母羊产羔前流行羊痘，可导致羊场损失。本土动物的发病率和病死率较低，主要感染从外地引进的绵羊品种，对养羊业的发展影响极大。

病羊和带毒羊是主要的传染源，病毒由病羊分泌物、排泄物和痂皮排出。该病主要经呼吸道感染，也可通过损伤的皮肤或黏膜感染。饲养管理人员、护理用具、皮毛、饲料、垫草、外寄生虫等是传播的媒介。

该病主要流行于冬末春初，气候严寒、雨雪、霜冻、喂枯草和饲养管理不良等因素都可促进发病和加重病情。

【症状】潜伏期平均为6~8 d，典型病羊体温升高41~42℃，食欲减少，精神不振，结膜潮红，有浆液、黏液或脓性分泌物从鼻孔流出，呼吸和脉搏增速，经 1~4 d 出现痘疹。

痘疹多发生于皮肤无毛或少毛部位，如眼周围、唇、鼻、乳房、外生殖器、四肢内侧和尾内侧。开始红斑，1~2 d 后形成丘疹，突出皮肤表面，随后丘疹逐渐扩大，变成灰白色或淡红色、半球状的隆起结节。结节在几天之内变成水疱，水疱内容物起初呈浆液性，后变成脓性，如果无继发感染则在几天内干燥成棕色痂块，痂块脱落后形成红斑，随着时间推移颜色逐渐变淡。

非典型性病例仅出现体温升高和黏膜卡他性炎症，不出现或仅出现少量痘疹，或痘疹呈硬结状，在几天内干燥脱落，不形成水疱和脓疱，此为良性经过，即所谓的顿挫型。有的病例见痘疹内出血，呈黑色痘。还有的病例痘疱发生化脓和坏疽，形成很深的溃疡，发出恶臭。常为恶性经过，病死率达 20%~50%。

【病理变化】特征性病变是在咽喉、气管、肺和前胃或第四胃黏膜上出现痘疹，有大小不等的圆形或半球形坚实的结节，单个或融合存在，有的病例还形成糜烂或溃疡。咽和支气管黏膜亦常有痘疹，在肺见有干酪样结节和卡他性肺炎区，肠道黏膜少有痘疹变化。此外，常见细菌性败血症变化，如肝脏脂肪变性、心肌变性、淋巴结急性肿胀等。病羊常死于继发感染。

【诊断】典型病例可根据症状、病理变化和流行情况进行诊断。对非典型病例，可结合群体的不同个体发病情况和实验室检验做出诊断。

【防治】

1. 预防

（1）平时加强饲养管理，注意羊圈清洁卫生、干燥，抓好秋膘，特别是冬春季节适当补饲。新购入的羊只，需隔离观察，确定健康后再合群饲养。

（2）每年春秋定期对羊群进行预防接种。目前有新疆天康、中牧股份等企业生产的羊痘鸡胚化弱毒疫苗，每头份稀释 0.5 mL，尾部内侧皮内注射 1 头份，发病时紧急接种可适当加量。

2. 治疗　该病尚无特效药，常采取对症治疗等综合性措施。发现该病后立即隔离病羊，对未发病羊只进行 2~3 倍羊痘活疫苗紧急接种；发病羊如取良性经过，通常无须特殊治疗，只需注意护理，必要时可对症治疗。对皮肤痘疹可用聚维酮碘消毒液冲洗，再涂以龙胆紫或抗生素软膏。口腔病变可以用 0.1% 的高锰酸钾水冲洗，然后在溃疡处涂抹碘甘油。必要时需要使用病毒灵、头孢类等药物对症治疗，体温过高的羊只配合注射氨基比林、柴胡等。

（二）山羊痘

该病在欧洲地中海地区、非洲和亚洲的一些国家均有发生。我国 1949 年后在西北、东北和华北地区有流行，少数地区疫情较严重。目前，我国广泛应用自己研制的山羊痘细胞弱毒疫苗，结合有力的防控措施，疫情已得到控制。病原为与绵羊痘病毒同属的山羊痘病毒。山羊痘病毒能免疫预防羊传染性脓疱，但羊传染性脓疱病毒对山羊痘却无免疫性。

山羊痘病毒在自然条件下只感染山羊，仅少数毒株可感染绵羊。

山羊痘的临诊症状和剖检病变与绵羊痘相似。临诊特征是发热，有黏液性、脓性鼻漏及全身性皮肤丘疹。在诊断意义上应注意与羊的传染性脓疱鉴别；后者发生于绵羊和山羊，主要在口唇和鼻周围皮肤上形成水疱、脓疱，之后结成厚而硬的痂，一般无全身反应。患过山羊痘的耐过山羊可以获得坚强免疫力。中国兽医药品监察所将山羊痘病毒通过组织细胞培养制成的细胞弱毒疫苗对山羊安全，免疫效果确定，以 0.5 mL 皮内注射或 1 mL 皮下注射接种效果很好。

三、羊副流感病毒3型感染

羊副流感病毒 3 型（caprine parainfluenza virus type 3，CPIV3）主要是造成羊发生呼吸道病，目前国内虽然很少报道，但是有研究发现该病可能在国内已经存在，所以应对该病原的危害给予高度重视。

【病原】羊副流感病毒 3 型为副黏膜病毒科呼吸道病毒属，是有囊膜的单股负链 RNA 病毒。与牛副流感病毒 3 型（BPIV3）、人副流感病毒 3 型（HPIV3）属同一病毒属。

【流行病学】病羊是主要传染源。该病的流行与带毒羊的跨区域频繁调运有很大的关系，天气的突然变化、饲料的改变、饲养管理的粗放等应激因素也会促进该病的发生。由于对于该病相关研究资料较少，对于该病的流行详细情况尚待完善。

【症状】临床主要表现为流鼻涕、咳嗽、精神沉郁、食欲减退、逐渐消瘦，部分羊伴有腹泻等；该病多与其他呼吸道病原（如巴氏杆菌、支原体、呼吸道冠状病毒等）混合感染，临床表现多样。

【病理变化】可见肺脏不同程度实变，腹腔积液，胰脏肿大出血，肠道出血，网膜和肠系膜出现米粒大小白色结节，淋巴结肿大等病理变化。

【诊断】根据羊场发生呼吸道传染病，抗生素治疗效果不明显可怀疑该病。确诊需要实验室检测。

【防治】对该病尚无有效的治疗方法，理论上可以采取以下措施：①紧急隔离发病羊，防止水平传播。②加强消毒，对羊群全场使用碘制剂消毒药每天消毒 2 次。③对症治疗，使用抗生素控制继发感染。

四、口蹄疫

口蹄疫是由口蹄疫病毒引起的偶蹄类动物共患的急性、热性、高度接触性传染病。其临床特征是患病动物口腔黏膜、蹄部及乳房发生水疱和溃疡，在民间俗称"口疮""蹄癀"。

【病原】病原是由口蹄疫病毒所引起的。口蹄疫病毒属微RNA病毒科口疮病毒属。病毒具有多型性和变异性，根据抗原的不同，可分为O、A、C、亚洲I及南非I、Ⅱ、Ⅲ等7个不同的血清型和65个亚型，各型之间均无交叉免疫性。羊口蹄疫主要是由O型、A型引起的。口蹄疫病毒具有较强的环境适应性，耐低温，不怕干燥。该病毒对酚类、乙醇、氯仿等不敏感，但对日光、高温、酸碱的敏感性很强。常用的消毒剂有1%~2%的氢氧化钠、30%的热草木灰、1%~2%的甲醛、0.2%~0.5%的过氧乙酸、4%的碳酸氢钠溶液等。

【流行病学】该病主要靠直接和间接接触性传播，消化道和呼吸道传染是主要传播途径，也可通过眼结膜、鼻黏膜、乳头及伤口感染。空气传播对该病的快速大面积流行起着十分重要的作用，常可随风散播到50~100 km外发病，故有顺风传播之说。

【症状】羊感染口蹄疫病毒后一般经过1~7 d的潜伏期出现症状。病羊体温升高，初期体温可达40~41℃，精神沉郁，食欲减退或拒食，脉搏和呼吸加快。口腔、蹄、乳房等部位出现水疱、溃疡和糜烂。严重病例可在咽喉、气管、前胃等黏膜上发生圆形烂斑和溃疡，上盖黑棕色痂块。绵羊蹄部症状明显（图8-7），口腔黏膜变化较轻。山羊症状多见于口腔，呈弥漫性口膜炎，水疱见于硬腭和舌面，蹄部病变较轻。病羊水疱破溃后，体温即明显下降，症状逐渐好转。

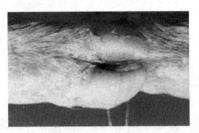

图8-7 蹄部病变

【病理变化】除口腔、蹄部的水疱和烂斑外，病羊消化道黏膜有出血性炎症，心肌色泽较淡，质地松软，心外膜与心内膜有弥散性及斑点状出血，心肌切面有灰白色或淡黄色、针头大小的斑点或条纹，如虎斑，称为"虎斑心"，以心内膜的病变最为显著。

【诊断】该病根据流行病学及临床症状，不难做出诊断，但应注意与羊传染性脓疱病、羊痘、蓝舌病等进行鉴别诊断，必要时可采取病羊水疱皮或水疱液、血清等送实验室进行确诊。

实验室诊断方法：采取病羊水疱皮或水疱液进行病毒分离鉴定。取得病料后，用 PBS 液制备混悬浸出液做乳鼠中和试验，也可用标准阳性血清做补体结合试验或微量补体结合实验；同时也可以进行定型诊断或分离鉴定，用康复期的动物血清对 VIA 抗原做琼脂扩散试验、免疫荧光抗体试验等鉴定毒型。

【防治】坚持"预防为主"的方针，采取以免疫预防为主的综合防控措施，预防疫情的发生。每年春季 3~4 月，秋季 9~10 月使用 O 型-A 型口蹄疫灭活苗免疫，间隔 20 d 再加强一次，注射剂量根据使用说明可适当加量。

当羊场发生口蹄疫疫情时，严格按《口蹄疫防治技术规范》，采取紧急、强制性、综合性的扑灭措施。理论上可采取以下措施控制疫情：

（1）隔离发病羊，进行严格的消毒，场地、圈舍、用具可使用 2%~4% 氢氧化钠溶液消毒，带羊可使用聚维酮碘消毒，每天 2 次。

（2）假定健康羊可紧急接种口蹄疫灭活疫苗，注意抓羊要轻柔，尽量减少应激。

（3）加强饲养管理，饲喂柔软饲料，对病状较重、几天不能吃的病羊，应喂以麸糠稀粥、米汤或其他稀粥状食物。畜舍应保持清洁、通风、干燥、暖和，多垫软草，多给饮水。

（4）对口腔病变可使用聚维酮碘消毒液或 0.1% 高锰酸钾清洗，然后涂抹碘酊甘油（碘 7 g、碘化钾 5 g、乙醇 100 mL，溶解后加入甘油 10 mL），也可用冰硼散喷撒。

（5）对蹄部、乳房病变可使用 2%~3% 硼酸溶液或聚维酮碘消毒液清洗，然后涂抹鱼石脂软膏。

（6）对严重病例可使用干扰素、免疫球蛋白、高免血清等对症治疗，同时可使用樟脑强心，糖盐水补液。

五、传染性脓疱

传染性脓疱（comtagious pustular dermertitis）俗称羊口疮，又称绵羊接触传染性脓疱性皮炎、绵羊接触传染性脓疱皮炎，是由传染性脓疱病毒引起的一种急性接触性的人畜共患病，主要危害羔羊。其特征为口唇等处皮肤和黏膜形成丘疹、脓疱溃疡和结成疣状厚痂。在我国养羊业中，该病也是一种常发疾病，引起羔羊生长发育缓慢和体重下降，给养羊业造成较大经济损失。

【病原】传染性脓疱病毒又称羊口疮病毒（orf virus），属于痘病毒科副痘病毒属。病毒粒子呈砖形，含有双股 DNA 核心和由脂类复合物组成囊膜，大小为（200~350）nm×（125~175）nm。病毒颗粒具有特征的表面结构，即管状条索斜形交叉成线团样编织，其排列多很规则，也有排列不规则的。

病毒对外界具有相当强的抵抗力。干痂暴露于夏季日光下经30~60 d 开始丧失其传染性；在地面上经过秋冬，来春仍有传染性。干燥病料在冰箱内保存 3 年以上仍有传染性。对温度较为敏感，60 ℃经 30 min 可以将其杀死。

【流行病学】该病只危害绵羊和山羊，但以羔羊、幼羊（3~6月龄）发病最多，并常为群发性流行。成年羊同样有易感性，但发病较少，呈散发性传染。

病羊和带毒羊是传染源。自然感染主要因购入病羊或带毒羊而传入健康羊群，或者是通过将健康羊置于曾有病羊用过污染的圈舍或牧场而引起。感染途径主要由于直接和间接接触，通过损伤的皮肤、黏膜而感染病毒。由于病毒抵抗力较强，该病在羊群中常可连续危害多年。

一年四季均可发生该病，以春季、夏初更多见，这可能与羊只的繁殖季节有关。圈舍潮湿、拥挤、饲喂带芒刺或坚硬的饲草、羔羊的出牙等均可促使该病的发生。

【症状】该病潜伏期 4~7 d，临诊上分为唇形、蹄形、外阴性三种类型，也偶见有混合型。

1. 唇型　见于绵羊、山羊羔，是该病的主要病型。一般在唇、口角、鼻或眼睑的皮肤上出现散在的小红斑，很快形成丘疹和小结节，继而成为水疱和脓疱，后者破溃后结成红棕褐色的疣状硬痂，痂块经 10~14 d 脱落后痊愈。严重病例，患部继续发生丘疹、水疱、脓疱、痂垢，并相互融合，涉及整个口唇周围及颜面、眼睑和耳郭等部，形成大面积具有龟裂、易出血的污秽痂垢，痂垢下伴以肉芽组织增生，整个嘴唇肿大外翻呈桑葚状突起，严重影响采食，病羊日趋衰弱而死（图 8-8）。病程可长达2~3 周。同时常有化脓菌和坏死杆菌等继发感染，引起深部组织的化脓和坏死。口腔黏膜也常受害，有时仅见黏膜病变。黏膜潮红增温，在唇内面、齿龈、颊部、舌及软腭黏膜上发生被红晕所

图8-8　羔羊唇红棕褐色疣状硬痂

围绕的灰白色水疱，继之变成脓疱和烂斑，或愈合而康复，或恶化形成大面积溃疡，且往往有坏死杆菌等继发感染，发生伴有恶臭的深部组织坏死，有时甚至可见部分舌的坏死脱落。少数严重病例可因继发性肺炎而死亡。

若通过病羔羊吮奶的传染，则母羊的乳头皮肤也可能和唇部皮肤同样患病，出现脓疱（图8-9）。极少可见成年羊下颌、颈部出现脓疱（图8-10）。

图8-9　母羊乳房脓疱　　　　图8-10　成年羊下颌脓疱

2.蹄型　几乎仅侵害绵羊，多单独发生，偶有混合型。多仅一只患病，但也可能同时或相继侵犯多数甚至全部蹄端。常在蹄叉、蹄冠或系部皮肤上形成水疱或脓疱，破裂后形成由脓液覆盖的溃疡。如有继发感染，则化脓坏死，变化可能波及皮基部或蹄。病羊跛行，长期卧地，病期缠绵，间或还可能在肺、肝和乳房中发生转移性病灶，严重者衰弱而死或因败血症而死。

3. 外阴型 此型少见。有黏性和脓性阴道分泌物，在疼痛肿胀的阴唇和附近的皮肤上有溃疡；乳房和乳头的皮肤上（多系病羔羊吃乳时传染）发生脓疱、烂斑和痂垢；在公羊，阴鞘肿胀，阴鞘口和阴茎上发生小脓疱和溃疡。单纯的外阴型很少死亡。

【病理变化】病理组织学变化以表皮的网状变性、真皮的炎性浸润和结缔组织增生为特征。

【诊断】根据特征的临诊症状及流行情况，不难做出诊断。当鉴别诊断有怀疑时，可采集水疱液、水疱皮和溃疡面组织，分离培养病毒或对病料负染色直接进行电镜观察。除此，还可用血清学方法诊断。该病应与羊痘、坏死杆菌病、蓝舌病等进行鉴别诊断。

【防治】该病主要由创伤感染，因此要防止黏膜和皮肤损伤。在羔羊出牙期应喂给嫩草，拣出垫草中的芒刺。加喂食盐，以减少啃土啃墙。不从疫区引进羊只和购买畜产品。如必须从情况不明特别是可疑的羊场购入羊只时，应隔离检疫2~3周，进行详细检查，同时应将蹄部彻底清洗并进行多次消毒。

在该病流行地区，可使用羊口疮弱毒疫苗进行免疫接种。所使用的疫苗毒株应与当地流行毒株相同，如无法确定毒型，也可采集当地自然发病羊的痂皮感染易感羊制成活毒疫苗（把患羊口唇部痂皮取下，剪碎，研制成粉末状，然后用5%甘油灭菌生理盐水稀释成1%浓度即可），给本地区内的未发病羊尾根无毛部划痕接种，10 d后即可产生免疫力，免疫持续可达1年左右。实行活毒苗接种时，应做好隔离消毒工作。活毒苗成本低，制备方法简便，但容易散毒，故仅限于疫区内使用。

羊场发生该病时，应对全部羊只进行检查，发现病羊立即隔离治疗。首先剥离痂皮，用0.1%高锰酸钾水溶液清洗患部，然后涂抹碘甘油或 5% 土霉素软膏，每天 2 次。对严重病例，同时使用病毒灵等抗病毒药及头孢类抗生素注射治疗，效果较佳。

加强消毒工作，可使用 2% 氢氧化钠溶液彻底对污染的环境、用具，特别是圈舍进行消毒，使用聚维酮碘等消毒液带羊消毒，每 2 天 1 次，羊群康复后可维持 7 d 消毒 1 次。同时，加强饲养管理，改善饲养条件，及时补饲提高羊只的营养水平。要按羊只不同阶段及大小及时分群，合理安排饲养密度，高架圈养羊，夏季密度每只羊占地面积 2 m² 左右，冬季在 1.2 m² 左右。要建有羊只专门的运动场。羊场要使用全价饲料均匀补饲，没有使用全价饲料的养殖户要适当增加精料饲喂量，精料可按以下配比：100 kg 精料=50 kg 豆粕+40 kg 玉米+10 kg 麸皮，带羔羊、孕羊 400 g/只，其他羊只 150~200 g/只，每天晚上饲喂一顿。

要定期驱除羊只体内外寄生虫，夏、秋季节可每一个半月驱虫 1 次，冬、春季节可每两个月驱虫 1 次；适时做好羊痘、羊传染性胸膜肺炎及羊的三联四防的全群免疫注射。以上措施对提高羊只的免疫力、降低羊传染性脓疱病的发生和危害有着积极的意义。

六、梅迪-维斯纳病

梅迪-维斯纳病是成年绵羊的一种不表现发热症状的接触性传染病。临床特征是经过一段漫长的潜伏期，之后表现为间质性肺炎或脑膜炎，病羊衰弱、消瘦，最后死亡。

该病最早发现于南非（1915）绵羊中，以后在荷兰（1918）、美国（1923）、冰岛（1939）、法国（1942）、印度（1965）、匈牙利（1973）、加拿大（1979）等国均有该病的报道，多为进口绵羊之后发生。

1966、1967 年，我国从澳大利亚、英国、新西兰进口的边区莱斯特成年羊中出现一种以呼吸道障碍为主的疾病，病羊逐渐衰弱，衰竭死亡。其临床症状和剖检变化与梅迪病-维纳斯相似。1984 年用美国的抗体和抗原检测，从澳大利亚和新西兰引进的边区莱斯特绵羊及其后代检出了梅迪-维斯纳病毒抗体，并于 1985 年分离出了病毒。

【病原】该病是由反录病毒科、慢病毒属梅迪-维斯纳病毒引起的。该病毒含有单股 RNA，成熟的梅迪-维斯纳病毒呈球形，直径 90~100 nm，具有单层的囊膜。病毒粒子的中央有电子致密的直径为 30~40 nm 的核心。该病毒在被感染细胞的胞膜上以出芽方式释放，呈具有双层膜的球状体。这些形态学特征，类似 C 型致癌病毒。病毒对乙醚、氯仿、乙醇、过碘酸盐和胰蛋白酶敏感，可被 0.1% 福尔马林、4% 酚和乙醇灭活。pH7.2~9.2 最为稳定，pH4.2 于 10 min 内灭活。于-50 ℃冷藏可存活许多月，4 ℃存活 4 个月，20 ℃存活 9 d，37 ℃存活 24 h，50 ℃只存活 15 min。

病毒能在绵羊脉络膜丛、肺、睾丸、肾和肾上腺、唾液腺的细胞培养里繁殖，并经常产生特征的细胞致病作用。大多数细胞都变成大的星状细胞。在染色的单层细胞培养物里，星状细胞含有 2~20 个核，排列成马蹄形，是一种多核巨细胞。这种病毒在绵羊体内起作用极其缓慢。病毒局限于宿主的肺、纵隔淋巴结、脾。感染后数周，在血液里出现病毒，并刺激机体产生血清中和抗体和补体结合抗体。

【流行病学】梅迪-维斯纳病主要是绵羊的一种疾病，山羊也可感染。该病发生于所有品种的绵羊，无性别的区别。该病多见于 2 岁以上的成年绵羊。

自然感染是吸入了病羊所排出的含病毒的飞沫，或病羊与健康羊直接接触传染，也可能经胎盘和乳汁而垂直传染。吸血昆虫也可能成为传播者。易感绵羊经肺内注射病羊肺细胞的分泌物（或血液），也能致实验性感染。

该病一年四季均可发生，多呈散发，发病率因地域而异。从世界各地分离到的病毒经鉴定都是相同的。

【症状】潜伏期为 2 年或更长。

（1）梅迪（呼吸道型）：病羊发生进行性肺部损害，然后出现逐渐加重的呼吸道症状。症状发展非常缓慢，经过数月或数年。在病的早期，如驱赶羊群，特别是上坡时，病羊就落于群后；当病情恶化时，每分钟的呼吸次数在活动时达 80~120 次，在休息时也表现为呼吸频数加快。病羊鼻孔扩张，头高仰，有时张口呼吸。病羊仍有食欲，但体重不断下降，表现消瘦和衰弱，病羊一般保持站立姿势，躺卧时压迫横膈膜前移可加重呼吸困难。听诊时在肺的背侧可闻啰音，叩诊时在肺的腹侧发现实音。体温一般正常。血常规检查，发现轻度的低血红素性贫血，持续性的白细胞增多症。缺氧和并发急性细菌肺炎则造成死亡。发病率因地区而异，病死率可高达 100%。

（2）维斯纳（神经型）：病羊经常落群，后肢易失足，发软。同时体重减轻，随后距关节不能伸直。休息时经常用跖骨后段着地。四肢麻痹并逐渐发展，带来行走困难。用力后容易疲乏。有时唇和眼睑震颤。头微微偏向一侧，然后出现偏瘫或完全麻痹。

自然感染和人工感染病例的病程均很长，通常为数月，有的可达数年。病程的发展有时呈波浪式，中间出现轻度缓解，但终归死亡。

【病理变化】梅迪的病变主要见于肺和肺淋巴结。病肺体积膨大 2~4 倍，打开胸腔时肺不塌陷，各叶之间以及肺和胸壁粘连。肺重量增加（正常重量为 300~500 g，患病肺平均为 1200 g），淡灰色或暗红色，触摸有橡皮感觉。肺增大后的形状如常。病肺组织致密，质地如肌肉，以膈叶的变化最重，心叶和尖叶次之。支气管淋巴结增大，其重量平均可达 40 g（正常时 10~15 g），切面均质发白。仔细观察，在胸膜下散在许多针尖大小、半透明、暗灰色的小点，严重时突出于表面。有些病例的肺小叶间隔增宽，呈暗灰细网状花纹，在网眼中显出针尖大小暗灰色小点，肺的切面干燥。病变在膈叶外侧区发生得较早。脑脊髓炎型可见脑脊髓膜轻度充血，脑脊髓切面散在有黄色小斑点。老龄病羊可见后肢骨骼肌显著萎缩。

【诊断】对2岁以上的绵羊，无体温反应、呼吸困难逐渐加重者，可怀疑该病。肺的前腹区坚实，仔细观察，肺胸膜下散在无数针尖大小的青灰色小点，这是重要的肉眼变化。在这种小点看不清楚的时候，可以用50%~98%的醋酸涂擦于肺表面，2 min后于灰黄色背景上出现十分明显的乳白色小点，可作为一种简易的辅助诊断方法。必要时，可采取病料送检验单位做病理组织学检查、病毒分离、病毒颗粒的电镜观察，以及中和试验、琼脂扩散试验、补体结合试验、酶联免疫吸附试验（ELISA）、免疫荧光法等进行确诊。

鉴别诊断需考虑肺腺瘤病、蠕虫性肺炎、肺脓肿和其他的肺部疾病。肺腺瘤病的组织切片中，可发现特殊的肺泡上皮和细支气管上皮异型性增生，形成腺样结构。蠕虫性肺炎，在肺泡和细支气管内可发现寄生虫。肺脓肿和其他肺部疾病都有其特定的病变。

【防治】该病目前尚无疫苗和有效的治疗方法，因此预防该病发生的关键在于防止健康羊接触病羊。加强进口检疫，引进种羊应来自非疫区，新进的羊必须隔离观察，经检疫认为健康时方可混养。避免与病情不明的羊群共同放牧。每6个月对羊群做一次血清学检查。凡从临床和血清学检查发现病羊时，最彻底的办法是将感染群绵羊全部扑杀，病尸和污染物应销毁或用石灰掩埋，圈舍、饲管用具应用2%氢氧化钠或4%碳酸钠消毒。

七、绵羊肺腺瘤病

绵羊肺腺瘤病（SPA）又称绵羊肺癌或驱赶病，是成年绵羊的一种接触性病毒感染。其特征为潜伏期长，肺泡和支气管上皮进行性肿瘤增生，消瘦、咳嗽，呼吸困难，终归死亡。

【病原】该病病原为绵羊肺腺瘤病毒或驱赶病毒。绵羊肺腺瘤病是由一种反转录病毒引起的。1974年，以色列的 Perk 等在 SPA 感染羊的肿瘤组织切片的电镜下，发现一种有 B 型及 D 型的反转录病毒的粒子。在 SPA 病羊的肿瘤匀浆及肺液中检测到 60~70S 的 RNA 及依赖 RNA 的 DNA 反转录酶的活性。这种类似 B 型及 D 型反转录病毒的病毒粒子直径大约为 104 nm，囊膜有短突起，由糖蛋白组成。

该病毒的抵抗力不强，在 56 ℃经 30 min 即被灭活，对氯仿和酸性环境也很敏感，一般消毒剂容易将其灭活；但对紫外线及 X 射线照射的抵抗力较其他病毒强。病毒在受感染的肺组织中，于 -20 ℃可存活数年之久。

【流行病学】各种品种和年龄的绵羊均能发病，以美利奴绵羊的易感性最高，山羊也可发生。病羊是主要的传染源。该病主要经呼吸道传染。病羊咳嗽时排出的飞沫和深度喘气时排出的气雾中，含有带病毒的细胞和细胞碎屑，这些有传染性的颗粒随飞沫和气雾可以在空气中飘浮，停留一定短时间被健康羊吸入后即被感染。

该病主要呈地方流行性或散发性在绵羊群中传播，发病率为 2%~5%，病死率较高，可达 100%，同群的山羊偶尔也受感染。临诊病例几乎全都是 3~5 岁以上的成年绵羊，很少有青年和幼年绵羊发病。寒冷的冬季、拥挤的圈舍、密闭的舍饲环境，比在放牧羊群中传播更快，发病率也较高；不良的气候影响及存在继发细菌性感染时症状加剧。

【症状】SPA 潜伏期为数月至数年。自然病例出现临诊症状最早的为当年出生的羔羊，但多见于 2~4 岁的成年绵羊。实验室接种新生羔羊 3~6 周可引起发病，随着肺内肿瘤的不断增长，病羊表现呼吸困难。尤其在剧烈运动或长途驱赶后，病羊呼吸加快更加明显。当病程发展到一定阶段，病羊肺内分泌物增加，可听到湿性啰音。当病羊低头采食时，从鼻孔流出大量水样稀薄的分泌物，污染草场或饲槽。此时如抬起病羊后躯，放低头部，可采集大量的含有传染性病毒的水样分泌物，这一点也可作为 SPA 的生前诊断。一般来说，病羊体温不高，逐渐消瘦，偶见咳嗽，最后病羊由于呼吸困难、心力衰竭而死亡。

【病理变化】病羊尸体剖检时，主要的病理变化仅限于肺。肺由于肿瘤的增生而体积增大，有的可达正常肺的 2~3 倍。肺与胸腔发生纤维素性粘连。肿瘤增生多见于肺尖叶、心叶、膈叶前缘及左右肺边缘，病变部位稍高出肺组织表面。特别发病的后期，小的肿瘤逐渐融合成大的团块，甚至取代一部分肺组织，病变部位变硬，失去原有的色泽和弹性，像煮过的肉或呈紫肝色。切面有许多颗粒状突起物，外观湿润，用刀刮后可见有许多灰黄色脓样物。支气管及纵隔淋巴结肿瘤增生，体积增大数倍。

【诊断】怀疑为肺腺瘤病时，可做驱赶试验观察呼吸次数变化和气喘、咳嗽、流鼻液情况，并可将疑似病羊后躯提起，使其头部下垂观察是否有多量鼻液流出。流行病学情况和临诊症状虽有一定特征性，但是确诊仍需依据病理解剖学和病理组织学检查结果。

由于该病毒不能进行体外培养，尚无法进行病原学鉴定和血清学检验。

【防治】在无该病的洁净地区，严禁从疫区引进绵羊和山羊。在补充种羊时做好港口检疫和入场、混群前的检疫，检疫方法以长期观察、做定期的系统临床检查为主。

消除和减少诱发该病的因素，避免粗暴驱赶，改善环境卫生，加强饲养管理，坚持科学配合饲料，定期消毒。

目前尚无有效的治疗方法和免疫手段。一旦发生该病，应采取果断措施，将全群羊包括临诊发病羊与外表完全正常羊彻底进行无害化处理。圈舍和草场经消毒和一定时期空闲后，重新组建新的健康羊群。.

八、伪狂犬病

伪狂犬病又名 Aujeszky's disease、奇痒病，是由伪狂犬病毒引起的一种急性传染病。该病可危害各阶段的羊群，死亡率高达100%，临床上以发热、奇痒以及脑脊髓炎为特征。该病在世界范围内发生且广泛流行，近年来随着我国肉羊产业的发展和羊频繁流动，该病给我国养羊业带来了很大的经济损失，建议养殖场和相关部门加强对该病的诊断和监控。

【病原】病原为伪狂犬病病毒（pseudorabies virus，PRV），属于疱疹病毒科甲疱疹病毒亚科中的猪疱疹病毒 I 型。PRV 目前发现只有一个血清型，但毒株间有差异，不同毒株的感染性和毒力不同，对不同的宿主致病性不一样。

【流行病学】该病多发于冬、春两季，常呈散发或地方性流行。传播途径较多，除可直接接触感染外，还可通过消化道、呼吸道、皮肤创伤及交配感染。胎儿还可通过胎盘感染。

【症状】病初体温升高，41~41.5 ℃，呼吸加快，不久降至常温，精神萎靡，离群站立，不食，反刍停止（图 8-11）；往往在病毒侵入部位发生奇痒，病羊用舌舔发痒处，或在四周物体上摩擦或啃咬，以致被毛脱落，皮肤肿胀出血（图 8-12）。病羊不安，常表现起卧频繁、喷气、磨牙、吼叫等。后期四肢无力、麻痹，并因咽喉麻痹而大量流涎。病程 1~3 d，最后常因昏迷死亡。妊娠母羊可出现流产和死胎。

图8-11 病羊离群站立

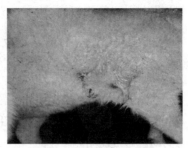

图8-12 由于摩擦、啃咬
引起的掉毛

【病理变化】皮肤擦伤处脱毛、水肿，其皮下组织有浆液性或浆性出血性浸润，肌肉或因摩擦出血，中枢神经系统呈弥漫非化脓性脑膜脊髓炎（图8-13）及神经节炎，脑和脑膜或有充血、出血，个别可见胃水肿（图8-14）。

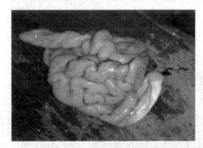

图8-13 非化脓性脑膜脊髓炎

图8-14 胃水肿

【诊断】根据临床症状和病理变化，特别是局部的奇痒和神经症状可做出初步诊断，确诊该病可采取以下方法：

（1）检测伪狂犬病毒gE抗体：使用注射器抽取2 mL血液，送实验室进行伪狂犬病毒gE抗体检测，阳性即为伪狂犬病病毒感染。

（2）动物接种：取脑、肝、脾等脏器制成悬浮液，取上清液接种于家兔的皮下或肌肉内，如病料含有伪狂犬病病毒时，一般接种后2~3 d内注射局部出现奇痒，试验兔不断啃咬注射局部，致使局部脱毛、破损、出血，2~3 d 后死亡。此时即可确诊。

【防治】预防：防鼠灭鼠，控制和消灭鼠传染源，禁止猪、羊等易感动物混养。一旦发生该病，扑杀病羊，并立即消毒羊舍及周边环境，粪便发酵处理。

该病尚无有效药物治疗，紧急情况下可用伪狂犬弱毒活疫苗对全群进行紧急接种，每只羊 2 头份，对控制该病有较好的效果。

九、羊痒病

羊痒病（scrapie），简称痒病，又称驴跑病、瘙痒病、震颤病、摩擦病或摇摆病，是由羊朊毒体引起的自然发生于成年绵羊和山羊的一种神经性渐进性致死性传染病，以潜伏期长、剧痒、中枢神经系统变性、共济失调和病死率高为特征。人类发现该病已有 200 多年的历史。痒病是传染性海绵状脑病的最原始型。疯牛病的发生就是由羊痒病引起的。我国政府部门一直高度重视痒病，自 1992 年以来就将痒病列为一类动物疫病。

【病原】痒病病原是一种不同寻常的蛋白质传染因子，该因子与疯牛病、鹿慢性消耗性疾病、人克雅氏病的致病因子十分相似。由于 PrP（prion protein，译为"朊毒体"，曾称朊病毒、朊粒）是唯一可检测到的与该病感染有关的大分子，因此用 prion 来表示这一感染性蛋白。该蛋白是一种正常宿主朊蛋白的异构体，与原宿主蛋白相比，对蛋白酶具有较强的抵抗力。

【流行病学】

（1）疫情分布。痒病最早于 1732 年在英格兰发生。19 世纪痒病传入苏格兰。德国在 1750 年就有痒病的记载，法国和西班牙在 1810 年记载发生了痒病，其他西欧国家也早有痒病的存在。痒病广泛分布于欧洲、亚洲和美洲多数养羊业发达的国家。澳大利亚、新西兰、肯尼亚和南非曾因从英国进口绵羊传入痒病，但由于采取极其严格的扑杀政策，这些国家的痒病迅速得到扑灭。1983 年，我国四川省在从英国引进的边区莱斯特种羊中先后发现 5 例痒病。由于及时得到确诊，并采取了严格的封锁、扑杀和监测措施，1987 年痒病得到彻底扑灭，并未引起扩散。到目前为止，我国再未发现痒病病例。

（2）发病率。该病呈散发。年发病率 5%~10%，偶尔 20%~40%。病原长期潜伏在老龄羊群中，几乎每年都有少数羊因患该病而死亡或被淘汰。痒病发生无季节性。在进口羊只时不能及时发现是否感染痒病，因此很容易通过进口传入痒病。

（3）潜伏期。痒病自然感染的潜伏期为 1~3 年，故多发于 2~5 岁的绵羊。山羊发病年龄与绵羊大致相同，但潜伏期很少超过 1 年。

（4）宿主。绵羊和山羊是该病的自然宿主和主要贮存宿主。尚未发现痒病病原传播给人的证据。

（5）病程及易感品系。痒病病程变化很大，由一周至几个月，最终不治死亡。不同品种、性别的羊均可感染痒病，但品种间的易感性有明显的差异。纯种羊较杂种羊易感，英国品种中以萨福克羊最易感，其次是雪维特羊、斯韦尔达尔羊，再次是汉普夏羊、高原黑面绵羊、威尔士山地羊、陶塞特羊和边区莱斯特羊。该病有明显的家族史，在品种内某些感染的谱系发病率高，因而认为该病是受基因控制的遗传性疾病。

（6）传播。痒病的传播方式主要有三种，即垂直传播、水平传播和医源性传播。感染母羊垂直传给羔羊可能是痒病的主要感染途径，羔羊无需吮乳，只要出生时羔羊与母羊密切接触即可感染。已证实病羊的胎盘有感染性，羔羊吞食羊膜液可感染痒病。水平传播是指健康羊只摄入痒病羊的胎盘或脱落的感染皮肤和肌肉，以及长期在被污染的牧场放牧或与病羊同居感染痒病的方式。

【症状】临床上主要表现两种比较明显的症状：瘙痒和共济失调。发病初期可见病羊易惊、不安或凝视，战栗，有时表现癫痫状发作。头高举，行走时高举步，头、颈或腹胁发生震颤。多数病例出现搔痒，并啃咬腹胁部和股部，或在固定物体上（墙角、树根）摩擦患部。病羊不能跳跃，平时反复跌倒。体温正常。照常采食，但日渐消瘦，最后不能站立，最终衰竭而死。有的感染病羊以无症状经过。少数病例以急性经过，患病数日，症状轻微，突然死亡。

【病理变化】剖检病死羊，除摩擦和啃咬引起的被毛脱落、皮肤损伤和体况衰竭外，未发现肉眼可见的其他病灶。

石蜡切片经苏木精-伊红染色（HE 染色），中脑、脑桥、延髓和脊髓腹侧面二角的神经元中有明显空泡，并伴有星形胶质细胞增生，多数还有淀粉样病变。此外，在灰质神经纤维处也可见到空泡化病变和神经元细胞丧失。

【实验室诊断】根据痒病临床特征，在不能排除其他病因时，必须列为痒病可疑病例。发现可疑病例后，应采集脑组织样本或通知国家疯牛病参考实验室，并送样本至该实验室检测。

（1）病原分离鉴定：目前还不能像病毒或细菌那样对痒病的病原进行分离。用感染羊的脑组织/淋巴组织通过非胃肠途径接种小鼠，是检测感染性的唯一生物学方法，但该方法因潜伏期长而无实际诊断意义。

（2）血清学试验：由于痒病病原是机体自身的蛋白成分，机体不产生特异性免疫反应，因而不能通过检测血清的方法进行诊断。

（3）特征性空泡病变检查：脑切片经苏木精-伊红染色（HE 染色），检查特定区域的空泡病变和神经胶质细胞增生情况。病理组织学检查需要较高的专业水平和丰富的神经病理学观察经验。

（4）组织中的病原检测：可通过免疫组织化学方法（IHC）、ELISA方法和免疫转印方法进行诊断。

（5）电镜检测痒病的相关纤维蛋白：用电镜可以检测痒病相关纤维蛋白（SAF）类似物。

（6）鉴别诊断：应将痒病与相似症状的疫病区别开来，如有机磷农药中毒、食物中毒、低镁血症、神经性酮病、李氏杆菌感染所致的脑病、狂犬病、伪狂犬病、脑灰质软化或脑皮质坏死、脑内肿瘤、脑内寄生虫病等。

【防治】目前尚无痒病疫苗可用，也无有效治疗和预防药物，但近年来国际上用PrP特异性单抗进行治疗性方面的研究，取得了一些进展。

十、山羊病毒性关节炎–脑炎

山羊病毒性关节炎–脑炎是由山羊关节炎–脑炎病毒引起山羊的一种进行性、慢性消耗性传染病。其临床特征为羔羊脑炎、成年羊关节炎、间质性肺炎和硬结性乳腺炎。许多国家都有该病的报道。1982年我国从英国进口山羊时，将该病带入。

【病原】山羊关节炎–脑炎病毒（caprine arthritis–encephalitis virus）属于反录病毒科、慢病毒属。病毒的形态结构和生物学特性与梅迪–维斯纳病毒相似，含有单股RNA，病毒粒子呈球形，直径80~100 nm，有囊膜。

【流行病学】患病山羊，包括潜伏期隐性患羊，是该病的主要传染源。病毒经乳汁感染羔羊，被污染的饲草、饲料、饮水等可成为传播媒介。感染途径以消化道为主。在自然条件下，只在山羊间互相传染发病，绵羊不感染。无年龄、性别、品系间的差异，但以成年羊感染居多。感染率为1.5%~81%，感染母羊所产的羔羊当年发病率为16%~19%，病死率高达100%。水平传播至少同居放牧12个月以上；带毒公羊和母羊接触1~5 d不引起感染。呼吸道感染和医疗器械接种传播该病的可能性不能排除。感染该病的羊只，在良好的饲养管理条件下，常不出现症状或症状不明显。只有通过血清学检查，才能发现。一旦改变饲养管理条件、环境或长途运输等应激因素的刺激，则会出现临床症状。

【症状】依据临床表现分为三型：脑脊髓炎型、关节炎型和间质性肺炎型。多为独立发生，但剖检时多数病例具有其中两型或三型的病理变化。

（1）脑脊髓炎型：潜伏期 53~131 d。主要发生于 2~4 月龄羔羊。有明显的季节性，80% 以上病例发生于 3~8 月间，显然与晚冬和春季产羔有关。病初病羊精神沉郁、跛行，进而四肢强直或共济失调。一肢或数肢麻痹、横卧不起、四肢划动，有的病例眼球震颤、惊恐、角弓反张。头颈歪斜或做圆圈运动，有时面神经麻痹、吞咽困难或双目失明。病程半月至一年。个别耐过病例留有后遗症。少数病例兼有肺炎或关节炎症状。

（2）关节炎型：发生于 1 岁以上的成年山羊，病程 1~3 年。典型症状是腕关节肿大和跛行，膝关节和跗关节也有罹患。病情逐渐加重或突然发生。开始，关节周围的软组织水肿、湿热、波动、疼痛，有轻重不一的跛行，进而关节肿大如拳，活动不便，常见前膝跪地膝行。有时病羊肩前淋巴结肿大。透视检查，轻型病例关节周围软组织水肿；重症病例软组织坏死，纤维化或钙化，关节液呈黄色或粉红色。

（3）间质性肺炎型：较少见。无年龄限制，病程 3~6 个月。患羊进行性消瘦，咳嗽，呼吸困难，胸部叩诊有浊音，听诊有湿啰音。

除上述三种病型外，哺乳母羊有时发生间质性乳房炎，多发生于分娩后的 1~3 d，乳房坚实或坚硬，肿胀，少乳或无乳，无全身反应。采集乳腺炎病例的乳汁经菌检无细菌感染。个别羊的产奶量可恢复到正常。

【病理变化】本病主要病理变化见于中枢神经系统、四肢关节及肺，其次是乳腺和肾。

（1）脑和脊髓病理变化：主要发生于小脑和脊髓的白质，在前庭核部位将小脑与延脑横断，可见一侧脑白质中有 5 mm 大小的棕红色病灶。

（2）关节病理变化：患病关节周围软组织肿胀，有波动，皮下浆液渗出，关节囊肥厚，滑膜常与关节软骨粘连。关节腔扩张充满黄色或粉红色液体，其中悬浮纤维蛋白条索或血凝块。滑膜表面光滑，或有结节状增生物。慢性病例，透过滑膜常可见到软组织中有钙化斑。

（3）肺病理变化：肺轻度肿大，质地坚实，表面散在灰白色小点，切面有大叶性或斑状实变区。支气管淋巴结和纵隔淋巴结肿大，支气管空虚或充满浆液及黏液。

（4）乳腺病理变化：在感染初期，血管、乳导管周围及腺叶间有大量淋巴细胞、单核细胞和巨石细胞浸润，随后出现大量浆细胞，间质常发生局灶性坏死。

（5）肾病理变化：少数病例肾表面有直径 1~2 mm 的灰白色小点，镜检可见广泛性的肾小球性肾炎。

【防治】该病目前尚无疫苗和有效治疗方法。加强进口检疫，禁止从疫区（疫场）引进种羊。引进种羊前，应先做血清学检查，运回后隔离观察 1 年，期间再做两次血清学检查（间隔半年），均为阴性才可混群。对感染羊群应采取检疫、扑杀、隔离、消毒和培育健康羔羊群的方法进行净化。

十一、蓝舌病

蓝舌病是以库蠓为传播媒介的反刍动物的一种病毒性传染病。该病主要发生于绵羊，其临床特征为发热、消瘦，口、鼻和胃黏膜的溃疡性炎症变化。由于病羊，特别是羔羊长期发育不良、死亡、胎儿畸形、羊毛破坏，造成的经济损失很大。该病最早于 1876 年发现于南非的绵羊，1906 年定名为蓝舌病。1943 年发现于牛。该病的分布很广，很多国家均有，1979 年我国云南省首次确定有绵羊蓝舌病，1990 年在甘肃省又从黄牛中分离出蓝舌病病毒。我国农业部已将该病定为一类动物疫病。

【病原】蓝舌病病毒（bluetongue virus）属于呼肠孤病毒科环状病毒属，为一种双股 RNA 病毒，呈二十面体对称。核衣壳的直径为 53～60 nm。但因衣壳外面还有一个细绒毛状外层，病毒粒子的总直径为 70~80 nm。病毒存在于病羊血液和各器官中，可在康复羊体内存在 4~5 月之久。病毒抵抗力很强，在 50% 甘油中可以存活多年，对 3% 氢氧化钠溶液很敏感。

【流行病学】该病呈地方性流行。一般发生于 5~10 月，多发生于湿热的夏季和秋季，特别是池塘、河流较多的低洼地区。其发生和分布与库蠓的分布、习性和生活史密切相关。病羊和带毒的动物是该病主要的传染源，在疫区临床健康的羊也可能携带病毒成为传染源。该病主要通过库蠓传递。当库蠓吸吮带毒动物的血液后，病毒就在虫体内繁殖，当库蠓再次叮咬绵羊和牛时，即可发生传染。

【症状】潜伏期为 3~8 d。病羊体温升高到 40~42 ℃，稽留 2~6 d，同时白细胞也明显降低。高温稽留后体温降至正常，白细胞也逐渐回升至正常生理范围。病羊精神委顿，厌食，流涎，嘴唇水肿，并蔓延至面部、眼睑、耳、颈部和腋下。口腔黏膜和舌头充血、糜烂，严重病例舌头发绀，呈现出蓝舌病特征症状。有的蹄冠和蹄叶发炎，呈现跛行，在蹄、腕、跗趾间的皮肤上有发红区，靠近蹄部严重。病羊消瘦、衰弱，有的发生便秘或腹泻，甚至便中带血。孕羊可发生流产、胎儿脑积水或先天畸形。病程为 6~14 d，发病率 30%~40%，病死率 2%~30%。多因并发肺炎和胃肠炎引起死亡。

【病理变化】病羊舌发绀，舌及口腔充血、瘀血，鼻腔、胃肠道黏膜发生水肿及溃疡为特征。可见整个口腔黏膜出现糜烂，皮肤及黏膜有小出血点，尤其在毛囊的周围出血和充血，皮下组织充血及胶样浸润。心包积液，心肌、心内膜、呼吸道、泌尿道黏膜都有针尖大小的出血点。

【诊断】根据典型症状和病变可以做临床诊断，如发热，白细胞减少，口和唇的肿胀和糜烂，跛行，行动强直，蹄的炎症及流行季节等。可采取病料进行人工感染（最好采取早期病羊的血液，分别接种易感绵羊和免疫绵羊）确诊，也可通过鸡胚或乳鼠、乳仓鼠分离病毒确诊，还可进行血清学诊断。

【防治】

1. 预防　羊群若放牧要选择高地，减少感染机会，防止在潮湿地带露宿；定期进行消毒、驱虫（伊维菌素注射液定期皮下注射），消灭库蠓（羊舍装纱窗、灭蚊灯，圈舍墙壁和纱窗喷洒卫海净悬浮剂或其他杀虫剂）；做好圈舍和牧地的排水工作；免疫接种。日本采用鸡胚化弱毒冻干疫苗，每年接种 1 次，可有效预防该病，孕羊禁用。

2. 治疗　发现该病要及时扑杀，严格消毒，按国家一类病处置方案处置。该病无特效药物，原则上可采取对病羊精心护理，隔离饲养，饲喂柔软易消化的饲草，进行对症治疗。

（1）可用 0.1% 高锰酸钾溶液 500 mL，冲洗口腔。碘甘油或冰硼散适量，涂抹或撒布溃烂面。3% 来苏尔 500 mL，蹄部冲洗。碘甘油或红霉素软膏，蹄部涂抹，绷带包扎。

（2）丙二醇或甘油 30 mL，维 D_2 磷酸氢钙片 30~60 片，干酵母片 30~60 g，加水胃管投服或瘤胃注入，每天 1~2 次，连用 3~5 d。

（3）用 5% 葡萄糖氯化钠注射液 500 mL，氨苄青霉素 50~100 mg/kg 体重，10% 安钠咖注射液 5~20 mL；10% 葡萄糖注射液 500 mL，维生素 C 注射液 0.5~1.5 g。静脉滴注，每天 1 次，连用 3 d。

十二、边界病

边界病（border disease，BD）是由边界病病毒（border disease virus，BDV）引起的以新生羔羊发生震颤和被毛异常为特征的一种疾病。由于该病首先发生于苏格兰和威尔士的边界地区，故称之为边界病。新西兰和美国分别称该病为"长毛摇摆病"和"茸毛羔"。由于某些病羔的骨骼肌呈现特征性震颤，故又称为"摇摆病"或"舞蹈症"。

我国关于此病的报道较少，2012年，江苏省农业科学院兽医研究所在江苏、安徽部分养羊场使用商品化试剂盒检测发现BDV抗体阳性率均较高，总体阳性率为40.82%（80/196），并分离了4株不同的BDV病毒，证实了该病在国内的存在，应高度注意。

【病原】该病病原为BDV，是黄病毒科瘟病毒属的一员。1976年，Vantsis等首次分离到BDV，不久后又通过给妊娠羊接种非致细胞病变性BDV而复制出BD的典型病状。感染母羊在感染边界病病毒后，血清中出现对BDV和牛病毒性腹泻病毒（BVDV）的中和抗体，表明BDV和BVDV具有共同抗原。

【流行病学】该病在全世界都有分布。各品种绵羊均易感染，绵羊是其主要的自然宿主，山羊也可以感染。最主要的传播方式是羊羊传播。牛、猪及许多野生反刍动物也可能是其潜在传染源。BDV既可水平传播，也可以通过胎盘垂直传播。通常见于持续性感染或怀孕期间感染BDV的母羊，从而使胎儿死亡或生出持续性感染的羔羊。持续感染的绵羊和羔羊是最主要的传染源。

【症状】妊娠羊的主要症状是流产，可产出弱羔或死胎。弱羔具有特征性的症状：被毛细长，呈茸毛状，故有"茸毛羔"之称；有些病羔出现头颈不由自主的肌肉震颤；有时全身颤抖，固有"摇摆病"之称。病羔矮小，生长迟滞，多在离乳前死亡。少数存活羔羊的神经症状于 3~4 个月内逐渐减轻和消失，但配种后又可发生流产或产病羔，再现上述症状。

Barlow 等于 1983 年报道了感染 BDV 恢复的羊发生类似牛黏膜病的综合征，表现为持续性腹泻及呼吸困难。近年部分羊场发生顽固性腹泻，抗生素治疗无效果，与 BDV 感染有一定的关系。这方面需要注意。

【病理变化】该病除了特征性的茸毛状被毛外，胎盘上有坏死灶，脑积水和小脑发育不全。另一个明显的组织学病变是中枢神经系统不能产生髓鞘，还常具有结节性动脉周围炎或动脉外膜炎等变化。

【诊断】临床可根据新生羔羊出现长茸毛样被毛、震颤、步态异常，怀孕母羊流产、死胎、胎儿吸收、异常、畸形胎儿、死胎等症状诊断。尸检和病理学变化有被毛异常，初级毛囊增大，初级毛纤维增数；脑积水，囊肿或空洞形成；骨骼异常；胎盘坏死等，可初步做出诊断。进一步检测病毒抗原必须借助免疫学方法，用直接或间接免疫荧光技术检测脑、淋巴组织冰冻切片及外周血液中的病毒抗原。由于瘟病毒具有共同抗原，可利用多克隆瘟病毒抗体来检测 BDV 抗原；也有用单克隆抗体来区分瘟病毒及其病毒毒株的报道；也可用免疫酶技术来检测冰冻切片中的抗原。血清学试验在病毒分离株的鉴定、疫情监测等方面，有一定诊断价值，包括中和、补反、琼扩、ELISA 等，但主要是中和、ELISA。在免疫耐受情况下，必须进行病毒分离检测。

病毒分离是目前确诊该病的主要方法。可以从病畜组织及分泌物中分离到病毒，进行细胞培养，再根据上述方法进行检测。分子生物学技术已广泛应用于瘟病毒的检测，如 PCR 技术、杂交技术等。有人利用瘟病毒保守序列作为引物，对 BDV 通过反转录 PCR 法进行检测。也有报道应用核酸探针进行核酸杂交，虽然其敏感性较高，但不如 PCR 法。到目前为止，还未见有特异性 PCR 引物报道。因此，BDV 特异性分子生物学研究有待完善。

【防治】持续性感染羊是 BDV 重要的传染源，所以病毒检测以及防止 BDV 感染易感怀孕母羊而导致持续性感染羊的产生，是防治该病的关键措施。血液检毒在该病检测中起着重要的作用。在地方性流行的该病羊群中，由于带毒率较高，检出后扑杀感染羊是不切合实际的，最主要的是防止持续性感染羊产生。可在种羊配种前 2 个月接种疫苗，使其产生一定免疫力，来抵抗病毒感染。Shaw 等还提出，配种前 2 个月的种羊与持续性感染羊一起喂养，通过自然感染来产生免疫力抵抗感染，但其效果不佳。在没有 BDV 病史的羊群中，应严防 BDV 的传入。在引进羊时，应进行隔离饲养观察，并进行检测，保证无持续性感染羊及带毒羊。对检出的病羊应隔离饲养，并尽快屠杀，以清除感染源。目前，组织灭活疫苗、灭活油佐剂细胞传代苗已在国外广泛应用于该病防治，但由于 BDV 病毒株间的差异，效果不甚理想。

第二节 细菌性传染病

一、羊梭菌性疾病

羊梭菌性疾病是由梭状芽孢杆菌属中的微生物所致羊的一类疾病，包括羊快疫及羊猝击、羊肠毒血症、羊黑疫、羔羊痢疾等病。这一类疾病在临床上有不少相似之处，容易混淆。这些疾病都能造成急性死亡，对养羊业危害很大。

（一）羊快疫

【病原】羊快疫是由腐败梭菌引起的。腐败梭菌是革兰氏染色阳性的厌气大杆菌，在动物体内外均能产生芽孢，不形成荚膜。当取病羊血液或脏器做抹片镜检时，常能发现单在及二三个相连的粗大杆菌，并可见其中一部分已形成卵圆形膨大的中央或偏端芽孢，有的呈无关节长丝状，其中一些已断为数段。这种无关节长丝状的形态，在肝被膜的触片中更易被发现，这是腐败梭菌极突出的特征，具有诊断意义。

【流行病学】绵羊对羊快疫最敏感。发病羊的营养多在中等以上，年龄多在6~18月之间，一般经消化道感染（腐败梭菌如经伤口感染，则引起各种家畜的恶性水肿）。山羊和鹿也可感染该病。

腐败梭菌常以芽孢形式分布于低洼草地、熟耕地及沼泽之中。羊只采食被污染的饲料和饮水后，芽孢便随之进入羊的消化道。许多羊的消化道平时就有这种细菌存在，但并不发病。当存在不良的外界诱因，特别是在秋、冬和春初气候骤变、阴雨连绵之际，羊只受寒感冒或采食了冰冻带霜的草料，机体遭受刺激，抵抗力减弱时，腐败梭菌即大量繁殖，产生外毒素，其中的 α 成分使消化道黏膜特别是真胃黏膜发生坏死和炎症，同时经血液循环进入体内，刺激中枢神经系统，引起急性休克，使羊只迅速死亡。

【症状】该病往往突然发生，病羊往往来不及出现临床症状，就突然死亡。有的病羊离群独处，卧地，不愿走动，强迫行走时，表现虚弱和运动失调。腹部膨胀，有疝痛症状。体温表现不一，有的正常，有的升高至41.5℃左右。病羊最后极度衰竭、昏迷磨牙，通常于数小时至一天内死亡，极少数病例可达2~3 d，罕有痊愈者。

【病理变化】病羊新鲜尸体主要病变为真胃黏膜有大小不等的出血斑块和表面坏死，黏膜下层水肿。胸腔、腹腔、心包大量积液，暴露于空气易于凝固。心内膜下（特别是左心室）和心外膜下有多数点状出血。肠道和肺的浆膜下也可见出血。胆囊多肿胀。如病羊死后未及时剖检，则尸体因迅速腐败而出现其他死后变化。

【诊断】该病通常用肝表面做触片染色镜检，除可发现两端钝圆、单在或短链的大杆菌外，还可见无关节的长丝状菌体。也可取脏器病料进行病原分离培养和小鼠接种试验。据报道，荧光抗体技术可用于该病的快速诊断。

【防治】发生该病时，应迅速隔离病羊，由于该病病程经过迅速，往往来不及治疗即已死亡。对少数经过缓慢的病羊，如及早使用抗生素、磺胺类药物和肠道消毒剂，并给予强心输液解毒等对症治疗，可有治愈的希望。病死羊一律烧毁或深埋，不得利用。未发病的羊立即转移至高燥、安全地区，加强饲养管理，防止受寒感冒，避免羊只采食冰冻饲料，早晨出牧不要太早。同时用菌苗进行紧急预防接种。该病常发地区，可每年定期接种 1~2 次羊快疫、羊猝击二联菌苗，或羊快疫、羊猝击、羊肠毒血症三联苗，或羊快疫、羊猝击、羊肠毒血症、羊黑疫、羔羊痢疾五联菌苗。也可用多联干粉菌苗（羊快疫、羊猝击、羊肠毒血症、羊黑疫、羔羊痢疾、肉毒梭菌毒素中毒症、破伤风七联菌苗），这种疫苗可以根据当地疫情随需使用。由于吃奶羔羊产生主动免疫力较差，故在羔羊经常发病的羊场，应对怀孕母羊在产前进行两次免疫，第一次在产前 1~1.5 月，第二次在产前 15~30 d，母羊获得免疫抗体后，羔羊可由初乳得到母源抗体。但在发病季节，羔羊也应接种菌苗。

（二）羊猝击

【病原】羊猝击又名羊猝狙、羊猝疽，病原体为 C 型魏氏梭菌（又称 C 型产气荚膜杆菌）。羊猝击主要是由该菌产生的 β 毒素造成机体中毒而引起的。

【流行病学】该病发生于成年绵羊，是绵羊的一种毒血症，以 1~2 岁发病较多。常见于低洼、沼泽地区，多发生于冬、春季节，常呈地方性流行。C 型魏氏梭菌随污染的饲料和饮水进入羊只消化道后，在小肠（特别是十二指肠和空肠）里繁殖，产生 β 毒素，这种毒素通过肠道黏膜进入血液，立即引起毒血症的症状。

【症状】病程短促，常未及出现症状即突然死亡为该病特征。有时发现病羊掉群、卧地，表现为不安、衰弱，痉挛、眼球突出，多在数天内死亡。

羊猝击常与羊快疫混合感染，有最急性型和急性型两种临床表现。

（1）最急性型：一般见于流行初期。病羊突然停止采食，精神不振，四肢分开，弓腰，头向上。行走时后躯摇摆。喜伏卧，头颈向后弯曲。磨牙，不安，有腹痛表现。眼羞明流泪，结膜潮红，呼吸促迫。从口鼻流出泡沫，有时带有血色。随后呼吸愈加困难，痉挛倒地，四肢做游泳状，迅速死亡。从出现症状到死亡通常为 2~6 d。

（2）急性型：一般见于流行后期。病羊食欲减退，行走不稳，排粪困难，有里急后重表现。喜卧地，牙关紧闭，易惊厥。粪团变大，色黑而软，其中杂有黏稠的炎症产物或脱落的黏膜；或排油黑色或深绿色的稀粪，有时带有血丝；有的排蛋清样稀粪，带有难闻的臭味。心跳加速。一般体温不升高，但临死前呼吸极度困难时，体温可上升至 40 ℃以上，维持时间不久即死亡。从出现症状到死亡通常为 1 d 左右，也有少数病例延长到数天的。

该病发病率 6%~25%，个别羊群高达 97%。山羊发病率一般比绵羊低。发病羊几乎 100% 归于死亡。

【病理变化】该病病变主要见于消化道的溃疡性肠炎、腹膜炎和循环系统。十二指肠和空肠黏膜严重充血、糜烂，有的区段可见大小不等的溃疡。胸腔、腹腔和心包大量积液，后者暴露于空气后，可形成纤维素絮状。浆膜上有小点出血。病羊刚死时骨骼肌的这种变化表现正常，但在死亡后8 d内，细菌在骨骼肌里增殖，使肌间隔积聚血样液体，肌肉出血，有气性裂孔。骨骼肌的这种变化与黑腿病的病变十分相似。

羊猝击与羊快疫混合感染病理变化如下：

混合感染死亡的羊，营养多在中等以上。尸体迅速腐败，腹围迅速胀大，可视黏膜充血，血液凝固不良，口鼻等处常见有白色或血色泡沫。最急性的病例，胃黏膜皱襞水肿，增厚数倍，黏膜上有紫红斑，十二指肠充血、出血。急性病例前三胃的黏膜有自容脱落现象，第四胃黏膜坏死脱落，黏膜水肿，有大小不一的紫红斑，甚至形成溃疡；小肠黏膜水肿、充血，尤以前段黏膜为甚，黏膜表面常附有糠皮样坏死物，肠壁增厚，结肠和直肠有条状溃疡，并有条、点状出血斑点，小肠内容物呈糊状，其中混有许多气泡，并常混有血液。肝多呈水煮色，混浊，肿大，质脆，被膜下常见有大小不一的出血斑，切开后流出含气泡的血液，肝小叶结构模糊，多呈土黄色，有出血，胆囊胀大，胆汁浓稠呈深绿色，少数病例肝面有绿豆至核桃大的淡黄色坏死灶，在黄色坏死灶之间，有出血斑块，因而呈大理石样外观。肾在病程短促或死后不久的病例中，多无肉眼可见的变化；病程稍长或死后时间较久的，可见有软化现象，肾盂常贮积白色尿液。大多数病例出现腹水，带血色。脾多正常，少数瘀血。膀胱积尿量多少不等，呈乳白色。部分病例胸腔有淡红色混浊液体，心包内充满透明或血染液体，心脏扩张，心外膜有出血斑点；肺呈深红色或紫红色，弹性较差，气管内常有血色泡沫。全身淋巴结水肿，颌下、肩前淋巴结充血、出血及浆液浸润。肌肉出血，肌肉结缔组织积聚血样液体和气泡。肩前、股前、尾底部等处皮下有红黄色胶样浸润，在淋巴结及其附近尤其明显。

【诊断】根据成年绵羊突然发病死亡，剖检可见糜烂和溃疡性肠炎、腹膜炎、体腔积液，可做出初步诊断。确诊可采取体腔渗出液、脾脏等病料做 C 型魏氏梭菌的分离和鉴定，以及用小肠内容物的离心上清液静脉接种小鼠，检测有无 β 毒素。

【防治】参考羊快疫和羊肠毒血症的措施进行。

（三）羊肠毒血症

羊肠毒血症主要是绵羊的一种急性传染病。病的临床症状与羊快疫相似，故又称类快疫。死后肾组织多半软化，故又称软肾病。该病分布较广，常造成病羊急性死亡，对养羊业危害很大。

【病原】病原体为 D 型产气荚膜梭菌。羊肠毒血症主要由于该菌在羊肠道内大量繁殖产生毒素引起急性毒血症造成的。

【流行病学】该病多呈散发，绵羊发生较多，山羊发生较少，鹿也可感染。2~12 月龄的羊最易感。发病的羊多为膘情较好的。

该病的发生有明显的季节性和条件性。在牧区，多发于春末夏初青草萌发和秋季牧草结籽后的一段时期；在农区，则常常是在收获季节，羊采食了多量菜根、菜叶，或庄稼收割后羊群抢茬吃了大量谷类的时候而发生此病。因春季多吃嫩草和秋季多吃小麦等淀粉和蛋白质丰富的谷物时也容易诱发该病，故有"过食症"之称。

【症状】该病突然发生，病羊很快死亡，很少能见到症状，即使出现可以看出来的症状也很快倒地死亡。所以清晨检查时，由于发生该病常见膘情良好的羊已死在圈中。临诊上该病可以分两种类型：一类以抽搐为特征，在倒毙前四肢出现强烈的划动，肌肉发抖，眼球转动，磨牙，口水过多，嘴角流涎，随后头颈显著抽缩，往往死于 2~4 h 内。另一类以昏迷和安静地死亡为特征，病程不太急，其早期症状为步态不稳，以后卧地，并有感觉过敏，流涎，上下颌"咯咯"作响，继以昏迷，角膜反射消失，有的病羊发生腹泻，通常在 3~4 h 内静静地死去。体温一般不高。血常规、尿常规检查常有血糖、尿糖升高现象。

【病理变化】病羊病变常限于消化道、呼吸道和心血管系统。真胃含有未消化的饲料。回肠的某些区段呈急性出血性炎性变化，重症病例整个肠段变红色。心包常扩大，内含 50~60 mL 的灰黄色液体和纤维素絮块，左心室的心内外膜下有多数小点出血。肺出血和水肿。胸腺常发生出血。肾比平时更易于软化，像脑髓那样，一般认为这是一种死后变化，但不能在死后立刻见到。组织学检查，可见肾皮质坏死、脑和脑膜血管周围水肿、脑膜出血、脑组织液化性坏死。

【诊断】初步诊断可以依据该病发生的情况和病理变化，病理变化特征为心包积液，肺充血、水肿，胸腺出血。发现高血糖和糖尿也有诊断意义。确诊要靠细菌学检验和毒素的检查和鉴定。病料样品采集为肠内容物或刮去病变部的肠黏膜。

【防治】当羊群中出现该病时，可立即搬圈，转移到高燥的地区放牧，给予粗饲料等。同时防止病原扩散，进行适当的消毒隔离，对病死羊要及时焚烧或深埋处理。及时接种注射羊肠毒血症菌苗，羊快疫、羊猝击、羊肠毒血症三联苗，或厌气菌七联干粉苗等。在常发地区，应定期接种，如春季 2~3 月接种，间隔 20~30 d 加强一次。8~9 月接种，间隔 20~30 d 加强一次。一年接种 4 次，对该病防疫效果特别好。

治疗该病目前尚无理想的方法。一般口服磺胺脒（一次 8~12 g），结合强心、镇静、解毒等进行对症治疗，有时能治愈少数羊只。有条件时，可同时试用 D 型魏氏梭菌抗毒素。

（四）羊黑疫

羊黑疫又称传染性坏死性肝炎，是引起绵羊、山羊的一种急性高度致死性毒血症。该病以肝实质发生坏死性病灶为主要特征。

【病原】该病病原体为 B 型诺维氏梭菌，属于梭状芽孢杆菌属。本菌为革兰氏阳性的大杆菌，严格厌氧，可形成芽孢，不产生荚膜，具有周身鞭毛，能运动。根据本菌产生的外毒素，通常分为 A、B、C 等 3 型。A 型菌主要产生 α、β、γ、δ 等 4 种外毒素；B 型菌主要产生 α、β、η、ξ、θ 等 5 种外毒素；C 型菌不产生外毒素，一般认为无病原学意义。羊黑疫主要由于该菌产生的外毒素发生毒血症造成的。

【流行病学】通常 1 岁以上的绵羊发病，以 2~4 岁的肥胖羊发生最多。山羊也可感染。牛偶可感染。实验动物以豚鼠最为敏感，家兔、小鼠易感性较低。诺维氏梭菌广泛存在于自然界特别是土壤之中，羊采食被芽孢体污染的饲草后，芽孢由胃肠壁经目前尚未阐明的途径进入肝脏。当羊感染肝片吸虫时，肝片吸虫幼虫游走损害肝脏使其氧化-还原电位降低，存在于该处的诺维氏梭菌芽孢即获适宜的条件，迅速生长繁殖，产生毒素，进入血液循环，引起毒血症，导致急性休克而死亡。该病主要发生于低注、潮湿地区，以春、夏季节多发，发病常与肝片吸虫的感染侵袭密切相关。

【症状】该病与羊快疫、羊肠毒血症疾病临床表现极为相似。病程短促，大多数发病羊只表现为突然死亡，临床症状不明显。部分病例可拖延 1~2 d，但没有超过 3 d 的。病羊放牧时掉群，食欲废绝，精神沉郁，反刍停止，呼吸急促，体温 41.5 ℃，常昏睡俯卧，并保持在这种状态下毫无痛苦地突然死去。

【病理变化】病羊尸体皮下静脉显著瘀血，使羊皮呈暗黑色外观（黑疫之名由此而来）。胸部皮下组织经常水肿。羊的浆膜腔常有液体渗出，暴露于空气易于凝固，液体常成黄色，但腹腔液略带血色。胸腹腔中的液体容量可达 100 mL 或更多，心包积液约有 60 mL。右心室心内膜下常出血。真胃幽门部、小肠黏膜充血、出血。肝脏表面和深层有数目不等的凝固性坏死灶，呈灰黑色不整圆形，周围有一鲜红色充血带围绕，坏死灶直径可达

2~3 cm，切面呈半月形。羊黑疫肝脏的这种坏死变化具有重要诊断意义（这种病变与未成熟肝片吸虫通过肝脏时所造成的病变不同，后者为黄绿色、弯曲似虫样的带状病痕）。体腔多有积液。心内膜常见有出血点。

【诊断】根据在肝片吸虫流行的地区，发现急性死亡或在昏睡状态下死亡的病羊，结合肝脏的坏死变化，可做初步诊断。

确诊需要进行以下诊断：

1. 病原学检查

（1）病料采集。采集肝脏坏死灶边缘与健康组织相邻接的肝组织作为病料，也可采集脾脏、心血等材料作为病料。用作分离培养的病料应于死后及时采集，立即接种。

（2）染色镜检。对病料组织进行染色镜检，可见粗大而两端钝圆的诺维氏梭菌，排列多为单在或成双存在，也可见 3~4 个菌体相连的短链。

（3）分离培养。诺维氏梭菌严格厌氧，分离较为困难，特别是当病料污染时则更为不易。病料应于羊只死后尽快采集，严格无菌操作，立即划线接种，在严格厌氧条件下分离培养。由于羊的肝、脾等组织在正常时可能有本菌芽孢存在，因此，分离得病原菌后尚要结合流行病学分析、疾病发生和剖检变化综合判断才能确诊。

（4）动物接种试验。病料悬液肌内注射豚鼠，豚鼠死后剖检可见接种部位有出血性水肿，腹部皮下组织呈胶样水肿，透明无色或呈玫瑰色，膜度有时可达 1 cm，这种变化特征明显，具有诊断意义。

2. 毒素检查 一般用卵磷脂酶试验检查病料组织中 B 型诺维氏梭菌产生的毒素。

羊黑疫应与羊快疫、羊肠毒血症、羊炭疽等类似疾病进行区别诊断（参见相关各病）。

【防治】

（1）流行该病的地区应做好控制肝片吸虫感染的工作。

（2）常发病地区定期接种羊快疫、羊黑疫二联苗或羊快疫、羊肠毒血症、羊猝击、羔羊痢疾、羊黑疫五联苗，每只羊皮下或肌内注射 5 mL，接种后 2 周产生免疫力，保护期达半年。

（3）该病发生流行时，将羊群移牧于高燥地区。可用抗诺维氏梭菌血清进行早期预防，每只羊皮下或肌内注射 10~15 mL，必要时重复 1 次。

（4）病程稍缓的羊只，肌内注射青霉素 80 万~160 万 u（也可按体重），每天 2 次，连用 3 d；或者发病早期静脉或肌内注射抗诺维氏梭菌血清 50~80 mL，必要时重复用药 1 次。

（五）羔羊痢疾

羔羊痢疾是初生羔羊的一种急性毒血症，以剧烈腹泻和小肠发生溃疡为其特征。该病常可使羔羊发生大批死亡，给养羊业带来重大经济损失。

【病原】该病病原为 B 型魏氏梭菌。羔羊在出生后数日内，魏氏梭菌通过羔羊吮乳、饲养员的手和羊的粪便而进入羔羊消化道，在外界不良诱因如母羊怀孕期营养不良、羔羊体质瘦弱、气候寒冷、羔羊受冻、哺乳不当、羔羊饥饱不匀或羔羊抵抗力减弱时，细菌在小肠（特别是回肠）里大量繁殖，产生毒素（主要是 β 毒素）而引起发病。

【流行病学】该病主要危害 7 日龄以内的羔羊，其中又以 2~3 日龄的发病最多，7 日龄以上的很少患病。纯种细毛羊发病率和病死率最高，土种羊抵抗力较强，杂交羊介于其间，其中杂交代数愈高者，发病率和死亡率也愈高。特别是饲草质量差而没有做好补饲的年份，在气候最冷或变化较大的月份最易发生羔羊痢疾。

传染途径主要是通过消化道，也可能通过脐带或创伤而感染。

【症状】自然感染的潜伏期为1~2 d。病初精神委顿，低头拱背，不吮奶，随即发生持续性的腹泻。粪便由粥状很快转化为水样，黄白色或灰白色，恶臭，不久就发生腹泻，后期有的还含有血液，甚至成为血便。病羔逐渐虚弱，卧地不起。若不及时治疗，常在1~2 d内死亡；只有少数病轻的，可能自愈。

有的病羔，腹胀而下痢，或只排少量稀粪（也可能带血或呈血便），其主要表现是神经症状、四肢瘫软、卧地不起、呼吸急促、口流白沫，最后昏迷，头向后仰，体温降至常温以下，常在数小时到十几小时内死亡。

【病理变化】尸体脱水现象严重。最显著的病理变化是在消化道。第四胃内往往存在未消化的凝乳块。小肠（特别是回肠）黏膜充血发红，常可见到多数直径1~2 mm的溃疡，溃疡周围有一出血带环绕；有的肠内容物呈血色。肠系膜淋巴结肿胀充血，间或出血。心包积液，心内膜有时有出血点。肺常有充血区域或瘀斑。

【诊断】在常发地区，依据流行病学、临床症状和病理变化一般可以做出初步诊断。确诊则需进行实验室检查，以鉴定病原菌及其毒素。沙门氏菌、大肠杆菌和肠球菌也可引起初生羔羊下痢，应注意区别。

【防治】预防羔羊痢疾的首要措施是加强母羊和羔羊的饲养管理。为此，对母羊要抓好膘情，避免在最冷季节产羔，每年秋季要定期接种羔羊痢疾菌苗或羊快疫、羊猝击、羊肠毒血症、羔羊痢疾、羊黑疫五联菌苗，产前2~3周再接种1次，保证羔羊获得充足的母源抗体；对羔羊要合理哺乳，避免饥饱不均；要保持羊圈干燥，避免受冻。

当羊场发生该病时，应随时隔离病羔羊或及时搬圈，同时做好场地、用具和设施的消毒。药物预防有一定的效果。方法：羔羊出生后 12 d 内，灌服土霉素 0.15~0.2 g，每天 1 次，连续 3 d。治疗羔羊痢疾方法很多，各地应用效果不一，应根据当地条件和实际效果，试验选用。

（1）土霉素 0.2~0.3 g，再加胃蛋白酶 0.2~0.3 g，加水灌服，每天 2 次。

（2）磺胺脒 0.5 g，鞣酸蛋白 0.2 g，次硝酸铋 0.2 g，重碳酸钠 0.2 g，或再加呋喃唑酮 0.1~0.2 g，加水灌服，每天 3 次。

（3）先灌服含福尔马林 0.5% 的 6% 硫酸镁溶液 30~60 mL，6~8 h 后再灌服 1% 高锰酸钾溶液 10~20 mL，每天灌服 2 次。

（4）板蓝根 5~15 g，煎汤内服，或用板蓝根冲剂 1~2 包（人医用药），温开水冲服，每天 2~3 次，连用 2~3 d。

在选用上述药物的同时，还应针对其他症状进行对症治疗。也可使用中药治疗。

二、巴氏杆菌病

巴氏杆菌病是发生于各种家畜、家禽、野生动物和人类的一种传染病的总称，急性病例以败血症为主要特征，慢性病例多表现为皮下结缔组织、关节、各脏器的局灶性化脓性炎症。巴氏杆菌病绵羊多发，山羊发病较少见。

【病原】该病主要由多杀性巴氏杆菌（*Pasteurella multocida*）引起，少数由溶血性巴氏杆菌（*Pasteurella hemolytica*）引起。多杀性巴氏杆菌是两端钝圆、中央微突的短杆菌或球杆菌，革兰氏染色阴性；病料组织或体液涂片用瑞氏、吉姆萨染色或亚甲蓝染色镜检，见菌体多呈卵圆形，两端着色深，中央部分着色浅，很像并列的两个球菌，所以又叫两极杆菌。该菌在添加血清或血液的培养基上生长良好。在血琼脂上生成灰白色，湿润而黏稠的菌落，不溶血；在普通琼脂上形成细小透明的露珠状菌落；在普通肉汤中，初均匀混浊，以后形成黏性沉淀和菲薄的附壁菌膜；明胶穿刺培养,沿穿刺孔呈线状生长,上粗下细。用特异性荚膜抗原(K 抗原)吸附于红细胞上做被动血凝试验,分为 A、B、D、E 和 F 等 5 个血清群;利用菌体抗原(O 抗原)做凝集试验,将该菌分为 12 个血清型,用阿拉伯数字表示。若将 K、O 两种抗原组合在一起,迄今已有 16 个血清型。其中羊以 6:B 型最易感。

溶血性巴氏杆菌形态、培养和抵抗力与多杀性巴氏杆菌基本相似,但在血琼脂上新分离菌菌落产生 β 溶血,连续继代培养后,溶血性减弱或消失,在羔羊血琼脂上可生成双溶血环。在麦康凯琼脂上能缓慢生长,菌落为红色,不产生靛基质,一般能发酵乳糖,产酸,对家兔无致病力。根据生化反应和致病性的不同,可分为 A 和 T 两个生物型:A 型引起牛、绵羊肺炎和新生羔羊败血症,T 型引起 3 月龄以上的羔羊败血症。另外还可按其可溶性荚膜抗原(K 抗原)用间接红细胞凝集试验分为 12 个血清型,其中 3、4、10 属于 T 生物型,其余各型均属于 A 生物型,所有血清型都可见于绵羊、山羊,牛仅见 1 型。

巴氏杆菌的抵抗力不强,在阳光直射和干燥的情况下迅速死亡;在 56 ℃环境 15 min 或 60 ℃环境 10 min 可被杀死;一般消毒药在几分钟或十几分钟内可将其杀灭。3% 石炭酸和 0.1% 氯化汞溶液在 1 min 内可杀菌,10% 石灰乳及常用的甲醛溶液 3~4 min 内可使之死亡。在无菌蒸馏水和生理盐水中迅速死亡,但在尸体内可存活 1~3 个月,在厩肥中亦可存活 1 个月。

【流行病学】该病的发生一般无明显的季节性,但以冷热交替、气候剧变、闷热、潮湿、多雨的时期发生较多。体温失调、抵抗力降低是该病主要的发病诱因。另外,长途运输或频繁迁移、过度疲劳、饲料突变、营养缺乏、寄生虫等也常常诱发此病。某些疾病的存在造成机体抵抗力降低,易继发该病。有时羊群发病时查不到传染源,一般认为羊只在发病前已经带菌,病羊由其排泄物、分泌物不断排出有毒力的病菌，污染饲料、饮水、用具和外界环境。

该病多呈地方流行或散发，在畜群中只有少数几头先后发病，绵羊有时也可能大量发病。溶血性巴氏杆菌多引起绵羊肺炎、绵羊羔败血症。

传播途径主要是通过消化道和呼吸道传播，也可通过吸血昆虫和损伤的皮肤、黏膜传播。

【症状】该病多发于幼龄绵羊和羔羊，潜伏期不够清楚，可能很短促的。按病程该病可分为最急性型、急性型和慢性型三种。

（1）最急性型：多见于哺乳羔羊。羔羊往往突然发病，呈现寒战、虚弱、呼吸困难等症状，可于数分钟至数天内死亡。

（2）急性型：精神沉郁，食欲废绝，体温升高至41~42 ℃。呼吸急促，咳嗽，鼻孔常有出血，有时血液混杂于黏性分泌物中。眼结膜潮红，有黏性分泌物。初期便秘，后期腹泻，有时粪便全部变为血水。颈部、胸下部发生水肿。病羊常在严重腹泻后虚脱而死，病程2~5 d。

（3）慢性型：病程可达3周。病羊消瘦、不思饮食。流黏液脓性鼻液、咳嗽、呼吸困难。有时颈部和胸下部发生水肿。有角膜炎。病羊腹泻，粪便恶臭，临死前极度衰弱，四肢厥冷，体温下降。

山羊感染该病时，主要呈格鲁布性肺炎症状，病程急促，病程平均10 d，存活者仍有长期咳嗽表现。与绵羊相比，山羊发病较少见。

【病理变化】

（1）最急性型：黏膜、浆膜及内脏出血，脾稍肿大，淋巴结急性肿胀。

（2）急性型：一般在皮下有液体浸润和小点出血。胸腔内有黄色渗出物。肺瘀血，小点出血和肝变，偶见有黄豆至核桃大的化脓灶。胃肠道出血性炎症。其他脏器呈水肿和瘀血，间有小点出血，但脾脏不肿大。病期较长者尸体消瘦，皮下胶样浸润，常有纤维素性胸膜肺炎和心包炎，肝有坏死灶。

（3）亚急性型：肺的前部多见支气管肺炎。胸膜或心包上常有纤维蛋白的伪膜，胸腔及腹腔有清亮或混浊黄色渗出液。胸腔淋巴结肿胀。器官黏膜肿胀、潮红，鼻黏膜也有红色黏液或纤维蛋白性附着。

（4）慢性型：肺常有肝变，呈灰红色，间有许多坏死点，胸腔膜变厚，且有粘连。有的羊只仅表现极端消瘦和贫血，体内并无明显病变。

【诊断】根据流行病学材料、临诊症状和剖检变化，结合对病羊的治疗效果，可对该病做出诊断，确诊有赖于细菌学检查。败血症病例可从心、肝、脾或体腔渗出物等，其他病型主要从病变部位、渗出物、脓汁等取材，如涂片镜检见到两极染色的卵圆形杆菌，接种培养基分离到该菌，可以做出正确诊断，必要时可用小鼠进行试验感染。

巴氏杆菌病应注意与肺炎链球菌引起的败血症相区别，后者剖检可见脾肿大，取病料染色镜检可见成对排列的肺炎链球菌。

【防治】平时加强饲养管理，增加精料及矿物质、维生素，提高机体抗病能力。避免拥挤和受寒，消除可能降低机体抗病力的因素，圈舍、围栏要定期消毒。要坚持自繁自养，由外地引进种羊时，应从无病场选购隔离1个月并接种疫苗再进场。制定合理的免疫程序，每年定期进行预防接种。我国目前虽然有用于羊的疫苗，但由于巴氏杆菌有多种血清群，各血清群之间不能产生交叉保护，因此，羊场如果要防疫该病，应针对当地常见的血清群选用来自同一畜种的相同血清群菌株制成的疫苗进行预防接种。必要时可采取本场发生疫病分离的菌种制成简易苗，具有针对性，效果较明显。

发生该病时，应立即将病羊隔离于清洁、温暖而通风良好的圈舍，给予大量清水及少量干草，加入少量的谷粒及麸皮，减少精料的供给量，并对羊舍、场区等及用具使用 10% 漂白粉溶液、20% 生石灰或 3%~5% 石炭酸严格消毒。同群的假定健康羊可用高免血清进行紧急预防注射，隔离观察 1 周后，如无新病例出现，再注射疫苗。如无高免血清，也可用疫苗进行紧急预防接种，但应做好潜伏期病羊发病的紧急抢救准备。

可使用以下药物治疗：①青霉素，4 万~8 万 u/kg 体重、链霉素 15 mg/kg 体重混合肌内注射，每天 2 次，连用 2～3 d。②采用氟甲砜霉素和硫酸卡那霉素联合用药，配合地塞米松磷酸钠，肌内注射。氟甲砜霉素 20 mg/kg 体重，硫酸卡那霉素 10~15 mg/kg 体重，地塞米松磷酸钠 4~12 mg/只，每天 1 次，连用 3 d。③磺胺嘧啶，25 mg/kg 体重内服。一般每天用药 2 次，连用 5 d。对病重羊可静脉注射药物配合高免血清肌内注射，有较好的治疗效果。

三、沙门氏菌病

沙门氏菌病，又名副伤寒，以引起败血症和肠炎为其特征，有的可引起怀孕母畜发生流产。该病分布于世界各地，对牲畜的繁殖和幼畜的健康带来严重危害。

【病原】病原为沙门氏杆菌，属于肠杆菌科沙门氏菌属，为革兰氏阴性、两端钝圆的中等大杆菌。迄今发现该菌属有 2500 种以上血清型。羊主要由鼠伤寒沙门氏菌、羊流产沙门氏菌、都柏林沙门氏菌属引起。

本属细菌对干燥、腐败、日光等因素具有一定的抵抗力，在外界条件下可以生存数周或数月。对化学消毒剂的抵抗力不强，一般使用常用消毒剂和消毒方法即能达到消毒目的。

【流行病学】各年龄阶段的羊均可感染，但幼年畜禽较成年者易感，以断乳龄或断乳不久的最易感。该病一年四季均可发生，育成期羔羊常于夏季和早秋发病，孕羊则主要在晚冬、早春季节发生流产。

病羊和带菌者是该病的主要传染源，其粪便、尿、乳汁以及流产的胎儿、胎衣和羊水排出病菌，污染水源和饲料等，经消化道感染健康羊。交配感染也是该病的一个重要感染途径。

【症状】该病根据临诊表现可分为下痢型和流产型。

（1）下痢型：病羊体温升高达 40~41 ℃，精神萎靡，食欲减退，腹泻，排黏性带血稀粪，有恶臭。发病羊虚弱、憔悴、低头、弓背，继而卧地，经 1~5 d 死亡。有的经两周后可康复。发病率 30%，病死率 25%。

（2）流产型：见于妊娠羊。沙门氏菌自肠道黏膜进入血流，被带至全身各个脏器，包括胎盘。细菌在脐带区离开母血绒毛上皮细胞而进入胎儿血液循环中。妊娠绵羊于怀孕的最后 1/3 期间发生流产或死产。在妊娠羊流产前，病羊体温上升至 40~41 ℃，部分有腹泻症状。流产前后数天，阴道有分泌物流出。病羊产下活羔，表现衰弱，委顿，卧地，并可有腹泻；不吮乳，往往于 1~7 d 内死亡。病母羊也可在流产后或无流产的情况下死亡。羊群暴发一次，一般持续 10~15 d，流产率和病死率可达 60%。其他羔羊的病死率达 10%，流产母羊一般有 5%~7% 死亡。

【病理变化】下痢型病羊可见真胃和肠道空虚，黏膜充血，有半液状内容物。肠道黏膜水肿有黏液，并含有小的血块，肠道和胆囊黏膜水肿。肠系膜淋巴结一般肿大充血。心内外膜下有小出血点。

流产、死产的胎儿或生后 1 周内死亡的羔羊，表现为败血症病变。死亡母羊胎盘水肿、出血，有急性子宫炎症。流产或死产者其子宫肿胀，常含有坏死组织、浆液性渗出物和滞留的胎盘。

【诊断】根据流行病学、临床症状和病理变化，可以做出初步诊断；确诊则需从病羊的血液、内脏器官、粪便，或流产胎儿胃内容物、脾、肝取材，做沙门氏菌的分离和鉴定。近年来，单克隆抗体技术和酶联免疫吸附试验（ELISA）已用来进行该病的快速诊断。

【防治】预防该病主要是加强饲养管理，消除发病诱因，保持饲料和饮水清洁、卫生。

发生该病时立即隔离病羊，病羊可用环丙沙星、氧氟沙星等药物治疗。无治疗价值的应及时淘汰处理。加强羊舍、用具及环境消毒，病死羊及时深埋处理。

四、葡萄球菌病

葡萄球菌病通常称为葡萄球菌感染，常引起皮肤的化脓性炎症，也可引起菌血症、败血症和各内脏器官的严重感染。多为个体的局部感染。

【病原】葡萄球菌属（Staphylococcus）为革兰氏阳性球菌，直径为 0.5~1.5 μm，无鞭毛，不形成芽孢和荚膜，常呈葡萄串状排列，在脓汁或液体培养基中常呈双球或短链状排列。葡萄球菌为需氧或兼性厌氧菌，可在普通培养基、血琼脂培养基上生长良好，在麦康凯培养基上不生长。根据细菌壁的组成、血浆凝固酶、毒素产生和生化反应的不同，可将葡萄球菌属分为金黄色葡萄球菌、表皮葡萄球菌和腐生性葡萄球菌三种，其中主要的致病菌为金黄色葡萄球菌。

葡萄球菌对外界环境的抵抗力较强，在尘埃、干燥的脓血中能存活几个月，加热 80 ℃经 30 min 才能杀死。该菌对磺胺类、龙胆紫、土霉素、新霉素、青霉素、红霉素、庆大霉素等敏感，但易产生耐药菌株，治疗时需要注意。

【流行病学】葡萄球菌在自然环境中分布极为广泛，空气、尘埃、物体表面、污水以及土壤中都有存在。羊可通过各种途径感染，破裂和损伤的皮肤黏膜是主要的入侵通道，也可经消化道、呼吸道感染。进入机体组织的葡萄球菌，引起感染局部发生化脓，导致蜂窝织炎、脓肿等病变，并可转移性引起内脏器官的脓肿病变。经呼吸道感染还可引起气管炎、肺炎及脓胸等。

在正常羊的皮肤、黏膜、肠道、呼吸道、消化道及乳腺等处，葡萄球菌寄生而不发病，当遇到各种应激，羊只抵抗力降低时就可能出现发病。因此，葡萄球菌的发生和流行，与各种诱发因素有密切关系，如饲养管理条件差、环境恶劣，污染程度严重、有其他疾病的发生等。

【症状】主要症状是脓肿和乳房炎。

（1）脓肿。羊只发生局限性脓肿，一般临床上表现为发生脓肿的组织和器官功能出现改变，全身症状不明显。

（2）乳房炎。绵羊传染性乳房炎，是由金黄色葡萄球菌引起的一种病程短促的急性坏疽性乳房炎。发病率为10%~30%，多于2~3 d内死亡，致死率高达90%。一般于感染后24 h发病。病羊精神不振和虚弱，放牧时常拖后腿前进，并抵制羔羊吮乳。乳房发热、疼痛、高度肿胀，皮肤绷紧、呈蓝红色，乳房分泌物呈红色至黑红色、带恶臭味。如继发巴氏杆菌感染，乳房分泌物呈水样，含有黄白色絮片。可摸到乳房中有豌豆大至鸡蛋大的坚硬结节，继之，触摸时有波动感。从乳房中排出一种带有臭味的棕色分泌液。如病羊能耐过急性发病期，则患病乳房于5~8周变成坏死块。发病羔羊常表现为皮炎和脓毒血症。

【病理变化】

（1）脓肿。皮下、肌肉与内脏器官常形成或大或小的脓肿，其中含有糊状或浓稠的灰黄色脓汁，脓肿包囊明显。肺、胸膜发生化脓性炎症时，可进一步引起肺与胸膜粘连。脓汁细菌检查时，可见大量葡萄球菌。组织检查可见，脓汁由大量脓细胞和液体组成，其中含有大小不一的密集球菌集落，嗜苏木紫性，也有许多分布不均匀的染色不良的中性粒细胞、淋巴细胞、浆细胞和巨噬细胞等，脓肿外围是由结缔组织构成的包囊。

（2）乳房炎。切开乳房可见受害部乳腺发生湿性坏疽，病变部变蓝、变黑，质软，具恶臭。

【诊断】根据发病情况、临床症状和病理变化可以做出初步诊断，确诊需要进一步实验室检查。

细菌学检查：无菌采集发病羊的脓汁、血液、肝、脾等病料进行涂片，革兰氏染色镜检，根据细菌形态、排列和染色性可做出初步判断，进一步确诊须将病料接种于血琼脂平板进行细菌的分离培养鉴定和生化试验。

血清学检查：可应用 ELISA 方法检查病羊血清中的抗体，此法对于诊断葡萄球菌感染有一定的参考价值。

【防治】由于葡萄球菌广泛存在于自然环境中，应首先做好羊舍内外的环境卫生，及时消除能造成机体外伤的各种因素；加强饲养管理，提供优质牧草，注意维生素和微量元素的补充，提高机体的抗病能力；做好各种外伤的消毒和环境消毒工作；母羊产前产后可做预防性投药，分娩当天做好母畜产道、外阴的消毒。

治疗可使用苯唑西林钠 10~15 mg/kg 体重，每天 2~3 次，连用 3 d；氯唑西林钠乳管注入，每乳室注入 50 mg，每天或隔天 1 次。

五、炭疽

炭疽是由炭疽杆菌引起的一种人畜共患的急性、热性、败血性传染病。其病变特点是脾显著肿大，皮下及浆膜下结缔组织出血性浸润，血液凝固不良，呈煤焦油样。

【病原】炭疽杆菌（*Bacillus anthracis*），革兰氏阳性菌，大小为（1.0~1.5）μm×（3~5）μm，菌体两端平直，呈竹节状，无鞭毛；在病料检验中多散在或呈 2~3 个短链排列，有荚膜，在培养基中则形成较长的链条，一般不形成荚膜。该菌在病畜体内和未剖开的尸体中不形成芽孢，但暴露于充足氧气和适当温度下能在菌体中央形成芽孢（图 8-15）。

炭疽杆菌为兼性需氧菌，对培养基要求不严，在普通琼脂平板上生长成灰白色、表面粗糙的菌落，放大观察菌落有花纹，呈卷发状，中央暗褐色，边缘有菌丝射出。

炭疽杆菌菌体对外界理化因素的抵抗力不强，但芽孢则有坚强的抵抗力，在干燥的状态下可存活 32~50 年，150 ℃干热 60 min 方可杀死。现场消毒常用 20% 的漂白粉溶液，0.1% 氯化汞溶液，0.5% 过氧乙酸溶液。来苏尔、石炭酸和乙醇的杀灭作用较差。

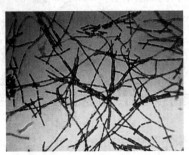

图 8-15　炭疽杆菌染色涂片形态

【流行病学】该病的主要传染源是患畜，当患畜处于菌血症时，可通过粪、尿、唾液及天然孔出血等方式排菌；如尸体处理不当，更会使大量病菌散播于周围环境，若不及时处理，则污染土壤、水源或牧场，尤其是形成芽孢后，可能成为长久疫源地。

该病主要通过采食污染的饲料、饲草和饮水经消化道感染，但经呼吸道和吸血昆虫叮咬感染的可能性也存在。自然条件下，草食动物最易感，以山羊、绵羊、马、牛易感性最强。

该病常呈地方性流行，干旱或多雨、洪水涝积、吸血昆虫多都是促进炭疽暴发的因素，例如干旱季节，地面草短，放牧时牲畜易于接近受污染的土壤；河水干涸，牲畜饮用污染的河底浊水或大雨后洪水泛滥，易使沉积在土壤中的炭疽芽孢泛起，并随水流扩大污染范围。此外，从疫区输入病畜产品，如骨粉、皮革、羊毛等也常引起该病暴发。

【症状】该病的潜伏期一般为 1~5 d，最长的可达 14 d。羊一般呈最急性发作，主要表现为突然发病倒地，病势凶猛，全身战栗、摇摆、昏迷、磨牙、呼吸极度困难，可视黏膜发绀，天然孔流出带泡沫的暗色血液，常于数分钟内死亡。病情稍缓的，表现为兴奋不安、行走摇摆、呼吸加快、心跳加速、可视黏膜发绀，后期全身痉挛，天然孔出血，几天即可死亡。

【病理变化】该病主要为败血症病变，尸僵不全，尸体极易腐败，天然孔流出带泡沫的黑红色血液，黏膜发绀。剖检时，血凝不良，黏稠如煤焦油样，全身多发性出血，皮下、肌间、浆膜下结缔组织水肿，脾脏变性、瘀血、出血、水肿，肿大 2~5 倍，脾髓呈暗红色，煤焦油样，粥样软化。

【诊断】该病病程急，最急性病例往往缺乏临诊症状，对疑似病死畜又禁止解剖，因此最后诊断一般要依靠微生物学及血清学方法。

（1）病料采集：可采取病畜的末梢静脉血或切下一块耳朵，必要时切下一小块脾脏，病料需放入密封的容器中。

（2）镜检：取末梢血液或其他材料制成涂片后，用瑞氏染色或吉姆萨染色，发现有多量单在、成对或 2~4 个菌体相连的短链排列、竹节状有荚膜的粗大杆菌，即可确诊。

（3）培养：新鲜病料可直接于普通琼脂或肉汤中培养，污染或陈旧的病料应先制成悬液，70 ℃加热 30 min，杀死非芽孢菌后再接种培养，对分离的可疑菌株可做噬菌体裂解试验、荚膜形成试验及串珠试验。这几种方法中以串珠试验简易快速且敏感特异性较高。

（4）动物接种：用培养物或病料悬液注射 0.5 mL 于小鼠腹腔，经 1~3 d 后接种小鼠因败血症死亡，其血液或脾脏中可检出有荚膜的炭疽菌。

（5）Ascoli 反应：是诊断炭疽简便而快速的方法，其优点是培养失效时，仍可用于诊断，因而适宜于腐败病料及动物皮张、风干、腌浸过肉品的检验，但先决条件是被检材料中必须含有足够检出的抗原量。肝、脾、血液等制成抗原于 1~5 min 内两液接触面出现清晰的白色沉淀环，而生皮病料抗原于 15 min 内出现白色沉淀环。此外，还可用琼脂扩散试验和荧光抗体染色试验检测。

【防治】

1. 预防措施　在疫区或常发地区，每年对易感动物进行预防注射，常用的疫苗是无毒炭疽芽孢苗，接种 14 d 后产生免疫力，免疫期为 1 年。

2. 扑灭措施　该病发生时，应尽快上报疫情，划定疫点、疫区，采取隔离封锁等措施，对病畜要隔离治疗，禁止病畜流动。对发病畜群要逐一测温，凡体温升高的可疑患羊可用青霉素等抗生素或抗炭疽血清注射，或两者同时注射效果更佳。对发病羊群可全群预防性给药，受威胁区及假定健康动物做紧急预防接种，逐日观察 2 周。

3. 消毒　尸体天然孔及切开处，用浸泡过消毒液的棉花或纱布堵塞，连同粪便、垫草一起焚烧，也可就地深埋，病死畜躺过的地面应除去表层土 15~20 cm，与 20% 的漂白粉溶液混合后深埋。畜舍及用具场地均应彻底消毒。

4. 封锁　禁止疫区内牲畜交易和输出畜产品及草料。禁止食用病畜乳、肉。

六、链球菌病

链球菌病主要是由 β 溶血性链球菌引起多种动物和禽类感染的传染病总称，其临床症状表现多种多样，羊感染的主要特征是全身性出血性败血症及浆液性肺炎与纤维素性胸膜肺炎。

【病原】羊链球菌病是由 C 群马链球菌兽疫亚种引起的一种急性、热性、败血性传染病。该菌呈圆形或卵圆形，常排列成链，链的长短不一，短者成对，或由 4~8 个菌组成，长者数十个甚至上百个。在固体培养基上常呈短链，在液体培养基中易呈长链。大多数链球菌在幼龄培养物中可见到荚膜，不形成芽孢，多数无鞭毛，革兰氏染色阳性。该菌大多数为兼性厌氧菌，少数为厌氧菌。在普通琼脂上生长不良，在加有血液、血清的培养基中生长良好。

链球菌对热和普通消毒药抵抗力不强，多数链球菌经 60 ℃加热 30 min，均可杀死，煮沸可立即死亡。常用的消毒药如 2% 石炭酸、0.1% 新洁尔灭、1% 煤酚皂液，在 3~5 min 内可将其杀死。日光直射 2 h 死亡。0~4 ℃可存活 150 d，冷冻 6 个月特性不变。对青霉素、磺胺类药物敏感。

【流行病学】病羊和带菌羊是该病的主要传染源，经呼吸道和损伤的皮肤、虱子、苍蝇叮咬等途径传播，其中呼吸道为主要传播途径。该病的流行和发生有明显的季节性，多在每年的 10 月到翌年 4 月的寒冷冬春季节。这个季节气候干燥，风大雪少，病菌飞扬易为羊只吸入，引起发病；而且由于冬季寒冷，羊只常挤在一起，更增加了接触传染的机会。新疫区多在冬春季呈流行性发生，危害严重。常发区多为散发。发病率一般为 15%~24%，病死率为 80% 以上。

【症状】该病的潜伏期，自然感染为 2~7 d，少数可长达 10 d。

（1）最急性型：病羊最初发症状不易被发现，常于24 h内死亡，或在清晨检查圈舍时发现死于圈内。

（2）急性型：多见于新疫区，病羊病初体温升高到41 ℃以上，精神委顿，垂头、弓背、呆立、不愿走动。食欲减退或废绝，停止反刍。眼结膜充血，流泪，随后出现浆液性分泌物。鼻腔流出浆液性脓性鼻汁。咽喉肿胀，咽背和颌下淋巴结肿大，呼吸困难，流涎、咳嗽。粪便有时带有黏液或血液。孕羊阴门红肿，多发生流产。最后衰竭倒地，多数窒息死亡。病程2~3 d。

（3）亚急性型：体温升高，食欲减退。流黏性透明鼻汁，咳嗽，呼吸困难。粪便稀软带有黏液或血液。嗜卧、不愿走动，走时步态不稳。病程1~2周。

（4）慢性型：病情不稳定，病程较长。一般轻度发热，消瘦，食欲减退，腹围缩小，步态僵硬。有的病羊咳嗽，有的出现关节炎。病程1个月左右，多数转归死亡。

【病理变化】尸僵不全，特征性病理变化可见各个脏器泛发性出血，淋巴结肿大、出血。鼻、咽喉和气管黏膜出血。肺水肿或气肿，出血，出现肝变区，常与胸前粘连。胸、腹腔液及心包液增量。心冠沟及心内外包膜有小点状出血。肝肿大呈泥土色，边缘钝厚，包膜下有出血点；胆囊肿大2~4倍，胆汁外渗。肾脏肿大，质地脆、柔软，出血梗塞，包膜不易剥离。各个器官浆膜面附有黏稠的纤维素性渗出物。脾稍肿大。十二指肠及一部分小肠黏膜脱落，呈深红色弥漫性出血，肠内容物混有血液呈暗红色。浆膜出血，肠系膜淋巴结出血、肿大。

【诊断】根据上述变化可做出初步诊断，最后确诊必须依靠实验室检验。无菌采取脓肿、肝、脾、心血或脑等病料，制成涂片或触片，革兰氏染色，镜检，见有单个短链或长链的革兰氏阳性球菌。或将上述病料接种于含血琼脂培养基，该菌呈现β型溶血环。

（1）生化试验：结合各类糖发酵试验和生化反应特性，与伯杰氏手册对照。

（2）动物试验：将病料 5~10 倍稀释或接种于马丁肉汤培养基 24 h 后的培养物，家兔皮下或腹腔注射 1~2 mL，12~24 h 死亡后，从死亡兔的心血和脏器中再进行细菌分离培养和鉴定。

【防治】加强饲养管理，做好防寒保温工作，建立和完善以消毒卫生工作为核心的羊场安全制度。坚持自繁自养的原则，建立稳定的种羊群，不从疫区引种或购回产品，严禁病羊与健康羊群混养和混牧；严把产地和流通环节的检疫、检验关。该病高发区平时做好疫苗的免疫工作，可用羊链球菌氢氧化铝灭活疫苗接种，一次皮下注射 3 mL，3 月龄以下羔羊，在第一次注射后 2~3 周再注射 1 次，免疫期半年以上。

发病时，可采取以下措施：立即隔离、封锁病羊、死羊，粪便等污染物质集中深埋无害化处理，对圈舍、场地和用具用 10% 石灰乳或漂白粉溶液进行严格消毒，并按时除粪及定期消毒，保持圈舍清洁、卫生、通风和干燥，避免拥挤；防寒保暖及提供青绿饲料或添加多种维生素，以增强抗病力。

患羊可选用丁胺卡那霉素、泰乐菌素或林可霉素、磺胺类等治疗，连用 3~5 d，全群羊可投服阿莫西林和磺胺嘧啶片剂，连用 5~7 d。蹄部和关节部脓肿，待脓肿成熟后，及时切开后，涂以碘甘油。目前该菌对常用药物的耐药性越来越高，建议临床上用药前对分离菌进行药敏试验，选择对本场（户）敏感性药物治疗。

七、羔羊大肠杆菌病

该病是由致病性大肠杆菌引起，主要是造成幼羊的急性肠道传染病，在临床上以严重腹泻、败血症为特征。

【病原】该病病原是致病性大肠杆菌。该菌属于肠杆菌科埃希氏菌属，革兰氏阴性中等大小的杆菌，无芽孢，能运动，大小为（2~3）μm×（0.4~0.7）μm。病原菌对外界因素的抵抗力不强，60 ℃经 15 min 即死亡，一般常用消毒药均易将其杀死。

该菌为兼性厌氧菌，对营养的要求不高，在普通培养基上生长良好。在琼脂平板上 37 ℃培养 24 h 后，其菌落低而隆凸，无色光滑、湿润，直径为 2~3 mm，边缘整齐的露滴状菌落，在肉汤中生长良好，呈混浊生长。管壁有黏性的沉淀，液面管壁有菌环。在伊红-亚甲蓝琼脂（EMB 琼脂）上产生带有金属光泽黑色的菌落，在麦康凯琼脂上形成红色菌落，在沙门-志贺氏琼脂（SS 培养基）上一般生长不好或不生长。

大肠杆菌能分解葡萄糖、麦芽糖、鼠李糖、木糖、甘油、甘露醇、山梨醇和阿拉伯糖，产酸产气，但不分解淀粉、糊精或肌醇，少数菌株不发酵或缓慢发酵乳糖。甲基红试验阳性，V-P 试验阴性，在 Kligler 氏铁培养基上不产生 H_2S，有氰化钾时不生长，不液化明胶，不水解尿素，不在枸橼酸盐培养基上生长。

大肠杆菌有多种血清型，其中羊发病主要由 O_8、O_{78}、O_{101} 等引起。

【流行病学】该病发病日龄多在出生后 6 d 至 6 周多发，有些地方也可在 3~8 月龄的放牧羊群中发生；一年四季均可发生，多发于冬春舍饲时期，呈地方性流行或散发性。

仔畜未及时吸吮初乳，饥饿或过饱，饲料不良、配比不当或突然改变，气候剧变，均易于诱发该病。大型集约化养殖群密度过大，通风换气不良，饲管用具及环境消毒不彻底，是加速该病流行不容忽视的因素。

【症状】潜伏期数小时至 1~2 d。羔羊大肠杆菌病可分为败血型和肠型两型。

（1）败血型：主要发生于 2~6 周龄的羔羊，常突然发病死亡。病程稍长，病初可见体温升高达 41.5~42 ℃，病羔精神委顿，四肢僵硬，运动失调，头常弯向一侧，视力障碍，继之卧地，磨牙，头向后仰，一肢或数肢做划水动作。病羔口吐泡沫，鼻流黏液，有些关节肿胀、疼痛，最后昏迷。由于发生肺炎而呼吸加快，很少或无腹泻，多于发病后 4~12 h 死亡。从内脏可分离到致病性大肠杆菌。

（2）肠型：主要发生于 7 日龄以内的羔羊。病初体温升高到 40.1~41 ℃，不久即下痢，体温降至正常或微高于正常。粪便先呈半液状，由黄色变为灰色，之后粪呈液状，含气泡，有时混有血液和黏液。病羊精神委顿、虚弱，腹痛、拱背、卧地，如不及时治疗，可经 24~36 h 死亡，病死率 15%~75%。有时可见化脓性-纤维素性关节炎。从肠道各部可分离到致病性大肠杆菌。

【病理变化】

（1）败血型：主要呈急性败血症的变化，可见胸、腹腔和心包大量积液，内有纤维素；某些关节，尤其是肘和腕关节肿大，切开可见内滑液混浊增多，含纤维素性脓性絮片；脑膜充血，有很多小出血点，大脑沟常含有多量脓性渗出物。

（2）肠型：剖检可见尸体脱水严重，真胃、小肠和大肠内容物呈黄灰色半液状，黏膜充血、出血，肠系膜淋巴结肿胀发红。有的肺呈初期炎症病变。

【诊断】根据流行病学、临床症状和病理变化可做出初步诊断，确诊需进行细菌学检查。菌检的取材部位，败血型为血液、内脏组织，肠型为发炎的肠黏膜。对分离出的大肠杆菌应进行生化反应和血清学鉴定，然后再根据需要，做进一步的检验。

【防治】

1. 预防　首先要加强怀孕母羊和羔羊的饲养管理，做好抓膘保膘工作，保证饲料中蛋白质、维生素和矿物质的含量。保持羊舍干燥和清洁卫生，可用 3%~5% 的来苏尔喷洒消毒。其次搞好新生羔羊的环境卫生，哺乳前用 0.1% 的高锰酸钾水擦拭母羊的乳房、乳头和腹下，让羔羊吃到足够的初乳，做好羔羊的保暖工作。对于缺奶羔羊，一次不要喂饲过量。对有病的羔羊及时进行隔离治疗，即通过人工哺乳、加强护理和抗菌药物治疗。对腹泻严重的羔羊，还应进行强心、补液、预防酸中毒等措施，减少羔羊的死亡。对病羔接触过的房舍、地面、墙壁和排水沟等，要进行严格的消毒，可用 3%~5% 来苏尔。

2. 治疗　发病羊可以肌内注射乳酸环丙沙星 0.2mL/kg 体重和穿心莲 0.2mL/kg 体重，每天 1 次，连用 3 d。口服磺胺脒 5~8 g。重病羔羊采用静脉注射 5% 葡萄糖生理盐水 300 mL 补液，同时注射 5% 碳酸氢钠溶液 20 mL。也可配合中药方剂灌服：白头翁 10 g，黄连 10 g，秦皮 12 g，生山药 30 g，山萸肉 12 g，茯苓 10 g，白术 15 g，白芍 10 g，干姜 5 g，干草 6 g，诃子肉 10 g。用法：煎汤 300 mL，每只羔羊灌服 10 mL，每天 2 次，连用 3 d。

此外，也可使用氟苯尼考注射液、阿米卡星、恩诺沙星等抗生素进行治疗，注意防脱水补液，吸吮反应正常的可采取口服补液的方法。

八、羊支原体肺炎

羊支原体性肺炎，又称羊传染性胸膜肺炎，是由支原体所引起的一种高度接触性传染病。其临床特征为高热、咳嗽，胸和胸膜发生浆液性和纤维素性炎症，取急性和慢性经过，病死率很高。发病率可达 87%，死亡率达 34.5%。该病见于许多国家，我国也有发生，特别是饲养山羊的地区较为多见。

【病原】引起山羊传染性胸膜肺炎的病原体为丝状支原体山羊亚种，为细小、多变性的微生物，革兰氏染色阴性，用姬姆萨染色、卡斯坦奈达氏法或亚甲蓝染色着色良好。引起绵羊传染性胸膜肺炎的病原体为绵羊肺炎支原体。

近年来，从我国甘肃等省区的患病山羊中分离到一种与丝状支原体山羊亚种无交互免疫性的支原体，经鉴定为绵羊肺炎支原体。培养基要求比丝状支原体山羊亚种苛刻。低浓度琼脂培养基生长时，可呈现"煎蛋"状菌落，但琼脂浓度较高时则无此表现。

【流行病学】在自然条件下，丝状支原体山羊亚种只感染山羊，3岁以下的山羊最容易感染，尤其是奶山羊；而绵羊肺炎支原体则可感染山羊和绵羊。本病山羊多发，绵羊较少见。

病羊为主要传染源，其病肺组织和胸腔渗出液中含有大量病原体，主要经呼吸道分泌物排菌。病羊组织内的病原体在相当长的时期内具有生活力，这种羊也有散播病原的危险性。

该病常呈地方性流行，接触传染性很强，主要通过空气、飞沫经呼吸道传染。在阴雨连绵、寒冷潮湿、羊群密集拥挤等不良因素下容易诱发该病。另外，冬季和早春枯草季节，羊只缺乏营养，容易受寒感冒，造成羊只抵抗力下降，也容易诱发该病。

新疫区的暴发，几乎都是由于引进或迁入病羊或带菌羊而引起；在牧区，健康羊群可能由于放牧时与染疫群发生混群而受害。发病后，在羊群中传播迅速，20 d左右可波及全群。冬季流行期平均为15 d，夏季可维持2个月以上。

【症状】潜伏期长短不一，短者5~6 d，长者3~4周，平均18~20 d。根据病程和临床症状，可分为最急性、急性和慢性三型。

（1）最急性：病初体温升高，可达41~42℃，极度委顿，食欲废绝，呼吸急促而有痛苦的鸣叫。数天后出现肺炎症状，呼吸困难，咳嗽，并流浆液带血鼻液，肺部叩诊呈浊音或实音，听诊肺泡呼吸音减弱、消失或呈捻发音。12~36 h内，渗出液充满病肺并进入胸腔，病羊卧地不起，四肢伸直，呼吸极度困难，每次呼吸则全身颤动；黏膜高度充血，发绀；目光呆滞，呻吟哀鸣，不久窒息而亡。病程一般不超过4~5 d，有的仅12~24 h。

（2）急性：最常见。病初体温升高，继之出现短而湿的咳嗽，伴有浆液性鼻漏。4~5 d后，咳嗽变干而痛苦，鼻液转为黏液-脓性并呈铁锈色，黏附于鼻孔和上唇，结成干固的棕色痂垢。多在一侧出现胸膜肺炎变化，叩诊有实音区，听诊呈支气管呼吸音和摩擦音，按压胸壁表现敏感，疼痛。这时高热稽留不退，食欲锐减，呼吸困难和痛苦呻吟，眼睑肿胀，流泪，眼有黏液-脓性分泌物。口半开张，流泡沫状唾液。头颈伸直，腰背拱起，腹肋紧缩，孕羊大批（70%~80%）发生流产。最后病羊倒卧，极度衰弱委顿，有的发生腹胀和腹泻，甚至口腔中发生溃疡，唇、乳房等部皮肤发疹，濒死前体温降至常温以下，病程多为7~15 d，有的可达1个月。幸而不死的转为慢性。

（3）慢性：多见于夏季。全身症状轻微，体温降至40℃左右。病羊间有咳嗽和腹泻，鼻涕时有时无，身体衰弱，被毛粗乱无光。在此期间，如饲养管理不良，与急性病例接触或机体抵抗力由于种种原因而降低时，很容易复发或出现并发症而迅速死亡。

【病理变化】病变部位多局限于胸部。胸腔常有淡黄色积液，有时多达200~500 mL，暴露于空气后其中有纤维蛋白凝块。病理损害多发生于一侧，常呈纤维蛋白性肺炎，间或为两侧性肺炎；肺实质硬变，切面呈大理石样变化、瘀血、出血；肺小叶间质变宽，界限明显（图8-16）；血管内常有血栓形成。胸膜增厚而粗糙，常与肋膜、心包膜发生粘连。支气管淋巴结、纵隔淋巴结肿大，切面多汁并有出血点。心包积液，心肌松弛、变软。急性病例还可见肝、脾肿大，胆囊肿胀，肾肿大，被膜下可见有小点状出血。病程延长者，肺肝变区机化，结缔组织增生，甚至有包囊化的坏死灶。

图8-16 肺瘀血、出血，间质增宽

【诊断】由于该病的流行规律、临床表现和病理变化都很具特征，根据这三个方面做出综合诊断并不困难。确诊需要进行病原分离鉴定和血清学试验。血清学试验可用补体结合反应，多用于慢性病例。

该病在临床上和病理上均与羊巴氏杆菌病相似，但以病料进行细菌学检查可与之区别。

【防治】

1. 预防 平时预防除加强一般措施外，关键问题是防止引入或迁入病羊和带菌者。新引进羊只必须隔离检疫1个月以上，确认健康后方可混入大群。加强饲养管理，保持舍内温度适宜，通风良好，清洁卫生，供给优质饲料，增强机体抵抗力。同时，应完善各项消毒措施，从而达到有效切断传播途径、消除传染源的目的。

免疫接种是预防该病的有效措施。我国目前有用丝状支原体山羊亚种制造的山羊传染性胸膜肺炎氢氧化铝苗，大羊每只肌内注射5 mL，小羊每只肌内注射3 mL。其他还有鸡胚化弱毒、绵羊肺炎支原体灭活苗，应根据当地病原体的分离结果，选择使用。

对发病羊群进行封锁，及时对全群进行逐头检查，对病羊、可疑病羊和假定健康羊分群隔离治疗；对被污染的羊舍、场地、饲管用具可用 2%~3% 的氢氧化钠（烧碱）溶液喷洒彻底消毒，病羊的尸体、粪便等，应做无害化处理。

2.治疗 ①阿奇霉素注射液，肌内注射，0.2 mL/kg 体重，每天 1 次，连用 3 d；②10% 氟苯尼考注射液，肌内注射，0.2 mL/kg 体重，每天 1 次，连用 3 d；③新胂凡纳明（914）注射液，5 月龄以下羔羊 0.1~0.15 g，5 月龄以上羊 0.2~0.25 g，用灭菌生理盐水或 5% 葡萄糖盐水稀释为 5% 溶液，一次静脉注射，必要时间隔 4 d 再注射 1 次；④病羊初期治疗用盐酸土霉素（或长效土霉素）20~50 mg/kg 体重，每天 1 次，症状轻微者 2 次即可。

九、棒状杆菌病

棒状杆菌病是由棒状杆菌属的细菌所引起的羊的一些疾病的总称，由于是由不同种类的棒状杆菌所引起，临床症状也不完全相同，但一般以某些组织器官发生化脓性或干酪性的病理变化为特征。

（一）伪结核棒状杆菌病

伪结核棒状杆菌病又称羊伪结核、干酪性淋巴结炎（caseous lymphadenitis），是羊的一种接触性、慢性传染病，其特征为局部淋巴结发生干酪样坏死，有时在肺、肝、脾、子宫角等处发生大小不等的结节，内含淡黄绿色干酪样物质。

【病原】病原为伪结核棒状杆菌。菌体呈球形或细丝状杆菌，病料中的细菌呈多形性，不形成芽孢，革兰氏染色阳性。本菌抵抗力不强，对热敏感，66 ℃加热 10~15 min 即死亡，普通消毒药短时间内亦能将其杀死。

【流行病学】山羊最易感，特别是 2~4 岁的小羊，1 岁以内、5 岁以上者亦有发病，但感染率低，发病较少；公、母羊均可感染，但以母羊占大多数；绵羊次之，马、牛、骆驼、小鼠、豚鼠等均可感染，人也可感染。

病畜和带菌动物是主要的传染源。病原菌可随粪便排出而污染外界环境，经皮肤表面的轻微创伤而传，如剪毛、去势、打号、梳刷、刺伤以及吸血昆虫的叮咬，都可使羊感染本病；也可经消化道和呼吸道感染。本病以散发为主，偶尔呈地方性流行。

【临诊症状】潜伏期长短不定，依细菌侵入途径和动物年龄而异。据甘肃农业大学报告，用本菌的18 h肉汤培养物，皮下注射于山羊羔，10 d后除局部反应外，还能致死羔羊；1岁山羊皮下注射，17 d后于局部淋巴结形成干酪样坏死，腹腔注射，经4 d死亡。临诊上依病变出现的部位，该病可分为体表型、内脏型与混合型。

1. 体表型　病羊一般无明显的全身症状，病变常局限于淋巴结。淋巴结肿大，可达蚕豆至核桃大，个别病例（如发生于乳房上淋巴结时）甚至达拳头大。肿大的淋巴结呈圆形或椭圆形。局部被毛逐渐脱落，皮肤潮红，变薄，继而溃烂，排出淡黄绿色、黏稠如牙膏状的脓汁，在破溃处的皮肤与被毛上常附有脓汁干涸后形成的痂皮。以耳下（腮腺淋巴结）、肩前、颈中、乳房、股前等处淋巴结最常见。在流行高峰期，往往在体表易接触感染的部位，如颊部、颈部、背部、腹部、肉垂、后肢等没有淋巴结的地方，也出现脓肿。颊部的脓肿较小，脓汁最黏稠，用铂耳圈无法取材。脓肿常有明显而厚的包膜，靠近体表面光滑，在贴近肌肉处的表面则凹凸不平。包膜内壁呈暗红色，内部有各种形状的隐窝。

2. 内脏型　此类病型较少见。病羊消瘦，有慢性咳嗽，常有慢性消化不良，死亡后才发现内脏病变。

3. 混合型　病羊体表多处出现肿胀，全身反应较严重，食欲减退、行动无力、咳嗽、腹泻，最后因虚弱而死亡。病程很长。

【病理变化】尸体消瘦，被毛粗乱、干燥，体表淋巴结肿大，肝、肺、脾、肾、子宫角等处有大小、数目不等的脓肿。

【诊断】根据临诊症状和脓汁的实验室检查可以确诊。

【防治】防控本病的主要措施是对环境进行定期消毒，对病羊进行根治手术，防止原菌污染外界环境。

脓肿的根治手术，按一般外科常规处置后，皮肤做梭形切开，将脓肿充分暴露，连同包膜一并摘除；较大的脓肿可先将包膜切开一小孔，挖除大部分脓汁（但不能接触切口），然后换用另一套器械仔细分离包膜，最好将包膜完全剔除。如在包膜外有丰富的血管，经过止血后，创囊内可填入明胶海绵，撒入抗生素粉末，切口做结节缝合。术后一般无须特殊处理，个别病羊如手术后出现发热不食情况，可使用抗生素对症治疗。

（二）化脓棒状杆菌病

化脓棒状杆菌病主要特征是引起绵羊和山羊的局部炎症和脓肿。

【病原】病原为化脓棒状杆菌，它是一种多形性小杆菌，有的菌端膨大呈棒状，有的菌端尖锐，有的呈球形，常单在或成丛排列，革兰氏染色阳性。

【流行病学】本病的发生无年龄、性别、品种的差异，一年四季均可发生，呈散发。本菌常存在于健康动物的扁桃体、咽后淋巴结、上呼吸道、生殖道和乳房等处，通常经外伤而感染。

【症状】本病的临床表现并没有显著的特征。感染的部位不同，可能出现局部症状，如侵害肺，造成咳喘，呼吸加快；侵害关节，出现瘸拐等症状。

【病理变化】病理变化常局限于某个部位，如结缔组织增生的慢性化脓性肺炎、关节炎，以及病死率很高的羔羊咽喉慢性脓肿。

【诊断】化脓棒状杆菌所引起的脓肿包囊厚，脓汁稀，黄绿色，无臭味。确诊则依赖于采取病料（如脓汁、炎性渗出物等）进行病原菌的分离和鉴定。

【防治】注意羊的皮肤清洁卫生，防止外伤；发生外伤后应及时进行外科处理。搞好消毒是控制本病的有效措施，本病目前无有效疫苗。化脓棒状杆菌对青霉素和广谱抗生素敏感，但由于脓肿包囊厚，抗生素不易到达进入发病部位，必须配合外科手术治疗，可参考伪结核棒状杆菌病外科手术治疗方法。

十、李氏杆菌病

李氏杆菌病，又名旋转病，在我国很多养羊的地区，均有本病的发生。该病是人畜共患传染病，主要特征表现为脑膜脑炎、败血症、孕羊流产、坏死性肝炎和心肌炎，以及血液中单核细胞增多。

【病原】病原为单核细胞增多性李氏杆菌或称产单核白细胞李氏杆菌。根据其抗原构造特点可分为 7 个血清型和 12 个亚型。对羊有致病性的以 1 型和 4b 型最多见，猪、禽和啮齿类以 1 型较多见，对人有致病性的以 1a 型、1b 型和 4b 型多见。

单核细胞增多性李氏杆菌，是一种革兰氏阳性的球杆菌，在涂片中菌体排列多呈单个散在，有时两个排成"V"形，有时呈短链状。无芽孢和荚膜，有鞭毛，能运动。在普通培养基上能生长，在血琼脂上生长良好呈 β 型溶血。本菌对外界因素的抵抗力较强，在土壤、粪便、青贮饲料和干草中能长期存活，在干土中可存活 2 年以上，对盐和碱的耐受性较大，在 20% 食盐溶液中经久不死。在 pH 5.0~9.6 和 10% 盐溶液中仍能生长。可生长温度范围广，4 ℃下也能缓慢生长。对热有一定的抵抗力，100 ℃经 15 min、70 ℃经 30 min 才能杀死。但对一般消毒药的抵抗力不强，常用浓度均可使其死亡，5% 克辽林或来苏尔 10 min，25% 氢氧化钠溶液或福尔马林 20 min，0.1% 氯化汞溶液 5 min，均能杀死本菌。

【流行病学】该病的传染源主要是患病动物和带菌动物，可从粪、尿、乳汁、精液及眼、鼻分泌物、流产胎儿、子宫分泌物等排菌。传染主要通过粪–口途径，自然感染包括通过消化道、呼吸道、结膜及损伤的皮肤等，污染的土壤和饲料是本病主要的传播媒介，吸血昆虫也起着媒介的作用。pH 值大于 5.5 的青贮饲料有利于本菌的繁殖，是该病的重要感染来源，因此该病又称为"青贮病"。

该病分布于全世界，温带地区比热带更多见。多呈散发，偶尔呈暴发流行。该病的发生有一定的季节性，多发于冬季和早春；冬季缺乏青饲料，天气突变，内寄生虫寄生或沙门氏菌感染都可促使该病的发生。各年龄阶段的山羊和绵羊均可感染，但幼龄羊和妊娠母羊较为易感。

【症状】病初体温升高，精神抑郁，食欲减退或废绝，不久出现神经症状，病羊眼球突出，视力障碍或失明，目光呆滞，全身肌肉间歇性震颤。头、颈部肌肉痉挛，呈圆圈运动。耳、唇、下颌发生麻痹，大量流涎。病后期倒地不起，神志昏迷，角弓反张，四肢做旱泳状运动。羔羊以败血症为主，致死率高；成年羊以脑炎为主，妊娠羊常发生流产，并同时从阴道内流出污浊的液体。

【病理变化】一般无特殊的眼观变化。有神经症状的病羊，其脑及脑膜可能出现充血、水肿，脑脊髓液增加，稍混浊，组织学检查可见血管周围出现单核细胞浸润。脑组织有局部性脓性坏死灶，多见于脑桥和髓质部。肝脏有小坏死灶。

流产病羊可出现子宫炎，表现为有脓性渗出物或暗红色液体，子宫壁增厚并有坏死，胎儿自溶，肝脏有大量小坏死灶。

败血症病羊可出现败血症的典型病理变化。另外肝、心肌、肾、脾可能有散在或弥漫性针尖大的淡黄色或灰白色坏死点，淋巴结肿大。

【诊断】根据临床症状、流行病学和剖检病理变化，只能做出初步诊断。确诊应无菌采取病畜的血、肝、脾、肾、脑组织或脊髓液，涂片染色镜检，同时将病料接种血琼脂平板或选择性培养基进行细菌的分离培养。也可用直接荧光抗体染色法，可快速准确地检出病菌。动物试验：家兔、小鼠和豚鼠均有易感性，一般在接种病料后 1~6 d 内死亡；鼠和家兔用病料点眼后可出现化脓性结膜炎和角膜炎。

【防治】

1. 预防 严格执行兽医卫生防疫制度，做好环境卫生，消灭老鼠及其他啮齿类动物，管好饲草、水源，防止污染；笼舍用具及场地用 4% 氢氧化钠溶液、3% 来苏尔或 10% 漂白粉溶液进行环境消毒。不从疫区引种，引种时加强检疫。少喂或不喂青贮饲料，特别是劣质青贮饲料等。加强综合防疫和饲养管理措施。

2. 治疗 羊李氏杆菌病一般多取急性败血症经过，发现病畜应及时采取隔离、消毒、治疗等措施。各种抗生素均有良好的治疗效果，尤其早期大剂量使用疗效更显著。羔羊可用青霉素 20 万 u，链霉素 25 万 u，注射水 5 mL，一次肌内注射，每天 2 次，连用 3~5 d；其他羊也可按体重使用青霉素、链霉素联合用药治疗。对全群其他未发病羊可使用磺胺嘧啶钠 0.07~0.1 g/kg 体重肌内注射，每天 2 次，连用 3 d；再口服长效磺胺，按 0.1 g/kg 体重使用，每天 1 次，连用 3 周可控制疫情。

十一、土拉弗氏菌病

土拉弗氏菌病（Tularaemia）又称野兔热（wild hare disease），是一种自然疫源性疾病，原发于野生动物，可传染家畜和人使之患病，是人畜共患的传染病。其主要特征是体温升高，肝、脾肿大、充血和多发性灶性坏死，淋巴结肿大并有针头大小的干酪样坏死灶。

【病原】病原为土拉弗朗西斯菌（*Francisella tularensis*，简称土拉弗氏菌）。该菌是一种多形性细菌，在患病动物血液中为球形，在培养基上则呈多形性，如球形、杆状、长丝状等，在病料中可看到荚膜。革兰氏染色阴性，呈两极着色。在普通培养基（血琼脂、明胶培养基、蛋白胨肉汤）中土拉弗氏菌不生长，在含有胱氨酸、半胱氨酸的培养基上才能生长，该菌不同菌株之间无抗原差异性，但与布鲁氏菌及鼠疫耶尔辛氏菌具有共同抗原。该菌对自然条件的抵抗力很强，在土壤、水、肉和皮毛中可存活数十天，在尸体和皮革中能生存 40~133 d。对热和常用消毒药都敏感，55~60 ℃加热 10 min 即死亡，1% 的来苏尔、3% 的石炭酸经 3~5 min 可将其杀灭。

【流行病学】该病的自然疫源地主要分布于森林、草原、河滩、沼泽等地。其传染源主要来自野兔与野生啮齿动物，栖居于水边洞穴和溪边的水鼠、海狸也是本病的传染源，羊羔和 1~2 岁幼羊感染后也可作为传染源。传播途径主要为直接接触，或通过蜱、蚊、吸血蝇类、虻等叮咬皮肤而传播，也可由污染的牧草、饲料和饮水经消化道而感染，或经呼吸道、眼结膜感染。家畜发病一般只有个别或少数病例，绵羊尤其羔羊发病较为严重，可引起较大的经济损失。该菌传染力强，能透过没有损伤的黏膜或皮肤，所以处理病畜时要特别注意。该病常呈地方性流行，多发生于春末、夏秋啮齿动物与吸血昆虫繁殖滋生的季节。

【症状】该病潜伏期为 1~9 d。发病后体温升高至 40.5~41 ℃，病羊精神萎靡，步态硬、不稳，行动迟缓，后肢软弱或瘫痪，体表淋巴结肿大。2~3 d 后体温降至正常，但随后又出现体温升高，一般 8~15 d 痊愈。妊娠母羊发生流产或死胎。羔羊一般病情较重，除可见到上述症状外，还可见黏膜苍白，腹泻，后肢麻痹。有的表现兴奋不安，呈昏睡状态，不久死亡；病死率很高。山羊较少患该病，症状与绵羊相似。

【病理变化】病羊体表淋巴结肿大，常见于颈部、咽背、肩胛前及腋下淋巴结，有的有坏死和化脓灶。肝、脾肿大，有坏死灶和结节。心内外膜有出血点，肺呈纤维素性肺炎病变。皮肤感染处水肿，有出血和硬结。

【诊断】该病可根据流行病学（特别是有野兔接触史、昆虫叮咬史）、临床症状和剖检病理变化做出初步诊断，确诊则需要进行细菌学分离鉴定或血清学检验。

（1）细菌学分离鉴定：采集可疑病羊或尸体，采血液、淋巴结、肝、脾、肾的病变组织，制成悬液皮下接种于豚鼠，一般经4~10 d死亡，剖检肝、脾可见多发性坏死灶，采集血液和病变组织等样品接种于含有半胱氨酸、卵黄等特殊培养基上，可分离出致病菌。

（2）血清学检验：采集可疑病羊血液与标准抗原做凝集反应试验，如凝集价在 1：100 以上者为阳性。此法尤适用于羊群的普查。该菌与布鲁氏菌可发生交叉凝集反应，但该菌抗原与布鲁氏菌病血清的凝集价低，可以区别。如与变态反应同时进行，则可以提高诊断的准确性。另外，也可用间接血凝试验、抗体中和试验进行血清抗体的检查。

（3）变态反应诊断：变态反应抗体通常在感染后 3~5 d 出现。用土拉弗氏菌素 0.2 mL 注射于羊尾根皱褶处皮内，观察 12~24 h，如局部发红、肿胀、发硬、疼痛者为阳性，但有一小部分病羊不发生反应。

【防治】加强动物的饲养管理，做好羊只的常规防疫和驱虫，搞好羊场的环境卫生，减少野生啮齿动物及吸血昆虫的滋生，经常进行杀虫灭鼠工作。发现病羊及时进行隔离治疗，全场消毒。对与发病羊同场羊群进行凝集反应试验和变态反应试验，直至全群变为阴性，并将吸血昆虫驱除之后，方可认为控制了该病。有条件的地区可应用弱毒活菌苗皮肤划痕或气雾免疫预防接种，效果良好，免疫力可维持 5~7 年。病羊可用硫酸链霉素 10~20 mg/kg 体重肌内注射，每天 2 次，连用 3~5 d；四环素 50 mg/kg 体重肌内注射，每天 2 次，连用 3~5 d；也可使用卡那霉素、庆大霉素等抗生素治疗，每天 2 次，7 d 为一个疗程。但一般不容易根治，为防止复发，应采用较长期用药或间歇地用药。

十二、坏死杆菌病

坏死杆菌病是各种家畜、家禽和野生动物共患的传染病。病的特征是在受损伤的皮肤和皮下组织、胃肠黏膜发生坏死，有的在内脏形成转移性坏死灶。

【病原】病原体为坏死梭杆菌。该菌为革兰氏阴性菌，在感染的组织内多为长丝状，也有呈短杆状或球杆状，新分离的菌株多呈长丝状。该菌为严格厌氧菌，易在有坏死组织或感染需氧菌的创伤内繁殖，但无运动性，不形成夹膜和芽孢。该菌对外界理化的抵抗力不强，55 ℃经 15 min 即可杀死，常用消毒药短时间内均可杀死，但自然条件下在污染的土壤中和有机质中能存活较长时间。

【流行病学】病畜和带菌动物是该病的传染源。该菌在自然界分布很广，其主要通过损伤的皮肤和黏膜而感染，羔羊有时可经脐带感染，人也可经外伤感染。该病多发生于低洼潮湿地区，常发于炎热、多雨的夏季，且以皮肤、黏膜损伤的情况下更多见。一般散发或呈地方流行性。饲养管理不善或环境条件较差，矿物质特别是钙磷缺乏、维生素不足、营养不良、长途运输等诸多应激因素，均能促进该病的发生。

【症状】绵羊坏死杆菌病多于山羊，因病原菌侵害的部位和组织不同而有不同的病名，如腐蹄病、坏死性口炎、肝肺坏死杆菌病等。绵羊常见侵害蹄部，又称绵羊腐蹄病，多为一肢患病，病初跛行，开始红肿、热痛，而后溃烂，挤压溃烂部有发臭的脓样液体流出。有的溃疡表面结痂，但痂下组织继续坏死，可侵及蹄软骨、韧带和肌腱。有的形成管，有的发展为急性蜂窝织炎。严重时，蹄角质变形，甚至发生蹄甲脱落。两肢患病时，则病羊跪地爬行。

【病理变化】侵害蹄甲可见蹄甲处溃疡、组织坏死。侵害肝脏可见肝质地坚硬，均匀散布蚕豆至胡桃核大的坏死病灶，颜色灰白。侵害肺脏可见肺实变，有大小不等的白色坏死灶，形成典型的肺脓肿。

【诊断】该病可根据流行病学、临床症状和病理变化做出初步诊断，确诊则需要进行实验室检查。可从病、健组织交界部位以无菌方法采取病料，制作涂片，以石炭酸复红亚甲蓝液染色，镜检。方法是以乙醇与乙醚的等量混合液固定 5~10 min，用石炭酸复红亚甲蓝液染色 30 s 后镜检，可见坏死杆菌有的呈短杆状，有的呈长丝状，或佛珠状的菌丝，着色不匀，呈蔷薇色或浅蓝色，其他细菌和背景略带粉红色。可将未被污染的病料接种于葡萄糖血琼脂平板进行细菌的分离鉴定。

动物试验：可用生理盐水或肉汤制取病料的悬液，接种兔耳外侧或小鼠尾根下，2~3 d 后接种动物逐渐消瘦，局部坏死，8~12 d 死亡，从死亡动物实质器官易于获得分离物。

【防治】加强饲养管理，做好环境卫生，经常保持羊舍、环境、用具的清洁与干燥；低湿牧场注意排水；消除发病诱因，避免蹄、皮肤和黏膜损伤；发现外伤及时进行处理。发现病羊，应及时隔离和治疗；污染场所、用具要采取严格的消毒措施。此外，可通过 5%~10% 硫酸铜溶液对羊群进行脚浴，每天 1~2 次，连用 3 d。

治疗该病需要根据病型采取不同的治疗措施。全身治疗可肌内或静脉注射磺胺类、四环素类等药物，此外还应配合强心、解毒、补液等对症疗法，以提高治愈率。对腐蹄病患羊，应彻底消除患部坏死组织，用 1% 高锰酸钾或 3% 来苏尔冲洗，或用 6% 福尔马林或 10% 硫酸铜液洗脚，然后在蹄底孔或洞内填塞硫酸铜、水杨酸粉或高锰酸钾粉。对软组织可用松馏油、碘仿磺胺粉或抗生素等药物，以绷带包扎，再以融化的柏油涂布以防污水渗入创内。当创口开放时，可先做外科处理，再以抗生素软膏或 10% 龙胆紫或 10% 甲醛酒精等涂布。治疗的同时，要注意消除发病诱因，加强护理。

十三、破伤风

破伤风又称强直症，俗称锁口风，广泛分布于世界各地，是危害人类健康和畜牧业发展的一种较为严重的人畜传染病。其临床特征为肌肉呈持续性强直性痉挛和反射兴奋性增高。

【病原】病原为破伤风梭菌，是一种专性厌氧革兰氏阳性细长杆菌，能产生痉挛毒素、溶血毒素和溶纤维素等三种外毒素。该菌繁殖体抵抗力弱，芽孢抵抗力很强，在土壤中可存活几十年。100 ℃蒸汽中能耐受 60 min，使用 10% 碘酊、10% 漂白粉溶液约需 10 min 才能死亡，3% 甲醛溶液需 24 h 才可将其杀死。破伤风梭菌对青霉素敏感。

【流行病学】该病的发生无年龄、性别、品种的差异，一年四季都可发生，多呈散发。母羊产羔季节，羔羊和母羊多发。该病主要是由破伤风梭菌经伤口深部感染引起的一种传染病，因此常因断脐、断尾、断角、去势、手术、产后产道损伤和其他创伤或擦伤而感染，特别是狭小面深的创伤（如钉伤、注射器等的刺伤）。羊常因伤口内发生坏死，或伤口被泥土、粪、痂皮堵塞封盖造成厌氧环境，最适合破伤风梭菌生长繁殖，产生大量毒素，侵害中枢神经系统而发病。此外，还有部分（占 40% 左右）病例在临床上见不到外伤，或因潜伏期内创伤已痊愈，或经胃肠道黏膜损伤感染而致病。

【症状】其临诊特征为运动神经中枢兴奋性增高和持续的肌肉痉挛。该病潜伏期为1~2周。症状表现为不能自由卧下或立起，四肢逐渐强直外张，关节屈曲困难，运步障碍，角弓反张，牙关紧闭，不能采食，口流白色泡沫，耳朵直硬，尾直，呈"木马样"。因腹肌痉挛，常见反刍停止，不嗳气，有轻度瘤胃臌胀。病羊易惊，突然的声响可使骨骼肌发生痉挛，致使病羊倒地。母羊的强直症多发生于产死胎或胎衣停滞之后，羔羊多因脐带感染，病死率很高。体温一般正常，呼吸浅表、增数，脉搏细弱，黏膜发绀，死前可升高至42℃；继发有脱水、心力衰竭、腹泻等症状。

【病理变化】无特征性病理变化。

【诊断】根据病羊外伤及可见的临床症状可做出诊断。

【防治】

1. 预防　主要是防止羊发生各种外伤，如发生外伤要及时进行外科处理，尽快用0.1%新洁尔灭等溶液清洗，然后涂抹2%~5%碘酊。做各种手术时，要严格无菌操作，注意消毒。母羊产后可用青霉素、链霉素进行子宫灌注和肌内注射，防止产道感染，并可肌内注射抗破伤风血清1万~3万u。对于该病常发的羊场，可注射破伤风类毒素，山羊、绵羊皮下注射0.5 mL，平时注射1次即可，受伤时再注射1次。此外，应加强饲养管理，搞好环境卫生。

2. 治疗　对于羊破伤风的治疗应做到早发现，早治疗，采取加强护理、创伤处理、特异疗法及对症治疗相结合的综合疗法，可收到明显的治疗效果。可从以下方面处置。

（1）患病动物置于光线较暗、干燥清洁、通风良好的圈舍内，铺上垫草，保持安静，避免各种音响和刺激；给予易消化、柔软的饲料，勤饮水，补充电解多维、食盐等。

（2）要彻底除去创伤内的异物及污物，用 3% 过氧化氢溶液、2% 高锰酸钾溶液冲洗，涂以 5% 碘酊，每天处理 1 次。同时肌内注射青霉素和链霉素每天 2 次，连用 8 d。

（3）病初注射抗破伤风血清可迅速中和毒素，具有特异疗效，每只用量为 10 万 ~ 40 万 u。

（4）为缓解破伤风引起的惊厥，可使用 25% 硫酸镁注射液 5~20 mL，静脉或肌内注射，每天 1~2 次，连用 2~4 d。

（5）为使羊镇静，可使用盐酸氯丙嗪作为破伤风的辅助治疗，肌内注射 1~2 mg/kg 体重或静脉注射 1 mg/kg 体重。静脉注射时应进行稀释，速度易慢；用药后能改变动物的大多数生理常数，如呼吸、心率、体温等，临床检查需要注意；使用本品过量引起血压降低时，禁用肾上腺素解救，以防血压进一步降低，但可用去甲肾上腺素等兴奋 α-受体的拟肾上素药解救。

（6）出现酸中毒时，可用 5% 碳酸氢钠注射液 50~80 mL 静脉注射，每天 2 次，连用 2~4 d。

（7）为了调节胃肠机能，可内服健胃散、酵母片、人工盐等。

十四、肉毒梭菌中毒症

肉毒梭菌中毒症是羊只食入含有肉毒梭菌毒素的牧草或饲料而发生的一种中毒性疾病。该病呈世界性分布，以运动中枢神经麻痹和延脑麻痹为其特征。

【病原】病原体是肉毒梭菌（*Clostridium botulinum*），发病主要是由于其分泌的肉毒毒素。肉毒梭菌是一种腐生菌，不利条件下可很快形成椭圆形芽孢，位于菌体的近端，芽孢广泛分布于自然界。肉毒梭菌是两端钝圆、专性厌氧的革兰氏阳性杆菌，周身有鞭毛，无荚膜，多单在。该菌在繁殖过程中可以产生毒力极强的外毒素，在动物尸体、肉类、饲料中繁殖时也可产生大量的外毒素。根据毒素的抗原性不同，可将肉毒梭菌分为 A、B、C、D、E、F 和 G 7 个毒素型。据调查，引起我国羊发病的主要是 C 型。

肉毒梭菌抵抗力一般，80 ℃经 30 min 或 100 ℃经 10 min 即可将其杀死。但形成芽孢后对外界抵抗力强，尤其耐热性极强，沸水中 6 h，120 ℃高压需 10~20 min 才能将其灭活。肉毒梭菌分泌的毒素的抵抗力也很强，正常胃液和消化酶 24 h 不能将其破坏。在动物尸体、青贮饲料及发霉饲料中的毒素可保存数月，但可使用 0.1% 高锰酸钾溶液、1% 氢氧化钠溶液破坏毒素。

【流行病学】肉毒梭菌广泛分布于自然界，该菌的芽孢存在于羊场环境、干草，以及与土壤直接接触的各种物品，某些健康动物的肠道和粪便中也可能带菌，一般情况下不引起任何病理作用，但在适当的条件下可大量繁殖产生毒素，造成发病。当出现饲料中毒时，因毒素分布不均匀，可造成同批羊群发病情况差异，体格健壮、食欲较好的个体发病较为严重。

该病发生有一定的季节性，多发生于炎热季节，西南、东北地区每年 4 月初开始发病，到 10 月末开始减少，冬季自然停止。

【症状】病羊肌肉软弱和麻痹症状比较轻微，病初呈兴奋不安症状，步态强硬，行走时头弯于一侧，作点头运动，尾向一侧摆动，流涎，继而出现软弱无力，表现为共济失调、卧地不起、呼吸困难，最后呼吸麻痹死亡。有的病例出现咀嚼和吞咽困难，下肢麻痹。有的病例胃肠蠕动音减弱，甚至无蠕动音，便秘。急性病例仅昏迷数小时即死亡。

【病理变化】无特征性病理变化。

【诊断】可根据羊只食用可疑饲料及表现症状做出初步诊断。确诊则需要实验室检查，可采集可疑饲料或胃内容物做毒素试验。动物实验可采取以下方法：取检测的样品加入 2 倍量的生理盐水或蒸馏水，充分研磨制成混悬液，室温浸泡 1~2 h，然后离心或过滤，取上清液喂豚鼠 2 只，每只 1~2 mL；另取上清液，100 ℃水浴锅加热 30 min，将加热的上清液放到室温喂给另 2 只豚鼠做对照。如果检样中含有肉毒梭菌毒素，则未加热滤液的豚鼠经 3~4 天后出现流涎，四肢麻痹，呼吸困难，最后因心力衰竭而死亡，对照豚鼠因毒素被加温破坏而无反应。为了迅速得出诊断结果，可选用鸡做试验，方法：取上述两种滤液各 0.1~0.2 mL 分别注射于鸡两侧眼睑皮下，即一侧（试验侧）注射未经加热的上清液，另一侧（对照侧）注射加热过的上清液；如果注射 30 min 至 2 h 后，未加热滤液一侧的眼睑麻痹，逐渐闭合，而对照侧眼睑仍然正常，则证明上清液中含有毒素。

【防治】该病多因食入腐败变质的饲料（尤其动物性饲料）而发病，因此主要预防措施在于注意饲料保管，防止腐败；在牧场和畜舍中发现动物尸体、残骸时应及时清除，防止污染草场及水源。在发病季节前定期进行预防注射，所用菌苗应该与当地流行的毒型相一致。目前我国生产的有肉毒梭菌（C 型）菌苗和羊梭菌多联干粉菌苗，C 型菌苗的用量为 4 mL/只，皮下注射，免疫期为 1 年。干粉苗使用 20% 氢氧化铝胶生理盐水按瓶签规定头数稀释，充分振摇后，不论年龄大小，均肌内或皮下注射 1 mL，免疫期为 1 年。

当出现发病情况时可使用多价抗毒素治疗，静脉或肌内注射，每 4~6 h 重复一次，直至病情缓解为止。为了减少肉毒梭菌毒素的吸收，应用 0.1% 高锰酸钾液进行灌肠、洗胃，或服泻剂。此外，给予强心补液，注意调整胃肠机能。另外，盐酸胍和维生素 E 单醋酸酯能促进神经末梢释放乙酰胆碱，加强肌肉的紧张性，对该病有良好的疗效。在治疗的同时，应立即查明毒素来源，及时更换饲料，才能彻底控制该病。

十五、结核病

结核病是一种人畜共患的慢性传染病，其主要特征是在组织器官中形成结核结节（结核性肉芽肿）。

【病原】病原体主要有结核分枝杆菌、牛分枝杆菌和禽分枝杆菌。该类分枝杆菌为直或弯的细长杆菌，呈单独或平行相聚排列，多为棍棒状，间或有分枝状。

【流行病学】该病呈散发或地方流行，环境卫生差，通风不良，会促进本病的发生和传播。牛最容易发生，绵羊及山羊的结核病极为少见，但因该病与人的身体健康息息相关，也需要特别注意。

病羊是主要的传染源，常通过呼吸道和消化道感染本病，也可通过生殖道感染。乳腺结核可垂直传染给幼羊。此外，人结核病也可传染给羊。

【症状】羊结核病一般呈慢性经过，病初无明显症状。后期病羊消瘦，被毛粗乱，呼吸困难，容易疲倦，有时流出鼻液。

【病理变化】羊结核病的病理变化多见于在肺和胸部的淋巴结或其他器官形成增生性、渗出性、变质性结核结节，其中增生性结核结节比较多见。增生性结核结节多大小不等，从粟粒到榛子大小，质地硬实，呈灰白色或灰黄色，切面中心部可见干酪样坏死或钙化。

【诊断】实验室检查筛查病羊可进行结核菌素皮内试验法，即用牛分枝杆菌和禽分枝杆菌提纯菌素或老结核菌素，以 1∶4 稀释后，分别在绵羊的耳根外侧，或山羊的肩胛部，皮内注射 0.1 mL，观察反应，测量皮肤肿块的大小和厚度判断结果。开放性结核时，可取病羊的病灶、痰、尿、粪、乳及其他分泌物，做抹片检查、分离培养和羊接种试验，或采用免疫荧光抗体技术检查病料。如用脓疱中心豆腐渣样物涂片，用抗酸染色，在显微镜下可看到成堆的红色分枝杆菌。

【防治】对该病主要采取综合性防疫措施，防止疾病传人，净化污染群，培育健康羊群，发病后一般不予治疗，而是采取加强检疫、隔离、淘汰等措施，并对场地、用具进行消毒。

第三节　引起羊流产的传染病

一、羊布鲁氏菌病

该病简称布病，是人畜共患的慢性传染病，以引起雌性动物流产、不孕等为特征，故又称为传染性流产病；雄性动物则出现睾丸炎；人也可感染，表现为长期发热、多汗、关节痛、神经痛及肝、脾肿大等症状。羊是易感动物，最常发生。该病广泛分布于世界各地，我国人、畜仍有发生，给畜牧业和人类的健康带来严重危害。

【病原】病原为羊布鲁氏菌、绵羊布鲁氏菌，呈球杆状，革兰氏阴性，无鞭毛，不形成芽孢，在多数情况下不形成荚膜，柯氏染色将本菌染成红色，可与其他细菌（蓝、绿色）相区别。组织涂片或渗出液中常集结成团，且可见于细胞内，培养物中多单个排列。

布鲁氏菌对外界环境抵抗力较强，在污染的土壤中可存活1~4个月，粪便中120 d，流产胎儿中至少75 d；在皮肤里能生存45~60 d，乳中存活数周。对湿热抵抗力弱，一般消毒药能很快将其杀死。如巴氏灭菌法10~15 min、0.1%氯化汞溶液数分钟，1%来苏尔或2%福尔马林或5%生石灰乳15 min即可杀死，煮沸立即死亡。

【流行病学】该病常呈地方流行，发病无季节性，但以春夏季发病率较高，特别是产仔季节多发，并表现一过性流产特征。病羊及带菌羊是该病的主要传染源。病菌存在于流产胎儿、胎衣、羊水、流产母羊阴道分泌物及公羊的精液中。该病的主要传播途径是消化道，即通过污染的饲料与饮水而感染。但经皮肤感染也有一定重要性，其他如通过黏膜、结膜、吸血昆虫也可传播该病。也可经配种感染。

羊群一旦感染此病，首先表现孕羊流产，开始仅为少数，以后逐渐增多，严重时可达半数以上，多数病羊流产一次，新疫区常表现大量母羊流产，老疫区流产比例较少。母羊较公羊易感性高，性成熟后对该病极为易感。

【症状】临床症状多数病例为隐性感染，无明显症状。怀孕羊发生流产是该病的主要症状，流产前，食欲减退，口渴，委顿，阴道流出黄色黏液物等。流产多发生在怀孕后的 3~4 个月，而且初配母羊流产最多，山羊可达 50%~80%；绵羊可达 40%。流产后多伴有胎衣不下或子宫内膜炎，且屡配不孕，不论流产早晚，都容易从胎盘及胎儿中分离到布鲁氏菌，但病母羊一生中很少出现第二次流产。有时患羊发生关节炎和滑液囊炎而致跛行，少数病羊发生角膜炎和支气管炎。乳山羊的乳房炎常较早出现，乳汁有结块，乳量可能减少，乳腺组织有结节性变硬。绵羊布鲁氏菌可引起绵羊附睾炎。

【病理变化】常见胎衣部分或全部呈黄色胶冻样浸润，其中有部分覆有纤维蛋白絮片和脓液，胎衣增厚，并有出血点。流产胎儿主要为败血症病变，浆膜与黏膜有出血点与出血斑，皮下和肌肉间发生浆液性浸润，脾脏和淋巴结肿大，肝脏中出现坏死灶，胎儿的胃特别是皱胃中有淡黄色或灰白色黏性絮状物，胃肠和膀胱的浆膜下可见点状出血或线状出血。公羊发生该病时，可发生化脓性坏死性睾丸炎和副睾炎，睾丸肿大，后期睾丸萎缩，失去配种能力，关节肿胀和不育。

【诊断】 根据流行病学调查，流产、胎儿胎衣的病理损害、胎衣滞留以及不育等有助于布鲁氏菌病的诊断，但确诊只有通过实验诊断才能得出结果。

细菌学检查：取流产胎儿、胎盘、乳汁、阴道分泌物或脓肿部分泌物等病料，革兰氏染色或柯氏染色后镜检，或者接种含10% 马血清的马丁琼脂培养基进行细菌分离培养。

血清学检查：常用的方法有凝集试验。布鲁氏菌进入动物机体后，可刺激机体产生凝集抗体、调理素和补体结合抗体等，因此血清学抗体的检查对于此病的诊断具有重要意义。常用的方法有凝集试验（包括试管凝集试验、虎红平板凝集试验、平板凝集试验和全乳凝集试验）和补体结合试验，两种方法互相补充，在临床结合使用可起到较好的检疫效果。另外，布鲁氏菌感染后20~25 d 出现皮肤变态反应，此法可用于大群检疫（不宜用作早期诊断），目前广泛用于山羊、绵羊和猪群的检疫。除此之外，抗球蛋白试验、酶联免疫吸附试验（ELISA）、DNA 探针和 PCR等方法也可用于该病的检疫。

鉴别诊断：需与其他发生流产症状的疾病鉴别，如弯曲菌病、钩端螺旋体病、乙型脑炎、衣原体病以及弓形体病等疾病相区分。

山羊、绵羊群检疫采用变态反应方法比较合适，少量的羊只常用凝集试验与补体结合试验。病羊采集以下病料：流产胎儿、胎盘、阴道分泌物或乳汁。

【防治】

1. 免疫接种　用布鲁氏菌猪型 II 号弱毒苗皮下或肌内注射，每只山羊剂量 25 亿菌，绵羊 50 亿菌，处理后的免疫期均为 3 年。或用布鲁氏菌羊型 V 号弱毒苗，每只羊皮下接种 10 亿菌，室内喷雾 25 亿菌，饮用或灌服 250 亿个菌。每只羊用羊型 V 号苗皮下注射 10 亿菌，室内气雾 50 亿菌/m³。或每只羊用猪型 II

号苗口服 100 亿菌，皮下或肌内注射 25 亿菌。新疆天康生产的布鲁氏菌疫苗有 A19 株、M5 株、S2 株均可用于羊只的接种。

各种活菌苗，虽属弱毒菌苗，但仍具有一定的剩余毒力，据调查防疫人员有感染的情况，但都是一过性的。为此，防疫中的有关人员应注意自身防护，防疫过程禁止吸烟等防疫外的活动，防疫结束后对所有接触的物品做好消毒和无害化处理工作。建立检疫隔离制度，彻底消灭传染源。

2. 发病后的防治措施　用试管凝集试验或平板凝集试验进行羊群检疫，发现呈阳性和可疑反应的羊均应及时隔离，以淘汰屠宰为宜，严禁与假定健康羊接触。对污染的用具和场所进行彻底消毒。流产胎儿、胎衣、羊水和产道分泌物应深埋，污染的环境、圈舍、用具、运输工具等均应消毒。凝集试验阴性羊用布鲁氏菌猪型 Ⅱ 号弱毒苗或羊型 Ⅴ 号弱毒苗进行免疫接种。

布鲁氏菌是兼性细胞内寄生菌，致使化疗药物不易生效。因此对病畜一般不做治疗，应淘汰屠宰。

二、绵羊弯曲菌病

绵羊弯曲菌病旧称弧菌病，是一种能引起人畜共患的传染病，为绵羊的一种散发性流行病。其特征为胎膜发炎及坏死，引起胎儿死亡和早产。

【病原】该病是由胎儿弯曲菌和空肠弯曲杆菌引起的生殖道传染病。弯曲菌为革兰氏阴性的细长弯曲杆菌，呈撇形、S 形和鸥形。在老龄培养物中呈螺旋状长丝或圆球形，运动力活泼。

弯曲菌为微需氧菌，在含 10% 二氧化碳的环境中生长良好，于培养基内添加血液、血清，有利于初代培养。对 1% 牛胆汁有耐受性，这一特性可用于纯菌分离。

弯曲菌对外界环境因素抵抗力不强，对酸、热、干燥、阳光和一般消毒药敏感。58 ℃加热 5 min 即死亡。在干草、土壤中，于

20~27 ℃可存活 10 d，于 6 ℃可存活 20 d。在冷冻精液（-79 ℃）内仍可存活。对四环素、氯霉素、庆大霉素和红霉素等药物敏感。

【流行病学】该病呈地方性流行，患病和带菌绵羊是主要的传染源。成年母畜比公畜易感性高，未成年者稍有抵抗力。圈舍及饮食卫生条件差，饲养管理不良，可促使该病的发生。因感染母羊发生流产，病菌存在于流产胎盘及胎儿体内，并可通过粪便、乳汁和其他分泌物排菌，污染饮水、饲料或食物。可通过消化道或交配、人工授精等途径发生感染，羊主要是通过消化道感染。苍蝇等节肢昆虫的带菌率很高，是该病的重要传播者。

【症状】母羊通常在怀孕后 4~5 个月发生流产、死胎或产出弱羔。多数流产母羊无先兆，少数病羊出现精神不振，步伐僵硬，流产前 2~3 d 常从阴门流出带血的黏液，阴唇显著肿胀。开始时，羊群中流产数不多，一周后迅速增加。流产的胎儿通常都是新鲜而没有变化的，有时候也可能发生分解。有的达到预产期而产出活胎儿，但常因胎儿衰弱而迅速死亡。大多数母羊流产后常可迅速复愈，倘若死亡胎儿在子宫内滞留，则母羊易发生子宫炎和腹膜炎而死亡，病死率约 5%。流产率平均 20%~25%，有的群可高达 70%。流产过一次的母羊，以后继续繁殖时不再流产。

【病理变化】流产胎儿可见皮下组织均有水肿，浆膜上有小点出血，浆膜腔内含有大量血色液体，肝可能剧烈肿胀，有时有很多灰色坏死点或区。此种病料容易破裂，而使血液流入腹腔。

【诊断】暂时性不育、发情期延长以及流产，是该病的主要临诊症状，但其他生殖道疾病也有类似的情况，因此，确诊有赖于实验室细菌学检查。

细菌学检查：采取流产胎膜进行涂片染色镜检，若出现弯曲菌的典型形态可做出诊断。如有必要，可取胎儿的新鲜材料接种鲜血琼脂平板，置于 10% 二氧化碳环境中进行细菌的分离培养。

绵羊弯曲菌性流产的实验诊断，主要是进行病料的涂片镜检和胎儿弯曲菌胎儿亚种或空肠弯曲杆菌的分离鉴定，而血清学试验对绵羊的诊断意义不大。

【防治】该病主要在分娩时散播，因此产羔季节要实行严格的卫生措施；使用多价疫苗免疫绵羊，可有效预防流产。

发生流产时，对病羊立即严密隔离，可使用庆大霉素、强力霉素和氟诺沙星等抗生素治疗，均有良好疗效。对于流产后发生子宫有炎症的病羊，可用 0.5% 温来苏尔或 1% 的胶体银溶液灌洗子宫，每日 1~2 次，直到炎性产物完全消失为止。对于外阴及其附近，可用 2% 来苏尔 1:1000~2:1000 的高锰酸钾溶液洗涤。

感染羊群不能作种畜出售。另外，对流产的胎儿和胎衣必须彻底销毁，同时对污染的圈舍进行彻底的消毒。

三、弓形虫病

弓形虫病是一种呈世界性分布、能感染多种动物的人畜共患传染病，在人、畜及野生动物中广泛传播。

【病原】弓形虫病是由龚地弓形虫或刚地弓形虫引起的。

【流行病学】弓形虫是一种多宿主原虫，对中间宿主的选择不严，包括猪、牛、羊等 200 多种哺乳动物、70 种鸟类、5 种冷血动物及爬虫类等。终末宿主为猫科的家猫、野猫、美洲豹、亚洲豹等，其中家猫在该病的传播上起重要作用。

病畜和带虫动物是该病的传染源。该病主要经消化道传染，也可通过黏膜和受损的皮肤而感染，还可通过胎盘垂直感染。发病和流行无严格的季节性，但在 5~10 月的温暖季节发病较多。

【症状】大多数成年羊常呈隐性感染，妊娠母羊主要是发生流产，其他症状不明显。流产常发生于正常分娩前的 4~6 周。少数病羊可出现神经系统和呼吸系统的症状，可见病羊呼吸促迫、呈明显腹式呼吸，流涎，流眼泪，走路摇摆，运动失调，视力障碍，心跳加快。体温41 ℃以上，呈稽留热。青年羊全身颤抖，腹泻，粪便恶臭。

【病理变化】肺暗红色带有光泽，间质增宽，有针尖至粟粒大出血点和灰白色坏死灶，切面流出多量带泡沫液体。全身淋巴结肿大，灰白色，切面湿润，有粟粒大、灰白色或黄白色和大小不一的出血点。肝、脾、肾亦有坏死灶和出血点。盲肠和结肠有少数散在的黄豆大至榛实大浅溃疡，淋巴滤泡肿大或有坏死。心包、胸腹腔液增多。

【诊断】根据流行特点、临床症状和病理变化，以及使用磺胺类药物的效果良好，而使用抗生素类药无效等，可做出初步诊断，确诊需实验室病原检测。

无菌取典型病变组织（肺、肝、肾）研磨，用生理盐水制成悬液，1500 r/min 离心 5 min，加入适量双抗，取上清液腹腔接种小鼠 10 只，每只 0.5 mL，同时设对照组 5 只，每只腹腔注射生理盐水 0.5 mL。4 h 后接种组全部发病，腹围增大，取腹水制成涂片，干燥后吉姆萨染色镜检，发现有大量呈弓形、月牙形或香蕉形的速殖子。

【防治】羊场内要做好老鼠的扑灭工作，同时禁止饲养家猫等动物，控制野猫等其他哺乳动物的闯入。加强饲草、饲料的保管，严防被猫粪污染，避免饲养人员与猫的接触。发生该病时，可采取肌内注射或皮下注射磺胺间甲氧嘧啶钠 70 mg/kg、甲氧苄啶 14 mg/kg 连用 3~5 d，首次治疗剂量加倍。

四、羊衣原体病

衣原体病又称鹦鹉热或鸟疫，能引起多种动物和人类共患的传染病。羊衣原体病又叫母羊地方性流产，临诊上以发热、流产、死产和产出弱羔，以及部分羊表现多发性关节炎、结膜炎等为特征。该病发生于世界各地，常呈地方性流行，对养羊业造成严重危害。

【病原】羊衣原体病主要由鹦鹉热衣原体引起，有资料显示，牛、羊衣原体亦能引起羊的散发性肺炎、多发性关节炎和腹泻。

衣原体呈圆形或椭圆形，具有滤过性，它是一种专性细胞内寄生革兰氏染色阴性的原核微生物。在宿主细胞繁殖过程中有元体和网状体两种形态。元体较小，存在于细胞外，对人和动物具有高度传染性，但无繁殖能力，吉姆萨染色呈紫色；网状体又称始体，形态较大，存在于细胞内、无感染性，有繁殖能力，吉姆萨染色呈蓝色。衣原体对低温的抵抗力较大，可存活较长时间，如4℃可存活5 d，0℃可存活数周，受感染的鸡胚卵黄囊在-20℃可保存若干年。但对热敏感，病原体37℃经48 h左右即可失去活性，56℃经5~6 min即可灭活。对脂溶剂、去污剂、消毒药敏感，常用浓度的消毒剂都可使其灭活。

【流行病学】不同品种的羊均可感染发病，尤以2岁左右母羊发生较多产第一、二胎的年轻母羊流产率高。主要发生于母羊分娩和流产的时候，怀孕30~120 d感染的母羊可导致胎盘炎、胎儿损害和流产。对于羔羊、未妊娠母羊和妊娠后期（分娩前1个月）的母羊感染后，呈隐性感染，直到下一次才发生流产。

患病动物和隐性带菌动物是主要的传染源。病畜和带菌畜可由粪便、尿、乳汁，以及流产的胎儿、胎衣和羊水排出病原菌，污染水源和饲料等。主要经消化道感染，亦可经呼吸道或损伤的皮肤、黏膜感染。患羊与健康羊交配或用病羊的精液人工授精可发生感染，也可由子宫内感染。羊感染康复后，可成为衣原体的带菌者，长期排出衣原体。一些外表健康的羊也有很高的粪便带菌率。蜱可能既是衣原体的贮存宿主，又是传播媒介，有报道蜱可通过叮咬传染给人。

该病的发生无明显的季节性，多呈地方性流行，各种年龄的羊都可发生。羔羊关节炎和结膜炎常见于夏、秋季节。封闭而密集的饲养、运输途中拥挤、营养紊乱不良等应激因素均可促使该病的发生。

【症状】根据临诊表现不同，主要有以下几种病型：

（1）流产型：潜伏期 50~90 d。流产多发生于正产前的 2~5 周，流产前胎羔多已死亡。发病前数天，母羊体温升高、食欲减退、不安，阴道排出少量黏液性或脓性分泌物。若为正产则为弱羔，常在产后几天死亡。也有流产前无任何前期症状。有些母羊因继发子宫内膜炎而死亡。羊群第一次暴发该病时，流产率可达 20%~30%，以后流产率下降，每年 5% 左右流产过的母羊，一般不再发生流产。在该病流行的羊群中，可见公羊患有睾丸炎、附睾炎等疾病。

（2）关节炎型：多侵害 3~5 月龄羔羊，可引起多发性关节炎。发热羔羊于病初体温高达 41~42 ℃，食欲减退，掉群，肢关节（尤其腕关节、跗关节）肿胀、疼痛，一肢或四肢跛行。患病羔羊肌肉僵硬，或弓背而立，或长期卧地，体重减轻，生长发育受阻。有些羔羊同时发生结膜炎。发病率高，病死率低，病程 2~4 周。

（3）结膜炎型：又称滤泡性结膜炎，主要发生于绵羊，特别是肥育羔羊和哺乳羔羊。主要表现为病羔羊一侧或双侧眼结膜充血、水肿，大量流泪。病后 2~3 d，角膜发生不同程度的混浊，出现血管翳、糜烂、溃疡或甚至穿孔。数天后，在瞬膜、眼结膜上形成 1~10 mm 的淋巴滤泡。某些病羊可伴发关节炎，发生跛行。发病率高，一般不引起死亡。病程一般为 6~10 d，但是伴有角膜溃疡发病的患羊，病程可达数周。

（4）肺炎型：病程一般呈慢性经过，羔羊多发。患羊感染后突然出现咳嗽、体温升高、食欲下降、精神沉郁、鼻流浆液性或脓性分泌物、下痢。随着时间的推移或痊愈，或进一步出现呼吸困难、喘气、逐渐消瘦、衰弱、窒息死亡。该病常有巴氏杆菌或链球菌病继发，会加大死亡率。

【病理变化】

（1）流产型：流产母羊胎膜水肿、增厚，子宫呈黑红色或土黄色。流产胎儿水肿，皮肤、皮下组织、胸腺及淋巴结等处有点状出血，肝脏充血、肿胀，表面可能有针尖大小的灰白色病灶。组织病理学检查，胎儿肝、肺、肾、心肌和骨骼肌血管周围网状内皮细胞增生。

（2）关节炎型：关节囊扩张，发生纤维素性滑膜炎。关节囊内积聚有炎性渗出物，滑膜附有疏松的纤维素性絮片。患病数周的关节滑膜层由于绒毛样增生而变粗糙。

（3）结膜炎型：结膜充血、水肿，角膜发生水肿、糜烂和溃疡，瞬膜、眼结膜上可见大小不等的淋巴样滤泡，组织病理学检查可发现滤泡内淋巴细胞增生。

（4）肺炎型：可见羊的鼻腔内有浆液性渗出液，鼻中隔、鼻甲充血肿胀，肺尖叶、隔叶和心叶有灰白色实变区。

【诊断】根据流行特点、临诊症状和病理变化仅能怀疑为该病，确诊需进行病原体的检查及血清学试验。

（1）细菌学检查：无菌采取病死羊的病变脏器、流产胎盘、排泄物、血液、渗出物，流产胎儿的肝、脾、肾及真胃内容物、胎盘绒毛叶，关节炎滑液等。涂片后用吉姆萨染色后镜检，即可确诊。或将病料接种于 5~7 d 的鸡胚卵黄囊、小鼠或豚鼠，或进行细胞培养，进行病原的分离培养鉴定。

（2）血清学检查：通常采取急性和恢复期两份血清，进行补体结合反应。如果抗体滴度增高 4 倍以上，可判为阳性。

【防治】由于衣原体具有多宿主性，所以羊场应建立密闭的种群饲养系统，坚持自繁自养。建立严格的卫生消毒制度，严格做好场区大门、过道、圈舍和产房的环境消毒，对流产的胎儿和胎衣必须集中彻底销毁，同时用 2%~5% 来苏尔或 2% 氢氧化钠等有效消毒剂进行严格的消毒，每天 1 次，连用 7 d。同时加强产房卫生，防止幼羊感染该病。在流行地区，建立和实施衣原体疫苗免疫计划，用羊流产衣原体灭活苗对母羊和种公羊进行免疫接种。

　　发生该病时，流产母羊及其所产弱羔应及时隔离，对污染的羊舍、场地等环境进行彻底消毒。治疗可肌内注射青霉素，每次 80 万~160 万 u，每天 2 次，连用 3 d。也可用四环素、红霉素等治疗。结膜炎患羊可用 2%~4% 硼酸水溶液冲洗患眼，拭干，涂红霉素或四环素或金霉素软膏，每日 3 次，可同时注射长效土霉素。

第九章　羊的寄生虫病

第一节　消化系统寄生虫病

一、莫尼茨绦虫病

莫尼茨绦虫病是由裸头科莫尼茨属的扩展莫尼茨绦虫和贝氏莫尼茨绦虫寄生于绵羊、山羊的小肠中所引起的寄生虫病。该病是羊最主要的寄生蠕虫病之一，分布非常广泛，多呈地方性流行；对羔羊（主要是 1.5~7 月龄羔羊）危害尤其严重，可以造成大批死亡。

【虫体特征与生活史】

1. 虫体特征

（1）扩展莫尼茨绦虫：乳白色大型带状虫体，长 1~6 m，宽可达 1.6 cm；体节宽而短，最宽可达 16 mm，内含两套生殖器官，每侧 1 套，生殖孔开口于节片两侧；该虫特征为每一体节后缘有 1 排疏松的呈圆囊状的体节间腺；睾丸数目较少，常为 300~400 个；虫卵近似三角形。

（2）贝氏莫尼茨绦虫：形态与扩展莫尼茨绦虫相似，区别点为体节间腺呈密集横带状，位于节片后缘中央部；睾丸数目较多，约有 600 个；虫卵近似四角形。

2. 生活史　莫尼茨绦虫需要以地螨作为中间宿主。结片或虫卵随粪便排到体外，虫卵被地螨吞食，虫卵的六钩蚴孵出。在适宜的外界温度、湿度条件下，经 40 d 以上发育为似囊尾蚴。羊吃草或啃泥土时连同含有成熟似囊尾蚴的地螨一起吞食而受感染。地螨在终末宿主体内被消化，释放出的似囊尾蚴以其头节附着在肠壁，经 45~60 d 发育为成虫。成虫在羊的体内寄生期限为 2~6 个月，一般为 3 个月。

【流行病学】莫尼茨绦虫病呈世界性分布，我国各地均有报道，我国北方尤其是广大牧区严重流行，每年都有大批羊只死于该病。该病主要危害羔羊。随着年龄的增加，羊的感染率和感染强度逐渐下降。

该病的流行有明显的季节性，这与地螨的分布、习性有密切的关系，各地的主要感染期有所不同。南方气温回升早，当年生的羔羊的感染高峰一般在 4~6 月。北方气温回升晚，其感染高峰一般在 5~8 月。

【症状与病变】莫尼茨绦虫生长速度很快，一条虫体的链体一周可增加 8 cm，在羔羊体内一昼夜可生长 12 cm，可夺去羔羊体内大量的营养物质。虫体大，寄生数量多时可造成肠梗阻塞，甚至破裂。虫体的毒素可引起幼畜的神经症状，如回旋运动、痉挛、抽搐、空口咀嚼等。其临床表现主要为食欲减退、饮欲增加、消瘦、贫血、精神不振、腹泻，粪便中有时可见孕节。症状逐渐加剧，后期有明显的神经症状，最后卧地不起，衰竭死亡。

剖检可见尸体消瘦、肌肉色淡，胸腹腔渗出液增多。有时可见肠阻塞或扭转，肠黏膜受损出血，小肠内有数量不等的绦虫。

【诊断】首先考虑流行病学因素，如发病的时间，是否多为放牧羊，尤其是羔羊，牧草上是否有多量阳性地螨等。在上述临床症状的基础上，采取以下步骤：

清晨，在羊圈里仔细观察患病羔羊新排出的粪便中有无节片或链体排出，绦虫节片长约 1 cm，两端弯曲，很像蛆，开始还会蠕动。有时可排出长短不等、呈链条状的数个节片。未发现节片时，应用饱和盐水漂浮法检查粪便中的虫卵。未发现节片或虫卵时，应考虑绦虫未发育成熟，多量寄生时绦虫成熟前的生长发育过程的危害也是很大的，因此应考虑用药物诊断性驱虫。死后剖检，可在小肠内找到多量虫体和相应的病变。

【防治】要根据当地的流行病学因素来进行，做好定期驱虫，管理好粪便。由于莫尼茨绦虫病主要危害羔羊，对幼畜应在春季放牧后 4~5 周时进行"成虫前"驱虫，间隔 2~3 周后，最好进行第二次驱虫。在流行区，应有计划地驱虫。驱虫后的粪便要集中进行生物热发酵处理，杀死其中的虫卵，以免污染草场。根据当地特点，应采取措施，尽量减少地螨的污染程度，如实行轮牧轮种，种一年生牧草，土地经过几年耕种后，地螨可大大减少，或勤耕翻牧地，改良牧草。科学放牧，尽量避免在阴湿牧地或清晨、黄昏等地螨活动高峰时放牧。经常检测草场阳性地螨的情况，牧地严重感染时应采取措施杀灭土壤地螨或转移牧地，防止羊的严重感染。

发生莫尼茨绦虫病可采用下列药物进行治疗：

（1）吡喹酮：按 10~20 mg/kg 体重，一次口服（绵羊绦虫需用 50 mg/kg 体重）。

（2）氯硝柳胺（灭绦灵）：按 60~75 mg/kg 体重，一次口服。

（3）甲苯咪唑：按 15 mg/kg 体重，一次口服。

（4）丙硫咪唑：按 15~20 mg/kg 体重，一次口服。

（5）硫双二氯酚：按 80~100 mg/kg 体重，一次口服。

二、前后盘吸虫病

前后盘吸虫病是由前后盘科的各属虫体所引起的吸虫病的总称。前后盘吸虫主要有前后盘属、殖盘属、腹袋属、菲策属、卡妙属及平腹属等。除平腹属的成虫寄生于羊等反刍动物的盲肠、结肠外，其余各属成虫均寄生于瘤胃。成虫的感染强度往往较大，但危害一般较轻。如果大量童虫在移行过程中寄生在皱胃、小肠、胆管和胆囊时，可引起严重的疾病，甚至导致死亡。

【虫体特征与生活史】前后盘吸虫种类繁多，其形态大小各异，有的仅几毫米长，有的竟长达 20 mm，有的虫体为淡红色、深红色，有的为灰白色。虫体呈圆锥形或圆柱形，表皮光滑无棘。腹吸盘位于虫体后端，明显大于位于体前端的口吸盘，颇似虫体两端有口，故又称双口吸虫，有的还有生殖吸盘。前后盘吸虫有的生活史已被阐明，有的尚待进一步研究。多数前后盘吸虫的生活史与肝片形吸虫相似，即虫卵随粪便排出体外，在水中发育为毛蚴，遇到中间宿主淡水螺钻入其体内，经胞蚴、雷蚴、子雷蚴阶段，发育为尾蚴，尾蚴离开螺体，附着在水草上形成囊蚴。羊吞噬了囊蚴而被感染，幼虫先在小肠、胆管胆囊和真胃黏膜下寄生 3~8 周，最后到瘤胃中发育为成虫。

【流行病学】前后盘吸虫在我国各地广泛流行，不仅感染率高，而且感染强度大，常见成千上万的虫体寄生，而且几属多种虫体混合感染。流行季节主要取决于当地气温和中间宿主的繁殖发育季节以及羊的放牧情况。南方可常年感染，北方主要在 5~10 月感染，多雨年份易造成该病流行。

【症状与病变】童虫的移行和寄生往往引起急性、严重的临床症状，如精神委顿，顽固性下痢，粪便带血、恶臭，有时可见幼虫。贫血严重、消瘦，有时食欲废绝，体温升高。噬中性细胞增多并且核左移，嗜酸性细胞和淋巴细胞增多，最后卧地不起，衰竭死亡。大量成虫寄生时，往往表现为慢性消耗性的症状，如食欲减退、消瘦、贫血、颌下水肿、腹泻，但体温一般正常。剖检可见瘤胃壁上有大量成虫寄生，瘤胃黏膜肿胀、损伤。童虫移行时可造成"虫道"，使胃肠黏膜和其他脏器受损，由多量出血点，肝脏瘀血，胆汁稀薄，颜色变淡，病变各处均有多量童虫。

【诊断】具上述症状，并检查粪便中的虫卵。死后剖检，在瘤胃等处发现大量成虫、幼虫，依据相应的病理变化，可以确诊。

【防治】前后盘吸虫的预防应根据当地情况来进行，可采用以下措施：改良土壤，造成不利于淡水螺类生存的环境；不在低洼、潮湿之地放牧、饮水，以避免羊只感染；利用水禽或化学药物灭螺；舍饲期间进行预防性驱虫等。

发生前后盘吸虫病可采用下列药物进行治疗：

（1）氯硝柳胺：按 70~80 mg/kg 体重，一次口服，对童虫、幼虫和成虫均有较好的杀灭作用。

（2）硫双二氯酚：按 40~50 mg/kg 体重，一次口服，对童虫、幼虫和成虫均有较好的杀灭作用。

三、阔盘吸虫病

阔盘吸虫病是由双腔科阔盘属的多种吸虫寄生于羊的胰管，少数寄生于胆管及十二指肠所引起的。以胰阔盘吸虫和腔阔盘吸虫流行最广。该病以营养障碍、腹泻、消瘦、贫血、水肿为特征。下面以胰阔盘吸虫为例介绍。

【虫体特征与生活史】虫体呈长椭圆形，扁平，活时呈棕红色，固定后为灰白色，稍透明，大小为（4.5~16）mm×（2.2~5.8）mm，吸盘发达。胰阔盘吸虫在发育过程中需要两个中间宿主，第一中间宿主是陆地螺，第二中间宿主为草螽。虫卵随胰液进入肠道，随粪便排出，被陆地螺吞食后，于其体内孵出毛蚴，进而发育为母胞蚴、子胞蚴及尾蚴；尾蚴从螺体逸出后，被第二中间宿主吞食，在其体内形成囊蚴。羊吃草时吞噬含有囊蚴的昆虫而被感染，幼虫进入胰管中发育为成虫，在螺体内发育的时间需 5~6 个月（有报道认为，夏末以后感染的螺，这一时间可延长至1年），从草螯吞食子胞蚴到发育为囊蚴需要23~30 d，羊自吞食囊蚴至发育为成虫需要80~100 d。胰阔盘吸虫完成整个生活需要10~16个月。

【流行病学】该病的流行与其中间宿主陆地螺、草螯等的分布密切相关。从各地报道看，羊等家畜感染囊蚴多在7~10月。此时，被感染的草螯活动性降低，很容易被终末宿主随草吞食而受感染。羊发病多在冬季，严重感染可引起羊只大批死亡。

【症状与病变】阔盘吸虫病的症状取决于虫体寄生的数量和动物体质。寄生数量少时，不表现临床症状。严重感染时，常发生代谢失调和营养障碍，表现为消化不良、精神沉郁、消瘦、贫血、颌下、胸前水肿、腹泻、粪便中带有黏液，最终可因恶病质而死亡。

剖检可见胰肿大，粉红色胰内有紫色斑块或条索，切开胰，可见多量红色虫体。胰管增厚，呈现增生性炎症，管腔黏膜有乳头状小结节，有时管腔闭塞。有弥漫性或局限性的淋巴细胞、嗜酸性细胞和巨噬细胞浸润。

【诊断】患阔盘吸虫病的家畜，临床上虽有症状，但缺乏特异性。应用水洗沉淀法检查粪便中的虫卵，或剖检时发现大量虫体可以确诊。

【防治】应根据当地情况采取综合措施。定期驱虫、消灭病原体；消灭中间宿主，切断其生活史；有条件的地方，实行划地轮牧，以净化草场；加强饲养管理，防止羊只感染该病。

发生阔盘吸虫病可采用下列药物进行治疗：吡喹酮，按60~70 mg/kg体重，一次口服，或按30~50 mg/kg体重，用液体石蜡或植物油配成灭菌油剂，腹腔注射，均有较好的疗效。

四、毛尾线虫病

毛尾线虫病是由毛尾科毛尾属（或称毛首科毛首属）的绵羊

毛尾线虫、球鞘毛尾线虫、兰氏毛尾线虫等几种线虫寄生于羊的盲肠引起的寄生虫病。虫体前部细长，后部短粗，整个外形像鞭子，故又称鞭虫。该病遍布全国各地，对羔羊危害比较严重，可引起盲肠黏膜卡他性或出血性炎症。

【虫体特征与生活史】毛尾线虫的生活史为直接发育型。虫卵随粪便排到外界后，经 2 周或数月发育为感染性虫卵。羊经口感染，幼虫在肠道孵出，以细长的头部固着在肠壁内，约经 12 周发育为成虫。

【流行病学】毛尾线虫病遍布全国各地，夏、秋季感染较多。虫卵卵壳厚，对外界的抵抗力很强，自然状态下可存活 5 年。虫卵在 20% 的石灰水中 1 h 死亡，在 3% 石炭酸溶液中经 3 h 死亡。羔羊寄生较多，发病较严重。

【症状与病变】轻度感染时，无明显临床症状。严重感染时，可出现食欲减退、消瘦、贫血、腹泻、生长发育受阻等临床症状，有时可见下痢、粪便带血和黏液，羔羊可因机体衰竭而死亡。

病变局限于盲肠。虫体细长的头部深埋在肠黏膜内，引起盲肠慢性卡他性炎症。严重感染时，盲肠黏膜有出血性坏死、水肿和溃疡。组织学检查，可见局部淋巴细胞、浆细胞、嗜酸性细胞浸润。盲肠黏膜上有多量虫体。

【诊断】根据临床症状，进行粪便检查，可发现大量虫卵，虫卵形态特点明显，易于辨认。剖检时发现多量虫体和相应的病变，亦可确诊。

【防治】预防措施包括定期驱虫、加强粪便管理、保持饲草和饮水卫生等。

发生毛尾线虫病可采用下列药物进行治疗：

（1）羟嘧啶：按 2~4 mg/kg 体重，一次口服。

（2）左咪唑：按 6~10 mg/kg 体重，一次口服。

（3）丙硫苯咪唑：按 10~15 mg/kg 体重，一次口服。

（4）伊维菌素：按 0.2 mg/kg 体重，一次口服或皮下注射。

五、羊片形吸虫病

片形吸虫病是羊的主要寄生虫病之一，它的病原体为片形科片形属的肝片形吸虫和大片形吸虫。前者存在于全国各地，尤以我国北方较为普遍，后者在华南、华中和西南地区较常见。虫体寄生于羊的肝脏胆管中。该病常呈地方性流行，能引起急性或慢性肝炎和胆管炎，并伴发全身性中毒现象和营养障碍，危害相当严重。在慢性病程中，使羊消瘦、发育障碍，生产力下降，并伴发全身性中毒现象和营养障碍。该病主要危害绵羊，特别是幼畜，可以引起大批死亡，山羊也时有发生。

【虫体特征与生活史】肝片形吸虫新鲜虫体呈棕红色，扁形柳叶状，大小为（21~41）mm×（9~14）mm，虫体前端突出部呈锥形，其底部突然变宽，形成明显的"肩"，虫体中部最宽，向后逐渐变窄。大片形吸虫体形较大，大小为（25~75）mm×（5~12）mm，虫体两侧缘较平行，肩不明显，后端钝圆。片形吸虫的中间宿主为椎实螺科的淡水螺，终末宿主主要为反刍动物。

片形吸虫寄生在羊的肝脏胆管中，成虫产出的虫卵随胆汁进入肠腔，随粪便排出体外。虫卵在适宜的条件下经 10~20 d 发育成毛蚴，遇到适宜的中间宿主钻入体内，经无性繁殖，发育为胞蚴、母雷蚴、子雷蚴和尾蚴几个阶段，这一过程需 35~50 d。尾蚴逸出螺体在水中游动，在水中或附着在水生植物上脱掉尾部，形成囊蚴。羊只在饮水或吃草时，连同囊蚴一起吞食而遭感染。囊蚴在十二指肠脱囊，一部分童虫穿过肠壁，到达腹腔，由肝包膜钻入肝，经移行到达胆管。另一部分童虫经肠系膜静脉进入肝脏。羊自吞食囊蚴到发育为成虫（粪便内查到虫卵）需 2~3 个月，成虫的寄生期限为 3~5 年。

【流行病学】片形吸虫病呈世界性分布，是我国分布最广泛、危害最严重的寄生虫病之一。患羊和带虫者不断地向外界排出大量虫卵，污染环境，成为该病的感染源。

片形吸虫病常呈地方性流行，多发生在低洼、潮湿和多沼泽的放牧地区，特别是椎实螺滋生牧区。绵羊是最主要的终末宿主。舍饲的羊也可因采食从低洼、潮湿地割来的牧草而受感染。该病的流行与外界条件关系密切，干旱年份流行较轻，多雨年份流行较重，主要流行于春末、夏、秋季节。南方温暖季节较长，感染季节也长，有时冬季也可发生感染。

【症状与病变】片形吸虫病临床症状的表现取决于虫体寄生的数量、毒素作用的强弱以及动物机体的状况。一般来说，羊体内有 50 条成虫时，就会表现出明显的临床症状，但幼畜即使轻度感染，也可表现出临床症状。对羔羊危害特别严重，可以引起大批死亡。

片形吸虫病的症状可分为急性和慢性两种类型。

急性型主要发生于夏末和秋季，多发于绵羊，是由于短时间内随草吃进大量囊蚴（2000 个以上）所致。童虫在体内移行时，造成"虫道"，引起移行路线上各组织器官的严重损伤和出血，尤其肝受损严重，引起急性肝炎。患羊食欲大减或废绝，精神沉郁，可视黏膜苍白，红细胞数和血红蛋白显著降低，体温升高，偶尔有腹泻，通常出现症状后 3~5 d 内死亡。

慢性型多发于冬、春季，是在吞食 200~500 个囊蚴后 4~5 个月时发病，即成虫引起的症状。片形吸虫以宿主的血液、胆汁和细胞为食，每天成虫可使宿主每天失血 1.5 mL，加之毒素具有溶血作用，因此患羊表现渐进性消瘦、贫血、食欲减退、被毛粗乱，眼睑、颌下水肿，有时也发生胸、腹下水肿。叩诊肝脏的浊音界扩大。后期，可能卧地不起，终因恶病质而死亡。母羊乳汁稀薄，妊娠羊可发生流产，一般经 1~2 月后发生恶病质死亡。

片形吸虫病的急性病理变化包括肠壁和肝组织的严重损伤、出血、出现肝肿大。其他器官也因幼虫移行出现浆膜和组织损伤、出血，"虫道"内有童虫。黏膜苍白，血液稀薄，血中嗜酸性细胞大增。慢性感染，由于虫体的刺激和代谢物的毒素作用，引起慢性胆管炎、慢性肝炎和贫血现象。肝肿大，胆管如绳索样增粗，常凸出于肝脏表面，胆管壁发炎、粗糙，常在粗大变硬的胆管内发现有磷酸（钙、镁）盐等的沉淀，肝实质变硬（图9-1）。

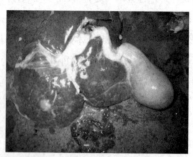

图9-1　肝脏病变及片形吸虫

【诊断】片形吸虫病的诊断要根据临床症状、流行病学资料、粪便检查及死后剖检等进行综合判定。粪便检查多采用反复水洗沉淀法和尼龙筛兜集卵法检查虫卵，片形吸虫的虫卵较大，易于辨别。急性病例时，可在腹腔和肝实质等处发现童虫，慢性病例可在胆管内检获多量成虫。

此外，免疫诊断法，如 ELISA、IHA 等近年来均有使用，不仅能诊断急性、慢性片形吸虫病，而且还能诊断轻微感染的患者，可用于成群家畜片形吸虫病的普查。

【防治】

1.预防　应根据该病的流行特点，制定出适合于本地区的行之有效的综合性预防措施。

（1）预防性定期驱虫。驱虫的时间和次数可根据流行区的具体情况而定。针对急性病例，可在夏、秋季选用肝蛭净等对童虫效果较好的药物。针对慢性病例，北方全年可进行 2 次驱虫，第一次在冬末初春，由舍饲转为放牧之前进行，第二次在秋末冬初，由放牧转为舍饲之前进行。大面积驱虫要在同一时间、地点，对驱虫后的粪便集中发酵处理。南方终年放牧，每年可进行 3 次驱虫。

（2）采取有效措施防止羊感染囊蚴。不要在低洼、潮湿、多囊蚴的地方放牧；保持羊的饮水和饲草卫生，不要饮用停滞不流的沟渠、池塘中有椎实螺及囊蚴滋生的水，最好饮用井水或质量好的流水，将低洼潮湿地的牧草割后晒干再喂。

（3）采取措施消灭中间宿主椎实螺。流行地区可选用 20 mg/L 的硫酸铜溶液对椎实螺进行喷杀。

2. 治疗　发生片形吸虫病可采用下列药物进行治疗：

（1）硝氯酚：只对成虫有效。粉剂：按 4~5 mg/kg 体重，一次口服。针剂：按 0.75~1 mg/kg 体重，深部肌内注射。

（2）丙硫咪唑：按 10~15 mg/kg 体重，一次口服，对成虫有良效，但对童虫效果较差。该药为广谱驱虫药，亦可驱除胃肠道线虫、肺线虫和绦虫。

（3）溴酚磷（蛭得净）：按 12~16 mg/kg 体重，一次口服，对成虫和童虫均有良好的驱杀效果，可用于治疗急性病例。

（4）三氯苯唑（肝蛭净）：羊用 5% 的混悬液或含 250 mg 的丸剂，按 12 mg/kg 体重经口投服。该药对成虫、幼虫和童虫均有高效驱杀作用，亦可用于治疗急性病例。患羊治疗 14 d 后肉才能食用，10 d 后乳才能食用。

六、食道口线虫病

食道口线虫病是由毛圆科食道口属的几种线虫寄生于羊只大

肠肠腔和肠壁所引起的寄生虫病。由于某些食道口线虫的幼虫可导致寄生部位肠壁形成结节，故该病又称结节虫病。该病在我国各地的牛、羊中普遍存在，可使有病变的肠管因不能制作肠衣而降低其经济价值，严重感染时，亦可降低羊的生产力，给畜牧业造成较大的经济损失。

【流行病学】寄生于羊的食道口线虫主要有以下几种：粗纹食道口线虫、辐射食道口线虫、哥伦比亚食道口线虫、微管食道口线虫、甘肃食道口线虫，其中甘肃食道口线虫寄生于绵羊的结肠。

虫卵随粪便排出体外，在外界适宜的条件下，经 10~17 h 孵出第 1 期幼虫，经 7~8 d 蜕化 2 次变为第 3 期幼虫，即感染性幼虫。羊摄入被感染性幼虫污染的青草和饮水而遭感染。感染后 36 h，大部分幼虫已钻入小结肠和大肠固有层的深处，以后幼虫导致肠壁形成卵圆形结节，幼虫在结节内进行第 3 次蜕化，变为第 4 期幼虫。之后幼虫从结节内返回肠腔。经第 4 次蜕化发育为第 5 期幼虫，进而发育为成虫。幼虫在结节内停留的时间，常因羊的年龄和抵抗力（免疫力）而不同，短的经过 6~8 d，长的需 1~3 个月或更长，甚至不能完成其发育。哥伦比亚食道口线虫和辐射食道口线虫可在肠壁的任何部位形成结节，微管食道口线虫很少在肠壁上形成结节。

虫卵在相对湿度 48%~50%、平均温度 11~12 ℃时，可生存 60 d 以上；在低于 9 ℃时，虫卵不能发育。第 1、2 期幼虫对干燥敏感，极易死亡。第 3 期幼虫有鞘，抵抗力较强，在适宜条件下可存活几个月，但冰冻可使之致死。温度在 35 ℃以上时，所有的幼虫均迅速死亡。感染性幼虫适宜生长于潮湿的环境，尤其是在有露水或小雨时，幼虫便爬到青草上。因此，羊的感染主要发生在春、秋季节，且主要侵害羔羊。

【症状】临床症状的有无及严重程度与感染虫体的数量和机

体的抵抗力有关。如 1 岁以内的羊寄生 80~90 条，年龄较大的羊寄生 200~300 条时，即为严重感染。患羊初期表现为持续性腹泻（在感染后第 6 天开始腹泻），粪便呈暗绿色，有很多黏液，有时带血，病羊拱腰，后肢僵直有腹痛感。慢性病例患羊则表现为便秘和腹泻交替发生，渐进性消瘦，下颌水肿，最后可因机体衰竭而死亡。

【病理变化】主要表现为肠的结节病变。哥伦比亚食道口线虫和辐射食道口线虫危害较大，幼虫可在小肠和大肠壁中形成结节，其余食道口线虫可在结肠壁形成结节。结节在肠的浆膜面破溃时，可引发腹膜炎；有时可发现坏死性病变。在新形成的小结节中，常可发现幼虫，有时可发现结节钙化。

【诊断】根据临床症状，生前进行粪便检查，可检出大量虫卵，结合剖检在肠壁发现多量结节，在肠腔内找到多量虫体，即可确诊。

【防治】定期驱虫，春、秋两季各进行 1 次驱虫，可使用广谱、高效、低毒的驱虫药如丙硫苯咪唑、伊维菌素等，可取得良好的效果；加强营养、保持饲草和饮水卫生、改善饲养环境、提高管理水平，尽量不在潮湿低洼地点放牧，也不要在清晨、傍晚或雨后放牧，避免羊只大量摄入感染性幼虫等。

发生食道口线虫病可采用下列药物进行治疗：

（1）左咪唑：按 6~10 mg/kg 体重，一次口服。

（2）丙硫苯咪唑：按 10~15 mg/kg 体重，一次口服。

（3）伊维菌素：按 0.2 mg/kg 体重，一次口服或皮下注射。

七、夏伯特线虫病

夏伯特线虫病是由圆线科夏伯特属线虫寄生于羊大肠内引起的寄生虫病。该病遍及我国各地，以北方地区较多，有些地区羊的感染率高达 90% 以上。

【虫体特征与生活史】夏伯特线虫常见的有绵羊夏伯特线虫和叶氏夏伯特线虫。成虫寄生于羊的大肠，虫卵随宿主粪便排到外界，在 20 ℃的温度下，经 38~40 h 孵出幼虫，再经 5~6 d，蜕化 2 次，变为感染性幼虫。宿主经口感染，感染后 27 h，可以在盲肠和结肠见到脱鞘的幼虫。感染后 90 h，可以看到有虫附着在肠壁上或已钻入肌层。感染后 6~25 d，第 4 期幼虫在肠腔内发育蜕化为第 5 期幼虫。至感染后 48~54 d，虫体发育成熟，吸附在肠黏膜上。成虫寿命 9 个月左右。

【流行病学】夏伯特线虫卵和感染性幼虫对外界环境有较强的抵抗力。虫卵在-8~ -12 ℃时，可长期存活，感染性幼虫在-23 ℃的隐蔽处，可长期耐干燥；外界条件适宜时，可存活 1 年以上。虫卵和感染性幼虫均能在低温下长期生存，是造成该病在我国北方严重流行的重要因素之一。

一年四季均可发病，但冬、春季节发病率明显升高。1 岁以内的羔羊最易感染，发病较重，成年羊的抵抗力较强，发病较轻。

【症状与病变】严重感染时，患羊消瘦、贫血，粪便带有多量黏液和血，有时下痢。幼畜生长、发育迟缓，食欲减退，下颌水肿，有时可引起死亡。

剖检可见虫体吸附于肠壁上，造成局部肠壁损伤，引起黏膜水肿、溃疡，有时可见黏膜出血，上有多量黏液。

【诊断】结合上述临床症状和当地流行病学资料（如发病季节、发病羊的多少、本地的优势种等），做出初步诊断。确诊需要进行粪便虫卵的检查，并结合尸体剖检。

实验室检查：采集新鲜粪便直接涂片法或饱和食盐水漂浮法，检查粪便中的虫卵，收集虫卵培养后，根据其第 3 期幼虫的形态特征进行虫种鉴定。

【防治】防治措施包括定期驱虫、加强营养、保持饲草和饮水卫生、改善饲养环境、提高管理水平等。应经常清扫圈舍，保持圈舍清洁、干燥，做好栏舍卫生消毒工作，将粪便堆积发酵，杀灭虫卵，避免羊只大量摄入感染性幼虫机会。

发生夏伯特线虫病可采用下列药物进行治疗：

（1）左咪唑：按 6~10 mg/kg 体重，一次口服。

（2）丙硫苯咪唑：按 10~15 mg/kg 体重，一次口服。

（3）伊维菌素：按 0.2 mg/kg 体重，一次口服或皮下注射。

八、毛圆科线虫病

寄生于羊体内的毛圆科线虫种类很多，主要有血矛属、长刺属、奥斯特属、马歇尔属、古柏属、毛圆属、细颈属、似细颈属和食道口属等的许多种线虫，其中以血矛属的捻转血矛线虫致病力最强。毛圆科线虫所引起疾病的流行病学、症状、病变、诊断与防治等方面有许多共同特点，下面以捻转血矛线虫病为例介绍。

【虫体特征与生活史】

1. 虫体特征　捻转血矛线虫（又名捻转胃虫）虫体呈毛发状，雌虫长 27~30 mL，白色线状的生殖器官缠绕于含血的红色肠管上呈擦转状，阴门位于虫体后半部，有一显著的阴门盖；雄虫长 15~19 mL，淡红色，尾端有发达的交合伞，背叶小，偏于左侧，背肋呈"人"字形。

2. 生活史　毛圆科线虫寄生于羊的第四胃和小肠，虫卵随粪便排到外界，在适宜的条件下，大约经 1 周发育为第 3 期感染性幼虫。感染性幼虫可移行至牧草的茎叶上，羊吃草时经口感染。幼虫在第四胃或小肠黏膜内发育蜕皮，第 4 期幼虫返回第四胃或小肠，并附在黏膜上，最后一次蜕皮，逐渐发育为成虫。

【流行病学】捻转血矛线虫比其他毛圆线虫产卵多。毛圆科各属虫体第 3 期幼虫对外界因素的抵抗力较强。捻转血矛线虫第

3 期幼虫在干燥环境中可生存一年半。毛圆属线虫的第 3 期幼虫在潮湿的土壤中可存活 3~4 个月，且耐低温，可在牧地上越冬，越冬的数量足以使动物春季感染发病，但对高温、干燥比较敏感。奥斯特线虫的第 3 期幼虫比捻转血矛线虫的第 3 期幼虫耐寒，高寒地区，奥斯特线虫病发生较多。

羊对捻转血矛线虫有"自愈现象"，这是初次感染时产生的抗体和再感染时的抗原物质相结合时引起的一种局部过敏反应。表现在第四胃黏膜水肿，造成不利于虫体生存的环境，导致原有的和在感染的虫体被排出。这种反应没有特异性，捻转血矛线虫的自愈反应，既可引起第四胃其他线虫（如环纹奥斯特线虫和艾氏毛圆线虫）的自愈，也可引起肠道线虫（如蛇形毛圆线虫）的自愈，这可能是由于它们具有共同的抗原。

【症状与病变】毛圆科线虫大多都吸食宿主的血液，而且和仰口线虫、夏伯特线虫、毛尾线虫等往往呈混合感染。据实验，2000 条捻转血矛线虫在四胃黏膜寄生时，每天可吸血达 30 mL（尚未将虫体刺破局部黏膜流失的血液计算在内）。虫体吸血时或幼虫在胃肠黏膜内寄生时，都可使胃肠组织的完整性受到损害，引起局部炎症，使胃肠的消化、吸收功能降低。寄生虫的毒素作用也可干扰宿主的造血功能，使贫血更加严重。

因此，急性或以出现肥壮羔羊短时间内发生高度贫血，突然大批死亡为特征；亚急性临床可见羊放牧掉队、高度营养不良、渐进性消瘦、贫血，可见黏膜苍白、下颌和下腹部水肿，腹泻与便秘交替，粪便中带有血丝或被覆有黏液，最后发生腹泻、脱水，甚至死亡；慢性患羊精神沉郁、食欲减退、异嗜，被毛粗乱，贫血，消瘦，最后可因衰竭死亡。死亡多发生在春季，与"春季高潮"和"春乏"有关。

剖检病羊消瘦，皮肤、皮下组织及肌肉苍白，血液稀薄，颜色淡红色，不易凝固。可在第四胃和小肠发现大量虫体（淡红色或红白相间的毛发状线虫，长度为 15~30 mm）和相应的病理变化。

【诊断】结合上述临床症状和当地流行病学资料（如发病季节、发病羊的多少、本地的优势种等），可做出初步诊断。确诊剖检可在羊的第四胃、小肠发现大量毛圆科线虫的成虫或幼虫，同时可结合进行粪便虫卵的检查。具体虫卵检查方法可参考以下内容。

（1）粪便直接涂片法：在载玻片上滴少量蒸馏水或 50% 甘油水，用镊子取少量粪便搅碎与其混合，并除去粪渣，薄薄摊匀，加上盖玻片在显微镜下检查虫卵。每个粪样涂抹 3~5 个载玻片观察。此法操作简便，但检出率低，用于临床诊断。

（2）饱和食盐水漂浮法：取 5 g 左右粪便置于 100 mL 烧杯中，加入少量饱和盐水搅拌混匀后，继续加入 10 倍的饱和盐水，用玻璃棒搅拌均匀后，用粪网筛过滤，除去粪渣，将滤出的粪液倒入青霉素瓶中，并使液面稍突出瓶口，使用载玻片盖在瓶口上，并与液面接触，静置 30 min，迅速取下载玻片，加上盖玻片镜检。该法检出率高，可用来计算寄生虫的感染率。

【防治】

1. 预防　要根据当地的流行病学情况和本场的实际情况制定切实可行的措施。一是要加强饲养管理，提高羊群的营养水平，尤其在冬春季节应合理地补充精料和矿物质，提高羊群的自身的抵抗力。饲料、饮水要清洁卫生，放牧尽可能避开潮湿地带，尽量避开幼虫活跃的时间，以减少感染机会。二是合理制定本场的驱虫计划。在每年的春节前后驱虫 1~2 次，可以有效地防止"春季高潮"的到来，避免春乏时的大批死亡，减少重大的经济损失。三是在流行区的流行季节，通过粪便的检查，经常检测羊群的荷虫情况，防治结合，减少感染源，同时应对计划性或治疗性驱虫后的粪便集中管理，采用生物热发酵的方法杀死其中的病原，以免污染环境。四是在有条件的地方，实行划地轮牧或不同种畜间进行轮牧等，以减少羊感染机会。五是进行免疫预防，利用 X 射线或紫外线等，将幼虫致弱后接种羊，已有成功案例。

2. 治疗　发生毛圆线虫病，应结合对症、支持疗法，可选用如下驱虫药物：

（1）左咪唑：按 6~10 mg/kg 体重，一次口服。

（2）丙硫苯咪唑：按 10~15 mg/kg 体重，一次口服。

（3）伊维菌素：按 0.2 mg/kg 体重，一次口服或皮下注射。

九、仰口线虫病

仰口线虫病又称钩虫病，羊的仰口线虫病是由钩口科仰口属的羊仰口线虫引起的以贫血为主要特征的寄生虫病。该病广泛流行于我国各地，对羊的危害很大，并可以引起死亡。

【虫体特征与生活史】仰口线虫寄生于绵羊和山羊的小肠中，是中等大小的线虫，虫体长 12~26 mm。乳白色，吸血后呈淡红色。虫体前端稍向背侧弯曲，口囊大、略呈漏斗状，口缘腹面有一对角质的半月状切板，口囊底部有一大背齿和二枚较小腹齿。雄虫交合伞的背叶不对称。雌虫阴门在虫体中部稍前。

虫卵随粪便排出体外，在适宜的温度和适度条件下，经 4~8 d 形成幼虫；幼虫从卵内逸出，经 2 次蜕化，变为感染性幼虫。感染性幼虫可经两种途径进入羊的体内。一是感染性幼虫随污染的饲草、饮水等经口感染，在小肠内直接发育为成虫，此过程约需 25 d。二是感染性幼虫经皮肤钻入感染，进入血液循环，随血流到达肺，再由肺毛细血管进入肺泡，在此进行第 3 次蜕化发育为第 4 期幼虫，然后幼虫上行到支气管、气管、咽，返回小肠，进行第 4 次蜕化，发育为第 5 期幼虫，再逐渐发育为成虫，此过程需 50~60 d。实验证明，经口感染时，幼虫发育率比经皮肤感染是要少得多。经皮肤感染时，可以有 85% 的幼虫得到发育；经口感染时，只有 12%~14% 的幼虫得到发育。

【流行病学】仰口线虫病分布于全国各地，在比较潮湿的草场放牧的羊流行更严重。虫卵和幼虫在外界环境中的发育与温、湿度有密切的关系。最适宜的是潮湿的环境和 14~31 ℃，温度低于 8 ℃时幼虫不能发育，35~38 ℃时仅能发育成 1 期幼虫。感染性幼虫在夏季牧场上可以存活 2~3 个月，在春、秋季生活时间较长，严寒的冬季气候对幼虫有杀灭作用。因此，该病多发于炎热的夏、秋季节，未曾驱虫或驱虫程序不科学的放牧羊群多发。

羊对仰口线虫可以产生一定的免疫力，产生免疫后，粪便中的虫卵数减少，即使放牧于严重污染的牧场，虫卵数亦不增高。

【症状与病变】仰口线虫的主要致病作用是吸食血液、血液流失、毒素作用及移行引起的损伤。仰口线虫以其强大的口囊吸附在小肠壁上，用切板和齿刺破黏膜，大量吸血。100 条虫体每天可吸食血液 8 mL。成虫在吸血时频繁移位，同时分泌抗凝血酶，使损伤局部血液流失；其毒素作用抑制红细胞的生成，羊可出现再生不良性贫血。

临床可见病羊精神沉郁，进行性贫血，严重消瘦，下颌水肿，消化紊乱，顽固性下痢，粪便带血。幼畜发育受阻，有时出现神经症状，如后躯无力或麻痹，最后陷入恶病质而死亡。死亡时红细胞数下降，血红蛋白降至 30%~40%。据试验，羊体内有 1000 条虫时，即可引起死亡。

剖检可见尸体消瘦、贫血、水肿，皮下有浆液性浸润。血凝不全，色淡，清水样。肺脏有因幼虫移行引起的瘀血性出血和小点出血。心肌软化，肝呈淡灰色，质脆。十二指肠和空肠有大量虫体，游离于肠腔内容物中或附着在黏膜上。肠黏膜发炎，有出血点，肠壁组织有嗜酸性细胞浸润。肠内容物呈褐色或血红色。

【诊断】根据上述临床症状进行粪便检查，可以发现大量的仰口线虫虫卵。虫卵大小（79~97）μm×（47~50）μm，无色，壳厚，两端钝圆，内含有 8~16 个卵细胞。该虫卵形态特殊，容易辨认，剖检时在十二指肠和空肠找到多量虫体和相应的病理变化，即可确诊。

【防治】预防措施包括定期驱虫，舍饲时保持圈舍清洁干燥，严防粪便污染饲料和饮水，改善牧场环境，注意排水，避免羊在低湿地放牧或休息等。

仰口线虫病的治疗参照毛圆线虫病部分。

十、双腔吸虫病

双腔吸虫病是由双腔科双腔属的矛形双腔吸虫（*D.lanceatum*）、东方双腔吸虫（*D.orientalis*）或中华双腔吸虫（*D.chinensis*）寄生于羊的胆管和胆囊内引起的。

【生活史】双腔吸虫在其生活史中需要两个中间宿主：第一中间宿主为陆地螺类，第二中间宿主为蚂蚁。成虫在终末宿主的胆管或胆囊内产卵，虫卵随胆汁进入肠道，随粪便排至外界。虫卵被第一中间宿主吞食后，其内的毛蚴孵出，进而发育为母胞蚴、子孢蚴和尾蚴。这一无性繁殖过程使得尾蚴的数量大增。尾蚴从子胞蚴的产孔逸出后，移行至陆地螺的呼吸腔，在此，每数十个或数百个尾蚴集中在一起形成尾蚴群囊，外被黏性物质成为黏性球，从螺的呼吸腔排出，粘在植物或其他物体上。从卵被螺吞食至黏性球离开螺体需要 82~150 d，尾蚴在外界的生活期一般只有几天。当含有尾蚴的黏性球被蚂蚁吞食后，尾蚴在其体内很快形成囊蚴，羊因吞食了含囊蚴的蚂蚁而感染。囊蚴在终末宿主的肠内脱囊，由十二指肠经总胆管到达胆管或胆囊内寄生。从终末宿主吞食囊蚴至发育为成虫需 72~85 d。整个发育过程需 160~240 d。

【流行病学】该病的分布几乎遍及世界各地，多呈地方性流行。在我国的分布极其广泛，各地都有发生，北方及西南地区较常见，尤其在西北诸省区和内蒙古流行严重。其流行与陆地螺和蚂蚁的广泛存在有关。

双腔吸虫的终末宿主众多，有记载的哺乳动物达 70 余种，除牛、羊、鹿、骆驼、马、猪、兔等外，许多野生的偶蹄类动物均可感染。在温暖潮湿的南方地区，陆地螺和蚂蚁可全年活动，因此，动物几乎全年都可感染；而在寒冷干燥的北方地区，中间宿主要冬眠，动物的感染明显具有春秋两季特点，但动物发病多在冬春季节。动物随年龄的增加，其感染率和感染强度也逐渐增加，感染的虫体数可达数千条，甚至上万条，这说明动物获得性免疫力较差。

虫卵对外界环境条件的抵抗力很强，在土壤和粪便中可存活数月，仍具感染性，在 18~20 ℃时，干燥一周仍能存活。对低温的抵抗力更强，虫卵和在第一、二中间宿主体内的各期幼虫均可越冬，且不丧失感染性。虫卵能耐受-50 ℃的低温；虫卵亦能耐受高温，50 ℃时 24 h 仍有活力。

【症状与病变】多数羊症状轻微或不表现症状。严重感染时，尤其在早春，就会表现出严重的症状。一般表现为慢性消耗性疾病的临床特征，如精神沉郁、食欲减退、渐进性消瘦、可视黏膜黄染、贫血、颌下水肿、腹泻、行动迟缓、喜卧、代谢障碍和营养不良等。严重的病例可导致死亡。

双腔吸虫在胆管内寄生，由于虫体的机械性刺激和毒素作用，可引起胆管卡他性炎症、胆管壁增厚、肝肿大、肝硬变。

【诊断】在流行病学调查的基础上，结合临床症状进行粪便虫卵检查，可发现多量虫卵；死后剖检，可在胆管中发现大量虫体。

【防治】

1. 预防 预防措施主要是定期驱虫，最好在秋末和冬季进行，对所有在同一牧地上放牧的羊同时驱出，防止虫卵污染草场，坚持数年，可达到净化草场目的；改良牧场，采取措施消灭中间宿主陆地螺。

2. 治疗 治疗双腔吸虫病可用以下药物。

（1）海涛林（三氯苯丙酰嗪）：按 40~50mg/kg 体重，配成 2% 的混悬液，经口灌服有特效。

（2）丙硫咪唑：可用于驱动物线虫、绦虫、肝片形吸虫等，但驱除双腔吸虫时剂量要加大。羊按 30~40 mg/kg 体重，一次口服，疗效甚好。或用其油剂腹腔注射，疗效可达 96%~100%。该药对多种绦虫及绦虫蚴亦有效。

（3）六氯对二甲苯（血防 846）：该药的用量较大。按 200~300 mg/kg 体重，一次口服，驱虫率可达 90% 以上；连用 2 次，驱虫率可达 100%。

（4）吡喹酮：按 60~70 mg/kg 体重，一次口服。

十一、球虫病

球虫病是由艾美耳属球虫寄生于绵羊或山羊肠道引起的下痢、消瘦、贫血、发育不良为特征的疾病。严重的可以引起羊只的死亡，尤其对羔羊危害较大。已报道的绵羊球虫有 14 种，其中阿撒他艾美耳球虫对绵羊的致病力强，绵羊艾美耳球虫和小艾美耳球虫对绵羊有中等的致病力，浮氏艾美耳球虫等对绵羊有一定的致病力。山羊球虫有 15 种，其中雅氏艾美耳球虫对山羊的致病力强，阿氏艾美耳球虫等对山羊有中等或一定的致病力。

【生活史】各种羊球虫的发育与鸡球虫的发育过程相同，均为直接发育型。内生性发育过程有裂体生殖和配子生殖，外生性发育过程为孢子生殖。只有在外界发育为孢子化的卵囊才具有感染性。羊球虫经口感染。

【流行病学】各种品种的绵羊、山羊均有易感性，羔羊极易感染，时有死亡。成年羊都是带虫者，也有因球虫病引起死亡的报道。该病多发于春、夏、秋三季，温暖潮湿的环境易造成该病的流行。冬季气温低时，不利于球虫卵囊的发育，发病率较低。

【症状与病变】急性经过为2~7 d，慢性者可延至数周，1岁内的羔羊症状较为明显。人工感染时的潜伏期为11~17 d。该病可能因感染的种类、感染的强度、养殖的年龄、机体的抵抗力以及饲养管理条件等的不同而取急性或慢性过程。病羊精神不振，食欲减退或废绝，体重下降，被毛粗乱，可视黏膜苍白，腹泻，粪便中常混有血液、剥脱的黏膜和上皮，有恶臭，粪便中含有大量卵囊。体温有时升至40~41℃，死亡率约为10%。

尸体消瘦，后肢及尾部污染有粪便，小肠肠黏膜上明显可见有淡白色或黄色圆形或卵圆形结节，从粟粒至豌豆大，常成簇分布，从浆膜上也能观察到。十二指肠和回肠有卡他性炎症，有点状或带状出血。

【诊断】根据临床表现、病理变化和流行病学情况可做出初步诊断，确诊需使用粪便直接涂片法或饱和食盐水漂浮法检查粪便中的球虫卵囊。羊带虫现象在羊群中极为普遍，所以对于发病羊群的诊断需要综合判定。

【防治】应采取保持干净的饲养环境卫生、隔离和用药预防等综合措施。羊舍应保持干燥、通风，羊舍要天天打扫，将粪便和垫草等污物集中运往贮粪地点，进行消毒。定期用开水、3%~5%氢氧化钠溶液消毒地面、围栏、饲槽、饮水槽等，一般为每周1次。饲草和饮水要严格避免羊粪污染。哺乳母羊的乳房要经常擦洗。减少应激发生，特别是饲养方式、更换饲料等要逐步过渡。

药物预防：可用氨丙啉，按5 mg/kg体重混入饲料，连用21 d；莫能菌素，按1 mg/kg体重混入饲料，连用33 d。使用氨丙啉按25 mg/kg体重，每天1次，连用14~19 d，可防治羊球虫的严重感染。磺胺喹恶啉（SQ）和磺胺二甲基嘧啶（SM$_2$）也具有良好的防治效果。

十二、曲子宫绦虫病和无卵黄腺绦虫病

曲子宫绦虫常见的虫种为盖氏曲子宫绦虫，无卵黄腺绦虫常见的虫种为中点无卵黄腺绦虫。两者常与莫尼茨绦虫混合感染，寄生于小肠。其致病作用较莫尼茨绦虫小，但严重感染时，亦可引起羊只尤其是羔羊的死亡。

曲子宫绦虫的生活史与莫尼茨绦虫相似，无卵黄腺绦虫的生活史尚不完全清楚，有报道认为中间宿主为弹尾目昆虫长角跳虫，也有人认为中间宿主为地螨。其症状、诊断与防治参照莫尼茨绦虫病部分。

第二节　呼吸系统寄生虫病

一、丝状网尾线虫病

丝状网尾线虫病是由丝状网尾线虫寄生于羊的支气管和细支气管内引起的。由于虫体较大，又称大型肺线虫。

【虫体特征与生活史】虫体呈细线状，乳白色，肠管呈黑色，外观上似一条黑线穿行于体内。雌虫长 50~100 mm；雄虫长 30~80 mm，交合刺黄褐色，靴形，长 0.4~0.7 mm，呈网状多孔结构。

羊感染时，雌虫产含幼虫卵于支气管内，羊咳嗽时卵随黏液一起进入口腔并被咽下，在消化道孵化出 1 期幼虫，并随粪便排到体外。在 20 ℃温度下，经 5~7 d 蜕化 2 次变为感染性幼虫。羊吃草或饮水时，摄入感染性幼虫，幼虫钻入肠壁，在肠淋巴结内发育退化，变为 4 期幼虫，经移行到达肺部，寄生在细支气管和支气管。从羊感染到发育为成虫，大约需要 18 d，感染后 26 d

开始产卵。成虫在羊体内的寄生期限随羊的营养、年龄而不同，从两个月到一年不等。

【流行病学】丝状网尾线虫病的幼虫对热和干燥敏感，可以耐低温。在 4~5 ℃时，幼虫就可以发育，并且保持活力达 100 d 之久。被雪覆盖的粪便，虽在−20~40 ℃气温下，其中的感染性幼虫仍不死亡。干粪中幼虫的死亡率比在湿粪中大得多。成年羊比幼年羊感染率高，但对羔羊危害严重，严重时可引起患羊大批死亡。该病多见于潮湿地区，常呈地方性流行。

【症状与病变】感染的首发症状为咳嗽。最初为干咳，后变为湿咳，而且咳嗽次数逐渐频繁。中度感染时，咳嗽强烈而粗厉；严重感染时呼吸浅表，迫促并感痛苦。先是个别羊发生咳嗽，后常成群发病。羊被驱赶和夜间休息时咳嗽最为明显，在羊圈附近可以听到羊群的咳嗽声和拉风箱似的呼吸声。阵发性咳嗽发作时，常咳出黏液团块，镜检时见有虫卵和幼虫。患羊常从鼻孔排出黏液分泌物，干涸后在鼻孔周围形成痂皮；有时分泌物很黏稠，形成绳索状物，垂悬在鼻孔下面。患羊常打喷嚏，逐渐消瘦，被毛枯干，贫血，头胸部和四肢水肿，呼吸加快、困难，体温一般不升高。羔羊症状较严重，可以引起死亡。感染轻微的羊和成年羊常为慢性，症状不明显。

感染初期，由于幼虫的移行而引起肠黏膜和肺组织的损伤，有细菌侵入时，引起广泛性肺炎。成虫寄生时，由于虫体刺激，引起细支气管和支气管的炎症。大量虫体及其黏液、脓性物质、混有血丝的分泌物团块可以阻塞细支气管，引起局部肺组织膨胀不全和周围肺组织的代偿性气肿。有虫体寄生的部位，肺表面稍隆起，呈灰白色，触诊时有坚硬感，切开时常有虫体。虫体分泌物、排泄物的毒素作用可引起羊只的再生不良性贫血。肺组织中可见大量中性粒细胞、酸性粒细胞以及巨噬细胞、浆细胞的浸润。

【诊断】根据临床症状，特别是患羊咳嗽发生的季节和发生率，考虑是否为丝状网尾线虫感染。用幼虫分离法检查粪便，发现1期幼虫即可确诊。丝状网尾线虫1期幼虫易于鉴别，较大，长550~585 μm，头端钝圆，有一扣状结节，尾端细而钝，体内有较多的黑色颗粒。剖检时在支气管和细支气管发现一定量的虫体和相应的病变时，即可确诊。

【防治】

1. 预防 保持牧场清洁干燥，防止潮湿积水，注意饮水卫生。计划性驱虫以当地的具体情况而定，一般由放牧改为舍饲的前后进行一次驱虫，使羊只安全越冬，在1月至2月初再进行一次驱虫，以避免春乏死亡。驱虫时集中羊群数天，以加强粪便管理，粪便应对剂发酵进行生物热处理，以消灭病原。成年羊与羔羊分群放牧，以保护羔羊少受感染。有条件的地方可以实施划地轮牧，以减少羊只的感染机会，接种致弱幼虫苗可增强免疫力。

2. 治疗 发生丝状网尾线虫病，可选用以下驱虫药物。

（1）左咪唑：按8~10 mg/kg体重，一次口服。

（2）丙硫咪唑：按10~15 mg/kg体重，一次口服。

（3）阿维菌素或伊维菌素：按0.2 mg/kg体重，一次口服或皮下注射。

二、原圆线虫病

原圆线虫病是由原圆科原圆属、缪勒属等几个属的多种线虫，寄生于羊的肺泡、毛细支气管、细支气管、肺实质等处引起的。该类线虫多系混合感染，虫体细小，有的肉眼刚能看到，故又称小型肺线虫。该病分布很广，对羊感染率高，感染强度大，危害最大的为原圆属和缪勒属的线虫。

【流行病学】原圆线虫的发育需要各种陆地螺类或蛞蝓作为中间宿主。虫卵产出后，发育孵化为1期幼虫，后者沿细支气管上行到咽，转入肠道，随粪便排到外界。1 期幼虫进入中间宿主体发育到感染期的时间，随温度和螺的种类而异，原圆线虫一般为 15~49 d，缪勒线虫为 8~98 d。感染性幼虫可自行逸出或留在中间宿主体内。羊吃草或饮水时，摄入感染性幼虫或含有感染性幼虫的中间宿主时而受感染。幼虫钻入肠壁，经发育并随血流移行至肺，在肺泡、细支气管及肺实质中发育为成虫。从感染到发育为成虫的时间为 25~38 d。

1 期幼虫的生存能力较强。自然条件下，在粪便和土壤中可生存几个月。对干燥有显著的抗力，在干粪中可生存数周。在湿粪中的生存期较长。幼虫耐低温，在 3~6 ℃时比在高温下生活得好；冰冻 3 d 后仍有活力，12 d 死亡。直射阳光可迅速使幼虫致死。

螺类以羊粪为食，因而幼虫有更多的机会感染中间宿主。在螺体内的感染性幼虫，其寿命与螺的寿命同长，为 12~18 个月。除严冬软体动物休眠外，几乎全年均可发生感染。4~5 月龄及以上的羊几乎都有虫体寄生，甚至数量很大。

【症状与病变】轻度感染时不显临床症状。重度感染时虚弱无力，这可以加剧宿主健康和抵抗力的降低，使其易罹患其他疾病。当病情加剧和接近死亡时，有呼吸困难、干咳或暴发性咳嗽等症状。并发网尾线虫病时，可引起大批死亡。

由于虫体的寄生和刺激，引起局部炎性细胞浸润、肺萎陷和实变，继之其周围的肺泡和末梢支气管发生代偿性气肿和膨大；当肺泡和毛细支气管膨大到破裂时，细菌乘机侵入引起支气管肺炎。在肺脏边缘病灶切面的涂片上，可见到成虫和幼虫。

【诊断】根据症状和流行病学情况怀疑该病时，进行粪便检查，发现多量 1 期幼虫时可以确诊为该病。大约每克粪便中有 150 条幼虫时，被认为是有病理意义的荷虫量。1 期幼虫长 300~400 μm，宽 16~22 μm。缪勒线虫的 1 期幼虫尾部呈波浪形弯曲，背侧有一小刺；原圆线虫的幼虫亦呈波浪形弯曲，但无小刺。应注意与网尾线虫幼虫区别。

剖检时在发现成虫、幼虫、虫卵和相应的病理变化时也可以确诊。

【防治】预防应避免在低洼、潮湿的地段放牧，减少与陆地螺类接触的机会；放牧羊只应尽可能地避开中间宿主活跃的时间，如雾天、清晨和傍晚；成年羊与羔羊应避免同群放牧，因为成年羊往往是带虫者，是感染源；在放牧前后各进行一两次驱虫，放牧季节根据情况在适当进行普遍驱虫，驱虫治疗后，应将粪便堆积进行生物发酵处理。也可根据当地情况可以进行计划性驱虫。

药物治疗可参考丝状网尾线虫病部分。

三、羊鼻蝇蛆病

该病是由羊狂蝇的幼虫寄生在羊的鼻腔及其附近的腔窦内引起的，病羊呈慢性鼻炎症状，亦称羊鼻蝇蚴病。该病在我国北方广大地区较为常见，流行严重的地区感染率高达 80%。

【虫体特征与生活史】羊狂蝇成虫外形似蜜蜂，口器蜕化；刚产出的幼虫黄白色长约 1 mm，体表丛生小刺，前端有两个黑色的口前钩；成熟幼虫，长约 30 mm，棕褐色，背面拱起，每节上具有深棕色的横带，腹面扁平，各节前缘具有数列小刺，前段尖有两个黑色发达的口钩，后段齐平，有两个黑色的后气孔。

羊狂蝇的发育特点是成虫直接产幼虫，每次能产下 20~40 个幼虫，每只雌蝇在数日内可产幼虫 500~600 个，刚产下的 1 期幼虫以口前钩固着于鼻黏膜上，爬上鼻腔，并渐向深部移行，在鼻腔、额窦或鼻窦内经 2 次蜕化变为 3 期幼虫。幼虫在鼻腔和额窦等处寄生 9~10 个月。到翌年春天，发育成熟的 3 期幼虫由深部向鼻孔开口部移行，当患羊打喷嚏时，幼虫被喷落地面，钻入土内化蛹。蛹期1~2个月，其后化羽为成蝇。

【流行病学】成蝇既不采食也不营寄生生活，出现于每年的5~9月间，尤其7~9月间较多。雌雄交配后，雄蝇即死亡。雌蝇生活至体内幼虫形成后，在炎热晴朗无风的白天活动，遇羊时即突然冲向羊鼻，将幼虫产于羊的鼻孔内或鼻孔周围，产完幼虫后死亡。成虫寿命2~3周。羊狂蝇在北方较冷地区每年仅繁殖一代；而在温暖地区，其幼虫在鼻腔内寄生期由9~10个月缩短到25~35 d，因此每年可繁殖两代。绵羊的感染率比山羊高。

【症状与病变】成虫侵袭羊群产幼虫时，羊只不安，互相拥挤，频频摇头、喷嚏，或以鼻孔抵于地面，或以头部埋于另一羊的腹下或腿间，严重扰乱羊的正常生活和采食，使羊生长发育不良且消瘦。当幼虫在羊鼻腔内固着或移动时，以口前钩和体表小刺机械地刺激和损伤鼻黏膜，引起发炎和肿胀，鼻腔流出浆液性或脓性鼻液，鼻液在鼻孔周围干涸，形成鼻痂，并使鼻孔堵塞，呼吸困难。患羊表现为打喷嚏，摇头，甩鼻子，磨牙，磨鼻，眼睑浮肿，流泪，食欲减退，日益消瘦；数月后症状逐渐减轻，但到发育为3期幼虫时，虫体变硬，增大，并逐步向鼻孔移行，症状又有所加剧。在寄生过程中，少数1期幼虫可能进入鼻窦，虫体在鼻窦中长大后，不能返回鼻腔，而致鼻窦发炎，甚或病害累及脑膜，此时可出现神经症状，最终可导致死亡。

【诊断】根据症状、流行病学和尸体剖检可做出诊断。早期诊断可用药液喷入鼻腔，收集用药后的鼻腔喷出物，发现死亡幼虫即可确诊。出现神经症状时，应与羊多头蚴病和莫尼茨绦虫病相区别。

【治疗】

（1）伊维菌素：按0.2 mg/kg体重，以1%溶液皮下注射。

（2）敌百虫：按75 mg/kg体重，配成水溶液口服，或以5%溶液肌内注射，或以2%溶液喷入鼻腔或用气雾法（在密室中），均可收到驱虫效果，对 1 期幼虫效果较理想。

（3）氯氰柳胺：按 5 mg/kg 体重口服或 2.5 mg/kg 体重皮下注射，可杀死各期幼虫。

第三节　皮肤寄生虫病

一、疥螨病和痒螨病

螨病又叫疥疮、疥癣病，俗称癞病，是由疥螨科和痒螨科的螨类寄生于动物的表皮内或体表所引起的慢性皮肤病，以接触感染，能引起患羊发生剧烈的痒觉以及各种类型的皮肤炎为特征。羊的螨病是由疥螨科的疥螨属、痒螨科的痒螨属和足螨属引起，以疥螨属和痒螨属的螨危害最大。常引起大面积发病，严重时可引起大批死亡，给畜牧业带来巨大损失。

【虫体特征与生活史】

1. 虫体特征

（1）疥螨：虫体全形呈龟形，大小为 0.2~0.5 mm。虫体前端有一圆形的咀嚼型口器。腹面有 4 对短圆锥形的肢，后两对肢不突出体缘。附着盘呈钟形，附着盘柄长、不分节。

（2）痒螨：虫体全形呈椭圆形，大小为 0.5~0.8 mm。虫体前端突出一长椭圆形的吸吮型口器。腹面有 4 对长圆锥形的肢，前两对肢粗大，后两对肢细长突出体缘。有的肢端有附着盘，附着盘成漏斗状，附着盘柄长，分节。

2. 生活史

疥螨和痒螨的全部发育过程均在动物身上度过，包括卵、幼虫、若虫、成虫 4 个阶段，其中雄螨为 1 个若虫期，雌螨为 2 个若虫期。

（1）疥螨：口器为咀嚼型，在宿主的表皮内挖掘隧道，以角质层组织和渗出的淋巴液为食，在隧道内发育和繁殖。隧道中每隔一段距离即有小孔与外界相通，以通气和作为幼虫出入的孔道。雌螨在隧道内产卵，一生可产 40~50 个卵，卵经 3~8 d 孵化出幼虫，幼虫 3 对足，蜕化变成若虫。若虫 4 对足，但生殖器官尚未发育充分。若虫的雄虫经 1 次蜕化、雌虫经 2 次蜕化变为成虫。雌雄虫交配后不久，雄虫即死亡，雌虫的寿命为 4~5 周。疥螨的整个发育过程为 8~22 d，平均为 15 d。疥螨病通常始发于皮肤薄、被毛短而稀的部位，以后病灶逐渐扩大，虫体总是在病灶边缘活动，可波及全身皮肤，多发于山羊。

（2）痒螨：刺吸式口器，寄生于皮肤表面，以口器穿刺皮肤，以组织细胞和体液为食。整个发育过程都在体表进行。雌螨一生可产约 40 个卵，寿命约为 42 d，整个发育过程需 2~3 周。痒螨病通常始发于被毛长而稠密之处，以后蔓延至全身，绵羊多发。

（3）足螨：亦寄生于皮肤表面，采食脱落的上皮细胞，如屑皮、痂皮等，其生活史可能与痒螨相似。常见的有绵羊足螨、山羊足螨等。

【流行病学】螨病的传播方式为接触感染，包括与患病动物的直接接触感染，还可通过螨及其卵污染的畜舍、用具及活动场所等间接接触而感染。此外，亦可由工作人员的衣服、手机、诊断治疗器械传播病原。

螨病主要发生于秋末、冬季和初春，日光照射不足，羊被毛增厚，绒毛增多，羊舍潮湿、阴暗、拥挤及卫生条件差的情况下，极容易造成螨病的严重流行。幼龄动物易患螨病，发病也较严重，成年羊有一定的抵抗力。体质瘦弱、抵抗力差的羊易受感染，体质健壮、抵抗力强的羊则不易感染。但成年体质健壮的羊只有带螨现象，常常成为该病的传染源，这种情况应该引起高度的重视。

疥螨病多发于山羊，初发部位多在皮肤薄、被毛短而稀少的地方，如眼圈、鼻梁、嘴巴周围、耳部等处；痒螨病多发于绵羊，多在绵羊被毛长而稠密之处发病，如颈前、背部、臀部等处。

【症状与病变】羊无论是感染疥螨还是痒螨，因它们分泌毒素，刺激神经末梢，都会引起剧痒，而且剧痒贯穿于螨病的整个过程。当患病动物进入温暖场所或运动后皮温增高时，痒觉更加剧烈，这是螨随周围温度的增高而活动增加的结果。剧痒使患病动物到处用力擦痒或用嘴啃咬患处，其结果不仅使局部损伤、发炎，形成水疱或结节，并伴有局部皮肤增厚和脱毛，而且向周围环境散播大量病原。发病一般都从局部开始，往往波及全身，使患病动物终日啃咬、擦痒，严重影响采食和休息，使胃肠的消化、吸收机能减退。患病动物日渐消瘦，有时继发感染，严重时可引起死亡。

（1）山羊疥螨病：主要发生于嘴唇周围、眼圈、鼻梁和耳根部，可蔓延到腋下、腹下和四肢曲面等无毛及少毛部位。严重时口唇皮肤皲裂，采食困难，病变可波及全身，死亡率很高。

（2）绵羊疥螨病：主要在头部明显，患羊嘴巴周围、鼻梁、眼圈、耳根等处的皮肤上有白色坚硬的胶皮样痂皮，俗称"石灰头"。病变部位亦可扩大。

（3）山羊痒螨病：主要发生于耳壳内面，在耳内生成黄白色痂皮，将耳道阻塞，病羊常摇头。严重时可引起死亡。

（4）绵羊痒螨病：危害绵羊时特别严重，可引起大批绵羊死亡。多发生于密毛的部位如背部、臀部，然后波及全身。在羊群中首先应引起注意的，是羊毛结成束和体躯下部泥泞不洁，零散的毛丛悬垂在羊体上，严重时全身被毛脱光。患部皮肤湿润，形成浅黄色痂皮。

【诊断】根据发病季节（秋末、冬季和初春多发）和明显的症状（剧痒和皮肤病变）以及接触感染、大面积发生等特点可以做出初步诊断。确诊需从健康与病患交界的皮肤处采集病料，疥螨病患还需应用凸刃刀片在病灶的边缘处刮去皮屑至微出血。将刮下的皮屑放于载玻片上，滴加煤油，覆以另一张载玻片。挤压载玻片使病料散开，分开载玻片，将其置于显微镜下检查，煤油有透明皮屑的作用，使其中虫体被发现，但虫体在煤油中容易死亡。如欲观察活螨，可用10%氢氧化钠溶液、液体石蜡或甘油水溶液滴于病料上，在这些溶液中，虫体短期内不会死亡，可观察其活动。经实验室检查，发现虫体才能确诊。在诊断的同时，应避免人为地扩散病原。

除螨病外，钱癣（秃毛癣）、湿疹、过敏性皮炎、蠕形螨病以及虱的寄生等也有不同程度的皮炎、脱毛和痒觉等，应注意鉴别。

【防治】螨病的防治重在预防。发病后再治疗，常常十分被动、造成很大损失。

1. 预防　螨病的预防应做好以下工作：

（1）定期进行羊群检查和灭螨处理。在流行区，对群牧的羊不论发病与否，都要定期用药。螨病对绵羊和山羊的危害极大，在牧区常用药浴的方法。根据羊只的多少选择药浴池。药浴常在夏季进行，要注意如下几点：①在牧区，同一区域内的羊只应集中同时进行，不得漏浴，对护羊犬也应同时药浴。②绵羊在剪毛后1周，山羊在抓绒后进行。③药浴要在晴朗无风的天气进行，最好在中午1时左右，药液不能太凉，温度在30~37℃适宜。药浴后要注意保暖，防止感冒。④药液浓度计算要准确，用倍比稀释法重复多次，混匀药液，大批羊只药浴前，应选择少量不同年龄、性别、品种的羊进行安全性试验，药浴后要仔细观察，一旦发生中毒，要及时处理。⑤药浴前羊只要充分休息，饮足水。⑥药浴时间为 1~2 min，要将羊头压入药液 1~2 次，出药浴池后，让羊只在斜坡处站一会儿，让药液流入池内。适时补充药液，维持药液的浓度。⑦药浴后羊只不得马上渡水，最好在 7~8 d 后进行第 2 次药浴。

（2）畜舍要经常保持干燥清洁，通风透光，不要使羊过于拥挤。畜舍及饲养管理用具要定期消毒。

（3）引入羊只时应事先了解有无螨病存在，引入后应隔离一段时间，详细观察，并做螨病检查，必要时进行灭螨处理后再合群。

（4）经常观察羊群有无发痒、脱毛现象，及时检出可疑患畜，并及时隔离治疗。同时，对同群未发病的其他羊只也要进行灭螨处理，对圈舍也应喷洒药液、彻底消毒。做好螨病羊皮毛的处理，对圈舍也应喷洒药液、彻底消毒，以防止病原扩散，同时防止饲养人员或用具散播病原。

2. 治疗　治疗螨病的药物较多，方法有皮下注射、局部涂擦、喷淋及药浴等，以患病动物的数量、药源及当地的具体情况而定。常用的有以下治疗方法：

（1）敌百虫：3% 敌百虫溶液患部涂擦；0.5%~1% 敌百虫溶液喷淋或药浴；1%~2% 敌百虫溶液，环境喷洒。

（2）双甲醚：按 500 mg/kg 体重涂擦、喷淋或药浴。

（3）溴氰菊酯：按 500 mg/kg 体重喷淋或药浴。

（4）巴胺磷：按 200 mg/kg 体重药浴。

（5）辛硫磷：按 500 mg/kg 体重药浴。

（6）伊维菌素注射液：按 0.3 mg/kg 体重皮下注射，重者间隔 7 d 再注射一次。

治疗患羊应注意：已经确诊的患羊，要在专设场地隔离治疗。从患羊身上清除下来的污物，包括毛、痂皮等要集中销毁，治疗器械、工具要彻底消毒，接触患羊的人员手臂、衣物等也要消毒，避免在治疗过程中病原扩散；患羊较多时，应先对少数患羊试验，以鉴定药物的安全性，然后再大面积使用，防止意外发生。治疗后的患羊，应放在未被污染的或消过毒的地方饲养，并注意护理；由于大多数杀螨药对螨卵的作用较差，因此应间隔5~7 d重复治疗，以杀死新孵出的幼虫；如果用涂擦的方法治疗，通常一次涂药面积不应超过体表面积的1/3，以免发生中毒。

二、蠕形螨病

蠕形螨病又叫毛囊虫病，是由山羊蠕形螨、绵羊蠕形螨寄生于羊的毛囊和皮脂腺而引起的皮肤病。蠕形螨的全部发育过程都在宿主体上进行，包括卵、幼虫、两期若虫和成虫。该病的发生主要是由于病羊与健康羊相互接触，通过皮肤感染，以山羊蠕形螨病常见。

山羊蠕形螨病主要发生在肩胛、四肢、颈、腹等处，皮下可触摸到黄豆大、圆形或近圆形、高出于皮肤的结节，有时结节处皮肤稍红，部分结节中央可见小孔，可挤压出干酪样内容物。重度感染时呈现消瘦，被毛粗乱。成年羊较幼羊症状明显。患羊的皮革质量严重下降，给养羊户造成很大的经济损失。

该病的诊断可参考临床症状，切破皮肤上的结节或脓疱取其内容物，置低倍显微镜下检查，发现虫体即可确诊。对患羊应隔离治疗，并用杀螨药剂对被污染的场所及用具进行消毒。治疗可用伊维菌素0.2 mg/kg体重皮下注射，或用浓度250 mg/kg的双甲醚溶液患部涂擦，间隔7~10 d重复用药一次。

三、羊虱病

病原为羊虱。羊虱分为两类：一类是吸血的，有山羊颚虱、绵羊颚虱、绵羊足颚虱和非洲羊颚虱；另一类是不吸血的，以毛、皮屑等为食的羊毛虱。羊虱是羊体表的永久性寄生虫病，具有严格的畜主特异性，是一个很难消除的外寄生虫病，每年都给养羊户造成一定的经济损失。

【虫体特征与生活史】羊颚虱寄生于山羊体表，虫体色淡、长 1.5~2 mm。头部呈细长圆锥形，前有刺吸口器，其后方陷于胸部内。胸部略呈四角形，腹呈长椭圆形，侧缘有长毛，气门不显著；羊毛虱体背腹扁平，头部较胸部为窄，呈圆锥形。无翅，触角 1 对，通常由 5 节组成。足 3 对，粗短而有力，肢末端以跗节的爪与胫节的指状突相对，形成握毛的有力工具。咀嚼式口器，腹部由许多节组成，背腹部覆有许多毛。

虱在羊体表以不完全变态方式发育，经过卵、若虫和成虫三个阶段，整个发育期约 1 个月。成虫在羊体上吸血，交配后产卵，成熟的雌虱一昼夜内产卵 1~4 个，卵被特殊的胶质牢固黏附在羊毛上，约经 2 周后发育为若虫，再经 2~3 周蜕化三次而变成成虫。产卵期 2~3 周，共产卵 50~80 个，产卵后即死亡。雄虱的生活期更短。一个月内可繁殖数代至十余代。虱离开羊体，得不到食料，1~10 d 内死亡。

【流行病学】虱病的传播主要是接触感染，可经过健康羊与病羊直接接触，或经过管理用具、饲养人员等的间接接触感染。羊舍阴暗、潮湿、拥挤等，都有利于虱子的生存、繁殖和传播，常会加重病情。

该病一年四季均可发病，但在每年的 10 月至次年的 6 月发病较严重。

【症状与病变】由于虱的长期骚扰，病羊烦乱不安，用嘴啃、蹄弹、角划解痒，或在木桩、墙壁等处擦痒，影响采食和休息，以致逐渐消瘦、贫血。幼羊发育不良，毛色不亮泽、不顺，由于羔羊经常舔吮患部和食入舍内的羊毛，可发生毛球病。奶羊泌乳量显著下降。严重感染造成羊体虚弱，抵抗力降低，或混合感染其他疾病可引起死亡。

羊虱分泌有毒的唾液，刺激皮肤的神经末梢而引起发痒，羊通过啃咬或摩擦而损伤皮肤。当大量虱聚集时，可使皮肤发生炎症、脱皮或脱毛，尤其是毛虱可使羊绒折断，对羊绒的质量造成严重的影响。

【诊断】根据流行病学调查和临床症状不难确诊。

【防治】

1. 预防　加强饲养管理及兽医卫生工作，保持羊舍清洁、干燥、透光和通风，平时给予营养丰富的饲料，以增强羊的抵抗力。对新引进的羊只应加以检查，及时发现及时隔离治疗，防止蔓延，并加强饲养管理。对羊舍要经常清扫、消毒，垫草要勤换勤晒，管理工具定期用热碱水或开水烫洗，以杀死虱卵。及时对羊体灭虱，应根据气候不同采用洗刷、喷洒或药浴。

2. 治疗　可选用以下药物：

（1）伊维菌素注射液：皮下注射，按 0.01~0.02 mL/kg 体重（羔羊在 3 月龄以上方可注射），治疗效果较佳，且安全可靠。

（2）药浴治疗：用 0.5% 敌百虫水溶液或 20% 蝇毒磷，池浴、喷雾。浴前 2 小时让羊充分饮水，停止喂草料，用品质差的羊只试浴，无毒后方可进行。先浴健康羊，后浴病羊，有外伤者不药浴。药浴水温为 20~30 ℃，时间为 2~3 min，预防时药浴时间 1 min 即可。怀孕 2 月以上母羊不要药浴。药浴后羊在阴凉处休息 1~2 h，如遇天气突变可放回羊舍，以防感冒。药浴后对于严重的或虱未彻底死亡的个别羊只再进行第 2 次药浴，半个月后羊身上的虱可全部死亡。

（3）碘硝氰（驱虫王）：皮下注射，按 0.05 mL/kg 体重。

四、羊虱蝇

羊虱蝇又称绵羊虱蝇或绵羊蜱。羊虱蝇的侵袭是绵羊的一种慢性皮炎，以发痒性骚扰与季节性波动为特征。这种寄生虫病分布于全球，发生率高，能引起羊的生长发育不良，肉和毛的产量降低，造成的经济损失很大。

【虫体特征与生活史】成蝇为褐灰色，长为 4~6 mm，无翅，有三对强壮的腿，每条腿有一强壮的爪。头部宽阔，带有坚强的穿刺性口器。

羔羊与剪毛的绵羊，容易检查发现成年虱蝇与虱蝇蛹；但对有毛的绵羊，羊虱蝇隐匿在羊毛内，需要分开羊毛纤维细心检查。羊虱蝇集中在颈、胸部、臀部与腹部的皮肤上。

羊虱蝇寄生于绵羊皮肤，度过它的整个生活周期。在从蛹内出来后的 3~4 d 内，胎生的雌蝇开始交配，连续生产 10~15 条幼虫。妊娠期为 10~12 d。分娩后雌蝇把长 3~4 mm 的幼虫粘在羊毛纤维上，形成外壳，并在夏季与冬季分别经 19~24 d 变成蛹。雌虫只存活 4~5 个月，在 32~40 d 内发育出完整的一代，四季生殖。

【流行病学】通过拥挤的羊群以及带羔母羊与羔羊之间的直接接触而发生传播。羊虱蝇一年四季均可发病，但气候与其他因素大大影响到季节性群体的变动：春季剪毛能除去大量虱蝇；夏季太阳能量引起皮肤高温；秋、冬季外界环境则创造了有利的皮肤温度。这些因素引起虱蝇的规律性夏季群体下降与冬季群体上升，在夏季感染羊群中每只绵羊的羊虱蝇数量不多，而在冬季则可达到 300~400 个。

【症状与病变】少量寄生症状不明显，大量则引起羊不安、采食减少及生长速度停滞。患羊咬、踢与摩擦它们的受侵袭的皮肤，可造成羊毛损伤，毛粗糙、断裂与脱落。

【诊断】通过在皮肤上和羊毛内发现致病数目的虱蝇进行诊断。根据虱蝇的大小、颜色，容易与其他节肢动物寄生虫区别开来。

【防治】加强饲养管理及兽医卫生工作。保持羊舍清洁、干燥、透光和通风，平时给予营养丰富的饲料，以增强羊的抵抗力；对饲养羊经常检查，及时发现和隔离治疗病羊；对新引进的羊只必须进行检疫，防止发生带虱蝇羊混入羊群。

虱蝇侵袭的羊群，必须在剪毛后 6 周内进行药物治疗。用蝇毒磷等有机磷制剂驱杀羊虱蝇很有效，但要注意避免引起药物中毒。

第四节　神经与肌肉寄生虫病

一、肉孢子虫病

肉孢子虫病是由肉孢子虫属的多种原虫寄生于各种家畜的横纹肌引起的。我国各地羊均有感染情况，尤其北方的绵羊和山羊，有些地区的感染率甚至可达 100%。羊感染肉孢子虫时，通常不表现临床症状，重感染时症状与病情亦甚轻微，但肌肉因大量包囊的寄生，致使局部肌肉变性变色而不能食用，从而造成一定的经济损失。

【生活史】终末宿主吞食含肉孢子虫包囊后，包囊被消化，释放出缓殖子，缓殖子钻入小肠黏膜的上皮细胞或固有层，直接发育成大小配子体。小配子体又分裂成许多小配子，大小配子结合为合子，最后形成卵囊，卵囊在肠壁上完成孢子化。孢子化的卵囊内含有 2 个椭圆形的孢子囊，每个孢子囊内含有 4 个香蕉形的子孢子。卵囊壁薄而且脆弱，常在肠内会自行破裂，因此，在终末宿主粪便中常见到的为孢子囊。羊由于采食了被孢子囊污染的饲草、饮水，孢子囊进入羊只肠道后释放出子孢子，子孢子经血液循环到达各脏器，在血管内皮细胞中进行两次裂体生殖，然后进入血液或单核细胞内进行第三次裂体生殖，最后裂殖子进入横纹肌纤维内发育为包囊，再经过 1~2 个月或更长时间发育为成熟的与肌纤维平行的包囊，称为米氏囊（Miescher's tubule），内含许多香蕉形的缓殖子（滋养体），又称雷氏小体（Rainey's corpuscle）。

肉孢子虫的发育必须更换宿主。肉孢子虫并无严格的宿主特异性，可以相互感染，同一种虫体寄生于不同的宿主时其形态大小有显著的差异。有人认为，肉孢子虫可能与弓形虫（Toxoplasma）及贝诺孢子虫（Besnoticz）一样，均为等孢球虫生活链中的一部分。

【流行病学】寄生于羊的肉孢子虫有两种，其中柔嫩肉孢子虫（S.tenella）的终末宿主为犬、狼、狐等，该种被命名为羊犬肉孢子虫（S.ovifelis或S.capracanis）；巨型肉孢子虫（S.gigantea）的终末宿主为猫，该种又叫羊猫肉孢子虫（S.ovifelis或S.caprafelis）。

肉孢子虫病流行于世界各地。除能引起羊等各种家畜感染外，兔、鼠类、鸟类、爬行类和鱼类等多种动物均可感染，人偶尔也可感染。因此，肉孢子虫病属人兽共患的寄生原虫病。

各种年龄和品种的羊均可感染肉孢子虫，而且随着年龄的增长，感染率也将增高。终末宿主粪便中的孢子囊可以通过鸟类、蝇和食粪甲虫等媒介而散播。孢子囊对外界环境的抵抗力强，在适宜的温度下，可存活1个月以上。但对高温和冷冻敏感，60~70℃持续10 min、冷冻1周、或-20℃存放3 d均可灭活。

【症状与病变】肉孢子虫的致病性较低，但近年来研究发现羔羊经口感染犬粪中的肉孢子虫包囊后，可出现一定的症状。妊娠羊严重感染时，可引起食欲减退、呼吸困难、虚弱以致死亡；也可出现高热、共济失调和流产等症状。据报道，肉孢子虫的毒素作用很强，包囊产生的内毒素称为肉孢子虫毒素（Sarcocystin）。注射极少量此毒素（浸出物）可使实验动物家兔和小白鼠迅速死亡。

病变主要是在羊只被屠宰后观察到，在全身横纹肌，尤其是后肢、腰部、腹侧、食道、心脏、横膈等部位肌肉上可以发现大量白色的梭形包囊，显微镜镜检时可见到肌肉中有完整的包囊而不伴有炎性反应；但也可见到包囊破裂，释放出的缓殖子导致严重的心肌炎或肌炎。其病理特征可见淋巴细胞、嗜酸性细胞和巨噬细胞的浸润和钙化。

【诊断】肌肉组织中发现包囊即可确诊。具体过程如下：剖检肉眼可见与肌纤维平行的白色梭形包囊；制作涂片时可取病变肌肉压碎，在显微镜下镜检可见含香蕉形的缓殖子，也可用吉姆萨染色后观察；做组织切片时，可见到包囊壁上有辐射状棘突，包囊中有中隔。病羊生前诊断比较困难，主要借助于免疫学诊断，其检测主要方法有 ELISA、IHA 和琼脂扩散试验等。

【防治】目前对肉孢子虫病的治疗还没有特别有效的措施和特效的治疗药物，仍处于探索阶段。有报道认为，抗球虫的药物如盐霉素、氨丙啉、莫能菌素、常山酮等对预防羊的肉孢子虫病可收到一定的效果。

控制该病主要是采取措施预防该病的发生。首先要加强肉品检验检疫工作，做好带虫肉品的无害化处理，严禁使用生肉喂犬、猫等终末宿主。其次应采取措施防止牛、羊等中间宿主感染。对接触牛、羊的人、犬、猫应定期进行粪便检查，发现有肉孢子虫孢子囊的终末宿主时，应及时进行治疗，严禁其接触羊的活动场所。对犬、猫或人等终末宿主的粪便要进行无害化处理。严禁包括人在内的终末宿主的粪便污染羊的饲料、牧草、饮水和养殖场地，采取措施切断粪–口传播途径。

二、羊囊尾蚴病

羊囊尾蚴病是羊带绦虫的中绦期，寄生于山羊与绵羊的心肌、膈肌、舌肌、咬肌等处，偶尔也可在肺、肝、脑组织寄生。羊囊尾蚴如果被终末宿主犬、狼等吞食后，会在其小肠约经 7 周发育为成虫，孕节或虫卵随粪便排出，被羊吞食后，六钩蚴钻入肠壁，随血流到达肌肉或其他组织，经 2.5~3 个月囊尾蚴发育成熟。羊囊尾蚴对羔羊有一定的危害，甚至可以引起死亡。该病在我国青海和新疆有报道。对羊囊尾蚴的防控措施主要是包括对犬定期驱虫，防止虫卵污染牧地、牧草和饮水等，含有羊囊尾蚴的肌肉和内脏禁止喂犬等。

三、脑多头蚴病

脑多头蚴（*Coenurus cerebralis*）又叫脑包虫，是多头带绦虫（*Taenia multiceps*）的中绦期幼虫。脑多头蚴寄生于绵羊、山羊脑和脊髓内，引起脑炎、脑膜炎及一系列神经症状；人也能偶尔感染。它是危害绵羊和山羊严重的寄生虫病。成虫寄生于犬、狼、狐狸的小肠。

【流行病学】成虫寄生于终末宿主小肠，其孕节和虫卵随宿主粪便排出体外，污染的饲料牧草及饮水等被羊吞食后，六钩蚴在消化道逸出，并钻入肠黏膜血管内，被血流带到脑及脊髓中进一步发育，幼虫生长缓慢，感染后 15 d，平均大小仅有 2~3 mm，感染 1 个月后形成头节，进而出现小钩，经 2~3 个月发育为大小不等的脑多头蚴。终末宿主吞食了含有脑多头蚴的病畜脑脊髓时，原头蚴即附着在肠黏膜上，经 41~73 d 发育为成虫。成虫可在终末宿主如犬的小肠中生存数年之久。

【症状与病变】脑多头蚴病是一种神经系统疾病，主要表现有典型的神经症状和视力障碍。全程可分为前期与后期两个阶段。前期为急性期，由于六钩蚴移行到脑组织，引起脑部的炎性反应。发病羊出现体温升高（尤其羔羊），脉搏、呼吸加快，甚至有的强烈兴奋，患羊出现回旋、前冲或后退运动等类似脑炎及脑膜炎症状。有些羔羊可在 5~7 d 因急性脑炎死亡。后期为慢性期，患羊耐过急性期后即转入慢性期，在一定时间内不表现临床症状。随着脑多头蚴的发育增大，压迫组织，逐渐产生明显的临床症状。由于虫体寄生在大脑半球表面的概率最高，其典型的症状为"转圈运动"。因此，通常又将脑多头蚴病称为回旋病。其转圈运动的方向与寄生部位是一致的，即头偏向病侧，并且向病侧做转圈运动。脑多头蚴包囊越小，转圈越大，包囊越大，圈转得越小。囊体大时，可发现局部头骨变薄、变软和皮肤隆起的现象。另外，被虫体压迫的大脑对侧视神经乳突常有充血与萎缩，造成视力障碍以至失明。病畜精神沉郁，对声音的刺激反应弱，常出现强迫性运动（驱赶时才走）。严重时食欲废绝，卧地不起，最终死亡。

【诊断】根据其典型的症状和病史可做出初步诊断：寄生部位与患羊头颈歪斜的方向和转圈运动的方向是一致的；寄生部位与视力障碍和蹄冠反射迟钝的方位是相反的；如果转圈方向不定，双目失明，两前趾的蹄冠反射均迟钝，可能是虫体寄生数量多，两侧都有寄生，或者包囊过大面跨区域寄生。也可应用现代诊断手段如超声波检查、X线或计算机断层摄影术（CT）扫描、磁共振成像（MRI）超声波进行诊断，尸体剖检时发现虫体即确诊。近年来有采用 ELSA 和变态反应（眼睑内注射多头蚴囊液）诊断该病的报道。

【防治】

1. 预防 防止羊采食被脑多头蚴污染的饲料牧草、饮水等，羊场尽量不饲养犬；对牧羊犬进行定期驱虫，排出的粪便应深埋、烧毁或利用堆积发酵等方法杀死其中的虫卵，避免虫卵污染环境。

2. 治疗

（1）施行外科手术摘除对头部前方大脑表面寄生的虫体，有一定效果，但在脑深部和后部寄生的虫体难以摘除。手术治疗仅适用于经济价值较高的种羊。

（2）药物治疗可使用吡喹酮和丙硫咪唑，已获得较好的效果。吡喹酮，病羊按 50 mg/kg 体重，一次口服，连用 5 d；或按 70 mg/kg 体重，一次口服，连用 3 d。据报道，这样用药可取得 80% 的疗效。丙硫苯咪唑，按 25 mg/kg 体重，一次口服。

第五节　循环系统寄生虫病

一、泰勒虫病

泰勒虫病是由泰勒科泰勒属原虫寄生于羊的巨噬细胞、淋巴细胞和红细胞内所引起的疾病的总称。

【虫体特征与生活史】寄生于羊的泰勒虫有两种：山羊泰勒虫和绵羊泰勒虫。目前在我国羊泰勒虫的病原为山羊泰勒虫。山羊泰勒虫形态与牛环形泰勒虫相似，有环形、椭圆形、逗点形、短杆形、钉子形、圆点形等各种形态，其中以圆形最多见。圆形虫体直径为 0.6~1.6 μm。一个红细胞内一般只有一个虫体，有时可见到 2~3 个。红细胞的染虫率为 0.5%~30%，最高达 90% 以上。裂殖体的形态与牛环形泰勒虫相似，可在淋巴结、脾、肝等的涂片中查到。

我国羊泰勒虫病的传播者为青海血蜱。感染泰勒虫的蜱在羊体吸血时，子孢子随蜱的唾液进入羊体，首先侵入局部单核巨噬系统的细胞（如巨噬细胞、淋巴细胞等）内进行裂体生殖，形成大裂殖体。大裂殖体发育形成后，产生许多大裂殖子，又侵入其他巨噬细胞和淋巴细胞内，重复上述的裂体生殖过程。在这一过程中，虫体随淋巴和血液循环向全身扩散，并侵入其他脏器的巨噬细胞和淋巴细胞再进行裂体生殖。裂体生殖进行数代后，可形成小裂殖体，小裂殖体发育成熟后，释放出许多小裂殖子，进入红细胞内发育为配子体。

幼蜱或若蜱在病羊身上吸血时，把带有配子体的红细胞吸入胃内，配子体由红细胞溢出病变为大小配子，二者结合形成合子，进而发育成杆状的能动的动合子。当蜱完成其蜕化时，动合子进入蜱唾腺的腺细胞内变为圆形的合胞体，开始孢子增殖，分裂产生许多子孢子。在蜱吸血时，子孢子被传播到羊的体内，重新开始在羊体内发育和繁殖。

【流行病学】幼蜱或若蜱吸食了含有羊泰勒虫的血液，在成蜱阶段传播该病，已证实该病不能经卵传播。该病主要发生于4~6月，5月为高峰。1~6月龄羔羊发病率高，病死率也高，1~2岁羊次之，3~4岁羊很少发病。羊泰勒虫病在我国四川、甘肃、和青海省陆续发现，呈地方性流行，可引起羊只大批死亡。有的地区发病率高达36%~100%，病死率高达13.3%~92.3%。

【症状与病变】潜伏期4~12 d。病羊精神沉郁，食欲减退，体温升高到40~42℃，稽留4~7 d，呼吸促迫，反刍及胃肠蠕动减弱或停止。有的病羊排恶臭稀粥样粪，混有黏液或血液。个别羊尿液混浊或血尿。结膜初充血，继而出现贫血和轻度黄疸。体表淋巴结肿大，有痛感。肢体僵硬，以羔羊最明显，有的羊行走时前肢提举困难或后肢僵硬，举步十分艰难；有的羔羊四肢发软，卧地不起。病程6~12 d。

解剖可见尸体消瘦，血液稀薄，皮下脂肪胶冻样。有点状出血。全身淋巴结呈不同程度肿胀，以肩前、肠系膜、肝、肺等处较显著；切面多汁、充血，有一些淋巴结呈灰白色，有时表面可见颗粒状突起。肝、脾肿大。肾呈黄褐色，表面有结节和小点出血。皱胃黏膜上有溃疡斑，肠黏膜上有少量出血点。

【诊断】根据临床症状、流行病学资料和尸体剖检可做出初步诊断，在血片和淋巴结或脾脏涂片上发现虫体即可确诊。

山羊泰勒虫和绵羊泰勒虫，两者血液型虫体的形态相似，均能感染山羊和绵羊。两者的区别：山羊泰勒虫致病性强，红细胞染虫率高，所引起的疾病称为恶性泰勒虫病，病死率高，在脾、淋巴结涂片的淋巴细胞内常可见到石榴体，其直径为 8~20 μm，内含 1~80 个直径为 1~2 μm 的紫红色染色质颗粒。而绵羊泰勒虫红细胞染虫率低，一般都低于 2%，石榴体形态与山羊泰勒虫相似，但见于淋巴结中，而且多次检查才能发现。

【防治】

1. 预防　该病防治关键在于灭蜱。在温暖季节，使用 0.33% 敌敌畏，或 0.2%~0.5% 敌百虫水溶液喷洒圈舍的墙壁等处，以消灭越冬的幼蜱。在该病发病季节到来之前，对羔羊可应用三氮脒、咪唑苯脲进行药物预防。如使用三氮脒，按 3mg/kg 体重配成 7% 的溶液，深部肌内注射，每 20 d 一次，对预防羊泰勒虫病有效。防止外来羊只将蜱带入和本地羊只将蜱带到其他地区，注意做好购入、调出羊的检疫工作。

2. 治疗　可以选用以下药物：

（1）三氮脒（贝尼尔）：按 7~10 mg/kg 体重，配成 1%~5% 的溶液，然后肌内注射，每天 1 次，连用 1~2 d。

（2）咪唑苯脲：按 1.5 mg/kg 体重，配成 10% 的溶液，然后肌内注射，间隔 1 d 再注射 1 次。该药在体内不进行降解代谢并排泄缓慢，导致它长期残留在动物体内。这种特性使该药具有较好的预防效果，但负面的问题是组织内长期药物残留。尽管已有试验报道认为该残留物在评价公共卫生意义上并无重要性，但仍有一些国家不允许该药用于肉食动物或规定动物用药后 28 d 内不可屠宰供食用。

（3）锥黄素（吖啶黄）：按 3~4 mg/kg 体重，配成 0.5%~1% 溶液静脉注射，注射药物时不可漏出血管外，注射后数天内要避免强烈阳光照射，以免灼伤，必要时 24~48 h 后重复注射 1 次。

（4）喹啉脲（阿卡普林）：按 0.6~1 mg/kg 体重，配成 5% 溶液皮下注射。缺点是个别病畜用药后出现起卧不安、肌肉震颤、流涎、出汗、疝痛、排粪、呼吸加快甚至困难等副作用，这种副作用对重症患畜特别不利。该副作用一般于 1~4 h 后自行消失，严重者可皮下注射阿托品，剂量为 10 mg/kg 体重。尽管已有试验报道认为该残留物在评价公共卫生意义上并无重要性，但仍有一些国家不允许该药用于肉食动物或规定动物用药后 28 d 内不可屠宰供食用。

二、巴贝斯虫病

羊巴贝斯虫病，又称红尿病，俗称绵羊焦虫病，是由巴贝斯科巴贝斯属的多种病原寄生于羊的血液引起的蜱传性血液原虫病，临床以高热、贫血、黄疸和血红蛋白尿为主要特征。

【生活史】寄生于羊的巴贝斯虫主要是由莫氏巴贝斯虫和绵羊巴贝斯虫所引起的。莫氏巴贝斯虫的毒力较强，虫体在红细胞内单独或成对存在；成对者呈锐角，占据细胞中央；绵羊巴贝斯虫亦单独或成对存在，占据细胞周边。这两种病痊愈后，免疫力均不完全，大多数动物还有隐性感染。

巴贝斯虫的生活史尚不完全了解，但已知绵羊巴贝斯虫病的主要传播者为扇头蜱属的蜱。巴贝斯虫需要通过两个宿主的转换才能完成其生活史，蜱是巴贝斯虫的传播者，且在蜱体内可以经卵传播。病原在蜱体内经过有性的配子生殖，产生子孢子，当蜱吸血时病原随蜱唾液进入羊体，然后寄生于羊的红细胞内，虫体不断在羊的红细胞内以"成对出芽"的方式进行繁殖，产生裂殖子，当红细胞破裂后，虫体逸出，再侵入新的红细胞，反复分裂，最后形成配子体。当蜱吸血后，在蜱的肠内进行配子生殖，以后又在蜱的唾液腺等处进行孢子生殖，产生子孢子。当硬蜱吸食羊血液时，病原又进入蜱体内发育。如此周而复始，流行发病。

【流行病学】巴贝斯虫病的流行与传播媒介蜱的消长、活动相一致。蜱活动季节主要为春末、夏、秋，而且蜱的分布有一定的地区性，因此该病具有明显的地方性和季节性，常呈地方性流行。

【症状与病变】病羊表现为发热、贫血、血红蛋白尿、血凝不全，皮下组织、脂肪和内脏被膜黄染，虚弱。体温升高至41~42℃稽留数日，或直至死亡；呼吸浅表，脉搏加快；食欲减退或废绝，病羊精神委顿，黏膜苍白，明显黄染。病的后期常出现腹泻，死亡率达30%~40%。慢性感染羊除生长不良和寄生虫血症外，通常不显症状。

死于巴贝斯虫病的羊，剖检可见黏膜与皮下组织贫血、黄染；肝、脾和淋巴结肿大变性，有出血点；胆囊肿大2~4倍；心内、外膜及浆膜、黏膜亦有出血点和出血；肾脏充血发炎；膀胱扩张，充满红色尿液。

【诊断】巴贝斯虫病的诊断要根据当地流行病学因素、临床症状与剖检病理变化的特点，在病羊体表上采集到蜱时，应对其鉴定，确定是否为该病的传播媒介，在传播媒介体内可以发现病原。确诊有赖于实验室的检查，可在病羊体温升高后1~2 d，耳尖采血涂片检查，可发现少量圆形和变形虫样虫体；有血红蛋白尿出现时，在血涂片中可发现多量的梨子形虫体。

【防治】

1. 预防　关键在于灭蜱，因此要了解当地蜱的活动规律，有计划地采取一些有效措施，消灭羊体上及羊舍内的蜱，能减少和控制绵羊和山羊巴贝斯虫病。巴贝斯虫病的传播媒介多为野外蜱，应避免羊群到大量滋生蜱的草场放牧，必要时可改为舍饲；也应杜绝随饲草和用具将蜱带入羊舍。羊只的调动最好选择无蜱活动的季节进行，调动前应用药物灭蜱。在流行地区，应于每年发病季节对羊群进行药物预防注射。

2. 治疗　　及时确诊，尽早治疗，方能取得良好的效果。同时，还应结合对症、支持疗法如强心、健胃、补液等。常用的特效药同泰勒虫病部分。

三、日本分体吸虫病

日本分体吸虫病，又叫日本血吸虫病，是由日本分体吸虫寄生于包括羊在内的多种哺乳动物的门静脉系统的小血管内引起的一种危害严重的人兽共患寄生性吸虫病。该病以贫血、消瘦、急性或慢性肠炎、肝硬化、严重的腹泻为特征。

【生活史】日本分体吸虫的成虫寄生于终末宿主人和动物的门静脉和肠系膜静脉内，虫体可逆流移行至肠黏膜下层静脉末梢。寄生状态时，一般雌雄虫合抱，一条雌虫每天可产卵 1000个左右。一部分虫卵顺血流到肝脏，一部分沉积在肠壁形成结节。虫卵在肠壁或肝脏内逐渐发育成熟，内含毛蚴。毛蚴头腺分泌的溶组织酶通过卵壳的微孔到组织内，破坏血管壁，并使周围的肠黏膜组织发炎和坏死，加之肠壁肌肉的收缩，使结节及坏死组织向肠腔破溃，虫卵即进入肠腔，随终末宿主粪便排出体外。

虫卵落入水中，在适宜的条件下孵出毛蚴。如温度 25~30 ℃、pH 值 7.4~7.8 时，数天即可孵出毛蚴。毛蚴呈梨形，平均大小为 90 μm×35 μm，周身披有纤毛，借以在水中游动，遇到中间宿主钉螺、即以头腺分泌物的溶组织酶作用，脱去纤毛和皮层钻入螺体内。毛蚴侵入螺体后进行无性繁殖。先形成母胞蚴，一个母胞蚴体内可产生 50 个以上的子胞蚴，子胞蚴继续发育，体内分批形成众多尾蚴。一个毛蚴在钉螺体内经无性繁殖后，可产生数万条尾蚴，在 25~30 ℃时，这一时间约需 3 个月。

尾蚴常生活在水的表层，如果遇不到终末宿主，数天内就会死亡。经口感染或尾蚴接触宿主皮肤，脱掉尾部和皮层，钻入宿主体内后变成童虫，经小血管或淋巴管随血流经右心、肺、体循环到达肠系膜静脉和肝门静脉内，约 35 d 发育为成虫。成虫在动物体内的寿命一般为 3~4 年。

【流行病学】日本分体吸虫病在我国广泛分布于长江流域及其以南的 13 个省、自治区、直辖市（贵州省除外），对该区域养羊业危害较大。

在我国，日本分体吸虫的中间宿主为湖北钉螺，螺壳上有 6~8 个螺旋（右旋），以 7 个为典型。螺旋上有直纹的为肋壳钉螺，无直纹的为光壳钉螺。钉螺能适应水、陆两种环境生活，多见于气候温和、土肥沃、阴暗潮湿、杂草丛生的地方，在沟、河、湖的水边均能滋生，以腐烂的植物为食。

羊的感染与接触含有尾蚴的疫水有关，多在夏、秋季节。感染的途径主要为经皮肤钻入感染，也可经吞食含有尾蚴的水、草经口腔和消化道黏膜感染，还可经胎盘由母体感染胎儿。该病的流行必须具备三个条件：虫卵落入水中并孵化出毛蚴；毛蚴感染钉螺；在钉螺体内发育逸出的尾蚴能接触并感染终末宿主。一般钉螺阳性率高的地区，羊的感染率也高。钉螺的分布与当地水系的分布是一致的，病羊的分布与当地钉螺的分布是一致的，具有地区性特点。

【症状与病变】由于童虫移行的机械性损伤、虫体的毒素作用以及虫卵沉积于组织所引起的免疫病理反应，可使羊出现一系列轻微症状。大量感染时，症状明显，表现为食欲减退、精神沉郁、体温升高、可视黏膜苍白、水肿、行动迟缓、日渐消瘦，因机体衰竭而死亡。慢性型的病畜表现为消化不良，发育缓慢，长期腹泻、贫血、颌下和胸部水肿，病羊消瘦，母羊易流产，不经治疗最后导致衰竭死亡。

剖检可见尸体消瘦、贫血、腹水增多。肝脏表面凹凸不平，表面或切面上有粟粒大到高粱米大灰白色的虫卵结节，初期肝肿大，随着病情发展肝萎缩、硬化。严重感染时，肠壁肥厚，表面粗糙不平，肠道各段均可找到虫卵结节，尤以直肠部分的病变最为严重。肠黏膜有溃疡斑，肠系膜淋巴结和脾肿大，门静脉血管肥厚。在肠系膜静脉和门静脉内可找到多量雌雄合抱的虫体。此外，在心、肾、脾、胰、胃等器官有时也可发现虫卵结节。

【诊断】在流行地区，根据临床症状可做出初步诊断，但确诊需要病原检查和免疫学试验。

病原检查最常用的方法是粪便尼龙绢袋集卵法和虫卵毛蚴孵化法，两种方法常结合使用。

目前用于生产实践的免疫学诊断法包括 IHA、ELISA、环卵沉淀试验等，其检出率均在 95% 以上，假阳性率在 5% 以下。

【防治】

1. 预防　由于日本分体吸虫病是人畜共患的寄生虫病，因此对该病应采取综合性措施，要人畜同步防治。预防措施除了积极查治病畜、病人，控制感染源外，还应抓好消灭钉螺、加强粪便管理以及防止羊只感染的各个环节。

灭螺是切断日本分体吸虫传播途径、预防该病流行的重要环节。可以使用化学药物消灭钉螺或利用食螺鸭子等消灭钉螺；结合农田水利建设，改造低洼地，使钉螺无适宜的生存环境。常用的方法是化学灭螺，如用五氯酚钠、氯硝柳胺、溴乙酰胺、茶籽饼、生石灰等在江湖滩地、稻田等处灭螺。

加强粪便管理，人畜粪便应进行堆积发酵等杀灭虫卵后再利用，管好水源，严防人畜粪便污染水源。关键要避免羊接触尾蚴，饮水要选择无钉螺的水源，专塘用水或用井水。

疫区的羊应实行安全放牧，建立安全放牧区，特别注意在流行季节（夏、秋）防止家畜涉水，避免感染尾蚴。同时，消灭沟鼠等啮齿类动物在预防该病的流行上有重要意义。

2. 治疗　日本分体吸虫病的治疗可使用以下药物：

（1）吡喹酮：按 30 mg/kg 体重，一次口服，减虫率可达 94.66%~99.3%。本品为治疗该病的首选药。

（2）硝硫氯胺（7507）：按 60 mg/kg 体重，一次口服。亦可按 1.5 mg/kg 体重一次静脉注射。

（3）六氯对二甲苯（血防 846）：有两种制剂。新血防 846 片（含量 0.25 g）应用于急性期病，口服剂量，按 100 mg/kg 体重，每天 1 次，连用 7 d 为一个疗程；血防 846 油溶液（20%），按 40 mg/kg 体重，每天注射 1 次，5 d 为一个疗程，半个月后可重复治疗。

四、东毕吸虫病

东毕吸虫病是由东毕属的几种吸虫寄生于绵羊或山羊门静脉和肠系膜静脉内引起的。该病在我国分布极其广泛，尤以内蒙古和西北地区较为严重，可以引起羊只的大批死亡。

【生活史】东毕吸虫的终末宿主除羊外，还有牛、骆驼、马属动物及一些野生的哺乳动物。虫卵随终末宿主粪便排出体外后，虫卵进入水中后，在适宜的条件下，经 10 d 左右孵出毛蚴，毛蚴在水中游动，遇中间宿主即钻入其体内，经胞蚴、子胞蚴发育到成熟的尾蚴，毛蚴在水中侵入螺体，约经 1 个月发育为尾蚴，尾蚴离开中间宿主进入水中。当牛羊到水中吃草、饮水时，便经皮肤钻入其体内，随血流至门静脉和肠系膜静脉发育为成虫。从尾蚴侵入牛羊发育至成虫需 1.5~2 个月。中间宿主为椎实螺类，主要的有耳萝卜螺（*Radix auricularia*）、卵萝卜螺（*R.ovata*）和小土窝螺（*Galba pervia*）等。它们栖息于水田池塘、水流缓慢及杂草丛生的河滩、草塘和小溪、死水洼等处。东毕吸虫的尾蚴可以钻入人体皮肤，引起稻田性皮炎（尾蚴性皮炎）。尾蚴进入人体皮肤后，不能继续发育。

【流行病学】东毕吸虫主要为害牛和羊。东毕吸虫在我国的分布相当广泛，东北 3 省、西北 5 省（区）、内蒙古、北京、上海、山西、云南、四川、广东、广西、贵州、湖南、湖北、福建、江西、江苏等省市均有报道。我国报道的有 4 种：土耳其斯坦东毕吸虫（*O.turkestanicum*）、程氏东毕吸虫（*O.cheni*）、土耳其斯坦东毕吸虫结节变种（*O.turkestanicum var.tuberculata*）和彭氏东毕吸虫（*O.bomfordi*），以土耳其斯坦东毕吸虫较常见。

东毕吸虫病的流行具有季节性，南方 5~10 月为感染季节，北方是 6~9 月，个别地区由于气温较低仅 7~8 月才能感染和流行。各种日龄羊均可发生，但成年羊的感染率往往比幼龄的高。该病常呈地方性流行，在青海、宁夏、内蒙古的个别地区感染十分严重，感染强度高达 1 万~2 万条，可引起大批羊只死亡。

【症状与病变】东毕吸虫病多取慢性经过，患羊表现为长期腹泻，粪便中混有黏液，贫血、水肿（颌下和胸腹下部）、消瘦、发育不良，影响妊娠或发生流产，最后可因衰竭而死亡。一次性大量感染尾蚴时可引起羊的急性病例，体温升高，食欲大减或废绝，精神高度沉郁，呼吸迫促，严重腹泻，消瘦，直至死亡。耐过后转为慢性。

病理变化与日本分体吸虫病基本相似，主要在肝和肠壁。患羊尸体明显消瘦，贫血，腹腔内有大量腹水。感染数千条虫体以上的病例，其肠黏膜及大网膜均有明显的胶样浸润，有时可波及胃肠壁的浆膜层。小肠黏膜上有出血点或坏死灶，肠系膜淋巴结水肿。肝组织出现不同程度的结缔组织化，肝脏质地变硬，肝表面凸凹不平，并且散布着大小不等的灰白色虫卵结节。肠系膜静脉和门静脉内可发现线状虫体。

【诊断和防治】参照日本分体吸虫病部分。

第十章 羊的中毒病

近年来随着我国农业的快速发展，规模化养羊场和集约化养羊专业户迅速增加，特别是随着新的兽药、饲料添加剂、灭鼠药、农药、除草剂等的不断增加和广泛使用，新牧草的引进、草山草坡饲料资源的开发利用，以及化学工业造成的环境污染等因素的影响，新的动物中毒病越来越多。由于动物中毒病常群发、突然暴发，病情急，病程短，若防治不力，往往会给养殖场造成较大损失，甚至是毁灭性打击。本章主要讲述养羊生产中常见中毒病的预防知识、诊疗技术，尽量避免或杜绝动物中毒病的发生；一旦遇到中毒病时，便能运用所掌握的防治技术，迅速诊断，及时抢救中毒动物，尽可能地减少损失，从而保障养羊的健康发展，保护人体健康。

第一节 饲料中毒

一、硝酸盐、亚硝酸盐中毒

各种青绿饲草、蔬菜、野菜（如青菜、白菜、小白菜、芥菜、甜菜、菠菜、萝卜叶、苋菜、灰灰菜、四季豆等）由于贮存或加工调制不当，可产生有毒的亚硝酸盐。当动物采食了这种菜类饲料时，即可引起亚硝酸盐中毒。该病多发生于春、秋季，以猪多见，其次为牛、羊、马，鸡也可发病。

【病因】青绿饲草、菜类饲料堆放时间过长，发霉腐烂，特别是露水草、菜，被雨淋湿的青草或经烈日暴晒堆放的青草，未煮开闷在锅里过夜或煮开后闷在锅里或倒入另一缸里加盖锅盖等，均会使其中的硝酸盐转变为亚硝酸盐。动物食入这种草料后即可引起中毒。偶然饮用过硝酸盐化肥地排出的水或浸泡过含大量硝酸盐、亚硝酸盐植物的井、泉、池塘水等，也可引起中毒。

【症状】羊一般采食 1~5 h 始见发病，出现突然不安，流涎，腹泻、腹痛甚至呕吐，不断转圈，时起时卧，皮肤及口腔黏膜青紫色、后变苍白，瞳孔高度扩大，呼吸困难，肌肉震颤，步态不稳及倒地，全身痉挛等症状。

【病理变化】主要特征是血液呈酱油色或紫黑色，凝固不良，胃底、幽门部和十二指肠黏膜充血、出血。病程稍长者，胃黏膜脱落或溃疡。气管及支气管有血样泡沫，肺有出血或气肿。心外膜常有点状出血，肝、肾呈蓝紫色，淋巴结轻度充血。

【诊断】该病主要根据以下表现做出初步诊断：病畜有饲喂过青绿饲草、菜类饲料或饮用过含有大量硝酸盐、亚硝酸盐水的病史；在饮食中或饮食后突然发病，发病后眼结膜发紫；血液呈酱油色、凝固不良等特征。必要时可做亚硝酸盐和血液高铁血红蛋白的检验。

亚硝酸盐的简单检验方法：取胃肠内容物或残余饲料的液汁 1 滴，滴在滤纸上，加 10% 联苯胺液 1~2 滴，如有亚硝酸盐存在，滤纸即变为红棕色，否则不变色。

血液高铁血红蛋白的检验：取患羊血液 5 mL 置一小瓶（或试管）中，在空气中振荡 15 min，正常的血液由于血红蛋白与空气中的氧结合而呈现猩红色，而高铁血红蛋白血液则保持酱油色不变。

【防治】

1. 预防　青绿饲料应鲜喂，但不要单纯喂给含硝酸盐较多的饲料。青绿饲料贮放应摊开，不要堆积，且存放时间应尽量缩短，一旦发现霉烂发酵应放弃。需煮熟喂的，应加足火力，敞开锅盖使之迅速煮熟，不要闷在锅里过夜，也不要趁热闷在缸里。接近收割青饲料时，切勿使用氮肥。饲喂硝酸盐含量较高的饲料和饮水时，要多喂富含碳水化合物的饲料。

2. 治疗　现用的特效解毒剂为亚甲蓝和甲苯胺蓝，同时配合应用维生素 C 和高渗葡萄糖溶液，效果较好。具体做法如下：①严重病羊静脉注射或肌内注射 1% 亚甲蓝溶液，2 mL/kg 体重；或甲苯胺蓝 5 mg/kg 体重，配成 5% 溶液，静脉或肌内注射。②内服或注射大剂量维生素 C，并静脉注射 10%~25% 葡萄糖溶液 300~500 mL，其作用迅速，效果显著。③同时还需要对症治疗。如对呼吸困难、喘息不止的患羊，可注射尼可刹米等呼吸兴奋剂；对心脏衰弱者可注射安钠咖、强尔心等；对严重溶血者，适当放血后输液，并口服或静脉注射肾上腺皮质激素，同时内服碳酸氢钠等药，使尿液碱化，以防血红蛋白在肾小管内凝集。症状较轻者，仅需安静休息，投喂适量糖水、牛乳、蛋清水等即可。

二、食盐中毒

食盐是动物必需的营养物质，在羊的日粮中食盐一般占干物质的 0.5%～1%。饲喂适量的食盐不但可以增加饲料的适口性，增加食欲，而且可以促进机体的消化和代谢。动物机体缺乏食盐不行，但食盐过量也会引起中毒，甚至造成大批死亡。

【病因】主要是由于饲料中含食盐过多，如腌菜水、酱油渣在日粮中占的比例过大，饲喂饭店泔水和残羹，饲喂含盐过多的劣质鱼粉搭配日粮等。食盐中毒的实质是钠离子中毒，因此，投喂过量的乳酸钠、硫酸钠等都可发生中毒现象。羊的食盐中毒量一般为 3 g/kg 体重，这个数量不是固定不变的，食盐中毒量与日粮中钙镁含量、饮水情况关系密切。日粮中钙镁充足，饮水充分，食盐中毒量则升高，反之则降低。

【症状】出现腹痛、腹泻症状，口腔干燥充血，渴欲增加，脱水明显，常有磨牙、咬肌痉挛、眼球震颤等神经症状，孕羊可发生流产。

【病理变化】胃肠黏膜充血、出血、水肿，尤以胃底部最为严重。肝出现肿大、质脆情况，肠系膜淋巴结充血、出血，心内膜有小出血点。

【诊断】该病主要是根据患病畜禽有采食过量食盐的病史，有口渴及神经症状等做出初步诊断。必要时可做饲料、饮水、胃内容物食盐含量的测定，以及血钠的含量测定。慢性食盐中毒的严重期，血清钠显著增高，达 180~190 mmol/L（正常为 135~145 mmol/L）。

为进一步确诊，还可以采取死亡羊只的肝、脑等组织做氯化钠含量测定，如果肝和脑中的钠含量超过 65 mmol/L（150 mg/100 mL），脑、肝、肌肉中氯化钠含量分别超过 31 mmol/L（180 mg/100 mL）、43 mmol/L（250 mg/100 mL）、12 mmol/L（70 mg/100 mL），即可确认为食盐中毒。

【防治】

1. 预防　应按饲养标准供给食盐，食盐要与其他饲料混合均匀后饲喂。用腌菜水或酱油渣饲喂时，应计算好用量，不能滥用。使用鱼粉进行配料时应清楚食盐的含量，如果食盐含量过高，应限制喂量。

2. 治疗　该病无特效解毒药，治疗一般采取以下措施：①首先停喂含盐饲料，对病羊及同群羊多次少量地给予清水，但切忌猛然大量给水或任其随意饮用，以免使病羊血钠水平迅速下降，加重脑水肿而使病情突然恶化，使处于前驱期钠潴留的病畜大批发病。②为恢复体内离子平衡，静脉注射 5% 葡萄糖酸钙注射液，羊注射量一般为 50~80 mL。③有神经症状的，可用 25% 山梨醇 100~250 mL 加入 50% 葡萄糖注射液中静脉注射。

三、氢氰酸中毒

氢氰酸中毒，是由于羊只采食富含氰苷配糖体的青饲料（如高粱和玉米的再生苗，亚麻叶等），在胃内由于酶和胃酸的作用，水解为有剧毒的氢氰酸而发生中毒。各种动物均可发生该病，羊发病较多。

【病因】该病主要是采食或误食了含氰苷的饲料所致。许多植物饲料中含有氰苷，如木薯、亚麻仁、高粱、玉米幼苗（特别是再生苗含量更高）、海南刀豆、狗爪豆以及蔷薇科植物的桃、李、杏、樱桃等的叶和种子都含有氰苷。如木薯不剥皮、未经水浸渍、未蒸熟，亚麻籽饼未经蒸煮，狗爪豆未经水煮后浸渍，羊只采食后会引起中毒。误食氰化物农药、鼠药等毒药也会引起中毒。

【症状】氢氰酸中毒发病很快，一般采食后 15~20 min 即出现明显症状。轻度中毒时，出现兴奋，流涎，腹痛，腹泻，肌肉痉挛，可视黏膜鲜红，呼出气有杏仁味。严重中毒时，知觉很快消失，行走不稳，很快倒地，眼球固定而突出，呼吸困难，肌肉痉挛，牙关紧闭，瞳孔散大，头向一侧弯曲，最后昏迷，往往发出尖叫声而死。

【病理变化】血液呈鲜红色不凝固，胃内充满气体而有杏仁味，胃肠黏膜充血或出血，肺充血及水肿，尸体不易腐败。

【诊断】该病主要是根据以下表现做出初步诊断：患病动物有采食含氰苷的植物或误食氰化物毒药；发病快，发病后呼吸困难，呼出气体有苦杏仁味；血液呈鲜红色、尸体不易腐败等特征。必要时可采用苦味酸试纸条法做氢氰酸的定性检验。

苦味酸试纸条法：苦味酸试纸条可事先准备，方法是将试纸条于苦味酸饱和液中浸湿，取出晾干，再将其在 10% 碳酸钠溶液中浸湿晾干，置棕色瓶中备用。检验时采取胃内容物或可疑的饲料、饲草 10~20 g 放于小瓶中，加水调成粥状，加酒石酸 1 g 使呈酸性。用棉球或木塞塞住瓶口，在小瓶口悬吊用蒸馏水浸湿的苦味酸试纸 1 条。将小瓶放热水中加热 30 min。如检品中含有氢氰酸，试纸条变成红色。

【防治】

1. 预防 使用含氰苷配糖体的饲料前，最好先放流水中浸渍 24 h，或漂洗后再加工利用，同时控制饲喂量；使用含有氰苷的中草药（杏仁、桃仁等）时应严格控制剂量。对氰化物农药、鼠药等毒药应当加强管理，以防误食。

2. 治疗 ①发现氢氰酸中毒，立即停喂含氰苷的饲料。②对病羊立即静脉注射 5% 亚硝酸钠急救解毒，用量 2~4 mL（0.1~0.2 g），随后再注射 5%~10% 硫代硫酸钠注射液 20~60 mL；或用亚硝酸钠 1 g、硫代硫酸钠 2.5 g 和 50 mL 蒸馏水静脉注射（注意：亚硝酸钠用量不可过大，且不可重复用药。若不慎过量引起中毒时，可用亚甲蓝解救）。③若无亚硝酸钠，可先用 1% 亚甲蓝注射液 2.5~10 mg/kg 体重静脉注射，随之静脉注入 5%~10% 硫代硫酸钠注射液，但效果稍差。④配合使用 50% 葡萄糖注射液 50~500 mL 静脉注射，并及时采取对症治疗的方法效果更好。⑤初期为防治胃内毒物继续吸收，可用 0.01%~0.05% 高锰酸钾或 0.03% 过氧化氢洗胃或内服；也可用 10% 硫代硫酸钠溶液或 1% 硫酸亚铁溶液内服。

四、马铃薯中毒

羊只食用大量的马铃薯（土豆、洋芋）的绿皮、幼芽及茎叶，因其含有马铃薯素（龙葵素），是一种具有毒性的含苷生物碱，故能引起中毒。

【病因】马铃薯素主要存在于马铃薯的花、块根幼芽、绿皮及茎叶内，特别在保存不当引起发芽、变质、腐烂时，马铃薯素显著增量，芽内含量可达 4.76%，块根内达 0.58%~1.84%。当饲喂大量贮存过久且发芽腐烂的马铃薯或开花至结果的茎叶时极易引起羊中毒。此外，马铃薯茎、叶内尚含有 4.7% 的硝酸盐，可转化为亚硝酸盐而引起中毒。腐烂发霉的马铃薯内还含有腐败毒，也具有毒害机体的作用。由此可见，马铃薯素、亚硝酸盐、腐败毒是引起马铃薯中毒的综合因素。

【症状】中毒病羊主要呈现神经系统症状和消化机能紊乱。严重病例以神经症状为主，出现兴奋不安、向前冲撞等症状；继之则沉郁，后躯无力，行走摇晃，甚至四肢麻痹，结膜发绀，心力衰竭，呼吸无力，一般 2~3 d 死亡。慢性中毒后，多于口唇周围、肛门、尾根、四肢以及母畜阴部、乳房等部位发生湿疹或水疱性皮炎（马铃薯斑疹），有时前肢皮肤发生深层组织的坏疽性病灶。绵羊中毒后则常出现贫血和尿毒症。

【病理变化】可视黏膜贫血，肠道有出血性炎症，肝肿大，常伴发肾炎，心内膜外膜散在出血点，血液暗褐色，不易凝固，脑充血、水肿。

【诊断】该病根据动物有采食发芽、变绿、霉烂变质马铃薯的病史，胃内可见未消化的马铃薯，有神经症状、胃肠炎症状及皮肤湿疹等特征，即可做出诊断。

马铃薯素简易快速检测法：将马铃薯发芽部分切开，于芽附近加硝酸或硫酸 1 滴，如呈玫瑰红色，指示有马铃薯素，其色泽越深，其含量越多。

【防治】

1. 预防　不要用发芽、变绿、腐烂变质的马铃薯直接饲喂羊只，应将发芽、变绿、腐烂变质的部分及其周围除去，并将马铃薯块煮熟，加适量的食醋搅拌均匀，放置 20 min 后，再饲喂。

2. 治疗 ①发现马铃薯中毒时，应立即改换饲料，并采取饥饿疗法。②为排除胃肠内容物，可用 0.1% 高锰酸钾或 0.5% 鞣酸洗胃，洗胃后灌服适量食醋；或可切开瘤胃取出内容物。③为维护肝脏的解毒机能和强心，可静脉注射 5% 葡萄糖生理盐水和安钠咖。④兴奋不安、腹痛时，可给予镇静剂溴化钠、氯丙嗪或硫酸镁等；呼吸微弱、次数减少时，可用尼可刹米肌内注射。

五、棉籽饼中毒

棉籽饼是棉籽榨油后的副产品，它含有游离棉酚和结合棉酚，前者具有毒性作用，后者是无毒的。由于棉花的品种、生长条件（气候、土壤等）及榨油方法的不同，棉籽饼的游离棉酚的含量为 0.04%~0.26%，差异很大。棉籽饼中毒主要发生于产棉区，多发于春季。主要见于膘情较好的孕羊和羔羊，成年羊和采食高蛋白的羊有抵抗力。

【病因】动物长期过量采食棉酚含量较高的棉籽饼粕（长期饲喂棉叶也会出现同样的中毒情况），而棉酚在动物体内稳定，不易破坏，同时排出缓慢，有蓄积作用，因此长期连续饲喂会发生中毒。青绿饲草缺乏，日粮中维生素（尤其维生素 A）、矿物质（尤其是铁和钙）缺乏及过度劳累等，均可促使该病发生或病情加重。同时，棉籽饼是一种高磷低钙、缺乏维生素 A 和赖氨酸的饲料，长期饲喂容易导致代谢病。

【症状】

（1）急性型：病羊偶见气喘，常在进圈或产羔时突然死亡，妊娠母羊常发生流产或死胎。

（2）慢性型：羔羊食欲下降，腹泻，发生佝偻病症状，甚至引发黄疸、夜盲症和尿石症。成年羊消化紊乱，饮欲增加，眼结膜充血，视力减退，羞明。公羊发生尿道结石，精子生成减少。之后精神沉郁，呆立不动，伸腰拱背。心搏动前期亢进，后期衰弱，心跳加快，心律不齐，流鼻涕，咳嗽，呼吸急促，腹式呼吸，每分钟 25~55 次，肺部听诊有湿性啰音，腹痛，粪便被覆黏液或血液，排尿困难，排血尿或血红蛋白尿，最后四肢肌肉痉挛，行走无力，后躯摇摆，常在放牧或饮水时突然死亡。

【病理变化】肝肿大，质脆，呈灰黄色或土黄色，有带状出血；肺充血，水肿；胃肠黏膜出血；心肌松软，心内外膜有出血点；肾盂和肾实质水肿，肾乳头出血，膀胱壁水肿，黏膜出血。

【诊断】该病可根据患羊有连续饲喂或超量饲喂棉籽饼或棉叶的病史，结合发病动物有消化功能紊乱、排桃红色尿液等主要症状，以及出现相应的病理变化等，做出初步诊断。

实验室可做棉酚定性检验（一般化学定性法）：将棉籽饼磨碎，取其细粉末少许，加硫酸数滴。若有棉酚存在，即变为红色（应在显微镜下观察）。若将该粉末在 97 ℃下蒸煮 1~1.5 h 后，则反应呈阴性。将棉籽饼按上法蒸煮后，用乙醚浸泡，然后用乙醚浓缩，用上述方法检查，可出现同样结果。

【防治】

1. 预防　可采取以下措施预防棉籽饼中毒：

（1）限制饲喂量，日粮中棉籽饼粕含量应小于 8%，连续饲喂半个月，应停喂半个月，种羊和羔羊最好不用。

（2）增加日粮中蛋白质（可加入等量的豆粕）、维生素、矿物质和青绿饲料的含量，可预防该病的发生。

（3）对棉籽饼除限量饲喂外，还应实行去毒处理。常用的去毒方法有两种：①加热去毒法：在棉籽榨油前，对棉籽进行蒸、炒等加热去毒；榨油后的棉籽饼可用煮的办法加热去毒。②加铁盐去毒法：铁与棉酚结合成不被家畜吸收的复合物，使棉酚的吸收量大大减少。先将棉籽饼压碎，用 0.1%~0.2% 硫酸亚铁溶液浸泡棉籽饼 24 h，可使棉酚的破坏率达 81.81%~100%。给喂棉籽饼的家畜同时喂硫酸亚铁，铁与棉酚（游离）之比为 1∶1；但需注意应使铁与棉籽饼充分混合接触。

2. 治疗　棉籽饼中毒尚无特效解毒药，只能采用一般解毒措施及实施对症治疗。①对中毒病羊立即停喂棉籽饼，禁食 2~3 d。②急性中毒病例，可用 0.05% 高锰酸钾溶液或 3% 碳酸氢钠溶液洗胃，也可用盐类泄剂清理胃肠，排出毒物。③对于慢性中毒病例，由于已腹泻不止，可内服鞣酸蛋白、硫酸亚铁等收敛剂，同时加服磺胺脒等消炎剂。④10%~25% 葡萄糖注射液 100~500 mL，10% 安钠咖注射液 5~10 mL，10% 葡萄糖酸钙注射液 10~50 mL，静脉注射，每天 1~2 次，连用 2~3 d。⑤饮水中添加电解多维，对视力障碍的可肌内注射维生素 A 和维生素 D 等，连用数日，有利于视力的恢复。

六、黑斑病甘薯中毒

甘薯又名红薯，既可作为人的食粮，也可作为动物的多汁饲料，但是当甘薯贮存不当时，易发生黑斑病和霉烂变质，当羊采食后即可引起中毒。中毒常见于与春末、夏初和晚冬时节。

【病因】羊只食入大量患黑斑病的甘薯导致中毒；有时则因饲喂甘薯的副产品，如甘薯粉渣、甘薯酒糟时发病。甘薯贮藏时，如果温度和湿度比较适宜，某些霉菌（已知的霉菌有 3 种，即甘薯黑斑病真菌、茄病镰刀菌和爪哇镰刀菌）就会大量增殖，产生甘薯毒素（已知的毒素有 4 种，即甘薯酮、甘薯醇、甘薯二醇和甘薯宁），这些毒素经煮、蒸烤等高温处理，毒性不会被破坏。当羊进食了大量的黑斑病甘薯后，其毒素对中枢神经系统、心血管系统，以及胃肠道、肝、肺、胰等器官产生刺激和损伤，导致呼吸系统和代谢功能紊乱，引发该病。

【症状】

(1) 急性中毒：多无明显的前期症状，突然表现呼吸困难，惊恐不安，不吃不喝，瘤胃胀满。呼吸困难，呼吸音强大，犹如拉风箱，发出痛苦的呻声，可在几天内死亡。

(2) 亚急性中毒：病情较缓慢，病初食欲减少，精神沉郁，结膜充血或发绀，反刍减少，瘤胃蠕动减弱或消失，随后拒食。往往发生便秘，粪便呈黑色并覆有黏液和血液。脉搏增数达90~150次/min，心脏功能衰弱，心音增强或减弱，脉律不齐，呼吸困难（有时呼气时间为吸气时间的4~5倍），呼出的气体带有臭味，深度加大，呼吸音增强，颇似拉风箱的呻声，在几米远处都可听到。眼球突出，凝视呆立，极度疲乏，最终衰竭窒息而亡。

【病理变化】剖检可见血液呈暗褐色，胃肠黏膜出血，胃内有未消化的甘薯块，皱胃和小肠黏膜充血、出血，结肠黏膜有条纹状出血，其他脏器有不同程度出血。胆囊呈金黄色，充满黄绿色胆汁。该病的特征病变是肺体积增大，高度充血、瘀血及出血，发生肺水肿和间质性肺气肿，切开肺和器官有白色泡沫状液体，有时在肺表面鼓起气泡。

【诊断】根据患羊有大量采食黑斑病或霉烂变质甘薯的病史，表现特有的呼吸困难等症状，以及剖检有肺气肿、水肿的病变等特点，可做出诊断。必要时可应用黑斑病甘薯或其乙醇、乙醚的浸出液进行人工复制发病试验。

【防治】

1. 预防　预防和控制甘薯黑斑病有以下几个措施：

(1) 加强饲养管理，严禁将染黑斑病的甘薯喂羊，或彻底切除病变部位以后再饲喂，切除部分集中深埋处理，防止羊只偷食。

(2) 要从根本上防止黑斑病甘薯中毒，需从甘薯整个生长期的栽培措施入手，以控制甘薯黑斑病。首先要培育无病薯苗，选择无病、无伤、无冻、无虫咬、大小适中的种薯，用50%代森铵1:200~1:300水溶液或80%"402"1:1500~1:12 000水溶液，浸泡10 min后入床育苗。其次，防止薯苗传播。拔苗后，将苗从根基部剪去0.33 cm，然后把薯苗的根基部0.66~0.99 cm在50%多菌灵1:3000~1:3500水溶液或70%托布津1:500~1:700的水溶液里浸泡3~5 min，拿出插秧。最后，收获甘薯时，应尽量避免碰伤表皮，将甘薯贮存于干燥密封的地窖内，温度应控制在11~15 ℃，防止感染黑斑病。

2.治疗　治疗原则为排出毒物，解毒和对症治疗。

（1）首先灌服0.5%~1%高锰酸钾溶液100~200 mL或1%过氧化氢溶液洗胃，以氧化毒素；或用活性炭50~100 g加水500 mL，视羊只大小灌服适量，数天后再用芒硝或硫酸镁盐类泄剂。

（2）10%葡萄糖注射液250~500 mL，注射用硫代硫酸钠1~3 g，维生素C注射液0.5~1.5 g，盐酸消旋山莨菪碱注射液（654-2注射液）5~10 mg，地塞米松注射液4~12 mg，静脉注射，每天1~2次，连用2~3 d。

（3）为缓解呼吸困难可以进行氧气疗法，酸中毒时，可用5%碳酸氢钠注射液100 mL，静脉注射，每天1次，连用3 d。

七、过食豆谷酸中毒

羊由于贪食或偷食过量的豆谷精料，而引起急性消化不良、中枢神经兴奋、视力障碍、酸中毒和脱水等综合症状，称为羊过食豆谷酸中毒。

【病因】羊一次贪食或偷食大量谷物或豆类精料，或母羊产后任其自由采食导致。常见的饲料有玉米、大麦、高粱、马铃薯、甘薯及其加工副产品，以及酸度过高的青贮料、糖渣等，特别是加工成粉状的饲料危险性较高。

【症状】羊过食谷物精料后，12 h左右出现症状；过食豆类精料后，2~3 d 出现症状。初期食欲减少或完全拒食，反刍次数减少，反刍时从羊口中取出反刍食团检查，可见食团中混有多量没完全破碎的豆谷颗粒。随着病情发展，反刍停止，瘤胃蠕动停止，体温正常或偏低，少数病羊体温升高，心跳加快，黏膜发绀，眼球下陷，目光呆滞，粪便稀软，酸臭，排尿减少，腹部触诊瘤胃充满，指压留痕，经久不消。严重的病羊极度痛苦，呻吟，卧地不起，昏迷死亡。有的出现蹄叶炎，发生跛行，采食较少的可以耐过，采食较多的常于 4~6 h 内死亡。

【病理变化】尸体脱水，血液黏稠，颜色发暗，甚至呈黑红色；瘤胃内容物充满，有时稀薄呈粥状，有明显酸臭味，瘤胃和网胃黏膜脱落、出血，甚至呈黑色，皱胃和小肠黏膜出血；心肌扩张柔软；肝脏瘀血，质脆，有时有坏死灶。

【诊断】根据患羊有过食豆谷精料的病史，反刍时从其口中取出的食团内有多量没完全破碎的豆谷颗粒，中后期出现神经症状、酸中毒及脱水现象等特征，一般可做出初诊。

【防治】

1. 预防　加强饲养管理，补充精料时，应给予全价配合饲料，饲喂时由少到多，逐渐过渡，禁止随意给予精料，加强管理，防止羊偷食精料。病羊食欲减退，不吃粗料，只吃精料时，应及时请兽医诊治。

2. 治疗　治疗原则是彻底清除有毒的瘤胃内容物，及时纠正脱水和酸中毒，逐步恢复胃肠功能，加强护理和对症治疗。

（1）加强护理，防止病羊群再次接近谷豆精料。初期禁止饮水，可给予少量青草，勤检查，多运动，一般每天 1 次。治疗后如果羊能吃干草，瘤胃稍动，则病情好转；如精神明显沉郁，无力躺卧，瘤胃内充满液体，预示病情恶化。

（2）使用 1% 碳酸氢钠溶液进行洗胃。将粗胃管经口投入，先导出瘤胃液，再灌入配好的液体，直至左侧肷窝部变大（灌至八成饱），利用虹吸法导出液体，不让瘤胃内的液体流完，再次灌入和导出，反复多次，直到瘤胃液变清，呈碱性，无酸臭为止。然后用液体石蜡 100~300 mL，鱼石脂 4 g，乙醇 20 mL，碳酸氢钠 50 g，加温水 500~1000 mL 灌服。灌服后为促进瘤胃蠕动，可以在患羊的左腹侧用拳头反复顶压，进行按摩，按摩时间 5~10 min，间隔半天再行按摩。

（3）用 5% 葡萄糖氯化钠注射液 500~1000 mL，10% 安钠咖注射液 5~10 mL，5% 碳酸氢钠注射液 250~500 mL，静脉注射，每天 1~2 次，连用 3 d。

（4）在恢复期要逐渐恢复采食，同时添加健胃散健胃。

八、光过敏性物质中毒

在有些野生植物、饲料中含有光过敏性物质，羊只采食这些野生植物、饲料，并经太阳光照射后，引起皮肤发生红斑和皮炎，这类疾病称为光过敏性物质中毒（或称感光过敏）。该病主要发生于白色或浅色羊只，更易发生于纯种白色绵羊。

【病因】目前知道的含有光过敏性物质的植物有荞麦、苜蓿、红三叶草、苕子草、燕麦、黍类等饲料作物，以及灰灰菜、春蓼、藜藜、金丝桃、多年生黑麦草等野生植物。当羊只采食这些饲草、饲料，并经太阳光照射后，即可引起光过敏性物质中毒。特别是在炎热暑天日光直射时，发病更为严重。

【症状】该病主要表现为皮炎，并且只局限于日光能照射到的无色素的皮肤。羊通常在唇缘、鼻面、眼睑、耳郭、背部甚至全身发生红斑性疹块，患部潮红、肿胀、疼痛并瘙痒，由于磨蹭擦痒，可使表皮磨破而渗出黏稠组织液，干后与被毛粘连。严重的病例除皮肤炎外，常伴发口炎、结膜炎、角膜炎、化脓性全眼球炎、鼻炎、咽喉炎、阴道炎、膀胱炎等。体温升高，全身症状明显。有的甚至出现兴奋不安、痉挛、昏睡以致麻痹等神经症状。

【病理变化】在羊的头、面、颈、背、乳房等部位，有不同程度的皮炎病变、皮下组织水肿等。

【诊断】根据有采食含光过敏性物质的野生植物及饲料情况，并有太阳光照射的病史，一般可以做出诊断。

【防治】

1. 预防　对白色及色淡的羊只尽量不要饲喂含有光过敏性物质的饲草、饲料，如荞麦、苜蓿等。若不慎饲喂含有光过敏性物质的饲草、饲料时，应避免阳光照射羊只，可减少甚至避免发病。

2. 治疗　该病无特效药物治疗。发病时立即更换饲料，避免阳光直射，实施对症治疗。首先应将病羊移至避光的阴凉处，投服缓泻剂和人工盐等利胆剂，以清理胃肠内的光能效应物质。皮肤使用 0.1% 高锰酸钾溶液冲洗后，涂以 1∶10 鱼石脂软膏或撒布氧化锌薄荷脑粉（薄荷脑 0.2~0.4 g，氧化锌 20 g，淀粉 20 g）。继发感染化脓者肌内注射抗生素，患部涂抹红霉素软膏等。

绵羊症状与山羊症状相似，但出现较晚，中毒羊在安静状态下可能看不出症状，但在应激时，如用手提耳便立即出现摇头、转圈、突然倒地等典型中毒症状。妊娠母羊易流产，产下畸形羔羊或弱小羔羊。公羊性欲降低，或无交配能力。

九、霉饲料中毒

自然环境中存在许多霉菌，常常寄生于最易感霉菌的一些植物种子上，包括花生、玉米、黄豆、棉籽、稻米及麦粒等。如果温度（28 ℃左右）和相对湿度（80%~100%）适宜，就会大量滋生霉菌。有些霉菌在生长繁殖过程中，产生有毒有害物质。目前已知的霉菌毒素有 100 种以上，最常见的有黄曲霉素、镰刀菌毒素和赤霉菌毒素，还有棕曲霉素、黄绿青霉素、红色青霉素以及黑穗病、麦角病、锈病等，这些霉菌都可以使动物中毒。霉饲料中毒的病例，临床上常难以确定为何种霉菌毒素中毒，往往是几种霉菌毒素协同作用的结果。

【病因】该病主要是羊只长期大量采食发霉变质的饲料，引起自身中毒。

【症状】该病多呈慢性经过，厌食，消瘦，精神淡漠，反应迟钝，出现腹痛、腹泻，少数出现兴奋不安、转圈运动等神经症状，孕羊可出现流产。

【病理变化】该病主要为肝实质变性。肝色淡黄，显著肿大，质脆，或有出血点。胸腹膜、肾、胃肠道出血。急性病例胆囊黏膜下层严重水肿。

【诊断】主要根据羊只有长期、大量采食发霉变质饲料病史，并结合有消化不良、衰弱等症状，可做出初步诊断。必要时可做霉菌定量、定性检验。

【防治】

1. 预防 ①防止饲料发霉变质。防霉的关键是控制水分和温度，饲料干燥后，置于干燥、低温及通风处贮存，并定时检查。②控制食入霉败饲料。对发霉严重的饲料应废弃，对于发霉较轻微的饲料，可用水洗法去毒，将发霉的饲料粉碎，放于缸内，加5~8倍的水，搅拌使其沉淀，再换水多次，反复冲洗，直至浸泡液由黄色变为无色为止。去毒的饲料仍然需要限制饲喂量，并与其他饲料搭配使用，孕羊及幼羊最好限制使用。③在饲料中添加脱霉剂可有效吸附霉菌毒素，减少霉菌危害。

2. 治疗 发生霉饲料中毒后，立即停喂霉饲料。多给富含碳水化合物的饲料和青绿饲草，轻症病例不治疗可自行康复。重症病例应及时灌服盐类泄剂，促进毒物排出。为保护肝脏、促进解毒，可用25%~50%葡萄糖和维生素C混合静脉注射，也可用葡萄糖酸钙和40%乌洛托品混合液静脉注射。出现胃肠炎症状的病畜，应采用及时补液、补碱，内服制霉菌素等保护胃肠黏膜的方法进行治疗。饲槽、用具等用 2% 次氯酸钠消毒，杀灭霉菌孢子。

十、羽扇豆中毒

羽扇豆为豆科一年生植物，分布在我国北方各省，常作为饲料或绿肥而栽培，过量采食可引起中毒。

【病因】羽扇豆全株含有一类结构相似的生物碱，其中以种子含量最高。这些生物碱都有较强的毒性，采食过量即可引起中毒。山羊采食 0.25 kg 左右的羽扇豆种子即可引起中毒。

【症状】常突然发病，发病后拒绝采食，体温升高至 40~41.5 ℃，呈间歇热。呼吸急促而困难，心跳较快。黏膜和皮肤黄染。垂头站立或卧地，不断磨牙或咬牙。全身震颤，抽搐。兴奋时盲目奔跑、冲撞。之后排带血粪便，频频排尿，尿液含有胆色素、蛋白质和白细胞及管型尿。后期体温下降，心力衰竭，呼吸极度困难，常昏迷不醒，最后死亡。

【病理变化】整个尸体黄染，胃肠和膀胱黏膜脱落，肝脏变成黄色、萎缩。

【诊断】根据患羊有采食过量羽扇豆的病史，有间歇热，呼吸困难，黏膜和皮肤黄染等症状，以及胃肠和膀胱黏膜脱落，肝脏黄染、萎缩等病理变化，一般可以做出诊断。

【防治】

1. 预防　羽扇豆作为饲料饲喂动物时，应先用水浸泡和蒸煮后再与其他饲料搭配饲喂，喂量以占日粮的 10%~15% 为宜。每吨羽扇豆种子用 1~1.5 kg 氢氧化钠配成溶液浸泡，能达到去毒目的。

2. 治疗　发现羽扇豆中毒，应立即停喂羽扇豆。对中毒羊可用稀盐酸、醋酸、灌服或洗胃，也可灌服活性炭、氧化镁等，然后再灌服液体石蜡清理胃肠道。及时输液，强心利尿，对症治疗。心力衰竭时可用安钠咖，呼吸困难时可用樟脑磺酸钠，降低颅内压可用甘露醇，兴奋时可用氯丙嗪或水合氯醛等药物。

十一、尿素中毒

尿素是一种中性高效化肥，含氮量在 46% 左右，它不仅是良好的氮肥，而且还可以作为氮源，给羊等反刍动物补饲。但如果补饲不当、饲喂过量或羊误食常可发生中毒。

【病因】羊补饲尿素时，没有经过逐渐增量，首次即按定量饲喂，或在补饲时超过控制用量，或尿素与饲料混合不匀，或将尿素溶于水中饮用，均可引起中毒。将尿素堆放于饲料近旁，导致误用或被羊偷食也可引起中毒。

【症状】羊采食 0.5~1 h 后出现中毒症状，表现为不安、来回走动，呼吸急促，呻吟，反刍停止，腹胀、肌肉颤抖，步态踉跄，不停地出现肌肉痉挛，眼球震颤，呼吸困难，心跳疾速，大量出汗，口鼻流出泡沫状液体；2 h 后病羊倒地，角弓反张，四肢出现游泳样运动；大部分羊 3 h 左右心音微弱，瞳孔散大，肛门松弛，开始出现死亡。

【病理变化】瘤胃饱满，浆膜呈暗褐色，切开后有刺鼻的氨臭味，黏膜脱落，底部出血。腹腔内有强烈的腐败气味。肠黏膜脱落出血，尤其是小肠前段的出血和溃疡严重。真胃和回盲瓣附近有数十个至数百个大小不等的溃疡灶。肝肿大变性，质地变脆，胆囊扩张，充满胆汁。肾肿大变性，有大量的尿酸盐沉积。

【诊断】根据患羊有饮食尿素的病史，表现呼吸困难、肌肉震颤等症状，以及病理剖检变化，一般可做出初步诊断；必要时可采取病羊血液测定血氨水平进一步确诊。一般血氨达到 8.4~13 mg/L 时，即出现症状；当达到 20 mg/L 时，表现共济失调；达到 50 mg/L 时，即可死亡。

【防治】

1. 预防 为预防尿素中毒，可以采取以下措施。

（1）尿素喂量不能过大，最多不能超过日粮干物质总量的1%，或精料干物质的2%~3%。

（2）补饲尿素要由少量逐渐增加，不要一开始就喂足量，于10~15 d达到标准规定量，要让羊有一个适应过程，并要喂给富含糖类的饲料。如果中间饲喂中断，在下次补喂时，仍需按上述方法饲喂。

（3）尿素不能单一饲喂，也不能溶在水中饮用，饲喂后30 min不要饮水，以防尿素分解过快而中毒。

（4）向青贮饲草中加尿素或秸秆氨化时，尿素一定要撒均匀，使尿素在青贮发酵过程或秸秆贮存过程中被微生物充分利用。应根据饲料的品质确定尿素的用量，且用量不能过大，以防饲草中多余的尿素被羊采食引起中毒。

2. 治疗 治疗原则为中和尿素，积极对症治疗。

（1）立即停喂尿素或青贮饲草、氨化饲草。

（2）在中毒初期，为了控制尿素继续分解，中和瘤胃中所生成的氨，应灌服0.5%食醋200~300 mL，或者灌给同样浓度的稀盐酸或乳酸；若有酸羊奶，可灌服500~750 g，或用1%醋酸200 mL、糖100~200 g加水300 mL，可获得良好效果。

（3）对于臌气严重者，可施行瘤胃穿刺术。

（4）对症治疗，用苯巴比妥以抑制痉挛，静脉注射硫代硫酸钠以利解毒。

（5）初期也可灌服盐类泻剂促进毒物排出。

第二节　有毒动、植物中毒

一、疯草中毒

疯草中毒是羊长期饲喂黄芪属和棘豆属中的有毒植物（统称疯草）所引起的以神经功能紊乱为主的慢性中毒疾病。其临床主要症状为头部震颤，后肢麻痹。

【病因】疯草在我国主要分布于西北、华北、东北及西南的高山地带，其毒性成分主要是苦马豆素和氧化氮苦马豆素等。疯草在结籽期相对适口性较好，如果饲养管理不当，羊大量采食疯草，如黄花棘豆、甘肃棘豆、小花棘豆、冰川棘豆、急弯棘豆、茎直黄芪和变异黄芪等，可造成慢性中毒。疯草抗逆性、抗干旱、耐寒等特性强，适于生长在植被破坏的地方。在牧草充足时，羊并不采食，但当可食牧草耗尽时羊也会采食。因此，常在每年春、冬季发生中毒，干旱年份有暴发的倾向。

【症状】

（1）山羊症状：病初，食欲减退，精神沉郁，目光呆滞，反应迟钝，呆立不动。中期，头呈水平震颤或摇动，呆立时仰头缩颈，步态蹒跚，后躯摇摆，被毛逆立，没有光泽，放牧掉队，追赶时极易摔倒。后期，出现腹泻、脱水，被毛粗乱，腹下被毛极易脱落，后躯麻痹，起立困难，多伴有心律不齐和心杂音，最后衰竭死亡。

（2）绵羊症状：症状与山羊相似，但出现较晚，中毒羊在安静状态下可能看不出症状，但在应激时，如用手提耳便立即出现摇头、转圈、突然倒地等典型中毒症状。妊娠母羊易流产，产下畸形羔羊或弱小羔羊。公羊性欲降低或无交配能力。

【病理变化】羊尸体极度消瘦，血液稀薄，腹腔内有大量清亮液体，口腔及咽部有溃疡灶，皮下及小肠黏膜有出血点，胃及脾与横膈膜粘连，肾脏呈土黄、灰白相间。有些病例心脏扩张，心肌柔软。病理组织变化为神经及内脏组织细胞泡沫样空泡变性。

【诊断】根据临床症状和有长期采食疯草的病史，可做出诊断。实验室检查可见红细胞减少，呈现大红细胞性贫血，血清谷草转氨酶和碱性磷酸酶活性明显升高，血清 α-甘露糖苷酶活性降低，尿液低聚糖含量增加，低聚糖中的甘露糖含量也明显增加。

【防治】

1. 预防　①合理轮牧。在有疯草的草场上放牧 10 d 或在观察到第一只羊轻度中毒时，立即转移到无疯草的草场放牧 10~12 d 或更长一段时间，以利毒素排泄和羊体恢复。或在棘草生长茂密的牧地，限制放牧易感的山羊、绵羊和马，而改为放牧或饲养对棘豆反应迟钝的动物，如牛和家兔。②日粮控制。疯草中毒主要发生在冬季枯草季节，因此冬季应备足草料，加强补饲，可以减少该病的发生，或在冬季采用饲草加 40% 疯草饲喂，疯草每喂 15 d，停 15 d。③化学消除。对疯草污染严重的草场，在保证不使生态退化的前提下，可用 2, 4-D 丁酯、G-520 等除草剂选择性地杀除棘豆。④药物预防。有人用 0.29% 工业盐酸对小花棘豆进行集中脱毒后搭配饲喂，有人研究出提高 α-甘露糖苷酶活性及可破坏马豆素结构的药物"棘防 E 号"，均对该病的预防取得了较好效果。

2. 治疗　该病尚无有效治疗方法。对轻度中毒羊，应及时转移到无疯草的草场放牧，调配日粮，加强补饲，一般可不治而愈。可用 5%~10% 葡萄糖注射液 500 mL，注射用硫代硫酸钠 0.1 g/kg 体重，静脉注射。

二、小萱草根中毒

小萱草又称红萱，其花蕾可以食用，称金针菜或黄花菜，其根毒性很大，动物采食后可引起中毒。主要发生于羊，偶见于牛和马。

【病因】该病主要发生于放牧的绵羊和山羊。每年12月至翌年3月发病，以2月下旬至3月中旬发病率较高。此时牧草缺乏，而表层土开始解冻，黄花菜根开始发芽，放牧的羊因刨食其根而中毒。人工栽培黄花菜的地区，刨挖黄花菜根后随意抛弃，被羊采食也可引起中毒。

【症状】

（1）轻症：初期精神沉郁，食欲减退，反应迟钝，离群呆立，磨牙。继之瞳孔散大，两眼先后或同时失明。由于病羊失明，表现不安，盲目乱走，易惊恐。一般经一周左右症状逐渐消失，但瞳孔散大及双目失明不能恢复，后遗中毒性黑内障。

（2）重症：常常突然双目失明，病羊结膜、角膜正常，瞳孔散大呈正圆形。低头呆立，或以头抵墙。全身微颤，呻吟，磨牙，空口咀嚼，运动失调，眼球呈水平颤动。随后四肢麻痹，卧地不起，哀鸣，昏迷，经1~3 d死亡。

【病理变化】心内外膜有出血点和出血斑。肾脏瘀血，散在有少数出血斑；肾脏色黄，质软，肾门、肾盂水肿；膀胱胀大，积尿，黏膜充血，散在出血点。脑软膜血管扩张，有出血点。大脑和视神经交叉处见有出血点，球后视神经轻度肿胀，视网膜血管明显扩张，视乳头水肿。

【诊断】根据羊群有采食小萱草根的病史，表现瞳孔散大、双目失明、瘫痪等症状，一般可做出诊断。

【防治】

1. 预防 每年冬春季节，应禁止在生产小萱草的地区放牧。

如牧区内有野小萱草生长，应在每天放牧前补饲一定量的干草，并限制放牧时间，可以减少羊刨食小萱草根的机会，从而减少发病。在有野小萱草密集生长的地区可以喷洒灭草剂（2% 的茅草枯溶液）。

2. 治疗 该病目前尚无特效治疗方法，可对症治疗。发现小萱草根中毒，立即停止放牧。初期首先排除胃肠道内毒素，应及时导胃和洗胃（0.1% 高锰酸钾溶液或 1%~2% 碳酸氢钠溶液）；排出毒物后投服牛奶、蛋清水等，并静脉注射 25%~50% 的葡萄糖注射液和肌苷、三磷酸腺苷、维生素 B_{12} 等，肌内注射眼明注射液等。中后期双目失明，治疗效果不佳。

三、毒芹中毒

毒芹为伞形科毒芹属多年生植物，俗称野芹菜。我国东北地区生长最多，西北、华北等地也有生长。喜生长于潮湿低洼地带，如沼泽地水边或沟边等，春季比其他植物生长早。其含毒部位主要在根、茎，有毒成分为毒芹毒素、毒芹碱、毒芹醇等毒素。这些毒素能兴奋运动中枢和脊髓，同时还能使延脑的血管运动中枢和迷走神经中枢兴奋，引起呼吸、血压和心功能障碍。

【病因】在早春或初冬青草缺乏或羊只饥饿的时候，在有毒芹生长的低洼地放牧，羊只误食毒芹或刨土中的毒芹根茎而引起中毒。毒芹的致死量：羊为 60~80 g。

【症状】羊中毒后兴奋不安，呼吸急促至呼吸困难。瘤胃臌气，腹痛下痢，继之全身肌肉痉挛，站立困难而倒地，头颈后仰，四肢伸直，牙关紧闭，心搏动强盛，脉搏加快，体温升高，瞳孔散大。病至后期，躺卧不动，反射消失，四肢末端冷厥，体温下降，脉搏细弱，呼吸麻痹，多于 1~2 h 内很快死亡。

【病理变化】胃肠黏膜重度充血、出血、肿胀，脑及脑膜充血，心内膜、心肌、肾、膀胱黏膜及皮下结缔组织均见有出血现象，血液稀薄。

【诊断】根据病羊有采食毒芹的病史，表现反射性增高，呈强直性或阵发性痉挛，剖检可见皮下结缔组织、实质脏器出血等病理变化，一般可以做出初步诊断。必要时，可采取胃内容物做毒芹毒素的定性检验。

毒芹毒素的定性检验：取胃内容物 20~30 g，加 10% 碳酸钠 50 mL，再加戊酸 30~40 mL，搅拌后过滤，滤液呈黄色。将滤液蒸干即得黄色残渣，供检验用。检验时取一试管，加 0.5% 高锰酸钾浓硫酸液 0.5~1 mL，加残渣少许，如呈紫色，即证明检验品含有毒芹毒素。

【防治】

1. 预防 尽量避免在有毒芹生长的牧场放牧；对有毒芹生长的牧场，可通过深翻土壤、进行覆盖来改造牧场。早春、晚秋放牧时，应于出牧前喂少量饲料，以免动物由于饥不择食而误食毒芹。

2. 治疗 发现中毒后，应停止放牧，立即用 0.5%~1% 鞣酸或 5%~10% 木炭末水洗胃，连续 2~3 次之后，内服碘溶液（碘 1 g、碘化钾 2 g、水 1.5 L）100~200 mL，2~3 h 再服一次。亦可灌服 5%~10% 稀盐酸，成年羊 250 mL，3~8 月龄羔羊 100~200 mL。痉挛时可用 5% 水合氯醛乙醇注射液静脉注射。同时注意全身疗法，可应用葡萄糖、维生素 B、维生素 C 以及安钠咖等强心补液（注意：毒芹中毒禁止使用钙制剂）。

四、闹羊花中毒

闹羊花又名黄杜鹃、羊踯躅、映山黄、老虎花等，为杜鹃科植物，是一种多年生的落叶灌木，多生长于丘陵地带和山坡灌木丛中。花、叶、根都有毒性，其有毒成分是闹羊花毒素（或称羊踯躅毒素），是一种神经毒素，易溶于水。

【病因】闹羊花每年三四月间开花长叶，此时放牧由于羊只贪青，误食其花叶而引起中毒。

【症状】羊采食后 4~6 h 发病，呕吐，流涎，口吐白沫，四肢岔开站立，步态不稳，形似酒醉，后躯摇摆。严重的四肢麻痹，呈喷射状呕吐、腹痛及胃肠炎症状。心律失常，脉弱而不齐，呼吸促迫，倒地不起，昏迷状态。体温下降，最后由于呼吸麻痹而死亡。

【诊断】根据病羊有采食闹羊花的病史，表现副交感神经兴奋样症状等，一般可做出诊断。

【防治】

1. 预防　不要在有闹羊花分布的地区放牧，饲草内严禁混入闹羊花。采摘闹羊花晒制杀虫药时，严禁羊只偷食。早春季节放牧时，应给羊一定量的干草，避免外出放牧贪青而误食闹羊花。

2. 治疗　发生闹羊花中毒后，应立即停止放牧。该病尚没有特效解毒药物，主要是对症治疗。①发病时可用 1% 硫酸阿托品液 0.5~1 mL 皮下注射，每日 1~2 次，配合应用 10% 樟脑磺酸钠注射液皮下或肌内注射 5~6 mL。②严重病例需要输水，用 5% 葡萄糖氯化钠注射液 250 mL、10% 维生素 C 10 mL 混合静脉注射，或用 5% 葡萄糖溶液 250 mL、氯化钙 0.5~1 g 混合静脉注射。③民间验方：鲜鸡蛋数枚，韭菜 250 g 榨汁，加水后一同灌服。

五、夹竹桃中毒

夹竹桃为夹竹桃科常绿灌木，作为绿化观赏植物在全国各地都有栽培。夹竹桃的叶、树皮、根及种子均含有多种强心苷，这些强心苷能直接作用于心肌和心脏的传导系统，引起心律失常和传导阻滞。羊只误食可引起中毒，其主要中毒症状是心律失常及出血性胃肠炎。

【病因】一般情况下家畜不自动采食夹竹桃，主要是由于它的叶子掉落或被风刮到附近草地，羊采食时误食了这种树叶而发病。

【症状】羊采食夹竹桃叶后经过1~2 d突然发病，体温正常或稍低下。心动徐缓（50次/min以下）或心动过速（100次/min以上），并有期前收缩、心动间歇、严重的心律失常和相应脉律失常变化。初期流涎，反刍减少，食欲减退或废绝，腹痛不安。随后腹泻，粪便带有血液和黏液，腥臭味难闻。后期只排出血液和黏液，呈凝胶状。呼吸加深，鼻翼扇动，胸部听诊肺区上部呼吸音粗厉。常因心室纤颤或心动停顿而昏厥倒地，乃至死亡。

【病理变化】心脏内外膜心包有多量出血点，甚至有严重的血肿。心肌质地变得较为脆弱，如煮肉样，组织学检查呈明显的颗粒变性。肺有出血斑点。胃肠有出血性炎症，空肠、回肠及直肠部尤其严重。盲肠和结肠内有时积满凝血块。

【诊断】详细调查有无误食夹竹桃叶的病史，结合心律失常和出血性腹泻等特征及剖检的病理变化，可做出初步诊断。实验室诊断时，取呕吐物、胃内容物做强心苷的检验。

强心苷检验：取呕吐物、胃内容物作检品5~10 g，加无水乙醇浸泡5~6 h，过滤。滤液再加饱和醋酸铅1~2 mL，至完全沉淀后，再滴加饱和硫酸钠2~3 mL，摇匀过滤，滤液作检液。取检液2 mL，置小试管中，加5%亚硝基铁氰化钠醇溶液数滴，再滴加5%氢氧化钠使其成碱性，如有强心苷存在，试液呈红色。也可取检液2 mL，置试管中，于水浴上蒸干，加2%三氯化铁冰醋酸溶液2 mL，摇匀，沿管壁缓缓加入2 mL硫酸使成两液层。如检品中有强心苷存在，则两液面接触处显棕色，继后渐变绿色、蓝色，最后冰醋酸层全部显蓝色。

【防治】

1. 预防 不要在栽培夹竹桃的地方放牧或收割饲草，牧场不要种植夹竹桃，发现后及时清除或建成围挡防止羊只接触。治病时用夹竹桃作为强心剂时，一定要严格掌握剂量，并且不能长期连续应用。

2. 治疗 当发现夹竹桃中毒反应，立即停止放牧，及时发现和清除引起夹竹桃中毒的因素。治疗以调节心脏功能、解毒、肠道消炎、止血及镇痛等综合疗法为原则进行治疗。使用 0.1% 高锰酸钾液 500~1000 mL 灌服，以破坏毒物，而后内服植物油或液体石蜡 100~200 mL，以清理胃肠，促进毒物排出；静脉注射依地酸二钠每次 1~3 g，以 50% 葡萄糖注射液 20~60 mL 稀释后注入；10% 氯化钾注射液 0.1 mL/kg、维生素 C 注射液 0.1~0.5 g、地塞米松注射液 2~4 mg 混合缓慢静脉滴注，也可内服氯化钾溶液；止血使用安络血、维生素 K_3 等（注意：治疗夹竹桃中毒，禁止使用钙制剂）。

六、狼毒中毒

狼毒为大戟科大戟属植物，又名狼毒大戟、猫眼根、大猫眼草、黄皮狼毒，其为多年生草本植物，常生长于山坡草地或沙质荒地上，在我国黑龙江、吉林、辽宁、内蒙古、山东和河南等地均有分布。

【病因】在初春狼毒发芽时，由于缺乏青绿饲料，羊只饥饿或贪青而误食狼毒引起中毒。

【症状】卧地不起，结膜充血，不食，不反刍，鼻镜干燥、胃臌气，粪便带黏液或血液。肌肉震颤，严重时全身痉挛，结膜发绀，角弓反张，最后死亡。

【病理变化】胃肠黏膜充血、出血、脱落，心内外膜有散在出血点，肺水肿，肝肿大。

【诊断】根据病羊有在狼毒生长的地方放牧，有采食狼毒的病史，临床症状和病理变化可做出诊断。

【防治】

1. 预防 狼毒中毒多发生在早春季节，所以初春放牧尽量不要在有狼毒生长的地方，放牧前可给羊只一定量的干草，再外出放牧，以免贪青而误食狼毒。

2. 治疗 初期，症状轻的可使用鸡蛋清或牛奶灌服，症状重的用 0.5% 鞣酸溶液反复洗胃，洗胃后灌服碘溶液（碘片 1 g、碘化钾 2 g，溶于 1000 mL 水中）。为促进毒物排出，也可灌服硫酸镁或硫酸钠，同时大量补液、强心。

七、映山红中毒

映山红又称山踯躅、山石榴、杜鹃花，是杜鹃花科落叶灌木，广泛分布于长江流域各省，在长白山区及大兴安岭、小兴安岭地区等地也有大量分布。常生长于海拔 500~1200 m 低山区的灌木丛中，喜欢酸性土壤，其叶片有毒。

【病因】常因羊在映山红生长的地方大量采食而引起。

【症状】发病羊强烈呕吐、流涎、咩叫哞叫，随后精神沉郁，不愿走动，食欲减退或废绝，瘤胃蠕动减退或停止，瞳孔缩小，呼吸困难，卧地不起，排粪困难，粪便干小。心跳初期减慢至 50 次/min 左右，节律不齐；后期心动过速，高达 120 次/min 以上。

【病理变化】剖检可见胃、小肠黏膜容易脱落，小肠和盲肠黏膜有大小不等的红色出血斑。心脏扩张，心肌松软。肺呈暗红色，局部区域发生气肿，切面流出多量带有气泡的红色液体。肝颜色变深，呈紫红色，表面分布细小的土黄色条纹。肾肿大，表面和切面散布有土黄色条纹。脑膜血管和脊髓膜血管扩张充血。

【诊断】根据病羊有采食映山红的病史、临床症状和病理变化可做出诊断。

【防治】

1. 预防 尽量避免在有映山红生长的地区放牧，以免羊只误食引起中毒。

2. 治疗 当发现羊只映山红中毒后，立即停止放牧。使用0.05%高锰酸钾溶液洗胃，洗胃后灌服5%~10%的活性炭或0.5%~1%的鞣酸液等，然后再灌服硫酸钠等泻剂以清理胃肠，促进毒物排出体外。同时可使用10%安钠咖、维生素 B_1，加入25%葡萄糖溶液中混合后静脉注射。

八、蛇毒中毒

我国各地都有毒蛇分布，毒蛇毒腺位于头两侧眼后下方的皮肤下面，毒腺有导管通到毒牙的基部鞘内，毒蛇张口咬人或动物时，头部肌肉压迫毒腺，毒液即可沿导管进入毒牙，又通过毒牙而进入被咬的人或动物体内。

【病因】蛇毒是一种特异性蛋白质，具有强烈的溶血及麻痹心脏的作用，并可毒害神经系统，羊只在放牧或舍饲养殖时被毒蛇咬伤而中毒。

【症状】毒蛇种类不同，毒液成分各异，各种蛇咬伤后的临床症状亦不一样。毒液大致可分为神经毒和循环毒两大类。

1. 神经毒类 金环蛇、银环蛇均属此类。

（1）局部症状：被神经毒类的蛇咬伤后，局部反应不明显，但被眼镜蛇咬伤后则局部组织坏死、溃烂，伤口长期不愈合。

（2）全身症状：先是四肢无力，由于心脏、呼吸及血管运动中枢麻痹，而使呼吸困难、脉率失常、瞳孔散大、吞咽困难、最后全身抽搐、呼吸肌麻痹、血压下降、休克以致昏迷，常因呼吸麻痹、循环衰竭而死亡。

2. 循环毒类 竹叶青、龟壳花蛇、蝰蛇、五步蛇均属此类，常引起溶血、出血、凝血、毛细血管壁损伤及心肌损伤等毒性反应。

（1）局部症状：伤口及周围很快肿胀、发硬，剧痛和灼热，且不断蔓延，并有淋巴结肿大压痛、皮下出血、黏膜出血、尿血、便血、呕血等症状，有的发生水疱、血疱以及组织溃烂、坏死。

（2）全身症状：全身颤栗，继而发热，心跳快速，脉搏加快。重症的血压下降、呼吸困难、不能站立、最后倒地，心脏麻痹而死亡。

蝮蛇、眼镜蛇、眼镜王蛇等蛇毒，兼有上述两类成分，故其中毒表现兼有两者的症状，但以神经毒症状为主，一般是先发生呼吸衰竭，而后发生循环衰竭。

【诊断】根据病羊有被毒蛇咬伤的病史，判断是有毒蛇还是无毒蛇咬伤时，可观察上部牙痕和局部表现。无毒蛇咬伤局部可留下 2~4 行均匀而细小的牙痕，有毒蛇咬伤伤口有一对较深而粗的毒牙痕。结合咬伤后表现出的中枢神经系统症状或以出血、溶血为主的全身症状，一般都能做出诊断。

【防治】

1. 预防 搞好羊舍卫生，对羊舍周围的岩洞、墙洞要及时堵塞。要经常灭鼠以减少毒蛇因捕食老鼠而进入羊舍。春秋季节不要在毒蛇常出没的地方放牧，在进入草地前可大声呼唤羊只或用其他音响，使毒蛇闻声惊逸。放牧员身上要常备蛇药片、针和细麻绳等，一旦羊发生蛇毒咬伤，立即投服蛇药片 4~5 片，并用细麻绳结扎咬伤部位上方，用针刺破肿胀部位，迅速送兽医诊所治疗。

2. 治疗

（1）局部处理：发现被毒蛇咬伤后，为避免毒素迅速吸收、蔓延转移，应在现场进行紧急处理。就地取材，用布条、绳子、手巾等紧扎咬伤上段，局部用针乱刺，并尽量挤压出水肿液；或用吸筒、拔火罐等方法抽吸出毒液，然后涂以 5% 碘酊；或用 1% 高锰酸钾溶液，或 3% 过氧化氢溶液，或胃蛋白酶冲洗染毒伤口，伤口周围用 0.25% 普鲁卡因 20 mL 溶解青霉素 40 万 u，在肿胀的边缘封闭，所用剂量根据肿胀程度和面积大小而定。

（2）全身解毒：内服或外用季德胜蛇药片（按说明书使用），另外还可用南通蛇药、群生蛇药、上海蛇药及湛江蛇药等。为保护心脏功能，可用 10%~20% 安钠咖或 25% 尼可刹米肌内注射，或用 10% 葡萄糖、40% 乌洛托品、5% 碳酸氢钠注射液静脉注射。

（3）民间验方：中草药独角莲是治疗蛇毒的特效药，用其根部加醋磨成粥状，涂于咬伤周围，每天早、晚各涂 1 次，连涂 3 d。也可用旱烟油（旱烟管内的烟油）少许，或白芷研末，加醋调匀敷于患处。

九、蜂毒中毒

蜂类的蜜蜂、黄蜂、大黄蜂、土蜂及竹蜂，其雌蜂的尾部都有毒腺及螫针，毒腺含有蜂毒，攻击人畜时，可将其螫针刺入人畜，并将毒素注入人畜肌体。蜂螫针有逆钩，刺入畜体后，部分残留于被刺伤创内。黄蜂则不留于创内，但其毒性强。

【病因】蜂巢常筑于灌木丛及草丛中，竹蜂在竹中。当羊只放牧时触动蜂巢，群蜂就会飞出攻击，即可引起中毒。蜂毒主要含有蚁酸、盐酸、组胺及神经毒碱性物质，黄蜂毒汁的毒性更强，含 5-羟色胺、胆碱酯酶等。蜂毒具有损伤细胞表面，造成血管通透性增加，引起溶血、出血和组织的水肿坏死，有的毒素可作用于神经系统。

【症状】蜂类刺伤部位红热肿痛，蜂毒吸收后，病羊兴奋不安，体温升高。重的很快转为麻痹，血压下降，呼吸困难，而引起死亡。

【病理变化】螫伤后短时间内死亡的病羊常有喉头水肿，各实质器官瘀血，皮下及心内膜有出血斑。脾肿大，脾髓质充满深褐色血液。肝柔软，实质似泥土。肌肉柔软呈煮肉样。

【诊断】根据羊群有蜂类攻击的病史及临床症状，可以做出诊断。

【防治】

1. 预防 尽量不要在放蜂或野蜂巢多的地方放牧，对于牧场有危害的蜂巢及时清除。

2. 治疗 对于蜇伤的病羊应尽快拔出毒刺，使用 1%~2% 高锰酸钾溶液冲洗，患部涂 10% 氨水或氧化锌软膏或六神丸研末水调外敷，使用氯丙嗪肌内注射进行抗应激反应；如果有变态反应性炎症，可用苯海拉明肌内注射，配合应用维生素 C 静脉注射；出现呼吸困难和虚脱的病羊，可用强心剂、10% 葡萄糖溶液或复方氯化钠静脉注射。为提高血压及防止渗出，可用 0.1% 肾上腺素液肌内注射。

第三节　农药及化学物质中毒

一、有机磷中毒

有机磷农药中毒是由于误食、吸入或接触某种有机磷农药，引起体内胆碱酯酶活性受到抑制和乙酰胆碱蓄积，导致以胆碱能神经效应增强为特征的中毒病。

【病因】羊采食喷洒过有机磷农药的植物且在残效期内，或误食了拌过有机磷农药的种子，或饮用了被有机磷农药污染的水，或用有机磷制剂内服或药浴治疗体表寄生虫时剂量过大、疗程过长或浓度过高，导致中毒。多在有机磷农药进入机体后 0.5~8 h 发病，呈急性经过。

【症状】

（1）轻度中毒：主要以毒蕈碱症状（M 样症状）为主。主要分布于内脏平滑肌、腺体、虹膜括约肌和一部分汗腺的胆碱能神经纤维发生兴奋，引起胃肠道、支气管、胆道、泌尿道的平滑肌收缩，唾液腺、汗腺、支气管分泌增多，故病羊临床表现为流涎（或口角流出白色泡沫）、出汗，排尿失禁，肠音增强，腹痛，腹泻，瞳孔缩小如线状，黏膜苍白，心跳迟缓，呼吸困难，严重时可以引发肺水肿（呼吸困难，鼻孔流出粉红色泡沫状鼻液，肺部听诊有湿性啰音），导致死亡。

（2）中度中毒：除有毒蕈碱样症状外，还会出现烟碱样症状（N 样症状）。此时主要使分布于横纹肌的胆碱能神经纤维发生兴奋，兴奋过度，转为麻痹。病羊表现为肌纤维痉挛和颤动，轻者震颤，重者发生抽搐，严重时发生呼吸肌麻痹，窒息死亡。

（3）重度中毒：往往以中枢神经中毒症状为主。主要表现为兴奋不安、盲目奔跑、抽搐、全身震颤或精神高度沉郁，甚至倒地昏睡，严重时发热、大小便失禁、心跳加快，最后因呼吸中枢麻痹和循环衰竭而死亡。

（4）迟发性神经中毒综合征：有些有机磷农药如马拉硫磷，在急性中毒 8~15 d 后，可以再出现中毒症状，主要表现为后肢软弱无力、共济失调，最后发展为后肢麻痹。其病理变化为神经脱髓鞘。此病变与胆碱酯酶活性无关，用阿托品治疗无效，在诊疗中应引起足够的重视。

【病理变化】胃肠黏膜充血、出血、肿胀、脱落，肺充血、肿大，肝、脾、肾肿大。

【诊断】可根据患羊有接触或吸入、服用有机磷或有饮食含有机磷的水、草料的病史，表现毒蕈碱样症状、烟碱样症状、中枢神经症状，以及出现相应的病理变化等，做出初步诊断。进一步确诊需对患羊做治疗试验；采取患羊血液，做胆碱酯酶活性测定；采取可疑饲料、饮水及患羊胃内容物、血清、肝脏等，做有机磷农药的定性、定量检验。

（1）治疗试验：用治疗量的阿托品给患羊静脉注射，观察患羊反应，注射 10 min 后，患羊心跳不但不加快，反而减慢，其他症状也有减轻，则证明是有机磷中毒。注射 10 min 后，患羊心跳加快、口干、瞳孔散大等症状，证明不是有机磷中毒。也可使用治疗量的解磷定给患羊静脉注射，注射后确实有好转的，可证明是有机磷中毒。

（2）血液胆碱酯酶活性测定：可事先称取溴麝香草酚蓝 0.14 g、溴化乙酰胆碱 0.46 g（或氯化乙酰胆碱 0.185 g），将二者溶于 20 mL 无水乙醇中，用 0.4mol/L 氢氧化钠溶液调试 pH 值，由橘红色至黄绿色（pH 值 6.8），再用白色的定性滤纸浸入上述溶液，完全浸湿后，取出滤纸，室温下阴干（呈橘黄色），将其剪成比载玻片稍窄的长方形纸块，贮存于棕色瓶中备用。

测定时，取上述试纸两块，分别置于清洁载玻片的两端。一端滴加病畜末梢血液一滴，另一端滴加等量同种健康动物末梢血液作对照，并做标记，以便区别。然后在其上加盖另一载玻片用橡皮筋将两个载玻片扎紧，将其置于 37 ℃恒温箱中，也可紧贴于人的胸腹部，放置 20 min。取出后观察血滴中央的颜色，判断胆碱酯酶活性百分率。判定标准详见表 10-1。

表10-1 纸片法酶活性判定标准

颜色	酶活性/%	中毒程度
红色	80~100	未中毒
紫红色	60	轻度中毒
深紫色	40	中度中毒
蓝色	20	严重中毒

（3）饲料、饮水及患羊胃内容物的有机磷一般定性检验：取饲料或胃内容物 20 g 研碎，加 95% 乙醇 20 mL，在 50 ℃ 水浴上加热 1 h，过滤。滤液在 80 ℃ 以下水浴上蒸发至干。残渣用苯溶解后过滤，滤液在 50 ℃ 水浴上蒸干，残渣溶于乙醇中供检验用。检验时，取上述检液 2 mL，置于小试管中，加入 4% 硫酸 0.2 mL、10% 过氯酸 2 滴，在酒精灯上徐徐加热到溶液呈无色时为止。液体冷却后，加入 2.5% 钼酸铵 0.25 mL，加水至 5 mL，加 0.4% 氯化亚锡 3 滴，1 min 内观察颜色变化。如检品中含有有机磷农药，试液呈蓝色。

（4）薄层层析-酶抑制法定性、定量检验：可以进一步确诊。

【防治】

1. 预防　健全农药保管制度，严防羊误食有机磷农药；喷洒有机磷农药的作物一般 7 d 内不作饲料；禁止到新喷药地区放牧；使用有机磷制剂去除体内外寄生虫时，严格掌握用药浓度、剂量，以防中毒。

2. 治疗　急救原则为立即注射特效解毒剂，尽快除去尚未吸收的毒物，并配合对症治疗。

（1）除去尚未吸收的毒物：经皮肤中毒的，用 5% 石灰水或 4% 碳酸氢钠溶液或肥皂水洗刷皮肤；经消化道吸收的，用食盐水反复洗胃并灌服活性炭。注意：敌百虫、硫特普、八甲磷、二嗪农等中毒，不能用碱性溶液洗皮肤和洗胃，可用 1% 醋酸水洗，然后服盐类泻剂。禁用油类泻剂、氯丙嗪、洋地黄等药物。对硫磷不能用高锰酸钾溶液冲洗或洗胃，可用清水或生理盐水。冬季冲洗或洗胃时，药液可稍加温，但不能太热，以防促进农药吸收。

（2）使用乙酰胆碱对抗剂：常用的为硫酸阿托品，可超量使用，使机体达到阿托品化。一次用量 0.5~1 mg/kg 体重，皮下或静脉注射。严重中毒的，可以其 1/3 量混于 5% 葡萄糖生理盐水缓慢静脉注射，另 2/3 做皮下注射，经 1~2 d 后症状不减轻时，可减量重复应用，直至出现阿托品化状态（口腔干燥，出汗停止，瞳孔散大不再缩小）。以后每隔 3~4 d 皮下注射一般剂量，以巩固疗效（注意：硫酸阿托品与胆碱酯酶复活剂配合应用疗效更好，配合应用时，阿托品的用量应酌减）。

（3）特效解毒剂（胆碱酯酶复活剂）：常用解磷定或氯磷定，均按每次 15~30 mg/kg 体重，以葡萄糖或生理盐水稀释后缓慢静脉注射，每 2~3 d 一次，直到症状缓解后，酌情减量或停药。

轻度中毒，阿托品与解磷定可任选其一，中度和严重中毒，则以两者联合或交替应用为宜，可以互补不足，增强疗效。除此之外，为增强肝脏解毒功能，促进有机磷经肾排出，可用 5% 葡萄糖生理盐水、复方氯化钠溶液，大剂量静脉注射。为防止肺水肿，输液速度不宜过快。

二、慢性无机氟化物中毒

慢性无机氟化物中毒又称氟病，是动物长期连续摄入超过安全限量的无机氟化合物所引起的一种以骨骼、牙齿病变（氟骨症和氟斑牙）为特征的中毒病。多呈地方性群发。

【病因】

（1）工业污染：主要见于大量应用含氟矿石作原料或催化剂的工厂（如磷肥厂、钢铁厂、陶瓷厂、玻璃厂和氟化物厂等）周围，未采取防氟措施，随工业"三废"排出的氟化物（氢氟酸和四氟化硅）污染空气、水域、土壤等。工业污染区的高氟牧草（氟含量大于 30~40 mg/kg，枯草期氟含量高）是羊氟病的主要毒源。

（2）地方性高氟：主要分布在我国的西北、东北和华北，特别是在干旱、半干旱地区如荒漠、盆地、萤石矿区，火山、温泉附近，水、土、植物的含氟量较高，动物长期采食高氟区的牧草和饮水（水中氟含量大于 5 mg/L）是地方性氟病的主要毒源。

（3）饲养管理不当：长期饲喂未脱氟的矿物质添加剂，如骨粉、磷酸氢钙、过磷酸钙、天然磷灰石、石粉（一般不进行脱氟，只用低氟石粉）。

【症状】哺乳羔羊一般不发病，断奶羔羊在乳齿脱落时，表现为生长发育不良，下颌骨增厚肥大。成年羊出现氟斑牙和氟骨症，表现为门齿蛀烂，甚至完全磨灭，门齿和臼齿外观无光泽，呈黄色或白色，珐琅质蚀脱，甚至出现黄褐色或黑褐色的斑点或斑纹，臼齿磨灭不整齐，下颌骨增大，牙齿容易断裂和脱落，牙齿和骨骼的变化有对称性。在下颌骨外侧、四肢长骨和肋骨与肋软骨的连接处常有骨瘤（骨赘）形成。病羊表现为咀嚼困难，不愿吃食，常吐草团，被毛粗乱，消瘦，出现无外科原因的跛行。

【病理变化】尸体消瘦，贫血，有氟斑牙和氟骨症，骨骼表面粗糙，成白垩状，骨质疏松，容易折断，断面骨密质变薄，下颌骨粗糙、肿大，在下颌骨外侧、四肢长骨和肋骨与肋软骨的连接处出现骨赘。

【诊断】根据病羊日益加重的跛行、对称性氟斑牙及臼齿过度磨损、骨质疏松、易于骨折等症状，可做出初步诊断。必要时，可采取饮水、饲草、尿液、骨骼做氟含量的测定。各种检材氟含量判定标准见表10-2。

表10-2　各种检材氟含量判定标准

检材	氟含量/（mg/kg）	判定	检材	氟含量/（mg/kg）	判定
饮水	低于2	正常	骨骼	500	正常
	4	可发生慢性氟中毒		1000	异常
	7	出现氟斑牙		3000	中毒
尿液	6	正常	牧草	40以上	中毒
	10	可疑			
	15	中毒			

【防治】

1. 预防　①加强饲养管理。饲喂低氟的矿物质添加剂。饲料中补充充足的蛋白质、钙、磷、硒和维生素等。避免在高氟区放牧，或在低氟牧场和高氟牧场轮换放牧。②在工业氟污染区，最根本的措施是治理污染源，也可以从安全区（牧草氟含量小于30 mg/kg）引入 2.5 岁以上的母羊进行繁殖，所产的羔羊在第 1~2 个枯草期转移到安全区放牧，或采用低氟牧草饲喂。③在地方性高氟区，主要是引入低氟水，打深井，或化学除氟（用熟石灰、明矾、活性氧化铝等）。④采用肌内注射亚硒酸钠注射液和投服长效硒缓释丸，对预防羊氟中毒有较满意的效果。

2. 治疗　慢性氟中毒至今尚无较好的治疗方法。发生中毒后应停止摄入含高氟的牧草或饮水，转移到安全地区进行放牧，补充蛋白质、钙、磷、硒和维生素等营养物质，再配合内服或静脉注射氯化钙，严重的予以淘汰处理。

三、氨基甲酸酯类中毒

近年来，由于有机磷和有机氯农药的残留和抗药性问题，氨基甲酸酯类农药发展较快。氨基甲酸酯类农药由于具有选择性强、没有残留等优点，很受广大农民群众的欢迎。但这类农药用法不当或被动物误食、偷食，也可引起中毒。

【病因】氨基甲酸酯类农药有 30 多种，常用的有呋喃丹、西维因、速灭威、害灭威、残杀威、灭扑威、扑杀威、灭杀威等。羊只在喷洒过氨基甲酸酯类的地方放牧，或误食、偷食而引起中毒。另外，经皮肤接触或经呼吸道吸入氨基甲酸酯类农药，也可引起羊只中毒。

【症状】氨基甲酸酯类农药中毒症状出现的时间及轻重程度，一般与毒物进入机体的途径和剂量有关。经皮肤接触或呼吸道吸入，一般在 2~15 h 发病；经消化道食入者，在进食后 15 min，即可出现症状。

（1）轻度中毒：以毒蕈碱样症状为主，表现为食欲减退、流涎、腹痛、排尿失禁、瞳孔缩小、可视黏膜苍白、呼吸困难和出汗。经皮肤接触中毒的，在接触毒物的皮肤局部发生接触性皮炎。

（2）重度中毒：突然发病，除上述症状加重外，还表现肌肉震颤、浅昏迷等烟碱样症状，病羊可在半天左右死亡。

【病理变化】经皮肤接触中毒的有局部接触性皮炎。一般中毒死亡的病羊除胆碱酯酶活性降低外，没有特征性病理变化。

【诊断】根据病羊有接触或吸入氨基甲酸酯类农药，或有食入含有氨基甲酸酯类农药的草料的病史，出现胆碱能神经兴奋的症状，一般可以做出初步诊断。由于氨基甲酸酯类农药中毒与有机磷中毒有许多相似之处，故二者必须通过毒物薄层层析-酶抑制法检验，才能进行鉴别。

【防治】

1. 预防　健全农药保管制度，严防羊误食氨基甲酸酯类农药；严禁在刚刚喷洒过氨基甲酸酯类农药的地方放牧，使用过呋喃丹、西维因、速灭威、残杀威、灭扑威、扑杀威、灭杀威等氨基甲酸酯类农药的饲草、饲料，必须在喷药后 30 d 左右才能利用。

2. 治疗　发现氨基甲酸酯类农药中毒后，应立即脱离现场，停喂可疑饲料和饮水。该病发病较急，需要采取急救和特效解毒的治疗措施进行治疗。急救措施与有机磷中毒相同，可用阿托品进行治疗，剂量、用法及用药注意事项与有机磷中毒相同（注意：胆碱酯酶复活剂对氨基甲酸酯类中毒病无效，有时尚有加重病情的副作用，故在治疗氨基甲酸酯类中毒时禁用胆碱酯酶复活剂类药物）；还可用氢氯噻嗪、安钠咖、维生素 C、葡萄糖等进行治疗。

四、铅中毒

铅是一种灰蓝色软质重金属，以多种化合物形式存在于自然界，各种动物对铅具有很强的蓄积性，铅中毒临床上以流涎、腹痛、兴奋不安和贫血为特征。

【病因】工业开采铅矿、铅冶炼厂工业三废的排放，以及电动车使用的铅酸蓄电池生产及回收增多，均可造成铅污染周围空气、牧草和水源。羊群长期吸入这种空气或摄入污染的牧草及水源，或误食了含铅较高的物品如油漆、颜料、软膏（醋酸铅）、机油、润滑油、铅皮、油毛毡、旧电池、旧电极板等，均可引起中毒。据测定，交通频繁的公路两侧青草含铅量可高达255~500 mg/kg（正常青草含铅量为 3~7 mg/kg），羊群长期在这种高铅青草区放牧也可引起蓄积中毒。

【症状】

（1）最急性铅中毒：尚未出现明显症状前即死亡。

（2）急性中毒：常于食后 12~24 h 突然发病，食欲废绝，瘤胃蠕动无力，腹泻，粪便恶臭等。随后出现步态蹒跚、共济失调、转圈、头颈肌肉震颤等神经症状，对声音和触摸感觉过敏，口吐白沫，虚嚼，瞳孔散大，眼失明，眨眼和眼球震颤，多呆立不动；有的狂暴，口、咽及咬肌麻痹；有的后躯瘫痪，呼吸脉搏加快，后期出现惊厥。

（3）慢性中毒：多消化机能紊乱，厌食，流涎，异嗜，便秘或腹泻，腹部蜷缩，反刍减少或障碍，腹痛，磨牙，虚嚼，逐渐消瘦，贫血，个别绵羊可见齿龈部有蓝黑色"铅线"。

【病理变化】

（1）急性中毒：剖检可见胃肠炎症状变化明显，可见有胃炎，大脑皮层严重充血和斑点状出血，实质脏器和肌肉变性，肝、肾细胞核内有示病意义的包涵体。

（2）慢性中毒：大脑皮层充血、水肿、软化，星状细胞、小神经胶质细胞增生积聚。实质器官变性，胞核内有包涵体，如肾小管上皮细胞变性、坏死，核内有抗酸性包涵体，肝细胞核内有抗酸性包涵体。

【诊断】可根据病畜有采食含铅饲料、饲草或含铅较高的其他物品的病史，结合临床症状和剖检的病理变化做出诊断。确诊则需要采集发病动物血液、排泄物、毛和死后的脏器送到有关单位检查铅含量。

【防治】

1. 预防　加强环境治理，减少铅矿、铅冶炼厂、铅酸蓄电池生产回收企业工业三废的排放。不要在含铅多的地方放牧，不使用含铅超标的饲槽、饮水器等物品。不乱扔含铅涂料、软膏、油毛毡、旧电池、旧电极板等，防止羊群接触。

2. 治疗　发现中毒后，应停止放牧，找到铅中毒因素，并切断毒源。对急性中毒动物，可应用 1% 硫酸钠或硫酸镁洗胃或灌服，促进胃肠道内的铅排出，并用 10% 葡萄糖酸钙静脉注射；也可用乳酸钙灌服。对慢性病例或急性病例缓解后，可应用依地酸钙钠（CaNa$_2$-EDTA），加入 5% 葡萄糖注射液或葡萄糖生理盐水注射液中稀释成 0.25%~0.5% 的浓度后，缓慢静脉注射，每天 1~2 次，连用 3~4 d，停药 3~4 d 后，可改用青霉胺内服，每次 0.3 g，每天 3 次，连用 5~7 d，停药 2~3 d 后，再进行一个疗程。上述二药配合应用，效果更好。另外，使用 10% 二巯基丙醇油剂，首先按 5 mg/kg 体重肌内注射，每 6 h 一次，第二天剂量减半，第三天以后每天 2 次，7 d 为一个疗程。病畜兴奋不安和腹痛时，可给予水合氯醛或溴制剂静脉注射。为恢复心脏机能，可静脉注射 10% 葡萄糖液。

五、铜中毒

铜中毒是由于铜盐使用不当或被动物误食，或因肝细胞损伤，铜在肝等组织内大量蓄积而引起的急性或慢性中毒。

【病因】

（1）急性原发性铜中毒：通常见于内服超量的硫酸铜溶液，如药浴液、浸蹄液等，以及含铜饲料添加剂搅拌不均匀，而造成采食过多。

（2）慢性原发性铜中毒：见于在铜矿和炼铜厂附近放牧、高压电缆下放牧（据研究，生长在铜制高压电线下的农作物和牧草铜含量比正常农作物和牧草增加40%）。

（3）继发性铜中毒：见于长期饲喂千里光属、蓝蓟属及隐蔽三叶草、天芥菜等。

【症状】

（1）急性铜中毒：采食后数小时至一二天内发病，主要症状为流涎，呕吐，剧烈腹泻、腹痛，粪便带有黏液、血液。粪便因含有铜-叶绿素而呈深绿色或蓝色。病羊肌肉松弛、步态不稳、心动过速、循环衰竭，最后休克死亡。致死率很高，甚至可达100%，常于24 h内死亡。

（2）慢性铜中毒：主要是长期摄入一定量的铜盐蓄积于体内。当肝脏蓄积达到危险量时，铜被释放入血液，可能发生严重溶血。病羊精神沉郁、厌食、腹泻，随着病情的发展表现衰弱无力、发抖、气喘、呼吸困难和休克。黏膜苍白黄染，排血红蛋白尿，有的无尿。

【病理变化】

（1）急性铜中毒：主要呈现胃黏膜脱落、出血，肠道出血，内有深绿色物，混有血液和脱落的肠黏膜，或呈水样。

（2）慢性铜中毒：全身黄染，肾极度肿大，呈暗红色，有出血点。肝稍肿大，呈现黄色，质地较脆。胆囊扩张，胆汁浓稠。

【诊断】根据病羊有摄入大量铜盐的病史，呈现胃肠炎症状，可做出初步诊断。确诊则需采取病羊的血、肝、肾等器官及可疑饲料，送检检测铜的含量。全血正常铜含量为 0.7~1.8 mg/L。如血铜超过此值，可诊断为铜中毒。

【防治】

1. 预防　应用硫酸铜等铜盐喷雾时，要严格掌握剂量，禁止污染牧草；喷洒后应做标记，以提醒放牧人员防止羊只采食。使用药用铜制剂时，要严格按用量；使用铜饲料添加剂时，必须混合均匀，控制喂量。

2. 治疗　发现铜中毒，应立即停喂受到铜污染的草料、饮水及含铜药物等。

（1）急性铜中毒：应立即用 0.2%~0.3% 亚铁氰化钾洗胃或内服 50~300 mL，也可用硫代硫酸钠洗胃，洗胃后灌服氧化镁和鸡蛋清（或豆浆、牛奶等）。摄入时间长的，内服缓泻剂，促进毒物排出，也可用重金属解毒药依地酸钙钠（$CaNa_2-EDTA$）1~2 g，加入 5% 葡萄糖注射液或葡萄糖生理盐水注射液中稀释成 0.25%~0.5% 的浓度后，缓慢静脉注射，每天 1~2 次，连用 3~4 d；或用青霉胺 0.3 g，每天 3~4 次内服。必要时补液、补碱，用可的松制剂。

（2）慢性铜中毒：溶血前期应向饲料中添加钼酸铵和硫酸钠，使用量按每只羊钼酸铵 0.05~0.5 g，硫酸钠 0.3~1 g，每天 1 次，连用 3~6 周。

六、硒中毒

硒是动物机体必需的微量元素之一，但是如果动物采食大量含硒牧草、饲料（硒含量达 3~4 mg/kg，即可引起动物发生急性、慢性中毒）或补硒过多，就会引起硒中毒，出现精神沉郁、呼吸困难、步态蹒跚、跛行、脱毛、脱蹄壳等特征。

【病因】土壤含硒量高导致生长的粮食或牧草含硒量高，动物采食后引起中毒；经常饲喂一些专性聚硒植物，如黄芪属的紫云英（硒量可高达 1000~1500 mg/kg）；为防治硒缺乏症，用亚硒酸钠注射液，饲料添加剂中含硒量过多或混合不均匀等，也可引起中毒。

【症状】

（1）急性硒中毒病：多由单纯摄入多量高硒植物或使用亚硒酸钠过量所致。病羊表现不安，之后则精神沉郁，运动失调，头低耳聋，卧地时因腹痛而回头观腹，臌气，多尿，呼吸困难，运动障碍，可视黏膜发绀，心跳快而弱，往往因呼吸衰竭而死。死前或高声咩叫，鼻孔流出白色泡沫状液体。中毒后一般 1~2 d 内死亡。

（2）亚急性中毒：又叫瞎撞病，主要见于在高硒牧地上短期放牧的羊群。羊食用含硒 10~20 mg/kg 的饲料 7~8 周，也可发病。病羊表现为消瘦、被毛粗乱、视力减弱、羊群盲目乱走、步态蹒跚、有的做转圈运动，以及流涎、流泪、腹痛、吞咽困难，最后因虚脱和呼吸衰竭而死亡。羊只在未出现症状之前可经数周或几个月，一旦症状发作，则可于数日内死亡。

（3）慢性中毒：又名碱病，多是由长期采食含硒 5~10 mg/kg 的牧草或饲料所致。病羊表现为消化不良，逐渐消瘦，贫血，反应迟钝，缺乏活力，被毛粗乱。此外，妊娠母羊慢性硒中毒还可影响胚胎发育，造成胎儿畸形及新生羔羊死亡率升高。

【病理变化】

（1）急性中毒：全身出血，肺充血、水肿。腹腔积液，肝肾变性。气管内充满大量白色泡沫状液体。

（2）亚急性、慢性中毒：肝萎缩、坏死和硬化，脾肿大并有局灶性出血区，脑组织充血、出血、水肿和软化。病理组织学检查，表现为组织细胞变性、坏死，细胞核变形，毛细血管扩张充血，充满大量红色均染物质。心肌变性。肝中央静脉与肝窦隙扩张，甚至破裂、出血，并出现局灶性坏死。肾球毛细血管扩张、充血，肾小管上皮变性坏死。

【诊断】该病可根据放牧情况（如在富硒地区放牧或采食富硒植物）及有硒剂治疗史，再结合临床症状、病理变化及血液中红细胞（RBC）及血红蛋白（Hb）下降等，做出初步诊断。此外，血硒含量高于 $0.21\mu g/g$，也可作为硒中毒的早期诊断指标。

【防治】

1. 预防 尽量不在高硒区放牧，避免采食富硒植物（含硒量大于 5 mg/kg 即有中毒危险）；高硒牧场中，应在土壤加入氯化钡并多施酸性肥料，以减少植物对硒的吸收；在富硒地区，增加动物日粮中蛋白质、硫酸盐、砷酸盐等含量，以促进动物对硒的排出；在缺硒地区用亚硒酸钠或含硒添加剂时，计算要准确，严格按照要求使用，避免用量过大或搅拌不匀引起中毒。

2. 治疗 发现硒中毒后，应立即查找病因，采取措施控制羊群硒的摄入。治疗急性硒中毒尚无特效疗法，可用 10%~20% 的硫代硫酸钠，按 0.5 mL/kg 体重静脉注射有一定效果。对羊亚急性和慢性中毒，可增加高蛋白饲料的含量，同时在饲料中添加亚砷酸钠按 5 mg/kg 混饲，或添加对氨基苯砷酸按 10 mg/kg 混饲。

第四节　药物中毒

一、伊维菌素类药物中毒

伊维菌素类药物是一类新型广谱抗寄生虫药物，具有广谱、高效和低毒等优点，主要有伊维菌素（即伊维菌素 B_1）和阿维菌素（即阿维菌素 B_1 或爱比菌素）。该类药物对动物体内的线虫、体外的节肢动物均有高效驱杀作用。

【病因】伊维菌素类药物对动物的安全范围较大，按规定剂量使用不易引起动物中毒，但超大量或连续、长期使用可引起各种动物中毒，甚至死亡。阿维菌素比伊维菌素的毒性高。

【症状】表现短暂的注射部位疼痛反应，于用药后 3 h 内出现中毒反应。轻的表现为精神沉郁、步态蹒跚、轻度共济失调，约经 1 d 后症状缓解，一般停药后 3 d 可恢复正常。严重的表现为精神沉郁、头低耳聋、倚靠柱栏、四肢交叉、步态蹒跚、共济失调，最后倒地死亡。

【病理变化】尸体剖检仅见胃肠道出血和充血，脊髓腔内有血液。食管组织中嗜酸性细胞增多性水肿、食管炎等。

【诊断】可根据患羊有使用过或多次、长期、大剂量使用过伊维菌素类药物的病史，用药后很快出现神经抑制症状，严重者出现昏迷、死亡等中毒症状，以及出现相应的病理变化等，做出初步诊断。必要时，可用同类同龄动物做发病试验。

【防治】

1. 预防 羊使用伊维菌素类药物驱虫时要严格控制用药量，采用正确的给药途径（内服或皮下注射，禁止肌内和静脉注射）给药，内服混饲给药时要混匀。

2. 治疗 发现不良反应，立即停药，可用 5%~10% 葡萄糖或生理盐水静脉注射 250~500 mL，并采用对症疗法，以兴奋中枢神经功能、恢复肌张力为主。

二、四环素类药物中毒

四环素类药物有多四环素、土霉素、金霉素、强力霉素、去甲金霉素、甲烯土霉素、二甲胺四环素等，其中以前两者较为常用。四环素类药物毒性较低，应用后一般不易发生副作用，但如使用不当，也可引起中毒。

【病因】一次用药剂量过大，长时间连续用药，或患羊肾功能不全时，均可引起中毒。强力霉素的毒性最小。

【症状】精神沉郁，食欲减退或废绝，鼻镜干燥；反刍停止，瘤胃蠕动减弱，轻微腹痛。有时出现神经症状。

【病理变化】胃底部、盲肠、结肠黏膜出血、坏死、脱落；肝脏瘀血、肿大、质地脆弱；脾脏被膜下血肿；肾脏肿胀出血；心内外膜有出血点，心肌松软。血液呈暗红色，不易凝固。

【诊断】根据患羊有使用过或超量使用过四环素类药物的病史，结合出现上述症状、病理变化，一般可做出诊断。必要时可用同类同龄动物做发病试验。

【防治】

1. 预防　严格掌握用药剂量和用药时间，不能超剂量用药或长时间连续用药。对于较长时间用药的患羊，应补充适量维生素 B 制剂。对于成年羊，应尽量避免内服四环素类药物。

2. 治疗　发现四环素类药物中毒，应立即停止用药或停喂拌药饲料，立即使用 1%~2% 碳酸氢钠溶液 200~500 mL 灌服。中毒严重的可用 5% 葡萄糖氯化钠注射液 250 mL 配合三磷酸腺苷、辅酶 A 和细胞色素 C 静脉注射，或用 5% 葡萄糖注射液 250 mL 加小苏打 50~80 mL 静脉注射。对于有过敏反应的病羊，可应用苯海拉明内服，羊每次 0.08~0.12 g，或使用 0.1% 盐酸肾上腺素 1 mL 皮下注射，配合应用 20% 安钠咖注射液 2~5 mL 肌内注射。

三、三氮脒中毒

三氮脒又名贝尼尔，化学名为 4，4-二脒基重氮氨基苯二醋尿酸，是治疗动物附红细胞体病、梨形虫、锥虫病、边虫等病的有效药物。三氮脒的安全范围较小，动物使用不当容易发生中毒。

【病因】三氮脒用药量过大或连续用药、间隔时间太短等，均易发生中毒，甚至死亡。体质较差者，用治疗量也会出现毒性反应。三氮脒肌内注射对局部有刺激。

【症状】

（1）轻者：初期注射部位疼痛，兴奋不安，反转为沉郁，而后逐渐恢复正常。注射部位的肿胀、疼痛，几天后才能恢复。

（2）稍重者：厌食，流涎，流泪，心跳、呼吸稍快；腹痛不安，频繁排尿，排粪，肌肉轻微震颤。停药几天或是几天后才能恢复。

（3）重症者：初期食欲废绝，口吐白沫，呼吸困难，剧烈腹痛、腹泻，全身肌肉震颤。瘤胃臌气，很快出现精神沉郁、结膜发绀、卧地不起。强烈腹痛，腹泻带血，体温下降，最后死亡。

【病理变化】剖检可见注射部位肌肉炎性肿胀，甚至坏死。鼻腔、气管、支气管内有白色泡沫状分泌物，心、肺、肝、脂肪变性。胃肠道有不同程度的炎症，甚至有出血性病变等。

【诊断】根据病羊有过量或连续使用三氮脒的病史，及用药后出现的症状，不难做出诊断。

【防治】使用三氮脒治疗时，应尽量准确估计体重，根据体重、体质正确计算用量，严格掌握用药剂量、方法、次数、间隔时间等，以免引起中毒。为减少局部刺激，应分点深部肌内注射。给药后，应注意观察，发现毒性反应立即停药，一般于几天或十几天内可自行恢复。中毒严重者，应立即注射阿托品抢救，同时注意对症治疗，加强护理，促进康复。

四、硝氯酚中毒

硝氯酚又名拜耳-9015，是国内外广泛应用的抗牛羊肝片吸虫药，具有高效、低毒的特点，在我国已代替四氯化碳、六氯乙烷等传统治疗药而用于临床。硝氯酚能抑制虫体琥珀酸脱氢酶，从而影响肝片吸虫能量而发挥作用。

【病因】硝氯酚的推荐内服剂量是 3~4 mg/kg 体重。据报道，羊如果按 6 mg/kg 体重内服使用即可出现不良反应。硝氯酚的中毒剂量与正常使用剂量比较接近，如果对羊使用不当，盲目加大剂量即可出现中毒反应。

【症状】病羊表现为精神沉郁，食欲降低或废绝，呼吸急促，心跳加快，体温升高，流涎，腹痛。严重者，步态蹒跚、呼吸困难、四肢无力、叉开站立、黏膜发绀、肌肉震颤或强直性痉挛，倒地死亡。

【病理变化】病检可见肺出血、肝脏瘀血、小肠出血、膀胱充盈等。

【诊断】根据病羊有过量使用过硝氯酚的病史，及用药后出现的症状，不难做出诊断。

【防治】

1. 预防　羊使用硝氯酚进行驱虫时，要严格按照推荐剂量使用，忌随意加大剂量。

2. 治疗　该病尚无特效解毒药，大剂量内服后可服用食醋或酸性水，以降低硝氯酚的溶解度，并用硫酸钠促进其排出体外。主要采取对症及辅助治疗措施，可选用安钠咖、毒毛旋花子苷K、维生素 C 等。禁用钙制剂。

五、磺胺类药物中毒

磺胺类药物能抑制大多数革兰氏阳性和革兰氏阴性细菌，以及某些放线菌、螺旋菌、原虫等。兽用磺胺类药物可分为两类。一类是肠道内不易吸收的磺胺类药物，如磺胺脒、酞磺胺噻唑、琥珀酰磺胺噻唑等，这类药物主要用于治疗肠道感染，一般不易引起中毒。另一类是肠道内易吸收的磺胺类药物，如磺胺噻唑、磺胺嘧啶、磺胺异噁唑、磺胺甲基异噁唑等，这类药物可用于治疗全身感染，如使用不当可引起中毒。

【病因】该病主要病因是为了治疗疾病，没有严格按照要求而长期或大剂量使用磺胺类药物，不能及时排出体外，造成磺胺类药物蓄积而中毒。

【症状】

（1）急性中毒：多见于大剂量静脉注射用药时或大剂量内服用药后。病羊表现为不安，摇头，肌肉震颤，站立不稳，瞳孔散大，心动疾速，呼吸加快，浑身出汗，四肢冰凉，抢救不及时常常引起死亡。

（2）慢性中毒：多见于用药时间超过一周的羊。常见尿急、尿少、尿闭、血尿、排尿疼痛，尿沉渣中有磺胺结晶。精神沉郁，感觉过敏，走路摇晃，多发性神经炎。食欲不振，呕吐，腹痛，腹泻，粪便带有血液，黏膜黄染，肝功能障碍。血液颗粒细胞减少，急性或亚急性溶血性贫血、再生障碍性贫血、血小板减少性紫癜。可出现过敏反应：病羊体温升高，出现皮疹、荨麻疹、皮炎和嗜酸性粒细胞增多症。

【病理变化】皮下、肌肉有出血斑点，心脏内外膜有出血斑点，心包、胸腹腔积有多量淡红色液体。脾肿大。肝肿大，有出血斑点，呈紫红色或黄褐色、黄色。肾肿大，呈土黄色或苍白色，有出血斑点。输尿管变粗，有白色尿酸盐。胃、小肠黏膜菲薄，有出血斑点。

【诊断】病羊有使用过磺胺类药物的病史，结合临床症状和病理变化可以做出初步诊断。确诊则需要采取病料，测定肌肉、肾、肝中的磺胺类药物的含量，若超过 20 mg/kg，即可诊断为磺胺类药物中毒。

【防治】

1. 预防　应用磺胺类药物时应严格按照说明剂量与疗程使用，连续用药一般不要超过 5 d，选用疗效高、作用强、溶解度大、乙酰化率低的磺胺类药；在应用磺胺类药物治疗全身感染时，应提供充足的饮水，同时在饮水中加入等量的碳酸氢钠，使尿液碱化，增加磺胺类药物在尿液中的溶解度，以免结晶析出破坏尿路；应用磺胺类药物时，应加在大量的 5% 葡萄糖溶液中，缓慢静脉滴注。

2. 治疗 发现磺胺类药物中毒时应立即停止用药，改用其他抗生素类药物。出现少尿、血尿或结晶尿时，用碳酸氢钠口服或用 5% 碳酸氢钠溶液静脉注射；为促进血液内的药物尽快排出，可大量饮水或用复方氯化钠、5% 葡萄糖注射液静脉注射。如呼吸困难、黏膜发绀严重的，可应用 1% 亚甲蓝注射液按 1 mL/kg 体重，加入 25% 葡萄糖注射液中缓慢静脉注射；也可用维生素 C，加入 50% 葡萄糖注射液中静脉注射，以解除高铁血红蛋白症。

第十一章　羊的内科病

一、口炎

口炎是口腔黏膜炎症的总称，包括腭炎、齿龈炎、舌炎、唇炎等。临床上以流涎、采食、咀嚼障碍为特征。口炎按其炎症性质，可分为卡他性口炎、水疱性口炎、溃疡性口炎、脓疱性口炎、蜂窝织炎性口炎、丘疹性口炎等，其中以卡他性口炎、水疱性口炎和溃疡性口炎较为常见。口炎各种家畜均可发生，但羊发生口炎的情况较马、牛少见。

【病因】引起羊发生口炎的因素很多，主要有以下因素。

1. 非生物因素　①采食粗硬、有芒刺或刚毛的饲料，如出穗成熟的大麦、狗尾草、甘蔗、毛叶尖等，或者饲料中混有玻璃、铁丝、鱼刺、尖锐骨头，以及不正确地使用口衔、开口器或锐齿直接损伤口腔黏膜；②幼龄家畜乳齿长出期和换齿期，引起齿龈及周围组织发炎；③抢食过热的饲料或灌服过热的药液；④采食冰冻饲料或霉败饲料；⑤采食有毒植物（如毛茛、白头翁、发芽的马铃薯等）后，亦可发生；⑥不适当地口服刺激性、腐蚀性药物（如水合氯醛、稀盐酸等），或长期服用汞、砷和碘制剂等，均可导致口炎的发生。

2. 生物因素　主要是包括口腔不洁，被细菌、病毒或真菌感染。①链球菌、葡萄球菌、螺旋体、坏死杆菌等细菌感染；②感染传染性脓疱、口蹄疫、羊痘等病毒病；③采食了带有锈病菌、黑穗病菌等的饲料。

3. 继发因素　继发于咽炎、唾液腺炎、前胃疾病、胃炎、肝炎，以及某些维生素缺乏症（如维生素 A 缺乏）等。

【症状】任何一种类型的口炎，都具有采食、咀嚼缓慢甚至不敢咀嚼，只采食柔软饲料，而拒食粗硬饲料；流涎，口角附有白色泡沫；口黏膜潮红、肿胀、疼痛、口温增高等共同症状。每种类型的口炎还有其特有的临床特征。

（1）卡他性口炎：口黏膜弥漫性或斑块状潮红，硬腭肿胀；唇部黏膜的黏液腺阻塞时，则有散在的小结节和烂斑；当有植物芒或刚毛所致的病例，在口腔内的不同部位形成大小不等的丘疹，其顶端呈针头大的黑点，触之坚实、敏感；舌苔为灰白色或草绿色。重剧病例，唇、齿龈、颊部、腭部黏膜肿胀甚至发生糜烂，大量流涎。

（2）水疱性口炎：在唇部、颊部、腭部、齿龈、舌面的黏膜上有散在或密集的粟粒大至蚕豆大的透明水疱，2~4 d 后水疱破溃形成鲜红色烂斑。间或有轻微的体温升高。

（3）溃疡性口炎：口腔黏膜发生糜烂、坏死、溃疡，流出混有血液的污秽不洁的唾液，有恶臭味。病重者，体温升高。

【防治】防治的原则是消除病因，加强护理，净化口腔，收敛和消炎。

（1）消除病因：如摘除刺入口腔黏膜中的麦芒，剪断并锉平过长齿等；细菌、病毒及真菌引起要使用相应的药物进行治疗；是继发因素引起的，在治疗口炎时要注意控制原发病。

（2）加强护理：给予病羊营养丰富的青绿饲料，优质的干草和麸皮粥。对于不能采食或咀嚼的，应及时补糖输液，或者经胃导管给予流质食物。

（3）净化口腔、消炎、收敛：可用 1% 食盐水或 2% 硼酸溶液，0.1% 高锰酸钾溶液洗涤口腔；不断流涎时，则用 1% 明矾溶液或 1% 鞣酸溶液、0.1% 氯化苯甲烃铵溶液、0.1% 黄色素溶液冲洗口腔。溃疡性口炎，病变部可涂擦 10% 硝酸银溶液后，用灭菌生理盐水充分洗涤，再涂擦碘酊甘油（5% 碘酊 1 份、甘油 9 份）或 2% 硼酸甘油于患部，并肌内注射核黄素和维生素 C。重剧口炎，除口腔局部护理外，还应使用磺胺类药物或抗生素。

二、咽炎

咽炎是咽黏膜、黏膜下组织和淋巴组织的炎症。按其炎症性质，可分为卡他性咽炎、格鲁布性咽炎和化脓性咽炎。

【病因】原发性咽炎的病因有：①采食粗硬的饲料或霉败的饲料；②采食过冷或过热的饲料，或者受刺激性强的药物、强烈的烟雾、刺激性气体的刺激和损伤；③受寒或过劳时，机体抵抗力降低，防卫能力减弱，受到链球菌、大肠杆菌、巴氏杆菌、沙门氏菌、葡萄球菌、坏死杆菌等条件性致病菌的侵害。继发性咽炎，常继发于口炎、鼻炎、喉炎、炭疽、巴氏杆菌病、口蹄疫等疾病。

【症状】任何一种类型的咽炎，都具有不同程度的头颈伸展，吞咽困难，流涎；当炎症波及喉时，病畜咳嗽；触诊咽喉部，病畜敏感。但各种类型的咽炎还有其特有的症状。

（1）卡他性咽炎：病情发展缓慢，最初不引起人们的注意，经 3~4 d 后，头颈伸展、吞咽困难等症状逐渐明显。全身症状一般较轻，咽部视诊可见黏膜、扁桃体潮红、轻度肿胀。

（2）格鲁布性咽炎：起病较急，体温升高，精神沉郁，厌忌采食，颌下淋巴结肿胀，鼻液中混有灰白色伪膜；咽部视诊，扁桃体红肿，咽部黏膜表面覆盖有灰白色伪膜，将伪膜剥离后，见黏膜充血、肿胀，有的可见溃疡。

（3）化脓性咽炎：病畜咽痛拒食，高热，精神沉郁，脉率增快，呼吸急促，鼻孔流出脓性鼻液。咽部黏膜肿胀、充血，有黄白色脓点和较大的黄白色突起；扁桃体肿大、充血，并有黄白色脓点。血液检查：白细胞数增多，中性粒细胞显著增加，核型左移。咽部涂片检查可发现大量的葡萄球菌、链球菌等化脓性细菌。

【防治】

1. 预防　搞好平时的饲养管理工作，注意饲料的质量和调制；搞好圈舍卫生，防止受寒、过劳，增强防卫机能；对于咽部临近器官炎症应及时治疗，防止炎症的蔓延；应用诊断与治疗器械如胃管及采 OP 液（食道-咽部分泌物的缩写）的器械时，操作应细心，避免损伤咽黏膜。

2. 治疗　治疗原则是加强护理，抗菌消炎，利咽喉。

（1）加强护理：停喂粗硬饲料，给予青草、优质青干草、多汁易消化饲料和麸皮粥；对于咽痛拒食的羊只，应及时补糖输液，种羊还可静脉输给氨基酸；同时注意保持畜舍卫生、干燥。

（2）抗菌消炎：青霉素为首选抗生素，并与磺胺类药物或其他抗生素如土霉素、强力霉素、链霉素、庆大霉素等联合应用；适时应用解热止痛剂，如水杨酸钠或安乃近、氨基比林；酌情使用肾上腺素皮质激素，如可的松。

（3）局部处理：病初，咽喉部先冷敷，后热敷，每天 3~4次，每次 20~30 min；也可涂抹樟脑、酒精或鱼石脂软膏。同时，用复方新诺明 10~15 g、碳酸氢钠 10 g、碘喉片（或杜灭芬喉片）10~15 g，研磨混合后装于布袋，衔于病畜口内；也可用碘酊甘油涂布于咽黏膜。

（4）封闭疗法：用 0.25% 普鲁卡因注射液 20 mL 稀释40 万~80 万 u，进行咽喉部封闭。

三、唾液腺炎

唾液腺炎是腮腺、颌下腺和舌下腺的炎症总称，包括腮腺炎、颌下腺炎和舌下腺炎。其中以腮腺炎多见，其次为颌下腺炎，舌下腺炎极少见。

【病因】原发性唾液腺炎是饲料刺芒或尖锐异物腮腺管（或颌下腺管、舌下腺导管），并受到附着的病原微生物的侵害而引起的；山羊的唾液腺炎往往由于一种球菌和病毒侵害而呈地方性流行。继发性唾液腺炎，常继发于口炎、咽炎、唾液腺管结石、维生素 A 缺乏症等疾病。

【症状】唾液腺炎表现为流涎，头颈伸展或歪斜，采食、咀嚼和吞咽障碍，腺体局部肿胀、增温、疼痛等共同症状。但是不同类型也有各自特有的临床症状。

（1）腮腺炎：出现急性腮腺炎时，病羊单侧或双侧腮腺部位及其周围肿胀、增温、疼痛，腮腺管口红肿。出现化脓性腮腺炎时，病羊肿胀部增温，触诊有波动感，并有脓液从腮腺管口流出，口腔放恶臭气味；严重的化脓性腮腺炎还波及颊、口腔底壁及颈部，病畜体温升高；血液学检查则白细胞数增多。慢性腮腺炎时，临床症状不明显，触诊肿胀部硬固。

（2）颌下腺炎：颌下腺肿胀、增温、疼痛，舌下肉阜红肿。当腺体化脓时，触压舌尖旁侧、口腔底壁的颌下腺管时，有脓液流出，口腔恶臭。

（3）舌下腺炎：口腔底部和舌下皱襞红肿，颌下间隙肿胀、增温疼痛，腺叶突出于舌下两侧黏膜表面，最后化脓并溃烂，口腔恶臭。

【诊断】根据唾液腺的解剖部位和临床症状，结合病史调查和病因分析，可做出诊断。但须与咽炎、腮腺下淋巴结炎和皮下蜂窝织炎等疾病进行鉴别诊断。

【防治】病的初期着重消炎，肿胀部的皮肤用 5% 乙醇温敷后，涂擦碘软膏或鱼石脂软膏；并应用抗生素或磺胺类药物等抗菌药物。如已化脓，应切开排脓，用 3% 过氧化氢或 0.1% 高锰酸钾溶液冲洗脓腔，并注射抗生素。此外应注意护理，畜圈要清洁、通风，给予易消化而富有营养的饲料。

四、前胃弛缓

前胃弛缓是由各种病因导致前胃神经兴奋性降低，肌肉收缩力减弱，前胃内容物停滞，引起消化功能障碍甚至全身功能紊乱的一种疾病。其临床表现为食欲下降，瘤胃蠕动减弱或停止，缺乏反刍和嗳气。前胃弛缓不是一个独立的疾病，而是一组综合症状；多见于冬末春初和舍饲羊群，山羊比绵羊多发。

【病因】

（1）饲养不当：如草料单一，缺乏营养，突然换料，精料过多，饲料过粗、过细、冰冻、发霉，饮用污水等。

（2）管理不善：见于过度拥挤，长途运输，遭受风寒暑湿侵袭，吞食异物（如塑料袋）等。

（3）用药不当：多见于长期大量服用广谱抗菌药物，造成瘤胃菌群紊乱。资料报道，链霉素、磺胺类药物对瘤胃菌群影响较小。

（4）继发性因素：继发于消化器官疾病（如瘤胃积食、创伤性网胃腹膜炎、瓣胃阻塞、皱胃阻塞、肠便秘、肠炎）、影响代谢病（如骨软病、妊娠毒血症、生产瘫痪）、传染病（如羊痘、口蹄疫、巴氏杆菌病）、寄生虫病（梨形虫病、捻转血矛线虫病、肝片吸虫病、球虫病），以及感冒、热性病等全身性疾病。

【症状】病羊食欲下降，瘤胃蠕动减弱或停止，缺乏反刍和嗳气，瘤胃内容物黏硬，间歇性臌气，便秘或腹泻，粪便内含有未消化的饲料。由于缺乏典型的临床症状，应排除瘤胃积食、瘤胃臌气、瓣胃阻塞、创伤性网胃腹膜炎等前胃病之后才可确诊。

（1）急性前胃弛缓：病羊多呈急性消化不良，精神沉郁，食欲减少或废绝，反刍减少或停止，时而嗳气，但气味酸臭，瘤胃收缩力减弱，瘤胃蠕动音低沉，蠕动次数减少，瘤胃内容物充满、黏硬或呈粥状，粪球粗糙，附有黏液，全身症状一般较轻。由变质饲料引起者，还可发生瘤胃臌气和腹泻。

（2）继发症状：如果引发前胃炎、肠炎或自体中毒时，症状较重，精神高度沉郁，体温下降，食欲废绝，反刍停止，排出大量褐色糊状粪便，有时为水样，气味恶臭，眼球下陷，黏膜发绀，不久死亡。

（3）慢性前胃弛缓：病羊多呈现食欲减退，异嗜（长期营养缺乏，或由营养代谢病、寄生虫病导致），反刍、嗳气减少，瘤胃触诊时内容物黏硬，但不过度充满，瘤胃蠕动因减弱，发生间歇性臌气。病情时好时坏，体质衰弱，日渐消瘦，常因严重贫血和衰竭而死亡。

【诊断】该病多发生于饲养管理粗放或用药不当的羊，或继发于伴有前胃功能障碍的疾病，瘤胃液 pH 值下降，瘤胃纤毛虫数量减少，活力减弱，糖发酵能力降低，结合临床症状可判定。

【防治】

1. 预防 加强饲养管理，提供充足的蛋白质、糖类、矿物质、维生素和微量元素，备足全年草料，合理调配饲料，不喂给过粗、过细、冰冻或发霉的饲料，提供良好的环境条件，加强运动，积极治疗原发病。

2. 治疗 治疗原则是除去病因，防腐制酵，兴奋瘤胃蠕动，调整前胃功能。根据发病实际情况，可分别采取以下方案对症治疗。

（1）病初禁食 1~2 d，按摩瘤胃。用氯化氨甲酰胆碱注射液（比赛可灵）0.05~ 0.08 mg/kg 体重，或甲基硫酸新斯的明注射液 2~ 5 mg/次，或毛果芸香碱注射液 5~10 mg，皮下注射，每天 1~

3 次，连用 2~3 d。病羊心力衰竭和妊娠时不用。

（2）液体石蜡 50~100 mL，或芒硝（也可用硫酸镁或人工盐，反刍动物泻下一般不用盐类泻剂）1 g/kg 体重，加水配成 5% 溶液，灌服。

用 10% 氯化钠注射液 30 mL，5% 氯化钙注射液 20 mL，10% 安钠咖注射液 10 mL，静脉注射。

（3）适用于吃精料过多的病羊。

1）温水 5~10 L，洗胃。

2）鱼石脂乙醇溶液（鱼石脂 1~5 g，75% 乙醇 2~10 mL，温水加至 500~1000 mL）500~1000 mL，灌服。或小苏打 5~15 g，加温水至 500~1000 mL，灌服。

3）盐酸甲氧氯普胺注射液（胃复安）0.1~0.3 mg/kg 体重，皮下或肌内注射，每天 1~2 次，连用 3 d。

（4）适用于慢性病羊。

1）生理盐水 1500~1900 mL，灌服。甘油 20~30 mL，维 D_2 磷酸氢钙片 30~60 片，干酵母片 30~60 g，健胃散 30~60 g，加水灌服，每天 2 次，连用 3~5 d。

2）20% 葡萄糖注射液 500 mL，10% 安钠咖注射液 10 mL，5% 维生素 B_1 注射液 2~5 mL，静脉注射，每天 1~2 次，连用 3 d。

（5）四君子汤加减：党参 100 g，白术 75 g，茯苓 75 g，甘草（炙）25 g，陈皮 40 g，黄芪 50 g，当归 50 g，大枣 200 g。以上药物混合，每次 60~90 g，共研为细末，开水冲服，每天 1 次，连用 2~3 剂。

五、瘤胃臌气

瘤胃臌气，又称瘤胃臌胀，是由于前胃神经反应性降低，肌肉收缩力减弱，采食了大量易发酵的饲料，在瘤胃内微生物的作用下异常发酵，产生大量气体，引起瘤胃和网胃急剧膨胀，导致呼吸与循环障碍，发生窒息现象的一种疾病。临床上以呼吸极度困难，反刍、嗳气障碍，腹围急剧增大，腹痛等症状为特征。多发于牧草生长旺盛的季节，或采食较多谷物类饲料的羊群。

【病因】

1. 泡沫性瘤胃臌气 羊采食了大量幼嫩多汁的豆科植物，如苜蓿、三叶草、紫云英、花生蔓叶，或采食较多的谷物类饲料，如玉米粉、小麦粉等。

2. 非泡沫性瘤胃臌气 羊采食了幼嫩多汁的青草、堆积发热的青草，或采食了被雨淋、水泡、冰冻及发霉的饲料。

3. 继发性瘤胃臌气 见于食道阻塞、食道狭窄、前胃弛缓、创伤性网胃腹膜炎、瓣胃阻塞、迷走神经性消化不良、某些中毒等病程中，因瘤胃气体排出障碍引发。

【症状】

1. 急性瘤胃臌气 羊发病快而急，在采食易发酵饲料过程中或采食后不久发生。病羊不安，回头顾腹，发吭声。腹围明显增大，左肷部凸出，严重时右肷部也凸出，甚至高过背中线，腹部触诊瘤胃壁扩张，腹壁紧张有弹性，偶有肩背部皮下气肿，按压有捻发音，瘤胃内容物不黏硬，腹部叩诊呈鼓音。腹痛明显，病羊频繁起卧，甚至打滚、吼叫，最后倒地呻吟。后期精神极度沉郁，不断排尿，运动失调，倒地，呻吟，全身痉挛，甚至死亡。采食废绝，反刍、嗳气、瘤胃蠕动次数病初暂时性增加，之后减少或停止。口中喷出粥状瘤胃内容物；呼吸极度困难，张口呼吸，伸舌流涎，头颈伸展，前肢开张，眼球震颤或突出，结膜充血，而后发绀，心率亢进，脉搏增数，静脉努张、瘀滞。

2. 慢性瘤胃臌气 一般发生缓慢，发作时食欲减退，腹部膨大，左肷部凸出，但程度较轻，有时出现周期性瘤胃臌气（多在采食后发作，然后缓解），反刍、嗳气减少、正常或停止，瘤胃蠕动一般减弱，便秘或腹泻，逐渐消瘦，衰弱。

【诊断】根据发病症状和有大量采食幼嫩多汁的青绿植物，冰冻、发霉的饲料，以及谷物类精料的病史，或继发于瘤胃气体排出障碍的疾病，可以做出诊断。

【防治】

1. 预防　限制饲喂易发酵牧草。在牧草丰盛的夏季，可在放牧前先喂给适量青干草或稻草，以免放牧时过食青草，特别是大量易发酵的青绿饲料而发病。积极治疗食道阻塞等原发病。可用油和聚氧乙烯或聚氧化丙烯（为非离子性的表面活性剂），在放牧前内服或混饮，预防泡沫性瘤胃臌气。

2. 治疗　治疗原则是排气减压，止酵消沫，健胃消导，对症治疗，根据发病实际情况，可分别采取以下方案针对治疗。

（1）适用于早期轻度、非泡沫性瘤胃臌气。

液体石蜡 100~200 mL（或植物油 50~100 mL），胃复安片 0.1~0.3 mg/kg 体重，来苏尔 2~5 mL，加水 200~400 mL，灌服。

瘤胃按摩：在瘤胃部反复进行徐缓而深入的按压，使气泡融合而排出。

诱发嗳气：口衔春棍，上坡运动。

（2）胃管疗法：羊站立保定，保持前高后低姿势，佩戴开口器，经口插入胃管，放出气体，若放不出气体，可调整胃管深浅。主要用于非泡沫性的瘤胃臌气。

消胀片 20~30 片，鱼石脂乙醇溶液（鱼石脂 1~5 g，75% 乙醇 2~10 mL，温水加至 200~400 mL）200~400 mL，胃管灌服。

氯化氨甲酰胆碱注射液（比赛可灵）0.05~0.08 mg/kg 体重，或甲基硫酸新斯的明注射液 2~5 mg/次，或毛果芸香碱注射液 5~10 mg，皮下注射，每天 1~3 次。

（3）瘤胃穿刺放气：病羊站立或右侧横卧保定，在左侧䏤窝中央，或髋结节到最后肋骨连线中点进行穿刺和间歇性放气。由于本法对腹壁及瘤胃壁有极大损伤，应在情况危急时采用。

用二甲硅油 1~2 mL（或松节油 3~10 mL），氧化镁或氢氧化镁 5~10 g，福尔马林 1~5 mL，温水 100~150 mL，注入瘤胃。

（4）手术疗法：上述方法无效时，可进行瘤胃切开术，彻底清除瘤胃内容物，并接种健康羊的瘤胃内容物（切记不可使腹压下降过快）。

（5）顺气散：莱菔子（炒）90 g，枳壳 30 g，大黄 60 g，芒硝 120 g，香附 24 g，川朴 24 g，青皮 30 g，木通 18 g，滑石 45 g，共研为细末，分成 6 份，每次 1 份，加水灌服，每天 1~2 次，连用 3~6 d。

（6）香砂六君子汤加减：党参、白术、茯苓、青皮、陈皮、木香、砂仁、莱菔子、甘草各 30~45 g，共研为细末，分成 6 份，每次 1 份，加水灌服，每天 1~2 次，连用 3~6 d。

六、瘤胃积食

瘤胃积食又称急性瘤胃扩张，是反刍动物贪食大量粗纤维饲料或容易膨胀的饲料引起瘤胃扩张，瘤胃容积增大，内容物停滞和阻塞，以及整个前胃功能障碍，形成脱水和毒血症的一种严重疾病。临床症状为瘤胃体积增大，触诊坚硬，发生腹痛，反刍和嗳气停止，瘤胃蠕动减弱或停止。多见于舍饲和体质瘦弱的老龄母羊。在兽医临床上，通常把过量采食粗饲料引起的称为瘤胃积食，把过量采食糖类精料引起的称为瘤胃酸中毒。

【病因】长期饲喂过量干硬粗饲料、蔓藤类青饲料，以及食入塑料袋等异物，或过度饥饿，一次采食过多，饮水不足或饮用冷水，饱食后立即运动，运输、长期舍饲、羊过肥、妊娠后期等，均可引发该病；可继发于前胃弛缓、瓣胃阻塞、创伤性网胃炎、皱胃阻塞等疾病。

【症状】病羊精神沉郁，食欲减退或废绝，反刍迟缓或停止，眼结膜充血、发绀，背腰拱起，顾腹、踢腹，摇尾呻吟，下腹部轻度膨大，触诊瘤胃内容物充满而黏硬，按压呈捏粉状，抗拒检查，叩诊呈浊音，呼吸迫促，排粪迟滞，干燥色暗，有时排少量恶臭的粪便，偶尔可见继发肠膨胀。严重病羊脱水明显，红细胞压积增高，步态不稳，四肢颤抖，心律不齐，全身衰竭，卧地不起。

【病理变化】瘤胃过度扩张，内含有气体和大量腐败内容物，胃黏膜潮红，有散在出血斑点，瓣胃叶片坏死，实质脏器瘀血。

【防治】

1. 预防　加强饲养管理，防止饥饿过食，避免突然更换饲料，粗饲料和蔓藤类青饲料应加工后再喂，注意饮水和适当运动。

2. 治疗　根据发病实际情况，可分别采取以下方案对症治疗。

（1）禁食 1~2 d，瘤胃按摩。液体石蜡 300~500 mL，鱼石脂 4 g，乙醇 20 mL，苦味酊 60 mL，温水 500 mL，一次灌服，每天 1 次，连用 2~3 d。

（2）氯化氨甲酰胆碱注射液（比赛可灵）0.05~0.08 mg/kg 体重，或甲基硫酸新斯的明注射液 2~5 mg/次，或毛果芸香碱注射液 5~10 mg，皮下注射，每天 1~3 次，连用 2~3 d。病羊心力衰竭和妊娠时不用。

（3）瘤胃内容物腐败发酵，可插入粗胃管，用 0.1% 高锰酸钾溶液或 1% 碳酸氢钠溶液 5~10 mg/kg 体重；5% 碳酸氢钠溶液 100~200 mL。每天 1 次，连用 2~3 d。

（4）10% 葡萄糖注射液 500 mL，10% 葡萄糖酸钙注射液 10~50 mL，10% 安钠咖注射液 10 mL；或 5% 葡萄糖生理盐水 500~1000 mL，维生素 B_1 注射液 5~10 mg/kg 体重；或 5% 碳酸氢钠溶液 100~200 mL。每天 1 次，连用 2~3 d。

（5）健胃散加减：陈皮 9 g，枳实 9 g，枳壳 6 g，神曲 9 g，厚朴 6 g，山楂 9 g，槟榔 3 g，莱菔子 9 g，上述药物混合水煎去渣，候温灌服，每天 2 次，连用 3 d。

重症而顽固的病例，经上述措施无效时，可实行瘤胃切开术，取出瘤胃积滞的内容物，术后注意加强护理、抗菌消炎等。

七、创伤性网胃腹膜炎

创伤性网胃腹膜炎又称金属器具病或创伤性消化不良，是由于石油与金属异物混杂在饲料中被羊误食后，导致网胃和腹膜发生损伤及炎症的一种疾病。临床特征是顽固性前胃弛缓和网胃区敏感疼痛。多见于奶山羊，也可发生于绵羊。

【病因】

1. 饲养管理因素　如饲料混入金属异物，饲料过于坚硬（如豆秸）等。另外，采食粗糙、采食快速、抢食等，也可导致钉、针、铁丝等尖锐异物被羊食入胃中。

2. 生理因素　网胃位置低，体积小，收缩力强，黏膜成蜂窝状结构，金属或异物的相对密度比一般较大，容易沉积到网胃，并使其受伤。

【症状】病羊精神沉郁，食欲、反刍突然减少或消失，胃肠蠕动显著减弱或消失，发生间歇性瘤胃臌气，应用瘤胃兴奋药后病情加重，应用普鲁卡因注射液腹腔注射后症状减轻。网胃区疼痛造成运动异常，如行动谨慎小心，不愿急转弯，不喜欢走下坡路，姿势异常，如头颈伸直，拱背，肌肉震颤。轻度症状时无变化或仅有轻微的全身症状，严重时体温升高，心跳加快，呼吸迫促，白细胞显著增多等。强力触诊网胃区（剑状软骨部）病羊发生躲闪、疼痛和呻吟。

【诊断】根据临床症状及羊场管理粗放有采食钉、针、铁丝等尖锐金属异物的病史，可做出初步判断。必要时进行金属探测仪和X线检查。

【防治】

1. 预防　精心调制饲料，挑去金属等异物，使用磁铁筛、磁铁拌料棍等避免羊吃入金属异物；定期用金属探测仪对羊进行检查。

2. 治疗 治疗原则是瘤胃除铁，抗菌消炎。

（1）用羊瘤胃取铁器取出瘤胃中的金属异物（刺入胃壁内的金属异物难以取出）。

（2）青霉素 320 万 u，注射用水 10 mL，肌内注射，每天 2 次，连用 3~5 d。

（3）生理盐水 500 mL，青霉素 320 万 u，链霉素 100 万 u，2% 普鲁卡因注射液 10 mL，右侧肷窝部腹腔注射，每天 2 次，连用 7 d，一般 3 d 即见效。

（4）手术疗法：实施瘤胃切开术，摘除金属异物，并注意加强术后护理，抗菌消炎。

八、肠便秘

肠便秘又称肠阻塞、肠梗阻，是由于肠管运动功能和分泌机制紊乱，粪便停滞，水分被吸收而干燥，某段肠管发生完全或不完全阻塞的一种急性腹痛病。羊肠便秘的临床症状为突然发病，不同程度的腹痛，饮欲、食欲减退或废绝，肠音减弱或消失，排粪停止，腹部检查感到有粪便秘结。

【病因】

1. 饲养管理不当 由于饲料粗糙干硬，不易消化，如豆秸、玉米秆、稻草、小麦秆、花生藤等，或饲料过细，精料过多；饲喂不定时，饲料或饲养方法突变，饥饿抢食，咀嚼不充分，喂盐不足，饮水减少，运动不足，天气骤变等因素，引发该病。

2. 继发因素 可继发于慢性胃肠病、急性热性传染病、寄生虫病、异食癖等疾病，以及因用药不当、肠道狭窄、妊娠后期或分娩后不久、直肠管麻痹等引发肠便秘。

【症状】早期病羊精神、食欲正常，但放牧或饲喂前病羊欲窝不见塌陷。之后腹围逐渐增大，回头顾腹，不时做伸腰动作，腹痛严重时不断起卧。食欲减退，反刍次数减少或消失，眼窝深陷，眼结膜发绀，口腔干燥，舌呈灰色或淡黄色，排粪减少或停止，粪便被覆黏液。听诊时瘤胃蠕动音减弱或停止，肠音不整、减弱或消失，用手感触腹部可触摸到肠内充满大量粪便，按压呈捏粉状。初生羔羊发病时，时常伏卧，后腿伸直，哀叫，甚至不安起卧，显示疯狂状态。

【诊断】根据有饲喂过多粗硬饲料或饲养方式突变的病史及临床症状，可做出诊断。

【防治】

1. 预防 加强饲养管理，按时定量饲喂，防止过饥或过饱，合理搭配饲料，防止饲料单一，禁止喂粗硬、不易消化的饲料，提供充足的饮水，注意运动。及时治疗原发病。如羊场中发病较多，可在饲料中加入健胃散预防。

2. 治疗 治疗原则为静（镇静、止痛）、通（疏通）、减（减压）、补（补液、强心、解毒）、护（护理）。根据发病实际情况，可分别采取以下方案对症治疗。

（1）初期。温肥皂水 5000 mL，深部灌肠。液体石蜡 300~500 mL，或芒硝 50~100 g，常水 1 000~2 000 mL，一次灌服。

氯化氨甲酰胆碱注射液（比赛可灵）0.05~0.08 mg/kg 体重，或甲基硫酸新斯的明注射液 2~5 mg/次，或毛果芸香碱注射液 5~10 mg，皮下注射，每天 1~3 次，连用 2~3 d。病羊心力衰竭和妊娠时不用。

（2）常用方法。25% 硫酸镁溶液 30~40 mL，液体石蜡 100 mL，瓣胃注射，第 2 天再重复注射一次。30% 安乃近注射液 3~10 mL，腹痛时肌内注射。

温生理盐水 5000 mL，瘤胃内充满大量液体时洗胃。

5% 葡萄糖氯化钠注射液 1000 mL，庆大霉素注射液 20 万 u，

10% 葡萄糖酸钙注射液 10~50 mL，维生素 C 注射液 0.5~1.5 g；或 10% 葡萄糖注射液 500 mL，10% 氯化钾注射液 10 mL，10% 安钠咖注射液 10 mL。静脉注射，每天 1~2 次，连用 3 d。

（3）手术疗法：病羊侧卧保定，局部剃毛消毒，0.25%~0.5% 盐酸普鲁卡因注射液浸润麻醉，右侧肷部打开腹腔，找到秘结的肠管，实施隔肠按压或侧切取粪，肠管坏死应将其切除，然后实行断端吻合术。术后加强护理，润肠通便，抗菌消炎，补液解毒。手术应及早进行，如发病时间过长，阻塞肠管过多，治疗效果不确定。

九、肠套叠

肠套叠是一段肠管及其肠系膜套入相连的另一段肠腔之中形成双层肠壁重叠的现象，是肠变位的一种类型。羊肠套叠多见于小肠。该病发病率低，但死亡率高。

【病因】羊的剧烈运动，猛烈跳跃，极度努责，饥饿抢食，引入过量冷水，饲料冰冻、发霉、刺激性过强等，或因长途运输、天气剧烈变化等应激因素作用，使肠管运动功能紊乱，以致发生肠套叠；也可继发于肠痉挛、肠炎、肠麻痹、肠便秘、肠道寄生虫感染（如食道口线虫）等。

【症状】羊突然发病，饮欲、食欲废绝，呈现伸腰、顾腹、背部下沉等持续腹痛动作，应用止痛剂无效。结膜充血，呼吸加快，脉搏快而弱。病初频频排粪，后期排粪停止，甚至排出带血的胶冻样粪便，腹围常常增大，肠音微弱，以后完全消失，有时腹部冲击式触诊，可以听到振水音。病的后期肠管麻痹，全身症状迅速恶化。

【诊断】有饲养管理不当，或有患其他消化道疾病的病史，根据临床症状可以做出诊断。必要时进行剖腹检查，找到套叠肠管。套叠多发生于小肠，肠管增粗，变硬，呈香肠状，肠壁出血、肿胀，甚至坏死。

【防治】

1. 预防　加强饲养管理防止各种应激因素作用，积极治疗原发病。

2. 治疗　羊的肠套叠是反刍动物的急腹症，临床上有腹痛表现，发病急，病程短促，必须早发现、早确诊，及早实施手术治疗。

肠套叠手术：右肷部切口，按手术常规剃毛、消毒、局部浸润麻醉或全身麻醉，切开皮肤，分离肌肉，切开腹膜，打开腹腔，探查到套叠肠管。如套叠较轻，可以轻轻拉开。套叠较重，发生严重出血，有坏死倾向时，切除病变的套叠肠段，做肠管断端吻合术。用 0.1% 新洁尔灭溶液清洗肠管后，涂布青霉素粉，还纳肠管，连续缝合腹膜及腹横肌，纽扣状缝合腹外斜肌和腹内斜肌，撒布青霉素，结节缝合皮肤，对齐创缘，涂 5% 碘酊，装置结系绷带。术后护理主要是补液、消炎，抗休克和预防内毒素中毒及纠正酸中毒。

第十二章 羊的普通外科病

一、创伤

创伤是因锐性外力或强烈的钝性外力作用于机体组织或器官，是受伤部皮肤或黏膜出现伤口及深在组织与外界相通的机械性损伤。创伤一般由创缘（为皮肤或黏膜及其下的疏松结缔组织）、创口（创缘之间的间隙）、创壁（由受伤的肌肉、筋膜及位于其间的疏松结缔组织构成）、创底（是创伤的最深部分，根据创伤的深浅和局部解剖特点，创底可由各种组织构成）、创腔（为创壁之间的间隙，管状创腔称为创道）、创围（是创口周围的皮肤或黏膜）等部分组成。

创伤按经过的时间分为新鲜创和陈旧创，按有无感染分为无菌创、污染创、感染创和肉芽创。

【病因】羊分群不合理而互相打架抵伤；在公路沿线放牧，被车撞伤；偷食庄稼，被人打伤；山地或陡坡放牧被摔伤；被犬、蛇等动物咬伤；去角、断尾、去势等手术导致的创伤。

【症状】

（1）出血：如内出血和外出血，动脉性出血和静脉性出血，毛细血管性出血和实质性出血等，最危险的是动脉血性出血和内出血。

（2）创口裂开：取决于受伤的部位，创口的方向、长度和深度，以及组织的弹性。

（3）疼痛和功能障碍：根据创伤的种类、程度、部位、大小的不同，其功能障碍也不同，主要是出现损伤的局部运动功能障碍，如运动失调、跛行、呼吸困难、局部知觉丧失和肌肉麻痹等。

（4）感染：意外发生的任何开放伤都会受感染，感染的伤口有红肿、疼痛、脓性分泌物等，体温增高和中性粒细胞增多，初期可为局部感染，严重者可迅速扩散，发生全身感染。

（5）休克：如由于大出血导致的失血性休克，后期感染引起的感染性休克。

（6）凝血功能障碍：由于出血导致凝血物质的消耗，抗凝系统活跃，可造成出血倾向。

（7）器官功能紊乱：创伤可造成大量的坏死组织，引起机体严重而持久的炎症反应，加之应激、休克、免疫功能紊乱、毒性产物、炎性介质和细胞因子等的作用，可发生肾功能、肝功能损害。

【诊断】

（1）一般检查：通过问诊，了解创伤发生的时间、创伤物的性状、发病当时的情况和病羊的表现等，然后检查病羊的精神状态、体温、呼吸、脉搏，观察可视黏膜颜色，检查受伤部位、救治情况以及四肢的功能障碍等。

（2）创伤检查：目的在于了解创伤的性质，决定治疗措施和观察愈合情况。

创伤外部检查：按由外向内的顺序，仔细对受伤部位进行检查。先观察创伤的部位、大小、形状、方向、性质，创口裂开的程度，有无出血，创围组织状态和被毛情况，有无创伤感染现象；之后观察创缘及创壁是否整齐、平滑，有无肿胀及血液浸润情况，有无挫伤组织及异物；然后对创伤周围进行柔和而细致的触诊，以确定局部温度的高低、组织硬度、皮肤弹性及移动性等。

创伤内部检查：应胆大心细，并遵守无菌规则。首先进行创围剪毛、消毒。检查创壁时，应注意组织的受伤、肿胀、出血及污染情况。检查创底时，应注意深部组织受伤状态，有无异物、血凝块及创囊的存在。必要时可用消毒的探针、硬质胶管等，或用戴消毒乳胶手套的手指进行创底检查，摸清创伤深部的具体情况。但胸壁透创严禁深探，以防人工造成气胸。有分泌物的创伤，应注意分泌物的颜色、气味、黏稠度、数量和排出情况等。对于出现肉芽组织的创伤，应注意肉芽组织的数量、颜色和生长情况等。创面可做按压标本的细胞学检查，有助于了解机体的防卫功能状态，客观地验证治疗方法的正确性。

可根据损伤的情况进行血常规、尿常规、电解质分析、肾功能和肝功能检查等，以判断机体失血、脱水情况，以及其他内脏器官的损伤情况。必要时可进行 X 线检查和 B 超检查，以确定硬组织、胸腹部脏器等的损伤和出血等。

【防治】

1. 预防　加强饲养管理，合理分群，避免在公路、陡坡等处放牧，防止羊被撞伤、打伤、抵伤、咬伤、摔伤等，发生意外及时救治。

2. 治疗　治疗原则为及时制止出血，防止休克和感染，纠正水与电解质失衡，促进创伤愈合。根据实际情况，可分别采取以下治疗方案。

（1）采用压迫、钳夹、结扎（如动脉性出血）或深层缝合（如发生少量持续性出血，又找不到血管，可在创伤处理后进行深层缝合）等方法进行止血。

用灭菌纱布将创口盖住，剪除周围被毛，用 0.1% 新洁尔灭溶液或生理盐水洗净创围，然后用 5% 碘酊进行创围消毒。用镊子仔细除去创内异物，反复用生理盐水洗涤或冲洗创内，之后用灭菌纱布轻轻地吸蘸创内残存的药物和污物。创腔撒布青霉素或链霉素、氨苯磺胺粉（外用消炎粉）、1:9 碘仿磺胺粉、1:9 碘仿硼酸粉等，如创腔狭窄可改为 10%~20% 青霉素液灌注。对创面整齐、清创彻底的创伤可以进行密闭缝合；如有感染危险时可进行部分缝合，创口下角留排液口；有厌氧性感染或组织缺损严重时不缝合，进行开放疗法。缝合之后用绷带包扎（分三层，由内到外分别为灭菌纱布、灭菌脱脂棉和卷轴绷带）。

安络血注射液 10 ~ 20 mg 或止血敏注射液 0.25~0.5 g，维生素 K_3 注射液 30~50 mg，肌内注射，每天 1~2 次，连用 1~3 d。

5% 葡萄糖氯化钠注射液 500 mL，氨苄青霉素 50~100 mg/kg 体重，地塞米松注射液 4~12 mg（孕羊禁用）；或 10% 葡萄糖注射液 500 mL，5% 氯化钙注射液 50~150 mL，10% 安钠咖注射液 10 mL。一次静脉注射，每天 1~2 次，连用 1~3 d（适用于新鲜创和污染创）。

（2）剪除被毛，清除创伤及创口周围边污血、异物等，对创口周边进行整复，用 0.1% 新洁尔灭溶液，或 3% 过氧化氢溶液、0.1% 高锰酸钾溶液、0.05% 洗必泰溶液、2% ~ 4% 硼酸（绿脓杆菌感染）等清洗或冲洗创围及创腔，除净脓液及坏死组织，创口小可扩创，或做低位的反对口引流。之后再用生理盐水反复冲洗，创腔撒布青霉素、链霉素，或用碘仿磺胺甘油（5:7:100）等进行灌注，或用纱布条引流，促使创腔净化，必要时进行包扎，其间定期换药。用药物治疗 3~5 d，如无创伤感染，可施行缝合（延期缝合）。

青霉素 80 万~160 万 u，0.25%~0.5% 盐酸普鲁卡因注射液 20 mL，创腔周围封闭。

5% 葡萄糖氯化钠注射液 500 mL，氨苄青霉素 50~100 mg/kg 体重，地塞米松注射液 4~12 mg（孕羊禁用）；或 10% 葡萄糖注射液 500 mL，5% 氯化钙注射液 50~150 mL，维生素 C 注射液 0.5~1.5 g，10% 安钠咖注射液 10 mL。一次静脉注射，每天 1~2 次，连用 3 d（适用于感染创或化脓创）。

（3）用 0.1% 新洁尔灭溶液，或 3% 过氧化氢溶液、0.1% 高锰酸钾溶液、0.05% 洗必泰液、0.1% 利凡诺液冲洗后，可以涂抹或灌注下列药物之一，即青霉素、魏氏流膏、10:90 氨苯磺胺甘油、1:9 碘仿鱼肝油、5:95 磺胺凡士林、1:1 鱼肝油凡士林、水杨酸磺胺软膏（水杨酸 4 份，10% 磺胺软膏 96 份），以保护肉芽组织和促进上皮生长，如肉芽面积过大，肉芽组织生长良好，可修整创面，撒布青霉素粉，进行缝合或部分缝合，以缩小瘢痕，或进行小块植皮（适用于肉芽创）。

二、休克

休克不是一种独立的疾病，而是神经、内分泌、循环、代谢等发生严重障碍时表现出的症候群，以循环血液量锐减、微循环障碍、组织灌流不良、组织缺氧和器官损害为特征。临床上按病因将休克分为低血容量性休克、创伤性休克、中毒性休克、心源性休克及过敏性休克。

【病因】该病病因主要有失血（见于外伤、消化道溃疡、内脏器官破裂引起的大出血，失血性休克的发生取决于失血量和出血的速度）、失液（见于剧烈的腹泻、肠梗阻等引起的严重脱水，属于低血容量性休克，临床上以低渗性脱水多见）、创伤（主要是由于出血和剧烈的疼痛引起）、烧伤（早期发生的休克与创面大量渗出液导致血容量减少和疼痛有关，晚期因继发感染引起的）、感染（主要由细菌感染引起，其中内毒素其重要作用，如大肠杆菌、金黄色葡萄球菌、绿脓杆菌等）、心泵功能障碍（常见于大面积急性心肌梗死、急性心肌炎、严重心律失常）、过敏（如接种疫苗、注射免疫血清、青霉素等）、强烈的神经刺激损伤。

【临床症状】

（1）休克早期（休克代偿期）：病羊精神正常或稍有不安，脉搏快而充实，血压无变化或稍高，呼吸加快，皮温降低，黏膜苍白，排尿减少。由于此期短暂（短者几秒，长者不超过1 d），症状不典型，临床上极易被忽视。此时如处理及时、得当，休克可较快得到纠正；否则，病情将继续发展，进入休克期。

（2）休克期（休克抑制期）：由于代偿反应消失，机体出现典型的综合征。临床上表现为血压下降，皮温降低，四肢末端厥冷，肌肉软弱无力，第一心音增强而第二心音微弱甚至消失，脉搏细而快，脉率失常，尿量进一步减少甚至无尿。此期脑干也发生缺血、缺氧，表现为精神沉郁、两眼凝视、瞳孔放大、反应迟钝，多卧地不起，人为驱赶时步态跟跄。严重者发生昏迷，脉搏细弱甚至不感于手，器官功能障碍加重，可出现严重的出血倾向，如皮肤、黏膜呈现出血斑或广泛性出血，尤以消化道最为严重。

休克的诊断指标见表12-1。

表12-1　休克的诊断指标

指标	测定方法
血液循环状况	观察结膜和舌的颜色（苍白或发绀），用手指压迫齿龈和舌边缘，血液充满时间长（正常为1~1.5 s，发病时大约3 s）
测定血压	休克时血压降低，严重时测不出，一般应10~30 min检测一次
测定体温、呼吸次数和心率	休克时体温下降，呼吸次数和心率增加
观察尿量	休克时肾脏灌流量减少，尿量下降，当大量投给液体时，尿量能达到正常的2倍

指标	测定方法
心电图检查	心电图可诊断心律不齐，电解质失衡。如酸中毒和休克结合能出现大的 T 波，高血钾症时 T 波突然向上、基底变窄、P 波低平或消失，ST 段下降，QRS 波幅宽增加
PQ 延长	如血清钠降低，血清钾升高，血清乳酸升高，二氧化碳结合力下降和非蛋白氮含量升高等

【防治】

1. 预防　加强饲养管理，防止失血、脱水、创伤、过敏和感染等的发生，及时止血，发现有休克倾向积极治疗。

2. 治疗　治疗原则为消除病因，加强护理，补充血容量，改善循环功能，调节代谢障碍，抗感染，治疗 DIC（即弥散性血管内凝血，在休克后期发生不可逆转性休克，微循环内黏稠的血液在酸性环境中发生凝集，并在血管内形成血栓）。根据发病实际情况，可分别采取以下方案对症治疗。

（1）适用于过敏性休克。

1）0.1% 盐酸肾上腺素注射液 0.2~1 mL，皮下或肌内注射；如症状不缓解，半天后重复注射，直至脱离危险。氢化可的松注射液 20~80 mg 或地塞米松注射液 4~12 mg，生理盐水 20~50 mL，静脉推注。

2）去甲肾上腺素注射液 2~4 mg，5% 葡萄糖注射液 500 mL，静脉注射。

3）多巴胺注射液 20~40 mg，生理盐水 500 mL，静脉注射。

4）生理盐水 2~6 mL，0.1% 盐酸肾上腺素注射液 0.2~0.6 mL，心内注射，用于心跳骤停，可结合胸外心脏按压。

5）尼可刹米注射液 0.25~1 g，皮下或肌内注射，用于呼吸困难时，可进行氧气吸入，密切观察，对症处理，直至脱离危险。

（2）生理盐水 2000 mL、盐酸山莨菪碱注射液（654-2 注射液）10~20 mg，氨苄青霉素钠 10~20 mg/kg 体重（有感染时加入），地塞米松注射液 4~12 mg，乳酸林格氏液 500 mL，6% 中分子右旋糖酐注射液 250~500 mL，静脉注射。补足的标准为病情开始好转，末梢皮温由冷变温，齿龈由紫变红，口腔湿润有光泽，血压恢复正常，心率减慢，排尿量逐渐增多等，此时说明体内电解质失衡得到改善。5% 葡萄糖注射液 500 mL，多巴胺注射液 20~40 mg，静脉注射。5% 葡萄糖注射液 500 mL，西地兰注射液 0.2~0.4 mg，必要时缓慢静脉注射。

5% 碳酸氢钠注射液 50~100 mL，静脉注射。

10% 葡萄糖注射液 500 mL，10% 氯化钾注射液 10 mL，10% 葡萄糖酸钙注射液 10~20 mL，一般在羊排尿后静脉注射。

20% 甘露醇注射液 100~250 mL，静脉注射，用于补足液体，心功能好转，但尿量较少时。

肝素注射液 100~150 u/kg 体重，5% 葡萄糖注射液 500 mL，每分钟 30 滴，静脉注射，用于弥散性血管内凝血（DIC），但有伤口者慎用。

三、脓肿

脓肿是在任何组织和器官内形成的外有脓肿膜包裹，内有脓汁潴留的局限性脓腔，是致病菌感染后所引起的局限性炎症。如果在解剖腔内有脓汁潴留，称为蓄脓，如关节蓄脓、上颌窦蓄脓、胸膜腔蓄脓等。

【病因】

（1）皮肤感染：常见于继发急性化脓性感染的后期，主要致病菌是葡萄球菌，其次是化脓性链球菌、大肠杆菌、绿脓杆菌等。主要通过皮肤伤口感染，以及因注射给药时不消毒或消毒不彻底而引起。

（2）强烈刺激：静脉注射刺激性强的药物（如水合氯醛、氯化钙），药液漏于静脉外，或将其进行皮下注射和肌内注射时。

（3）转移：血液、淋巴循环将原发化脓灶转移到新的组织或器官，形成转移性脓肿，主要见于机体抵抗力差或病原微生物毒力较强时。

【症状】

（1）急性浅在性脓肿：常发生于皮下结缔组织、筋膜下及表层肌肉组织内。表现为局部发红，出现弥漫性肿胀，界限不清，触诊肿胀增温、坚实、敏感疼痛，以后逐渐界限清晰，中间软化出现波动。之后脓肿可自行破溃，排脓，但常因皮肤溃口过小，脓汁不易排尽。

（2）慢性浅在性脓肿：一般发生缓慢，有明显的波动感，局部无热、无痛或疼痛非常轻微，穿刺时有脓汁流出。

（3）深在性脓肿：常发生于深层肌肉、肌间、骨膜下、腹膜下及内脏器官。由于被覆较厚的组织，初期症状不明显。局部皮肤仅出现炎性水肿，触之敏感且有压痕，穿刺排出脓汁。有的脓肿可以逐渐缩小，甚至钙化，个别较大的脓肿，未能及时切开，脓肿膜坏死，脓汁自皮肤破溃处排出或向深部周围组织蔓延，导致感染扩散，病羊渐进性消瘦，甚至引起败血症。

【防治】治疗原则为初期消炎止痛，促进炎性产物吸收，后期促进脓肿成熟，切开排脓。可根据实际情况，可分别采取以下方案对症治疗。

（1）适用于脓肿初期。

1）樟脑软膏，或鱼石脂乙醇、复方醋酸铅散（醋酸铅 100 g，明矾 50 g，樟脑 20 g，薄荷 10 g，白陶土 820 g，醋调备用）等适量，冷敷。

2）青霉素 5 万~10 万 u/kg 体重，链霉素 10~15 mg/kg 体重，注射用水 10 mL，肌内注射，每天 1~2 次，连用 3 d。

（2）适用于脓肿中后期。

1）采取温热疗法，或超短波疗法、短波透热疗法，促进炎性产物消散。

2）10% 鱼石脂软膏，或鱼石脂樟脑软膏适量，外敷。

3）脓汁抽出法：适用于关节部等脓肿膜形成良好的小脓肿。其方法是利用连接粗针头的注射器将脓肿腔内的脓汁抽出，然后用生理盐水反复冲洗脓腔，抽净腔中的液体，最后灌注 10%~20% 青霉素液。

4）脓肿切开法：脓肿成熟出现波动后立即切开。切口应选择波动最明显，易排脓的部位。局部剪毛，常规消毒，浸润麻醉或全身麻醉，切开前先用粗针头将脓汁排出一部分，切开时一定要防止外科刀损伤对侧的脓肿膜。切口要有一定的长度并做纵向切口，以保证在治疗过程中脓汁能顺利排出。深在性脓肿切开时，除进行确实麻醉外，最好进行分层切开，并对出血的血管进行仔细结扎或钳压止血，以防引起转移性脓肿。脓肿切开后，脓汁要尽力排尽，但切忌用力挤压脓肿壁或用棉纱等用力擦拭脓肿膜里面的肉芽组织，这样有可能损伤脓肿腔内的肉芽防卫面而使感染扩散。如果一个切口不能彻底排除脓汁，亦可根据情况做必要的辅助切口。对浅在性脓肿，可用防腐液或生理盐水反复清洗脓腔。最后用脱脂纱布轻轻洗出残留在腔内的液体，然后撒布青霉素粉或灌注 5% 碘酊，切开处一般不缝合，必要时进行包扎。

5）脓肿摘除法：常用以治疗脓肿膜完整的浅在性小脓肿。局部剪毛，常规消毒，浸润麻醉，切开皮肤，摘除脓肿，撒布青霉素粉，结节缝合皮肤。注意勿刺破脓肿膜，防止新鲜手术创面被脓汁污染。

四、蜂窝织炎

蜂窝织炎是指在疏松结缔组织内发生的急性弥漫性化脓炎症。它常发生在皮下、筋膜下及肌肉间的蜂窝内，以在其中形成浆液性、化脓性和腐败性渗出液并伴有明显的全身症状为特征。临床上蜂窝织炎的分类见表 12-2。

表 12-2　蜂窝织炎的分类

分类依据	分类
按部位的深浅	分为浅在性蜂窝织炎（如皮下、黏膜下蜂窝织炎）和深在性蜂窝织炎（如筋膜下、肌间、软骨周围和腹膜下蜂窝织炎）
按渗出液的性状和组织的病理学变化	分为浆液性、化脓性、厌气性和腐败性蜂窝织炎，如化脓性蜂窝织炎伴发皮肤、筋膜和腱的坏死时，则称为化脓坏死性蜂窝织炎，在临床上也常见到化脓菌和腐败菌混合感染而引起的化脓腐败性蜂窝织炎
按发生的部位	分为关节周围、食管周围、淋巴结周围、股部和直肠周围蜂窝织炎等

【病因】

（1）外伤感染：多经皮肤微细创口感染引起，主要的致病菌是溶血性链球菌、金黄色葡萄球菌、大肠杆菌和厌氧菌等。

（2）强烈刺激：刺激性强的药物误注或漏入皮下疏松结缔组织。

（3）扩散和转移：邻近组织或器官化脓感染的直接扩散，或通过血液循环和淋巴道的转移。

【症状】

（1）共同症状：蜂窝织炎病情发展迅速，局部症状表现为大面积肿胀，局部增温，疼痛剧烈和功能障碍。全身症状表现为病羊精神沉郁，体温升高，食欲减退，并出现各系统（循环、呼吸及消化系统等）的功能紊乱。

（2）特有症状。

1）皮下蜂窝织炎：常发生于四肢，主要由外伤感染引起。病初局部出现弥漫性渐进性肿胀，触诊热痛明显，呈捏粉状，之后呈稍坚实感，局部皮肤紧张，无可动性。随着炎症的发展，局部由浆液性浸润转变为化脓性浸润，患部肿胀、热痛明显而剧烈，病羊体温显著提高。如局部坏死组织化脓溶解，可出现化脓灶，触诊柔软有波动。经过良好者，化脓过程局限化或形成蜂窝织炎性脓肿，脓汁排出后，病羊局部和全身症状减轻，病情恶化时，化脓灶继续向周围和深部蔓延，使病情加重。

2）筋膜下蜂窝织炎：常发生于前肢的前臂筋膜下、背腰部的深筋膜下，以及后肢的小腿筋膜下和股阔筋膜下的疏松结缔组织中。其临床症状是患部热痛反应剧烈，功能障碍明显，患部组织呈坚实性炎性浸润。当向周围蔓延时，全身症状恶化，甚至发生全身性化脓感染，导致动物死亡。

3）肌间蜂窝织炎：常继发于开放性骨折、化脓性骨髓炎、关节炎及腱鞘炎之后，有些是由于皮下或筋膜下蜂窝织炎蔓延的结果。感染可沿肌间和肌群间大动脉及大神经干的径路蔓延。首先是肌外膜，然后是肌间组织，最后是肌纤维先后发生炎性水肿、化脓性浸润和化脓性溶解。患部肌肉肿大、肥厚、坚实、界限不清，功能障碍明显，触诊和踏步运动时疼痛剧烈。表层筋膜因组织内压增高而高度紧张，皮肤可动性受到限制。发生肌间蜂窝织炎时全身症状明显，如体温升高、精神沉郁、食欲减退。局部已形成脓肿时，切开后可流出灰色、常带血样的脓汁，有时由化脓性溶解可引起关节周围炎、血栓性血管炎和神经炎。

实验室检查时，白细胞数升高，脓液可分离培养出致病菌。

【防治】

1. 预防 加强饲养管理，多给富含维生素的饲料，增加运动，增强机体抵抗力；注射有刺激性的药物时，严格按照操作规程进行；如出现各种外伤，及时处理，防止感染蔓延。

2. 治疗 治疗原则为减少炎性渗出，抑制感染扩散，减轻组织内压，改善全身状况，增强机体抗病力。可采取以下方案对症治疗。

（1）10% 鱼石脂乙醇（或 90% 乙醇、醋酸铅明矾液、栀子浸液，涂以醋调制的醋酸铅散），适量，于病初 1~2 d 冷敷。病后 3~4 d，炎性渗出已基本平息，为促进炎症产物的消散吸收，可用上述溶液温敷。

（2）雄黄散：雄黄 200 g，白及 200 g，白蔹 200 g，龙骨（煅）200 g，大黄 200 g，研碎成细粉，过筛混匀，用热醋或热水调成粥状，待温外敷。

（3）0.5% 盐酸普鲁卡因注射液 10~40 mL，青霉素溶液 160 万 u，四肢环状封闭或病灶周围封闭。

（4）青霉素钠 5 万~10 万 u/kg 体重（或氧氟沙星注射液 2.5~5 mg/kg 体重），生理盐水 500 mL，地塞米松注射液 4~12 mg，静脉注射，每天 1~2 次，连用 3 d。甲硝唑注射液 10 mg/kg 体重，静脉注射，每天 1 次，连用 3 d。5% 碳酸氢钠注射液 50~100 mL，静脉注射，每天 1 次，连用 3 d。

（5）手术切开法：蜂窝织炎一旦炎性渗出不能停止，应不待其形成化脓性坏死，早期做广泛切开，并尽快引流。局部剪毛常规消毒，浸润麻醉或全身麻醉，切口部位选在炎症最明显处，切口数量依据肿胀范围大小而定，可多处切开，切口的长度应利于引流又利于愈合（多采用纵切或斜切，并有一定深度，必要时应造反对口）。创内用 10%~20% 硫酸镁液冲洗，也可配合用 2% 过氧化氢溶液冲洗和湿敷，用硫酸镁新洁尔灭液（硫酸镁 100~200 g，新洁尔灭液 1 mL，加蒸馏水至 1000 mL）或魏氏流膏纱布引流。当炎症渗出停止时，按化脓创治疗用药。

五、结膜炎

结膜炎是指眼结膜受外界刺激和感染所引起以结膜表面或实质发生炎性浸润为特征的一种急、慢性炎症。这是最常见的一种眼病。按炎症性质可分为卡他性、化脓性、蜂窝织炎性、伪膜性和滤泡性结膜炎等。

【病因】病因有机械性（主要见于各种异物对眼结膜的刺激，如眼睑或结膜外伤，结膜囊内异物，眼睑内翻、外翻或睫毛倒长等）、化学性（如硫酸、盐酸、刺激性化学试剂和农药误入眼内）、物理性（如热水、火焰灼伤、X 线、紫外线的刺激）、感染性（见于衣原体病、传染性角膜结膜炎、吸吮线虫病等）及免疫介导性（受过敏原如花粉、粉尘等的刺激）等因素。

【症状】结膜炎病羊都有羞明流泪，结膜充血、肿胀、疼痛和炎性渗出的症状。不同类型的结膜炎有不同表现。

（1）卡他性结膜炎：急性型卡他性结膜炎轻时，结膜及穹隆部稍肿胀，呈粉红色，分泌物较少，初似水，继则变为黏液性。重度时，眼睑肿胀、热痛、羞明、充血明显，甚至有出血斑。炎症可波及球结膜，有时角膜面也见轻微的混浊。若炎症侵及结膜下时，则结膜高度肿胀，疼痛剧烈。慢性型卡他性结膜炎常由急性型转来，症状往往不明显，羞明很轻或见不到，结膜充血、肿胀、分泌少。经久病例，结膜变厚呈丝绒状。

（2）化脓性结膜炎：因感染化脓菌或在某种传染病经过时发生，一般症状都较重，常由眼内流出多量纯脓性分泌物，上、下眼睑常被粘在一起。化脓性结膜炎常波及角膜而形成溃疡，且常带有传染性。

（3）蜂窝织炎性结膜炎：是侵害结膜实质和结膜下结缔组织

的严重炎症过程，病因与化脓性结膜炎相同。临床特征是结膜下蜂窝组织高度肿胀，眼结膜超出角膜缘而隆起。结膜初期呈现红色，后变成暗红色。突出的结膜表面有光泽，干燥，易出血，并有擦伤和大量的脓性分泌物。眼睑全层灼热、疼痛、肿胀和体温升高。

（4）伪膜性结膜炎：结膜肿胀、充血和肥厚，结膜表面被覆一层淡红黄色或淡灰黄色薄膜。

（5）滤泡性结膜炎：主要发生于绵羊，特别是育肥羔和哺乳羔。结膜因衣原体感染或长期受到刺激，结膜下淋巴组织增生，常在瞬膜和眼睑结膜上形成鲜红色或暗红色粟状物，多为双侧性。

【防治】

1. 预防　改善卫生条件，保持羊舍和运动场的清洁，注意通风换气与光线，防止风尘侵袭，严禁在羊舍内调制饲料；及时隔离有结膜炎症状的病羊，并遮蔽阳光；积极治疗原发病，加强防疫消毒，控制传染性结膜炎的发生。

2. 治疗　治疗的原则是消除病因，减少刺激，抗菌消炎，促使炎症消散。根据发病实际情况，可分别采取以下方案对症治疗。

（1）适用于急性型。

1）冷敷患眼，病羊避光饲喂，必要时装眼绷带。

2）生理盐水或 2%~3% 硼酸、2% 明矾液，适量，洗眼。

3）地塞米松眼药水或醋酸可的松眼药水、氧氟沙星眼药水，0.5% 金霉素眼膏，0.5% 土霉素眼膏，0.5%~2% 硫酸锌液（分泌物减少时用），滴眼或涂于结膜囊内，每天 3~4 次。

4）硫酸锌 0.05~0.1 g，普鲁卡因 0.05 g，硼酸 0.3 g，0.1% 肾上腺 2 滴，蒸馏水 10 mL，混合滴眼，可止痛。

（2）适用于慢性型。

1）冷敷患眼。0.5%~1% 硝酸银溶液，滴眼，每天 1~2 次，用药后 10 min，要用生理盐水冲洗。

2）0.5%~2% 硫酸锌液或黄降汞眼膏，2%~5% 蛋白银溶液，滴眼或涂于结膜囊内，每天 2~3 次。

3）结膜有增生时，先反复清洗外翻结膜上的污物，用外科方法除去坏死和增生组织，再滴注 0.5% 金霉素眼膏或 5% 磺胺软膏。

4）结膜严重水肿时，可用消毒过的注射针头，刺破肿胀的结膜，再涂布抗菌药物。

（3）1% 敌百虫溶液或盐酸左旋咪唑注射液，滴眼，用于吸吮线虫导致的结膜炎。

六、角膜炎

角膜炎是指角膜因受微生物和理化因素的影响而发生的炎症，可分为外伤性、表层性、深层性、化脓性角膜炎等。该病山羊、绵羊均可发生，但比结膜炎少见。

【病因】

（1）外伤：见于鞭打、树枝擦伤、异物入眼等。

（2）诱发因素：如角膜暴露、微生物感染、营养缺乏（如维生素 A）等，或角膜受到刺激性物质如石灰粉、碘酊、强酸等的作用。

（3）继发因素：继发于结膜炎、虹膜睫状体炎、传染性角结膜炎和吸吮线虫病等。

【症状】患角膜炎的羊都有羞明、流泪、疼痛、眼睑闭合、角膜混浊、角膜缺损或溃疡，角膜周围形成新生血管和睫状体充血等症状。不同类型的角膜炎有不同表现。

（1）外伤性角膜炎：常可找到伤痕，表面变为淡蓝色或蓝褐色。由于致伤物体的种类和力量不同，外伤性角膜炎可出现角膜浅创、深创或贯通创。角膜内如有铁片存留时，与其周围可见带铁锈色的晕环。由于化学物质引起的角膜炎，轻的仅见角膜上皮被破坏，形成银灰色混浊。深层受伤时则出现溃疡，重剧时发生坏疽，呈明显的灰白色。

（2）表层性角膜炎：局限性地表现为角膜上皮肿胀，可见到角膜表面粗糙不平，角膜面上形成不透明的白色瘢痕叫角膜混浊或角膜翳。角膜混浊是角膜水肿和细胞浸润的结果，导致角膜表层或深层变暗而混浊，混浊可呈局限性或弥漫性，也可呈点状或线状，角膜混浊一般呈乳白色或橙黄色。新的角膜混浊有炎症症状，境界不明显，表面粗糙稍隆起。陈旧的角膜混浊没有炎症症状，境界明显。表层性角膜炎的血管来自结膜，呈树枝状分布于角膜面上，可看到其来源。

（3）深层性角膜炎：触诊眼球疼痛，角膜混浊呈白色不透明，新生血管来自巩膜缘的毛细血管网，深入角膜内，呈刷状（或细帚状），稍带紫色。

（4）化脓性角膜炎：触诊眼球疼痛剧烈，混浊呈黄色或灰黄色，眼内排出脓性分泌物，脓肿破溃后即形成溃疡，可导致角膜穿孔，眼房液流出，角膜塌陷，由于眼前房压力降低，虹膜前移，常常与角膜粘连，或后移与晶状体粘连。角膜穿孔愈合后，常留下白色的瘢痕（角膜白斑）。对于重剧化脓性角膜炎造成的角膜穿孔，可引起化脓性全眼球炎。

【防治】

1. 预防　防止眼部外伤，积极治疗原发病；加强管理，给予维生素 A 丰富的饲料，减少角膜炎发生。

2. 治疗　治疗原则为除去病因，消炎，镇痛，促进渗出物吸收，预防和控制感染。

（1）冷敷患眼，病羊避光饲喂，必要时装眼绷带。

（2）生理盐水，或 2%~3% 硼酸、2% 明矾液，适量，洗眼。

（3）地塞米松眼药水或醋酸可的松眼药水、氧氟沙星眼药水，0.5% 金霉素眼膏，0.5% 土霉素眼膏，0.5%~2% 硫酸锌液（分泌物减少时用），滴眼或涂于结膜囊内，每天 3~4 次。

七、羊的疝病

疝主要是腹部的内脏器官从病理性破裂孔或自然孔道脱至皮下或其他解剖腔的一种常见病，也称腹疝或赫尔尼亚。

（一）脐疝

脐疝是指腹腔脏器从脐孔脱出至皮下的疾病。

【病因】脐疝的发生与遗传有很大的关系，先天性因素也是脐疝发病的主要因素。胎儿的脐静脉、脐动脉和脐尿管通过脐带与胎膜相连，胎儿出生后，脐带被切断，脐血管和脐尿管被结扎，气孔周围结缔组织增生，在短时间内脐孔闭锁。如果遗传因素造成气孔发育不全、没有闭锁或腹壁发育缺陷等，腹压增加如强烈努责、用力跳跃等，腹腔内的脏器从脐孔脱出进入皮下组织形成脐疝。

后天性因素主要是胎儿出生时，如果断脐不正确，出现脐带感染或脐带过短，造成脐带闭合不全，就会形成脐疝。

【症状】可见脐部出现局限性球形肿胀、质地柔软、无红热肿痛等炎症症状，可摸到疝孔，病初挤压疝囊或改变体位时肿胀物能还纳腹腔，即具可复性，此时病羊一般无全身症状，精神、食欲和排便均正常。如果发生粘连则不能还纳腹腔，也摸不清疝孔，即为钳闭性脐疝，可导致严重病羊的全身症状。如果疝内容物为肠管时，听诊时可听到肠道蠕动的声音。

【防治】

1. 预防 脐疝的发生与遗传有很大的关系，因此育种要注意，不能选育那些有脐疝发生相关的羊只。另外，羔羊出生时断脐要规范，防止因不规范断脐而出现脐疝。

2. 治疗 小羔羊有相当量不需要治疗，即可自愈。如果出生后疝孔较小，且一直没有什么变化，一般不需要治疗，不影响育肥，但不可留为种用。如果想要根除该病，则需要进行手术治疗。

第一步：手术前一般禁食 1~2 d，不需禁水，仰卧位或半仰卧位保定。使用 0.25%~0.5% 的普鲁卡因注射液局部浸润麻醉，或用速眠新 II 注射液，0.1~0.15 mL/kg 体重，肌内注射，全身麻醉。局部剃毛，使用 0.1% 新洁尔灭溶液消毒手术部位、器械、敷料、手及手臂。

第二步：疝部切口，切口原则是在疝囊内容物不粘连处做切口，不粘连的病例在疝囊颈部，平行于腹白线做切口，发生粘连的病例在疝囊体部或底部不粘连处做切口。切开疝囊后，认真检查疝内有无粘连和坏死。如无粘连可直接将内容物纳入腹腔，然后缝合疝孔；如果疝部有粘连，需要仔细剥离粘连处，再还纳腹腔；如果出现肠管坏死，需要行肠部分切除吻合术，然后缝合疝孔。进行疝孔闭合手术时，应将疝孔切削成新鲜创面，如果疝孔较大或腹压较高，可用 10 号双股丝线或 18 号丝线进行水平纽扣状缝合（应缝在疝孔的肌肉上，否则容易复发）；也可进行结节缝合，分离疝囊壁形成左右两个纤维组织瓣，手术部位均匀撒布青霉素后，将一侧纤维组织瓣缝在对侧疝孔外缘上，然后将另一侧的纤维组织瓣缝在对侧纤维组织瓣的表面上，即重叠缝合。最后将两侧皮肤囊拽起，切除多余部分，然后修整皮肤创缘、结节，缝合皮肤。

第三步：做好术后护理工作。手术部位应包扎绷带 7~10 d，饲喂时不宜喂得太饱，并限制剧烈活动，防止腹压增高。肠管吻合术者术后需要禁食 2 d，并及时输水补液，使用抗生素控制继发感染。

（二）腹股沟阴囊疝

腹腔脏器经腹股沟管脱出至腹股沟鞘膜管内，称为腹股沟疝，多见于母羊。腹腔脏器经腹股沟管脱出至阴囊鞘膜腔内，称为腹股沟阴囊疝，多见于公羊。疝内容物多为肠管、网膜或膀胱。

【病因】　腹股沟管位于腹壁内靠近耻骨部，是由腹内斜肌和腹外斜肌构成的漏斗状裂隙，腹股沟管朝向腹腔面有一椭圆形腹股沟内环，而朝向阴囊面有一裂隙状的腹股沟外环。如果因生理因素腹股沟管内环过大时，肠管可通过过大的内环进入腹股沟管至阴囊而发生腹股沟阴囊疝。先天性疝与遗传关系较大，即因腹股沟内环先天性扩大所造成；后天性疝多因肥胖、妊娠、瘤胃膨气或剧烈运动等使腹内压增高、腹股沟内环扩大，使腹腔脏器进入形成疝。

【症状】发生腹股沟疝时，在腹股沟处可发现卵圆形隆肿物。发生腹股沟阴囊疝时，可观察到一侧或两侧阴囊显著增大。两种疝早期发生大多可恢复，疝处触之柔软有弹性，无热无痛。如果倒提病羊并挤压疝处不能缩小，则是疝内容物与鞘膜发生粘连。如果疝内容物为肠管可听到肠音。疝内容物为肠管，继发肠管钳闭时，会出现局部显著肿胀、疼痛剧烈、排便停止、体温升高等一系列全身反应，很快就会出现中毒性休克而死亡。

【防治】

1. 预防　首先要做好种羊的选种工作。腹股沟阴囊疝具有一定的遗传倾向，即可能带有隐性遗传基因，对于那些与腹股沟阴囊疝发病相关羔羊，尽量不要留作种用。其次是要减少腹压增高的因素，如加强饲养管理，适当运动，避免惊吓、追赶、捕捉和打斗等应激因素。

2. 治疗　需要通过外科手术治疗，可参考脐疝手术治疗方法。

（三）子宫疝

子宫疝是指因腹肌破裂而妊娠子宫直接位于皮下，导致腹壁突出的疾病。多见于山羊，绵羊发病较少。

【病因】该病多由腹壁外伤造成，这是子宫疝发病的主要原因。腹壁外伤可能由撞击、打斗、跌倒、跳跃等引起，或腹压过大造成。妊娠母羊缺乏运动而造成肌肉衰弱，弹性低，同时腹壁又受到剧烈伸张，如饲喂体积大的饲料、多胎或胎水过多等，出现腹直肌腱断裂，大部分疝都是因为一侧或两侧腹直肌腱在骨盆骨附近发生断裂而引起的下腹壁疝。侧腹壁疝则很少发生。

【症状】开始时腹壁的某一部分形成一个小而软的肿胀，随着胎儿的生长发育，肿胀会逐渐变大，触诊可摸到胎儿的一部分，有的甚至可以看到胎动。有时损伤剧烈，可突然发生大面积肿胀，当腹直肌在耻骨联合附近发生破裂时，常常可见到乳房前移，而且下腹壁可能会达到地面。

【防治】

1. 预防　加强对妊娠羊的饲养管理，每天保证足够的运动时间，要避免腹壁受到损伤。

2. 治疗　治疗原则主要是设法产出正常的胎儿。为了防止疝囊继续增大，应该加上结实的绷带。饲料应富于营养，体积较小，每次要少量饲喂。分娩时让羊仰卧，使胎儿由子宫排出时的方向变为正常。为了加强阵缩，可以用手挤压疝的内容物。必要时需要进行剖宫产。

八、直肠脱

直肠末端的黏膜层脱出肛门外，称为脱肛或肛门脱垂。直肠的一部分甚至大部分向外翻转脱出肛门，称为直肠脱。

【病因】直肠黏膜韧带松弛造成直肠黏膜下层组织和肛门括约肌松弛或功能不全，是直肠脱的主要病因；或见于直肠发育不全、萎缩或营养不良而松弛无力，不能保持直肠正常位置。诱发因素见于长时间腹泻、便秘，病后瘦弱、病理性分娩（如难产）、腹压增高、刺激性药物灌肠等引起羊只强烈努责。

【症状】在肛门处可见到圆球形或圆桶状肿胀物，颜色淡红或暗红，不能自行缩回。全身症状重剧，病羊精神沉郁，体温升高，食欲减退，频频努责，做排粪姿势。随着病程的发展，脱出物发生水肿、糜烂、出血、坏死等，表面污秽不洁，或者粘有泥土、草屑等，甚至会继发肠套叠、直肠疝。

单纯性直肠脱可见圆筒状肿胀脱出向下弯曲下垂，手指不能沿着脱出的直肠和肛门之间向骨盆腔的方向进入；直肠脱伴有肠套叠的脱出时，脱出的肠管由于肠系膜的牵引，而是突出的圆筒状肿胀向上弯曲，坚硬而厚实，手指可沿直肠和肛门之间向盆腔方向进入，不遇障碍。

【防治】

1. 预防　加强羊只的饲养管理，满足羊只的营养需要；适当运动，提高机体健康水平；积极治疗腹泻、便秘、难产和腹压增高的疾病。

2. 治疗　使用 0.1% 温的高锰酸钾溶液清洗病患处，之后保持病羊站立保定，体躯保持前低后高，使用 0.25%~5% 盐酸普鲁卡因注射液后海穴封闭和局部浸润麻醉（进行荷包缝合时应用）。将脱出的直肠在羊不努责时用手指翻入、推送、展平，切忌粗暴操作。整复后可进行腹部触诊，不应触到粗硬的香肠状肠管。距离肛门 1~3 cm 处做荷包缝合，保留 1~2 指大小的排粪口，打成活结。或采用药物固定，使直肠周围结缔组织增生，可在肛门上方和左、右两侧直肠旁组织 2~3 cm 处分点注射 70% 乙醇 3~5 mL 或 10% 明矾液 5~10 mL（在其中加 2% 普鲁卡因溶液 3~5 mL），刺入深度为 3~5 cm。手术后饲喂柔软多汁饲料，多饮温水，并注意抗菌消炎，减少运动。

九、关节扭伤

关节扭伤是指羊只关节在突然受到直接或间接的机械外力作

用下，超越了羊只生理活动承受范围，过度伸展、弯曲或扭转而发生的关节损伤。常发生于膝关节、肩关节和髋关节。

【病因】 关节扭伤多为外力作用，如急转、跌倒、跳跃障碍、上下坡、急停、不合理保定等，使关节的伸展、弯曲或扭转超越其生理活动范围，引起关节韧带和关节囊的纤维发生损伤断裂，以及软骨和骨骺的损伤。

【症状】 羊只常突然发病，出现疼痛，关节患处发生肿胀、触摸温热、跛行和骨质增生。表现触诊痛感，甚至拒绝检查。肿胀是因为病初关节滑膜出血、渗出而表现为炎性肿胀；转成慢性时，形成骨赘，表现为关节硬固肿胀，但四肢上部关节扭伤，常因肌肉丰满而肿胀不明显。一般伤后经过 12~24 h，温热和炎性肿胀、疼痛、跛行并存，但在慢性过程中，在关节周围纤维性增殖和骨性增殖阶段仅有肿胀、跛行而无温热。羊在关节损伤后即出现跛行，上部关节扭伤时为悬跛，下部关节扭伤时为支跛；骨组织受伤时，则表现为重度跛行，呈三肢跳跃前进或拖拉前进。患病关节由于损伤组织程度及病理发展阶段不同，症状表现也有所差异。

【防治】

1. 预防 加强饲养管理，减少羊只关节受各种间接外力伤害，注意羊场、羊舍细节设置，外出放牧时防止过度驱赶等。

2. 治疗 治疗原则是减少受伤部位的瘀血和炎性渗出，促进吸收，镇痛消炎，防止组织增生，恢复关节功能。

（1）关节损伤初期（12 h 以内）：用冷敷冷却疗法或使用压迫绷带制止渗出，使用安络血注射液 10~20 mg 或止血敏注射液 0.25~0.5 g，肌内注射，每天 1 次，连用 3 d，主要是减少受伤关节出血。青霉素 2 万~3 万 u/kg 体重，安乃近注射液 0.3~1 g，注射用水 5 mL，肌内注射，每天 2 次，连用 3 d，控制并发症。同时可使用生理盐水 500 mL（实际以羊只大小决定用量），5% 氯化钙注射液 50~150 mL，维生素 C 注射液 0.5~1.5 g，静脉注射，每天 1~2 次，连用 3 d。

（2）扭伤中期：急性炎性渗出减轻后，用温水浴、温敷等温热疗法或局部涂抹鱼石脂来促进吸收。青霉索 80 万~160 万 u，0.25% 盐酸普鲁卡因注射液 10~15 mL，关节疼痛较重时于关节腔注入。当韧带、关节囊损伤严重或怀疑有软骨、骨损伤时，应实际根据情况装固定绷带。

对于肿痛明显者可用以下中药外敷：雄黄 3 g，白及 62 g，明矾 31 g，乳香 62 g，红花 31 g，栀子 31 g，共研为细末，使用 500 mL 醋调匀，敷于患部。

十、骨折

骨折是指骨或软骨的连续性发生完全或部分中断所引起的疾病。骨折合并有周围肌肉、肌腱等组织不同程度的损伤，临床常见四肢骨折。

【病因】骨折多数由外伤引起，多因直接和间接暴力所致。直接暴力，如暴力驱赶、直接打击、车辆冲撞、重物压轧、两羊角斗等；间接暴力，如跨越沟渠，在行走中滑倒，蹄部卡于洞穴、木栅缝隙之中等。以上都可能造成骨折，这与羊场的管理不善有一定的关系。另外，还有病理性骨折，多由代谢性疾病，如佝偻病、骨软病、纤维性骨营养不良、骨髓炎、氟中毒等可使骨骼坚韧性发生变化，在受到外力作用时便可发生骨折。

【症状】临床症状由骨折的性质、部位、程度不同而决定，但共同临床症状为变形（上、下骨折端因受肌肉的牵拉和肢体重力的影响而表现为肢体缩短、纵轴移位、侧方移位、旋转等）、异常活动（四肢下端的长骨完全骨折后，随着运动其远端可出现晃动等异常活动）、肿胀（骨折引起的肿胀，一般都是由骨折时血管损伤，导致出血和组织炎症所致）与出血、疼痛（疼痛感由神经、骨膜受到损伤所致)、骨摩擦音(骨折的两断端相碰时发出尖锐的撕裂声,也有因局部肿胀或两端有软组织嵌入而不发音的)及功能障碍(病羊常在骨折后立即出现功能障碍,四肢的完全骨折最为明显,站立时不愿负重,运步时二路跳,由于剧烈疼痛致使病羊不愿运动。脊椎骨骨折伤及骨髓时可导致相应区后部的躯体瘫痪等。但发生不完全骨折、棘突骨折或肋骨骨折时,功能障碍方面可能表现不明显)等。

除上述症状外,继发症状可以见到皮肤及软组织的创伤。有的形成创囊,骨折断端暴露于外,创囊内变化复杂,常含有血凝块、渗出物、碎骨片或异物等。有的骨折甚至会造成内脏出血、休克、细菌感染、体温升高、食欲减退等症状。

【诊断】根据临床症状可以做出初步诊断,确诊可以通过 X 线检查,能非常清楚地了解骨折的形状、移位情况、骨折后的愈合情况等。

【防治】

1. 预防 加强饲养管理,羊舍场地合理化建设,减少意外的发生。做好高产母羊的妊娠后期及泌乳高峰期的管理,合理搭配饲料,减少羊产后缺钙和其他疾病,尽量减少骨折的发病因素。

2. 治疗 主要分为闭合性骨折和开放性骨折。

(1)闭合性骨折:按早期整复、合理固定的原则进行。整复要及时,间隔时间越短越好。整复是使两断端处在接触部位,回复到原来的位置。为防止或减轻整复时的痛感,可用 2% 普鲁卡因注射液 10~30 mL 注入血肿内或用传导麻醉,再行整复。固定分为内固定与外固定。内固定一般需使用内钉、贯穿钉、接骨板与骨螺丝,必须通过无菌手术将皮肤与肌肉切开,直接在断裂的骨折处安装好。外固定是用石膏绷带或石膏夹板绷带固定,临床上多采用小夹板固定法,其方法是在骨折部位包裹脱脂棉,将木条、竹片、树皮或厚纸壳做成夹板,按骨折部位选择长度、厚

0.5 cm 左右，宽 0.5~2 cm，配成对，对称地夹上，然后缚以绷带。一般在临床治疗 3~4 周后，要做适当活动，并逐渐增加活动量，以避免肌肉萎缩。

（2）开放性骨折：需根据病情发展程度、感染情况，正确处理外伤治疗与局部固定的关系。病初应以处理外伤为主，对局部外伤做彻底消毒，处理坏死组织和游离的碎骨片，在创口撒布青霉素粉等抗生素防止感染；然后予以包扎，夹板固定要稍松，以利于伤口的愈合。一般每隔 1~2 d 处理 1 次。

十一、腐蹄病

腐蹄病是反刍动物常发的蹄病，主要是趾（指）间隙皮肤及皮下组织的急性或亚急性炎症。该病以蹄角质腐败、趾间皮肤和组织腐败、化脓为特征，病原菌为坏死厌氧丝杆菌和结节状梭菌等，多见于低湿地带和湿热多雨季节。

【病因】该病病因主要有：在炎热雨季，圈舍潮湿泥泞，饲养管理差，蹄部受粪尿污水等浸渍，护蹄不当；饲草料中缺钙、磷矿物质或钙、磷比例不平衡，致使蹄角质疏松，弹性降低，引起皲裂、发炎；或先天性蹄角质软弱，蹄部被石子、玻璃、锐器等刺伤，感染病原菌。

【症状】可见病羊跛行，喜卧怕立，行走较困难。病初精神沉郁，体温升高，食欲减退或废绝，轻度跛行，多为一蹄患病。随着病程的发展，跛行加重。若两前肢患病，病羊常跪地或爬行；后肢患病时，常见病肢伸到腹下；如蹄壳腐烂变形，则不能行走，常卧地不起，易发生压疮。多数病羊跛行达数十天，甚至几个月，逐渐消瘦，如果不及时治疗甚至可引起败血症造成死亡。蹄部发热、肿大、敏感疼痛，趾（指）间隙皮肤充血、肿胀及溃烂，并有恶臭分泌物排出，可以蔓延至蹄冠、蹄后部和系部，亦可侵害腱韧带、关节，使其发生化脓性炎症。有时蹄底溃烂，形成小孔或大洞，内充满污灰色或黑褐色的坏死组织及恶臭的脓汁，导致蹄壳脱落，最后可引起蹄畸形和继发脓毒败血症。

【诊断】根据临床症状可以做出诊断。

【防治】

1. 预防　加强饲养管理，提供营养全面的饲草，硬化圈舍地面，保持圈舍干燥卫生，定期消毒，尽量减少和避免在低湿地带放牧；加强蹄部护理；经常检查和修理羊蹄，及时处理蹄部外伤；在多雨潮湿的夏季，全群定期用 10% 硫酸铜溶液洗浴蹄部。

2. 治疗

（1）轻症者：可使用 3% 过氧化氢溶液或 0.2% 高锰酸钾溶液或聚维酮碘消毒液，冲洗患蹄；用 10% 硫酸铜溶液或 10% 硫酸锌溶液浴蹄，之后包扎。

（2）重症者：可见蹄叉腐烂、蹄底出现小洞，并有脓汁和坏死组织渗出时，先用消毒剂将蹄洗净擦干，5% 碘酊消毒后，使用小刀或锐匙，由外向内将坏死组织和脓汁彻底清除，再灌注 5% 碘酊消毒，撒入土霉素粉或碘仿磺胺粉、四环素粉等，外用福尔马林松馏油（1:4）棉塞填塞，包扎蹄绷带。最后用帆布片包住整个蹄，在系部用细绳捆紧，一般 2~3 d 换药 1 次，青霉素 5 万~10 万 u/kg 体重，链霉素 10~15 mg/kg 体重，30% 安乃近注射液 3~10 mL，注射用水 10 mL，肌内注射，每天 1 次，连用 2~3 d。10% 甲硝唑注射液 10 mg/kg 体重，静脉注射，每天 1 次，连用 3 d。

十二、绵羊蹄间腺炎

绵羊蹄间腺炎是绵羊蹄间腺由于外伤或堵塞而引起的一种炎症。该病多发生于秋冬季节，个别羊群发病率达 10%~15%，多侵害一肢。一般病程较长，影响绵羊采食和生长发育。

【病因】该病主要是因蹄间腺被牧草草茬、种子或植物毛刺、其他尖锐物品刺伤或泥土嵌入堵塞蹄间腺排泄孔而发病。

【症状】可见患肢蹄间裂张开、张大，跛行，主要引起肢跛。

【诊断】蹄部检查通常可见到植物毛刺侵入蹄间组织，蹄间组织有外伤，蹄间腺的排泄孔口有凸起、炎性反应、肿及分泌物溢出等症状，触之有痛感。病程较长时，在患处形成瘘管或发生化脓性蹄真皮炎、蹄冠蜂窝织炎、蹄壁部分剥离等病变。

【防治】

1. 预防 主要是加强饲养管理，建立检查制度，经常检查羊蹄部卫生状况，发现蹄部有异物要及清理，做到早发现、早治疗。

2. 治疗 对轻度炎症反应者，清洗蹄部，清除异物，在患处涂上碘酊或涂抹防腐软膏。严重者需手术治疗：手术切开患部，摘除蹄间腺体，使用松馏油与凡士林以 1:1 比例混合油膏涂抹患部，绷带包扎。术后放在清洁、干燥栏舍内单独饲养 3 d，同时使用青霉素、头孢菌素类等抗生素治疗。

第十三章　羊的营养代谢病

一、绵羊妊娠毒血症

绵羊妊娠毒血症是由于母羊妊娠后期发生糖类和挥发性脂肪酸代谢障碍的亚急性代谢病。以体内蓄积大量酮体，组织蛋白大量消耗和全身衰竭为其特征。该病的死亡率可达 70%~100%，杂种羊易感性高，放牧羊比舍饲羊更易患此病。山羊也可发生。

【病因】该病主要见于母羊怀孕后期，特别是怀羔过多（如怀双羔、三羔及三羔以上）、胎儿过大、体质瘦弱或怀孕早期过肥的母羊。主要发生于妊娠最后一个月，特别是分娩前 10~20 d，胎儿需要大量营养物质，母羊不能满足营养需要而发病。饲养管理不当，如过度放牧，草场退化，冬草贮备不足，草料单一、草质差，缺乏谷物类精料、优质干草、矿物质和维生素等饲料，造成母羊摄取的营养不足，如维生素缺乏导致妊娠中营养不良。或营养不平衡，喂给精料过多，特别是在缺乏粗饲料的情况下而喂给含蛋白质和脂肪过多的精料，缺乏运动等，都会造成该病的发生。继发性因素，主要是妊娠羊患病如前胃弛缓、瘤胃积食、消化道寄生虫病、肝炎等，造成羊只食欲下降、营养消耗过多或肝功能降低而发病；各种应激因素如长途运输禁饲、饲料突变、环境突变、天气骤变、热应激等，常使血糖降低而引起该病。

【症状】该病多见于冬、春产羔季节，主要是母羊怀羔过多、体质瘦弱或怀孕早期过肥，以及杂交母羊和第二胎次及以后。以低血糖、酮血、高血脂、酮尿、虚弱和失明为主要特征，临床表现为精神沉郁、食欲减退或废绝、反刍停止，黏膜黄染，体温正常或下降，脉搏快而羸弱，呼吸浅而快，呼出气体有烂苹果味，粪便小而硬，被覆黏液，甚至带血，小便频繁；随着病情的发展常突然出现神经症状，如运动失调，以头抵物，转圈运动，不断磨牙，视力降低或消失，肌纤维震颤或痉挛，头向后仰或弯向侧方，卧地不起等，常在 1~3 d 内死亡，死前多陷于昏迷状态，全身可出现痉挛，四肢有不由自主的游泳运动。

病羊所产之羔发育不良，生活力差，大多数在出生后不久死亡。早期流产病羊的症状比较缓和，常可逐渐减轻而恢复；否则，逐渐加重，直至母子死亡。

【病理变化】可视黏膜黄染，肝肿大变脆，色泽微黄，肝细胞发生明显的脂肪变性，有些区域呈颗粒变性及坏死；肾脏亦有类似病变，肾上腺肿大，皮质变脆，呈土黄色。

【诊断】该病主要见于冬、春季节，妊娠后期或怀羔过多（进行腹部触诊或 B 超检查确定）、体质瘦弱或妊娠早期过肥的母羊，有营养缺乏的病史，结合临床症状与病理变化可做出初步诊断，结合实验室诊断则更为准确。

实验室诊断：检测血样可出现低血糖（血糖可由正常的 3.33~4.99 mmol/L 下降到 1.4 mmol/L 以下）、高血酮（血清酮体由正常的 5.85 mmol/L 升高到 547 mmol/L 或以上，β-羟丁酸由正常的 0.06 mmol/L 升高到 8.5 mmol/L），尿酮呈强阳性反应，血浆游离脂肪酸增多，血液总蛋白减少，淋巴细胞及嗜酸性白细胞减少。后期血清非蛋白氮升高，有时可发展为高血糖。

【防治】

1. 预防 加强饲养管理，保证母羊必需的糖类、蛋白质、矿物质、维生素和微量元素等营养元素的需求，在母羊怀孕的最后

1~2 个月，特别是多羔妊娠的母羊，应注意添加饲喂优质干草（如豆科干草），加喂精料。精料喂量根据体况而定，从产前 2 个月开始，每天喂给精料 100~150 g，以后逐渐增加，到临分娩前达到 500~1000 g/d，体形偏肥母羊应减少喂料量。有条件的羊场可以饲喂全价配合饲料，防止母羊妊娠早期过肥。刚配种以后，饲养条件不必太好，在怀孕的前 2~3 个月内不要让其体重增加太多，2~3 个月以后可逐渐增加营养。每天应放牧或运动 2 h 左右，至少应强迫行走 250 m 以上；对多羔妊娠的易感母羊分娩前 10~20 d 开始饲喂丙二醇，用量为 20~30 mL/d。

2. 治疗　治疗原则为补糖抗酮保肝，纠正酸中毒，对症治疗，必要时引产。可参考以下方案。

方案一：10% 葡萄糖注射液 100~500 mL，维生素 C 注射液 0.5~1.5 g，10% 安钠咖注射液 5~20 mL，10% 葡萄糖酸钙注射液 50~150 mL，静脉注射，每天 1~2 次，连用 3~5 d。胰岛素注射液 10~50 u，静脉补糖后皮下或肌内注射。

方案二：丙二醇 20~30 mL（或丙酸钠 15~25 g，或丙酸钙 15~25 g，或甘油 20~30 mL），维 D_2 磷酸氢钙片 30~60 片，干酵母片 30~60 g，健胃散 30~60 g，加水灌服，每天 2 次，连用 3~5 d。

必要时进行人工引产（用开膣器打开阴道，在子宫颈口或阴道前部放置纱布块，或使用地塞米松注射液 10 mg，或氯前列烯醇 0.2 mg，肌内注射，以促进其分娩）或实施剖宫产手术，随着胎儿娩出，症状即减轻或消失。

二、羔羊低血糖症

羔羊低血糖症，是新生羔羊由于血糖浓度降低而引起的以中枢神经系统功能障碍为特征的营养代谢病。该病主要发生于冬春季节，绵羊多见。

【病因】

（1）母源性。孕羊本身营养不良，多胎妊娠，引起羔羊先天不足，或哺乳母羊的营养状况较差，泌乳量不足，乳汁营养成分不全，或母羊母性差，拒绝羔羊吃奶。

（2）初生羔羊吃奶过迟或吃不到乳，天气寒冷，使羔羊缺乳，过度饥饿，能量消耗过多，或羔羊患有痢疾，消化不良、肝脏疾病（影响糖异生）等。

【症状】 该病一般限于1周以内的新生羔羊，多发于出生后5日龄以内的羔羊，羔羊精神沉郁，体温下降，可降至36℃左右。黏膜苍白，呼吸微弱但呼吸次数增加，肌肉紧张性降低，行走无力，侧卧着地，脱水，消瘦。严重时空口咀嚼，流涎，头口后仰，眼球震颤，软弱无力，全身发抖，精神过度兴奋或严重抑制，勉强站立，东倒西歪，嗜睡，甚至昏迷死亡。该病发病急速，多在2~5 h内死亡。若能及时进食或注射葡萄糖液，可快速恢复。

【诊断】 有缺乳或受寒的病史，结合临床症状可做出初步诊断，必要时进行实验室检查：羔羊血糖水平，血糖由正常的2.8~3.9 mmol/L下降到1.7 mmol/L以下；血中非蛋白氮通常升高。治疗性诊断可见，使用葡萄糖治疗效果明显。

【防治】

1. 预防 加强妊娠母羊的饲养管理，特别是在妊娠后期和哺乳时，提供优质干草，提供全价配合饲料。注意产房羔羊的保暖，防止羔羊受凉，及时促使羔羊吃上初乳，提前补饲精料，采取措施尽量减少羔羊疾病的发生。

2. 治疗 使用10%~20%葡萄糖注射液20 mL，静脉注射或腹腔注射，每天2次；或口服25%葡萄糖溶液，每隔2 h一次，直至体力恢复为止。配合应用复合维生素B和维生素C，则效果更好。

三、维生素A缺乏症

维生素 A 缺乏症是由于体内维生素 A 或胡萝卜素缺乏所引起的一种营养代谢性疾病。发病羊只会发生干眼病，黏膜上皮角质化，繁殖能力降低，免疫力下降。其临床特征为生长缓慢，上皮角化障碍，视觉异常，骨形成缺陷和繁殖功能障碍。多发生于羔羊、舍饲羊和妊娠绵羊。

【病因】

（1）长期饲喂胡萝卜素含量较低的草料，如劣质干草、棉籽饼、甜菜渣、谷物及其加工的副产品（麸皮、米糠等）。

（2）饲料中的维生素 A 或胡萝卜素由于某种原因遭到破坏或抑制，含量降低。如某些豆科牧草和大豆中含脂氧化酶可以破坏胡萝卜素，饲料中的硝酸盐能抑制胡萝卜素转变成维生素 A，收割的青草经日光长时间照射或存放过久而陈旧变质，饲料受高温、高湿、高压作用以及与矿物质混合等。

（3）羊处在特殊的生理时期，如妊娠、泌乳、快速生长发育期，或饲养管理条件不良，过度拥挤，缺乏运动和光照，遭受风寒暑湿等不良因素的作用，可使机体对维生素 A 或胡萝卜素的需要量升高，饲喂不足就会导致缺乏。

（4）羔羊缺乏光照，运动量少，无机盐补喂不足，或母乳不足或断奶过早以及胃肠疾病等，均可诱发本病。

【症状】维生素 A 缺乏羔羊易感性高。初期表现夜盲症，病羊出现视觉异常，在黎明、傍晚或阴天撞东西，眼睛对光线过敏，角膜干燥，流泪，角膜逐渐增生发生混浊。青年羊还会由于细菌继发感染而失明。易患肺炎、腹泻、皮肤病和尿石症，发育迟缓，被毛粗乱，骨组织发育异常，包裹软组织的头盖骨和脊髓腔特别明显，由于颅内压增高或变形骨的压迫而出现瞳孔扩大、失明、运动失调、惊厥发作和步态蹒跚等症状。育肥羊除出现上述症状外，还会出现全身性水肿，特别是前躯和前腿，也可见到跛行和肌肉变性症状。妊娠母羊常发生流产、死产，产出体弱或先天性失明的羔羊，母羊受胎率下降。

【诊断】根据临床症状可以做出初步诊断。实验室检查发现脑脊液压力升高，结膜涂片检查发现角化上皮细胞数目增多，肝和血清中维生素 A 和胡萝卜素含量下降。治疗性诊断时补充维生素 A 或胡萝卜素后症状好转。

【防治】

1. 预防　加强饲养管理，给予全价饲料，在特殊的生理时期适当提高营养水平，给予含维生素 A 和胡萝卜素较多的饲料（青绿饲料、青干草、青贮料和胡萝卜等），正确加工调制和保存饲料，防止维生素 A 和胡萝卜素破坏过多。每日供应胡萝卜素 0.1~0.4 mg/kg 体重。注意：维生素 A 长期过量使用可导致动物中毒，羊对维生素 A 的最大耐受量（以饲粮干物质基础计）为 19.8 mg/kg。

2. 治疗　治疗原则是早期诊断，改善饲养水平，调制日粮，适当补充维生素 A 或胡萝卜素。可参考以下方案。

方案一：维生素 A 胶囊 2.5 万~5 万 u，内服，每天 1 次，连用 3~5 d；或鱼肝油 10~30 mL，内服，每天 1 次，连用 3~5 d。

方案二：维生素 AD 滴剂，羔羊 0.5~1 mL，成年羊 2~4 mL，内服，每天 1 次，连用 3~5 d；或维生素 AD 注射液，羔羊 0.5~1 mL，成年羊 2~4 mL，肌内注射，每天 1 次，连用 3~5 d。

四、维生素 B_1 缺乏症

维生素 B_1（硫胺素）又称抗神经炎维生素或抗脚气病维生素，主要参与动物的能量代谢，作为辅酶（羧辅酶）参与碳水化合物代谢过程中 α-酮酸（丙酮酸、α-戊二酸）的氧化脱羧反应和戊糖磷酸途径中戊糖磷酸的生成。维生素 B_1 缺乏症是维生素

B_1 缺乏或不足所引起的以神经功能障碍为主症的一种营养代谢病，多发生于羔羊。

【病因】

（1）日粮组成中缺乏维生素 B_1 含量高的饲料，如青绿饲料、禾本科谷物、发酵饲料；或蛋白性饲料缺乏，糖类过剩；或单一饲喂谷物类精料；长期食欲废绝；长期使用广谱抗生素，使瘤胃微生物紊乱，造成维生素 B_1 合成受阻。

（2）维生素 B_1 受到破坏或拮抗。如羊大量食入绿豆、油菜籽、米糠、亚麻和棉籽等含有维生素 B_1 拮抗因子的饲料；长期大量服用抗球虫药氨丙啉可以拮抗维生素 B_1；产芽孢杆菌和芽孢杆菌属的细菌产生的维生素 B_1 酶能分解、破坏维生素 B_1。

（3）机体需要维生素 B_1 量增加。羊处在特殊的生理时期，如妊娠、泌乳、快速生长发育，患有胃肠道疾病或寄生虫病等，长期腹泻，高热，以及饲养管理条件不良，过度拥挤，缺乏运动和光照，遭受风寒暑湿等不良因素的作用，可使机体对维生素 B_1 的需要量或消耗量升高，吸收减少或饲喂不足时就会导致缺乏。

【症状】成年羊无明显症状，主要表现为厌食、消瘦。羔羊表现为食欲减退，共济失调，站立不稳，重度腹泻和脱水，因脑灰质软化而出现神经症状，如兴奋不安，乱撞，转圈，痉挛，四肢抽搐，惊厥，倒地后牙关紧咬，眼球震颤，角弓反张，严重者呈强直性痉挛，甚至昏迷、死亡。绵羊羔死亡率几乎 100%。

【病理变化】剖检症状主要为脑组织变化，大脑灰白质广泛性软化、坏死。

【诊断】有饲养管理不当，导致维生素 B_1 缺乏的病史。血液检查，血清内丙酮酸浓度升高（由正常的 $20\sim30~\mu g/L$ 上升到 $60\sim80~\mu g/L$），血清维生素 B_1 含量下降（由正常的 $80\sim100~\mu g/L$ 下降到 $25\sim30~\mu g/L$），脑脊液中细胞数量增加（由正常的 $0\sim3$ 个/mL

上升到 10~25 个/mL）。治疗性诊断可见补充维生素 B_1 后病情迅速好转。

【防治】

1. 预防　改善饲养管理，调整日粮组成，增加富含维生素 B_1 的饲料（如优质青草、麸皮、米糠、饲料酵母、发芽谷物等）；也可在日粮中添加维生素 B_1 5~10 mg/kg 或按 30~60 μg/kg 体重添加；也可用复合维生素 B 进行预防。合理使用抗生素，使用对维生素 B_1 有拮抗作用的药物时注意控制疗程。

2. 治疗　维生素 B_1 注射液 0.25~0.5 mg/kg 体重，皮下或肌内注射，每天 1~2 次，连用 3~5 d；或复合维生素 B 注射液 2~4 mL，皮下或肌内注射，每天 1~2 次，连用 3~5 d；或复合维生素 B 粉、多种维生素粉等，按说明书添加。

五、硒和维生素 E 缺乏症

硒和维生素 E 缺乏症是由于硒和维生素 E 缺乏，导致羊骨骼肌、心肌等组织发生以变性、坏死为特征的一种营养代谢病。硒和维生素 E 缺乏时，羔羊易发生白肌病，种羊易发生繁殖障碍。在缺硒地区，冬末春初季节多发。

【病因】

（1）饲料中维生素 E 缺乏主要是由于维生素 E 含量不足和维生素 E 破坏较多。前者主要是由于长期大量饲喂劣质干草、块根块茎类饲料引起的，后者是因为饲料遭受雨淋、暴晒、过久贮存等原因造成的。

（2）饲料缺硒，是指饲料含硒量低于硒的低限营养需要量（0.1 mg/kg 饲料），主要是由于土壤缺硒（小于 0.5 mg/kg）造成的，以及条件性缺硒因素如多雨、灌溉使硒流失。土壤呈酸性或中性时，硒不易被溶解吸收；土壤中硒拮抗元素如铅、汞、镉、硫等元素过多，影响硒的吸收；植物种类如三叶草等含硒量低，长期大量饲喂易导致硒缺乏。

（3）饲料中亚油酸、花生四烯酸等不饱和脂肪酸过多，使维生素 E 的需要量升高。

（4）机体需要量增加。羊处在快速生长发育期、妊娠期、哺乳期等特殊的生理时期，对硒和维生素 E 的需要量升高，未及时补充，导致缺乏。

（5）其他因素，如含硫氨基酸缺乏，胃肠道疾病和肝胆疾病，饲料中维生素 A 含量等因素，使硒和维生素 E 的吸收减少。

【症状】该病羔羊主要表现为白肌病，急性病例常因心肌变性坏死而突然死亡，慢性病例表现为食欲减退、发育受阻、步态强拘、喜卧、站立困难、臀背部肌肉僵硬、消化紊乱，常伴有顽固性腹泻、心率加快、节律不齐。成年羊主要表为繁殖障碍，生产能力下降（种母羊妊娠率降低或不孕、种公羊繁殖力因精子形成不全而下降）。

【病理变化】主要表现为不同程度的白肌病。常见于运动剧烈的肌肉群，如背部、臀部和四肢的肌肉，呈白色煮肉状，有点状或条状的坏死灶，通常两侧对称发生。心肌上有针尖大小的白色坏死灶。

【诊断】该病主要发生缺硒地区、牧草干枯季节和幼龄羊，有营养缺乏的病史。饲料检查：检查饲料中缺乏硒（低于 0.02 mg/kg）和维生素 E，或不饱和脂肪酸过多；动物检查：全血含硒的谷胱甘肽过氧化物酶活性降低，血液硒含量低于 0.05 mg/L，肝脏硒含量低于 2 mg/kg，被毛硒含量低于 0.25 mg/kg。治疗性诊断时用硒制剂治疗效果明显。

【防治】

1. 预防　加强饲养管理，合理加工、贮存饲料，饲喂全价配合日粮、优质青干草。在缺硒地区，饲料中添加硒和维生素 E，亚酸钠 0.22~0.44 mg/kg（即含硒 0.1~0.2 mg/kg 饲料），维生素 E

10~20 mg/kg 饲料或 0.5% 的植物油。有条件的羊场可投放缓释硒丸，改良牧场土壤，施用硒肥或喷洒硒肥，增加土壤中硒的含量。

2. 治疗　可参考以下方案。

方案一：0.1% 亚硒酸钠注射液，羔羊 2~3 mL，成年羊 5 mL，肌内注射，间隔 1~3 d 注射 1 次，连用 2~4 次；或醋酸生育酚注射液（醋酸维生素 E 注射液），羔羊 0.1~0.5 g，成年羊 5~20 mg/kg，肌内注射，间隔 1~3 d 注射 1 次，连用 2~4 次。

方案二：亚硒酸钠维生素 E 注射液，羔羊 1~2 mL，肌内注射；或亚硒酸钠维生素 E 预混剂（亚硒酸钠 0.4 g，维生素 E 5 g，加碳酸钙至 1000 g）500~1000 g，加入 1000 kg 饲料混饲。

六、代谢性骨病

代谢性骨病主要表现为佝偻病、骨软病和纤维性骨营养不良三种慢性骨病。

【病因】

（1）维生素 D 缺乏或不足。维生素 D 主要用于调节钙、磷代谢，维持骨骼的正常发育。幼龄动物缺乏维生素 D 易患佝偻病；成年动物缺乏导致维生素 D 导致矿物质代谢失调，骨骼中钙、磷含量降低，发生骨软病和骨质疏松症。缺乏原因可有如下因素：长期圈养养羊，冬、春季节，高纬度地区，光照不足等，导致维生素 D 自身生成不足；羊快速生长发育和饲料中钙磷比例失调时，机体对维生素 D 的需求量增加；羊患有消化道疾病或饲料中维生素 A 过多，影响维生素 D 的吸收；慢性肝病或肾功能衰竭时，使维生素 D 活化受阻。

（2）饲料牧草中钙元素含量不足或其他原因造成钙的含量降低。多见于水灾或干旱，长期饲喂低钙饲料（麸皮、米糠、高粱），饲料中钙拮抗因子（如草酸、植酸、氟、脂肪）过多。

（3）饲料牧草中磷元素含量不足或其他原因造成磷的含量降

低。见于土壤缺磷，干旱，水灾，过量补钙，长期饲喂含钙多的饲料（秸秆、干草），而含磷多的饲料饲喂较少。

（4）其他因素，包括长期饲喂高钙低磷或高磷低钙饲料、低磷低钙的饲料（造成钙磷比例失调），饲料中维生素 A 和维生素 C 缺乏，微量元素锌、铜、锰缺乏等因素。

【症状】

（1）佝偻病：羔羊多见，早期出现食欲减退，消化不良，异嗜，喜卧，不愿站立和运动。发育停滞，消瘦，下颌骨增厚和变软，出牙期延长，齿形不规则，齿质钙化不足，出现沟状不平，有色素，常排列不整齐，齿面易磨损。严重的羔羊，口腔不能闭合，舌突出，流涎，吃食困难，最后面骨和躯干、四肢骨骼发生变形，如胸廓狭窄，肋骨与肋软骨交界处有串珠状突起，脊柱变形，关节肿胀，长骨弯曲，呈现"X"形或"O"形腿，或伴有咳嗽，腹泻，呼吸困难和贫血。

（2）骨软病：主要发生于骨化作用完成后的绵羊，出现食欲减退，前胃弛缓，异嗜（如吃食被粪尿污染的垫草，舔墙壁，啃骨头，吃胎衣等），负重力差，跛行渐重，走路不稳，后躯摇摆，拱背或凹背，极易发生骨折。

（3）纤维性骨营养不良：主要发生于山羊，表现为食欲减退，反刍减少，异嗜跛行，骨质软化和疏松，骨骼变形头骨变形，上颌骨肿胀，硬腭突出，致使口腔闭合困难，影响采食和咀嚼，甚至鼻道狭窄，引发吸气性呼吸困难，易突发骨折。

【诊断】该病多发生于生长发育快的羔羊、妊娠和泌乳母羊，多有光照不足和营养缺乏的病史。饲料检测可见缺乏钙、磷、维生素 D 或钙磷比例失调。X 线检查骨密度下降，其中佝偻病时骨干末端膨大，呈现"羊毛状"或"蚕食状"外观；骨软病时骨皮质变薄，髓腔增宽，骨小梁结构紊乱，最后 1~2 尾椎骨愈合或椎体消失；纤维性骨营养不良时，尾椎骨的皮质变薄，皮质与髓质界限模糊，颅骨表面不光滑，骨质密度不均匀。血液检查可见血液中的钙、磷水平变化不大，一般处于正常水平的低限，但血液中碱性磷酸酶活性升高，游离羟脯氨酸含量升高，可作为早期诊断的指标。

【防治】

1. 预防　科学调配日粮，保证全价饲养的同时，还要注意饲料中钙、磷的比例要适当。多晒太阳。注意补充添加微量元素、维生素营养，特别注意饲料中对微量元素锌、铜、锰，以及维生素 A 和维生素 C 的补充。

2. 治疗　主要是改善饲养管理，在供给全价日粮的基础上，补充钙、磷和维生素 D。可参考以下方案。

方案一：维丁胶性钙注射液 1 mL，皮下或肌内注射，每天 1 次，连用 3 d；维生素 D_3 注射液 0.15 万~0.3 万 u/kg 体重，肌内注射，每天 1 次。

丙二醇 10 mL 或甘油 10 mL，维生素 AD 丸 1 粒，维 D_2 磷酸氢钙片 1 片，干酵母片 10 片，加水内服，每天 1 次，连用 3~5 d。腿部变形严重的，可用小夹板固定法纠正（用于佝偻病）。

方案二：20% 磷酸氢钠注射液 40~50 mL，5% 葡萄糖氯化钠注射液 500 mL，静脉注射，每天 1 次，连用 3~5 d（用于骨软病）。

10% 葡萄糖酸钙注射液 50~150 mL 或 5% 氯化钙注射液 20~100 mL，5% 葡萄糖氯化钠注射液 500 mL，静脉注射，每天 1~2 次，连用 3~5 d（用于纤维性骨营养不良）。

维丁胶性钙注射液 2~3 mL，皮下或肌内注射，每天 1 次，连用 3~5 d。丙二醇 20~30 mL（或丙酸钙 15~25 g，或甘油 20~30 mL），维 D_2 磷酸氢钙片 30~60 片，干酵母片 30~60 g，健胃散 30~60 g，加水内服，每天 2 次，连用 3~5 d。

七、低镁血症

低镁血症又称青草抽搐、牧草搐搦、麦草中毒，是羊在采食了生长繁盛的幼嫩青草或谷苗后，突然发生的一种由镁缺乏引起镁、钙、磷比例失调而导致的营养代谢病。其临床特征为全身肌肉强直性或阵发性痉挛和抽搐。常出现在早春放牧的第1~2周和晚秋季节，施用了氮肥和钾肥的牧草危险性最高。其发病率虽低，但死亡率可超过70%。

【病因】

（1）饲养不当：大量采食缺乏镁的幼嫩青草或谷物幼苗（含镁、钙和糖少，而含钾、磷多），或镁吸收不足（大量采食青草可使瘤胃 pH 值升高和肠道的矿物质形成不溶性化合物），导致血镁降低。

（2）牧草缺镁：见于土壤缺镁或土壤高钾和偏酸，降低牧草对镁的吸收。

（3）相对缺镁：在泌乳高峰期的羊对镁的需要量升高，如摄入不足，可导致缺乏。

（4）消化道疾病：胃肠疾病，胆道疾病，或食入钙、蛋白质过多时，影响镁的吸收。

（5）诱发因素：气候变化，特别是当气温急剧下降或进入多雨季节时，也可诱发该病。

【症状】早期症状表现为羊采食青草过程中，出现精神不振、食欲减退、步行不稳或轻瘫。慢性病例初期无明显可见异常，多在数周或数月之后逐渐出现运动障碍、神经兴奋性增高、食欲及泌乳量减少，最后惊厥死亡；急性型病例出现口唇、四肢震颤、摇摆，磨牙，口流泡沫样唾液，伸颈仰头呈角弓反张，眼球震颤，瞬膜突出，心音亢进，体温不高，四肢冰冷，频频排尿，感觉过敏，极易兴奋，常出现阵发性或强直性痉挛、抽搐和共济失调，最终病羊倒卧在地，呼吸衰竭死亡。

【诊断】在牧草繁盛的季节，泌乳母羊最先发病，有大量采食谷苗或幼嫩青草的病史。实验室检查血钙、血镁和血磷降低，如绵羊的血钙下降到 1~1.7 mmol/L，血镁下降到 0.19~0.29 mmol/L，血磷下降到 0.3~0.4 mmol/L。治疗性诊断时，用镁制剂治疗有效。

【防治】

1. 预防 早春出牧前喂适量干草，在青草茂盛时节，不宜过度放牧或让羊吃得过饱。在该病的危险期，饮水中加入氧化镁，每只每天 7 g。在缺镁地区，放牧前或收割青贮牧草时，牧场喷洒硫酸镁溶液，可预防该病的发生。

2. 治疗 可参考以下方案。

方案一：20% 硫酸镁注射液 40~60 mL，皮下注射。

方案二：硼葡萄糖酸钙注射液 0.21~0.43 mL/kg 体重，10% 葡萄糖注射液 500 mL，20% 硫酸镁注射液 12 mL，缓慢静脉注射。

氯化镁 3 g，维 D_2 磷酸氢钙片 30~60 片，丙二醇 20~30 L，干酵母片 30~60 g，加水内服，每天 2 次，连用 7 d。

八、锌缺乏症

锌缺乏症是由于饲料中锌含量绝对或相对不足所引起的一种营养缺乏症。其临床特征为生长发育受阻、皮肤角化不全、骨骼发育异常和繁殖功能障碍。该病有地区性，我国北京、河北、湖南、江西、江苏、新疆、四川等地有 30%~50% 的土壤缺锌。

【病因】

（1）原发性缺乏：主要是饲喂锌含量低的饲料（块根块茎类饲料、高粱、玉米）引起的，或含锌多的饲料（酵母、糠麸、油饼及动物性饲料）饲喂过少。牧草及植物的含锌量与土壤含锌量有关，我国南方土壤的含锌量高于北方；土壤 pH 值大于 6.5 的石灰性土壤、黄土、黄河冲积物所形成的各种土壤、紫色土，以及过度施用磷肥或石灰等的草场，含锌量极度减少。

（2）继发性缺乏：主要是由于饲料中存在干扰锌吸收利用的因素，如含有过多的钙、镉、铜、铁、铬、锰、钼、磷、碘等，均可干扰饲料中锌的吸收。饲料中过多的植酸和维生素也能干扰锌的吸收。

【症状】

（1）绵羊症状：羊毛变直、变细，容易脱落，皮肤增厚、皲裂（角化不全）。羔羊生长缓慢，发育不良，流涎，跗关节肿胀，四肢僵硬，乏力，步态强拘，眼、蹄冠皮肤肿胀、皲裂（角化不全）。公羔睾丸萎缩，公羊精液量减少，精子生成完全停止，性功能减弱，如饲料中锌含量达到 32.4 mg/kg 时，可恢复精子生成功能。母羊缺锌时，繁殖功能发生紊乱，如发情延迟、不发情或屡配不孕。

（2）山羊症状：生长缓慢，食欲减退，睾丸萎缩，被毛粗乱、脱落，在后躯、阴囊、头、颈部等出现皮肤角质化增生，四肢下部出现裂隙和渗出。

【诊断】该病多发生在缺锌地区，有饲喂低锌或高钙日粮的病史。实验室检查饲料中锌含量下降（羊对锌的需要量为 40 mg/kg 饲料）或钙含量过高，血清碱性磷酸酶活性下降至正常时的一半。血清锌含量下降（绵羊由正常的 12~18 μmol/L 下降到 2.8 μmol/L），血液中白蛋白含量下降，球蛋白含量增加。治疗性诊断时补锌后症状好转。

【防治】

1. 预防　根本措施是加强饲养管理，饲喂全价配合饲料；也可在饲喂新鲜的青绿牧草时，适量添加一些含不饱和脂肪酸的油类，如大豆油；必要时用碳酸锌或硫酸锌每吨饲料添加 180 g，并保持适当的钙锌比例（100∶1~150∶1）。低锌地区可施用锌肥或放置舔砖，投喂缓释锌丸（有效期可达 6~47 周）。

2. 治疗 早诊断，改善饲养，调制日粮，及时补锌。可选用以下方法治疗：羔羊 0.1 g/kg 体重，内服，每周 1 次，连用 3~4 周；其他羊硫酸锌 1 g，内服，每周 1 次，连用 3~4 周。

九、碘缺乏症

碘缺乏症是由于饲料和饮水中缺碘引起的，以家畜甲状腺结缔组织非炎症性增生、水肿为特征的代谢功能紊乱疾病，故又称甲状腺肿。该病常呈地方性，以羔羊多见，多发于距海洋远的山区、灰化土、沙漠土及沼泽土，以及降雨量多的地区。

【病因】由于土壤、饲料、水源中缺乏足够的碘，羊摄入碘不足而造成碘缺乏症。沙漠土、灰化土和沼泽地区，以及盆地、高山降雨量多而水质过软或过硬的地区，碘含量都很低，土壤含碘量低于 0.25 mg/kg，可视为缺碘。慢性消化道疾病可影响碘的吸收；甲状腺发育不全而缺乏某些合成甲状腺素所必需的酶（过氧化酶）等，也可引起本病。缺碘的母畜，还常引起胎儿的甲状腺发育不全。有些饲料中含碘拮抗物质，可干扰碘的吸收和利用，如芜菁、油菜、油菜籽饼、亚麻籽饼、扁豆、豌豆、黄豆粉等含拮抗碘的硫氰酸盐、异硫氰酸盐以及氰苷等。这些饲料如果长期喂量过大，可导致碘缺乏症。羊饲料中碘的需要量为 0.15 mg/kg，而普通牧草中含碘量为 0.006~0.5 mg/kg。许多地区饲料中如不补充碘，则可导致碘缺乏症。有些品种有遗传因素，如内蒙古的二狼山羊，美利奴羊，布尔山羊，等。

【症状】成年羊常无明显症状，个别病例可能摸到甲状腺稍肿大，发生黏液性水肿。公羊则性欲降低，精液品质差，由于缺碘，使毛纤维生长受阻，羊毛质变劣，毛稀疏，毛产量下降。妊娠母羊缺碘时，常产出死胎、弱胎或畸形胎，所生患有甲状腺肿病羔，肿大的甲状腺可触摸到，羔羊软弱无力，不能站立，低头偏向一侧，不能吮乳，呼吸困难，头颈皮肤、眼眶、眼睑水肿，四肢水肿，关节弯曲，于出生后数小时至 24 h 死亡。幼畜患病时，两侧甲状腺肿大，压迫喉头可引起窒息。头骨和四肢发育不全，站立困难，四肢弯曲呈"O"形，常常以腕关节着地站立。

【病理变化】甲状腺肿大，比正常增大 10~20 倍，表面光滑、质软，或表面不平，有一至数个结节。下颌间隙、颈、胸、腹等部皮下有胶冻状水肿。

【诊断】病因分析有地区流行史，缺碘地区可呈地方性发生，在水中碘低于 10 μg/L 的贫碘地区发生。有的动物因长期大量食用十字花科植物及其籽实加工品而发病。碘缺乏临床上表现甲状腺肿大，称量甲状腺重量更有诊断意义，正常新生羔羊甲状腺重约为 2 g，缺碘时新生羔羊甲状腺重达 21~50 g。无甲状腺肿时，如果血液碘含量低于 24 μg/L，羊乳中碘含量低于 80 μg/L 也可确诊。

【防治】

1. 预防　在碘缺乏区内，坚持对妊娠和泌乳期母羊以及羔羊补碘。补碘的方法较多，如饮水中每只每天加入 50 μg 碘化钾或碘化钠；舍饲羊的饲料中加入含碘添加剂，或在食盐中加碘化钾或碘化钠 1 mg/kg，让羊自由采食；用 3%~5% 碘酊棉球涂擦股内侧，每月 1 次，两侧轮换涂搽。妊娠期和泌乳期母羊，禁止饲喂含致甲状腺肿物质和硫脲类物质的饲料或植物。平时可将海带、海藻等制成粉剂，加于饲料中饲喂，能起到预防作用。

2. 治疗　一旦发现病羊，立即用碘化钾或碘化钠治疗，每只每天 5~10 mg，混于饲料中饲喂；或在饮水中每天加入 5% 碘酊或 10% 复方碘液 5~10 滴，20 d 为一个疗程，停药 2~3 个月，再饲喂 20 d，即可达到治疗效果。甲状腺局部肿胀时，可涂搽碘软膏。若化脓时，切开，用稀碘酊冲洗后，按外科方法处理。

十、铜缺乏症

铜缺乏症是动物体内铜含量不足所致的一种重要营养代谢性疾病，其特征是贫血、腹泻、共济失调和被毛褪色。该病在世界各地均有报道，多见于春夏季，常呈地方性流行或大群发病。铜缺乏症主要发生在幼龄动物，绵羊和山羊最为易感。

【病因】该病由饲草缺乏铜所致。一般认为，饲草中铜低于3 μg/kg即可引起发病，而饲草含铜量与土壤含铜量有关，故该病多在缺铜的沼泽腐殖质土壤或沙土地带呈地方性发生。继发性铜缺乏症，与土壤内钼和硫酸盐过多有关。钼过多影响铜在组织内的贮存和利用，当饲草钼含量高于3 μg/kg或铜钼比低于4:1就可与铜形成稳定的复合物，降低羊只对铜的吸收；硫酸盐过多，则可降低植物对铜的吸收能力，导致饲草中含铜量减少。

【症状】该病主要危害1~2月龄的羔羊，在严重暴发时刚出生的羔羊也可发病，常常造成死亡。病初食欲减退，体况下降，衰弱、贫血；继而被毛褪色，稀疏，粗糙，缺乏光泽，弹性降低，由黑色变灰白色，由红色变黄色，绵羊毛卷曲消失变成直毛，且毛变细似绒毛状或线状。由于被毛褪色从眼角周围开始，眼周形成一圈白毛区，特称"铜眼镜"。两后肢呈"八"字形站立，驱赶时后肢运动失调，跗关节屈曲困难，球节着地，后躯摇摆，极易摔倒，快跑或转弯时更加明显，呼吸和心率随运动而显著增加。严重者做转圈运动，或呈犬坐姿势，后肢麻痹，卧地不起，阵发性兴奋，最后死于营养不良。

贫血严重，羔羊主要表现低色素小红细胞性贫血，而成年羊则呈巨红细胞性低色素性贫血。腹泻是继发性铜缺乏症的常见症状，粪便呈黄绿色或黑色水样。腹泻的严重程度与拮抗元素钼的摄入量成正比。此外，母羊的发情表现常不明显，不孕或流产，其后代羔羊生长不良。

【病理变化】特征病变是贫血和消瘦。骨骼的骨化推迟,易发骨折,严重时表现骨质疏松。地方性铜缺乏症的最主要组织病变是小脑束和脊髓背外侧束的脱髓鞘。少数严重病例,脱髓鞘病变也波及大脑,白质结构发生破坏,出现空洞,并且有脑积水、脑脊髓液增加和大脑沟回几乎消失等病理变化。肝、脾和肾有大量含铁血黄素沉着。

【诊断】根据病因、临床症状、病理变化可以做出初步诊断,进一步确诊则需要进行生化试验。铜缺乏症羊生化检验血铜低于50 μg/100mL,绵羊肝铜含量低于 80 mg/kg,血浆铜蓝蛋白活性和含量降低(健康绵羊为 45~100 mg/L 及以上)。

【防治】防治本病主要是补铜,如经口投服含硒、铜、钴等微量元素的长效缓释丸。治疗本病多用硫酸铜、碳酸铜 1.5 g,配成 0.1% 溶液,一次口服,或拌饲料中两天服完,可使症状消失。为防止复发,每周服 1 次。羊预防量为硫酸铜 5~10 mg,用药 20~30 d 后,休药 20~30 d。饲料中钼含量高于 3 μg/kg 和硫酸盐含量高于 1.5% 时,铜量应适当增加。

第十四章　羊的产科病

一、难产

难产是指在生产过程中出现异常，无法经由阴道顺利产出胎儿。如果母羊发生难产，会导致羔羊停留时间过长，加之脐带不断受到挤压，不能够正常输送氧气，导致羔羊长时间无法吸入氧气而发生窒息，也常危及母羊的生命。或因为手术助产不当，使子宫及软产道受到损伤及感染，影响母羊的健康和受孕及泌乳能力。因此，积极预防难产的发生，及时对难产母羊进行助产，对羊的繁殖具有重要的意义。

【病因】

（1）交配过早。在难产母羊中，大约有 68% 是初配母羊，其中有 58% 左右是在初情后就进行交配。从生理方面来说，母羊通常在 5~6 月龄就能够达到性成熟，但此时机体还没有发育成熟，容易发生骨盆狭窄，造成难产。因此羊的配种不宜早于 1 岁。

（2）母羊生长发育不好，妊娠期间营养不良，子宫收缩力差，营养过剩导致胎儿体形过大很难进入产道，造成难产。因此，要保证青年母羊生长发育的需要，以免其生长发育受阻而引起难产。对孕羊进行合理的饲养，供给充足的含有维生素、矿物质和蛋白质的青绿饲料，不但可以保证胎儿生长发育的需要，而且能够维护母羊的全身健康和子宫颈的紧张度，减少分娩发生困难的可能性。但不可使母羊过于肥胖，影响全身肌肉的紧张性。在妊娠末期，应适当减少蛋白质饲料，以免胎儿过大。

（3）品种选配不合理。在发生难产的母羊中，有60%左右与胎儿体形过大密切相关，绝大多数是由于母羊与体形过大的公羊交配，特别是在母羊没有完全性成熟时就进行交配，非常容易发生难产。因此，不同品种混合饲养及杂交试验要选用适当的公羊，以防胎儿太大，造成难产。

（4）常年圈舍饲养，母羊运动不足，易发生难产。运动不但可以提高母羊对营养物质的利用，使胎儿活力旺盛，同时也可使全身及子宫的紧张性提高，从而降低难产、胎衣不下及子宫复旧不全等病的发病率。分娩时，胎儿活力强和子宫收缩力的正常，有利于胎儿转变为正常分娩的胎位、胎势及产出。因此母羊要有足够的运动场。

【症状】母羊难产主要表现出精神萎靡、努责及阵缩较弱，破水后产道过于干涩，宫口无法完全开张，大约只能够插入三指，并能够触摸到胎儿的臀部，可判断是由于宫颈口狭窄、胎儿过大、胎位不正而导致的难产，需要及时进行助产。

【助产时间选择】母羊在分娩过程中，要选择最佳时间进行助产，判断母羊发生难产与否的关键是羊水的流出及努责强度等。通常在顺产时，大部分母羊从流出羊水开始到产出羔羊只需要0.5~1 h，少数母羊会需要较长时间，在2~3 h左右；如果产双羔，则两羔之间具有5~10 min的间隔时间，少数也需1 h左右。一般来说，如果分娩的第一阶段（开口期）绵羊和山羊超过6~12 h，或者是分娩的第二阶段（胎儿排出期）绵羊和山羊超过2~3 h，则应及时进行助产。

【助产措施】

（1）胎儿过大：可使用专用的扩张器对难产母羊的阴门进行

扩张；或者让接羔人员抓住羔羊的两前肢，在母羊努责的同时随着节奏将其前肢向下拉，在母羊停止努责时再将拉出的部分再次送回，在母羊再次进行努责时再通过相同的方式外拉羔羊，经过多次操作，母羊阴门就会明显扩张，从而能够容纳体形过大的胎儿。此时接产人员则可一手抓住羔羊的两前肢，另一手扶着羔羊的头部，由另一名接产人员保护母羊阴门，伴随母羊的努责缓慢将羔羊拉到体外。

（2）胎位不正：后位生产，也就是指羔羊的臀部位于母羊阴门口，即会先露出臀部和后肢，也称为倒位，此时助产人员要随着母羊努责和阵缩的规律将胎儿重新送到母羊子宫内，促使羔羊先露出两后肢，助产人员用一手抓住两后肢，另一手保护母羊阴门，将羔羊缓慢拉到体外（胎儿如为倒生，无论异常与否，均需迅速拉出）。侧位，发生前左右侧位，也就是羔羊头部朝前，先露出右侧或者左侧肩膀，助产人员要随着母羊的努责和阵缩将羔羊重新送回到子宫内，将其调整为正位，促使母羊自行生产或者人为助产；发生后左右侧位，则要先将胎儿重新送到母羊的子宫内，将其调整为后位，再采取后位的方式进行助产。横位，也就是羔羊的腹部或者背部对着母羊阴门口，导致整个羔羊在子宫内横置，此时要先将羔羊重新送到子宫内，通过人为方式对羔羊在子宫内的位置进行调整，变成正位或者后位，然后随着母羊的努责和阵缩，采取正位或后位的方式进行助产。

（3）剖宫产手术：难产母羊要先禁食 24 h，由 1~2 名助手将其呈站立姿势保定，剪去、剃除手术部位的被毛。接着按每 100 kg 体重肌内注射 0.5 mL 速眠新，5 min 后就会进入麻醉状态（注意控制麻醉深度，处于中度麻醉就能够手术）。将麻醉后的母羊以左侧位卧于手术台上（注意手术台上要提前铺上经过消毒的塑料布），分别将母羊的前、后肢绑住，并用绳将头部固定在手术台上。术者和助手手臂都要使用 0.1% 新洁尔灭溶液进行消毒，从内向外先用 5% 碘酊消毒，再用 75% 乙醇消毒脱碘，将创巾铺垫在切口周围，并使用创巾钳将其固定。用手在左侧触摸胎儿，选择最明显处沿着肋弓平行方向切一个 15 cm 切口，其上端朝向髋结节，下端朝向剑状软骨。打开腹壁后，向前上方移动瘤胃，如果瘤胃内积聚有气体要先进行穿刺放气，使子宫暴露。术者通过触摸子宫角游离端或者子宫角大弯，将一部分子宫缓慢牵拉到切口外面，用浸有生理盐水的无菌巾将周围包裹住，用于保护。术者沿子宫大弯切开，注意躲避子宫上大血管，切口一般 10~15 cm，要根据羔羊体形大小切一适合大小的切口，轻柔地逐个剥离胎膜和子宫阜，或者剥离一部分切口周围的胎膜，将其拉到切口外面，经由切开的胎膜确保胎水全部排出，然后拉出胎儿。取出的胎儿立即使用纱布将口腔和鼻孔内黏液擦净，防止出现窒息而死亡。接着结扎脐带，然后将其切断，并进行消毒。如果胎衣没有发生粘连，则不需要进行剥离，可任其自行排出；但如果发生粘连，则要小心进行剥离（在拉出胎儿时，肌内注射垂体后叶素，有利于剥离），之后关闭子宫（注意应完全揾干子宫内的液体），使用温热的灭菌生理盐水冲洗子宫壁及切口，然后缝合子宫：先用肠线以全层连续缝合封闭子宫切口，再用丝线进行浆膜及肌层的连续内翻缝合。子宫外壁用温热的灭菌生理盐水进行冲洗，之后将其整个还纳到腹腔复位，接着对腹膜、肌肉逐层进行连续缝合，最后再用 75% 乙醇进行消毒。

二、流产

流产是指在妊娠期间，因胎儿与母体的正常关系受到破坏或扰乱而使妊娠中断的病理现象。流产可发生在妊娠的各个阶段，但以妊娠早期较多见。山羊发生流产较多，绵羊少见。

【病因】

（1）普通型流产：胎膜及胎盘异常，胚胎过多，胚胎发育停滞；生殖器官疾病，如患慢性子宫内膜炎、阴道炎、卵巢及黄体的病变等。

（2）饲养管理不当引起的流产：如饲喂量不足导致营养缺乏，饲料中矿物质含量不足，饲料品质差，饲喂不当，吃霜冻、露水草、冰冻饲料，特别是空腹饮冷水、剧烈运动、打斗等，均可引起流产。

（3）感染了某些能造成流产的病原微生物：多见于布鲁氏菌病、沙门氏菌病、支原体病、衣原体病、弯曲菌病、弓形虫病、毛滴虫病以及某些病毒性传染病等，临床常表现为群发性流产。

（4）继发因素造成的流产：见于内科病，如急性瘤胃臌气、皱胃阻塞、顽固性前胃弛缓、肺炎、肾炎、热射病及日射病、重度贫血；营养代谢病，如维生素 A 或维生素 E 缺乏症、微量元素不足或过剩、矿物质缺乏症等；中毒病，如棉籽饼粕中毒、有毒植物中毒、食盐中毒等；外科病，如外伤、败血症、蜂窝织炎等。

（5）药物性造成的流产：给孕羊错误使用地塞米松、氯前列烯醇、缩宫素、麦角制剂、比赛可灵、毛果芸香碱、全身性麻醉药，以及妊娠忌服的中草药，如乌头、附子、桃仁、红花、冰片等造成的流产。

【症状】突发流产者，产前一般无特征表现。发病缓慢者，表现为精神不振、食欲废绝、腹痛起卧、努责咩叫，阴户流出羊水，待胎儿排出后转为安静。由病原微生物、营养代谢病和中毒病等引起者，常陆续出现流产，具有群发性。

临床上常见的流产有以下几种。

（1）隐性流产：发生在妊娠的早期，主要在妊娠第一个月内，胚胎还未成胎儿，故临床上难以看到母羊有什么症状表现。临床表现为配种后发情，发情周期延长，习惯性久配不孕。

（2）早产排出不足月的活胎儿：这类流产的预兆和过程与正

常分娩相似，胎儿是活的，因未足月即产出，故又称早产

（3）小产排出死亡而未变化的胎儿：这是流产中最常见的一种，通常称为小产。病羊表现为精神不振、食欲减退或废绝、腹痛、起卧不安、努责咩叫，阴门流出羊水，胎儿排出后逐渐变安静。

（4）延期流产（死胎停滞）：指胎儿在母体内死亡后，由于子宫收缩无力，子宫颈不开张或开张不全，死亡的胎儿可长期留在子宫内，称为延期流产。根据子宫颈口是否开放，分为胎儿尸化和胎儿浸溶。延期流产可诱发子宫内膜炎、腹膜炎、败血症等病。

【诊断】根据病史和临床症状即可做出初步诊断，必要时需结合病原学检查等进行确诊。

【防治】

1. 预防　加强饲养管理，对妊娠母羊，应给予充足的优质饲料，严禁饲喂冰冻、霉败变质或有毒饲料，防止饥饿、过渴、过食、暴饮；妊娠母羊要适当运动，防止挤压碰撞、跌摔、踢跳、鞭打惊吓或追赶猛跑，做好防寒、防暑工作；合理选配，以防偷配、乱配，母羊的配种、生产都要记录；妊娠诊断和阴道检查时，要严格遵守操作规程，禁止粗暴操作；对羊群要定期检疫、预防接种、驱虫和消毒，及时诊治疾病，谨慎用药；当羊群发生流产时，首先进行隔离消毒，查找引起流产的病因，然后采取具体有效的预防措施进行处理，以防侵袭性流产的发生。

2. 治疗　首先确定是由何种流产以及妊娠能否继续进行，在此基础上再确定治疗措施。如孕羊出现流产症状时，处理原则是安胎，使用抑制子宫收缩的药物，此时可肌内注射孕酮 10~30 mg，每天 1 次，连用 3 d；同时给以镇静剂如氯丙嗪等。

白术安胎散：白术（炒）25 g，当归 30 g，川芎 20 g，白芍 30 g，熟地黄 30 g，阿胶（炮）20 g，党参 30 g，苏梗 25 g，黄芩 20 g，艾叶 20 g，甘草 20 g。以上共研为粗粉，混匀。每次 60~90 g，水煎，候温灌服，隔天 1 次，连服 3 次。

使用上述处理仍难保胎，可见阴道排出物继续增多，胎膜破，胎水流者，起卧不安加剧，保胎无效，流产已不可避免，应及时引产，排出子宫胎儿、胎液等，减少子宫炎症的发生。可采取以下方案。

方案一：青霉素 2 万~3 万 u/kg 体重，地塞米松注射液 4~12 mg，注射用水 5~10 mL，肌内注射。缩宫素注射液 30~50 u，子宫颈口开张后，皮下注射、肌内注射或静脉注射。

方案二：0.1% 利凡诺液 20~100 mL，冲洗子宫，并排尽冲洗液，用宫炎清等子宫灌注消炎。

采用以上方案的同时，可灌服益母生化散。益母生化散：益母草 120 g，当归 75 g，川芎 30 g，桃仁 30 g，干姜（炮）15 g，甘草（炙）15 g。以上共研为粗粉，混匀。每次 30~60 g 或按 1 g/kg 体重，水煎，候温灌服，每天 1 次，连用 3~6 d。

三、胎衣不下

胎衣不下又称胎膜滞留，是指母羊在分娩后，胎衣在第三产程的生理时限内没有排出体外。羊产后胎衣正常排出时间为 4 h（山羊较快，3 h 左右；绵羊较慢，一般 4 h；奶山羊可达 6 h）。胎衣不下有胎衣全部不下、部分胎衣不下两种情况。部分胎衣不下主要是排出的胎衣不完整，大部分垂于阴门外（可达跗关节处），或胎衣排出时发生断离，从外部不易发现，恶露排出量较少，但排出的时间延长，有臭味，其中含有腐烂的胎衣碎片。

【病因】

（1）产后子宫收缩无力：主要是草料单一或质量不好，尤其缺乏钙、磷、硒及维生素 A 和维生素 E，造成母羊营养不良、消瘦，或饲喂过度造成羊只过肥，使子宫复旧不全，或老龄、体弱、缺乏运动，引起子宫弛缓，或胎儿过大、胎水过多，难产时间过长等，都能影响子宫肌的收缩。

（2）胎儿胎盘和母体胎盘发生粘连，胎盘组织之间持续紧密连接，不易分离：如胎盘炎症，妊娠期间子宫受到感染（如李氏杆菌、胎儿弧菌、毛滴虫等），发生子宫内膜炎及胎盘炎，使结缔组织增生，胎儿胎盘与母体胎盘发生粘连。

（3）胎盘充血和水肿：在分娩过程中，子宫强烈收缩或脐带血管关闭太快会引起胎盘充血。充血还会使腺窝和绒毛发生水肿，不利于绒毛中的血液排出。水肿可延伸到绒毛末端，结果使腺窝内压力不能下降，胎盘组织之间持续紧密连接，不易分离。

（4）胎盘组织构造：羊胎盘属于上皮绒毛膜与结缔组织绒毛膜混合型胎盘，胎儿胎盘与母体胎盘联系紧密，是羊发生胎衣不下的主要原因。

（5）其他原因：引起胎衣不下的原因十分复杂，还和下列因素有关——畜群结构，年度及季节；遗传因素；饲养管理不当；激素紊乱；胎衣受子宫颈或阴道隔的阻拦；剖宫产时误将胎膜缝在子宫壁切口上；母体对胎儿性主要组织相容性复合物出现耐受性。

有时，胎衣不下不只有一种原因，而是多种因素综合作用的结果。

【症状】病羊表现为背部拱起，时常努责，努责强烈而引起子宫脱出。一般14 h内全部排出，多数不会引起发病；超过1 d，则胎衣会发生腐败，引起严重的子宫炎症。腐败产物可被吸收，会引起自身中毒，如表现为精神沉郁、食欲减退或废绝、体温升高、呼吸加快、产乳量减少或泌乳停止，从阴道中排出恶臭的分泌物。一般5~10 d胎衣发生腐烂脱落。该病常并发或继发败血症、气肿疽、破伤风、子宫和阴道的慢性炎症，甚至造成羊只死亡。山羊对胎衣不下比绵羊的敏感性高。

【诊断】胎衣在正常的时间内没有排出，即可诊断为胎衣不下。

【防治】

1. 预防　饲喂营养全面的饲料，特别饲喂含矿物质及维生素丰富的饲料，加强怀孕母羊的运动，让母羊自己舔干羔羊身上的黏液，让羔羊及时吮乳。分娩后，必要时应用药物，促进子宫复旧和排出胎衣，避免饮冷水。

2. 治疗　治疗原则是尽早采取治疗措施，防止胎衣腐败吸收，局部和全身抗菌消炎，加快子宫收缩和胎盘分离，在条件适合时可以用手术剥离胎衣。

可选用以下治疗方案：

（1）雌二醇或缩宫素 3 mL 后海穴注射，后待母羊努责时按摩母羊的后腹部 15~30 min，排出胎衣后注射头孢噻呋或氧氟沙星消炎，用益母草 10~30 g，水煎服，每天 1~2 次，连用 3 d。

（2）苯甲酸雌二醇注射液 1~3 mg，皮下或肌内注射。1 h 后皮下注射缩宫素注射液 30~50 u，2 h 后重复注射一次。这类制剂在产后应尽早使用，对分娩后超过 24 h 或难产后继发子宫弛缓者，效果不佳。

（3）0.1% 利凡诺液（或 0.1% 高锰酸钾液、0.5% 来苏尔、0.02% 新洁尔灭溶液）20~100 mL 或市售子宫冲洗药液，预热使接近体温，冲洗子宫，并排尽冲洗液，主要用于控制子宫感染。

（4）5% 葡萄糖生理盐水 500~1000 mL，适当预热使接近体温，子宫灌入，然后使其完全排出，主要是促进母仔胎盘分离。

在采用以上方法的同时，可进行输液全身治疗：5% 葡萄糖氯化钠注射液 50 mL，庆大霉素 20 万 u，地塞米松注射液 4~12 mg，10% 安钠咖注射液 10 mL。10% 葡萄糖注射液 500 mL，10% 葡萄糖酸钙注射液 50~150 mL，维生素 C 注射液 0.5~1.5 g，依次静脉注射，每天 1~2 次，连用 2~3 d；5% 碳酸氢钠注射液 100 mL，静脉注射，每天 1 次，连用 2~3 d。

（5）手术剥离法：使用药物治疗已达 48 h 仍不奏效，应立即进行手术疗法。病羊采用站立保定，常规消毒后，人工剥离，努责严重的进行后海穴麻醉。术者手握住阴门外的胎衣并稍拉，另一只手沿胎衣表面伸入子宫黏膜和胎衣之间，用食指和中指夹住胎盘周围绒毛呈一束，以拇指划开（推开）母仔胎盘相结合的周围边缘，剥离半周后，手向手背侧翻转以扭转绒毛膜，使其从小窝中拔出，与母体胎盘分离。剥后冲洗，并灌注抗生素或防腐消毒药液。也可采用自然剥离方法，即不借助手术剥离，而辅以防腐消毒药或抗生素让胎衣自溶排出，从而达到自行剥离的目的。剥离后在子宫内投放抗生素。剥离胎衣应做到快（5~20 min）、无菌操作、彻底剥离，动作要轻，严禁损伤子宫内膜。对患急性子宫内膜炎和体温升高的病羊，不可进行剥离（羊个体较小，手进入子宫有困难，不便操作）。

四、子宫内翻及脱出

子宫角前端翻入子宫腔或阴道内，称为子宫内翻；子宫全部翻出于阴道之外，称为子宫脱出。二者为同一个病理过程的不同程度。子宫脱出多在产后数小时内发生，产后超过 1 天发病的羊极为少见。

【病因】该病病因主要有营养不良、运动不足、老龄妊娠、体质虚弱、胎水过多、胎儿过大或多次妊娠，导致子宫肌收缩力减退，子宫及子宫韧带过度扩张、弛缓，是子宫内翻及脱出的主要病因；生产时，产道干燥，子宫黏膜紧裹胎儿，强拉胎儿造成宫内负压，产后腹压增高，如分娩和胎衣不下的强烈努责，床栏坡度过大时母羊长期前高后低姿势，以及顽固腹泻、长期便秘和疝痛等均可引起。子宫弛缓也会造成子宫脱出，临床上造成子宫弛缓的因素还有很多，如老龄羊、营养不良、运动不足、胎儿过大、胎儿过多等。

【症状】

（1）子宫内翻：即子宫部分脱出。轻度内翻，常无明显症状，多能在子宫复旧中自愈。子宫角尖端如果进入阴道内时，病羊表现为强烈不安、努责、常常举尾。

（2）子宫脱出：有长圆形物体突出阴门之外，脱出的子宫黏膜表面常附着有未脱落的胎膜，剥去胎膜或自行脱落呈粉红色或红色，子宫黏膜光滑，表面有大量圆形隆起的暗红色子叶。若两个子宫角都脱出，可见大小不同的两个脱出物，其末端均有一凹陷。子宫黏膜可出现水肿、出血、结痂、干裂、糜烂和坏死等症状，甚至被粪便污染或冻伤。

如果继发感染，可见子宫黏膜出血、坏死，甚至引起腹膜炎、败血症；肠管进入脱出的子宫腔内，出现疝痛症状，外部触诊可摸到宫腔内的肠管；扯破肠管系膜、卵巢系膜及子宫阔韧带，扯断血管，引起大出血，很快出现结膜苍白、战栗、脉搏变快而弱，刺破子宫末端有血液流出。

【诊断】该病多发生于产后体质虚弱的母羊，有粗暴助产、子宫弛缓、努责频繁（特别是母羊产后仍有明显努责）、腹压增高的病史。

【防治】

1. 预防　加强妊娠母羊的饲养管理，补充精料、优质干草、多种矿物质和维生素，适当运动，增强体质，禁止粗暴助产及强拉胎衣。对体质虚弱、老龄、多胎、子宫弛缓的母羊在产后细心观察，促进子宫复旧。采取措施治疗使母羊腹压升高的疾病。

2. 治疗　治疗原则是及早整复固定，加强冲洗消毒和术后护理，子宫严重损伤、穿孔及坏死，不宜整复时，则实施子宫切除术。可参考以下治疗方案。

（1）整复：病羊站立或侧卧保定，采取后高前低姿势。努责严重时进行后海穴封闭（0.25%~0.5% 盐酸普鲁卡因注射液 2 mg/kg

体重），用生理盐水或 0.01%~0.05% 新洁尔灭溶液冲洗子宫黏膜，将脱出的子宫由助手托起，术者一手用拳头顶住子宫角尖端的凹陷外，小心而缓慢地将子宫角推入阴道，另一手和助手从两侧辅助配合，防止送入的部分再度脱出。同法处理另一子宫角，逐渐将脱出的子宫全部送回骨盆腔内，并使子宫平展整复。为防止感染，子宫内可注入防腐消毒药或抗生素类药物。

（2）固定：子宫整复后，可用粗缝线在阴门上做纽扣状缝合、内翻缝合或圆枕缝合。

（3）子宫切除术：若子宫脱出后无法进行整复或子宫出现严重的损伤与坏死，需进行子宫切除术。病羊站立或侧卧保定，保持前低后高姿势，用 0.1% 新洁尔灭溶液冲洗消毒，用速眠新Ⅱ注射液 0.1~0.15 mL/kg 肌内注射进行全身浅麻醉，用 0.25%~0.5% 盐酸普鲁卡因注射液进行后海穴封闭和子宫切除线上局部浸润麻醉。在子宫角基部做一纵行切口，检查其中有无肠管及膀胱，有则先将它们推回。仔细触诊，找到两侧子宫阔韧带上的动脉，在其前部进行结扎，粗大的动脉必须结扎两道。在纵向切口的近子宫角基部横向切透子宫壁，断端如有出血应结扎止血，做全层连续缝合，再进行内翻缝合，撒布青霉素粉或溶液，最后将缝好的断端送回阴道内。

在采用以上方法的同时，进行全身治疗：5% 葡萄糖氯化钠注射液 500 mL，氨苄青霉素 50~100 mg/kg 体重，地塞米松注射液 4~12 mg，10% 葡萄糖注射液 500 mL，10% 葡萄糖酸钙注射液 50~150 mL，静脉注射，每天 1~2 次，连用 2~3 d；甲硝唑注射液 10~20 mg/kg 体重，静脉注射，每天 1 次，连用 2~3 d；12.5% 止血敏注射液 0.25~0.5 g，肌内或静脉注射，每天 2~3 次，连用 3 d。

五、产后子宫内膜炎

产后子宫内膜炎是子宫内膜的急性炎症，常于分娩后发生，如治疗不及时或不当，炎症常可扩散，可引起子宫肌炎、子宫浆膜炎、子宫周围炎，转为慢性炎症，导致母羊长期不孕。

【病因】母羊在分娩时或产后病原微生物通过各种途径进入子宫组织而引起。如助产、子宫脱出、阴道脱出、胎衣不下、腹膜炎、子宫复旧不全、流产、死胎滞留在子宫内，或接产过程中消毒不严，或造成子宫和软产道的损伤等因素。继发于某些侵害生殖系统的传染病或寄生虫病，如布鲁氏菌病、沙门氏菌病、弓形虫病等。

【症状】病羊有时拱背、努责，可见从阴门内排出黏液或黏液脓性分泌物，严重时分泌物呈棕红色或棕褐色，且有难闻臭味，卧下时由于腹部挤压排出较多，在尾根和阴门常附着炎性分泌物等。严重时，即表现全身症状，如精神沉郁，体温升高，食欲减退或废绝，反刍减弱或停止，轻度臌气。若治疗不当，可转变为慢性。常继发子宫积脓、积液、子宫与其他组织粘连、输卵管炎等，造成病羊长期不发情、不孕等。

【诊断】根据临床症状和产后有生殖器官受损伤和感染的病史，以及阴道检查宫颈充血、肿胀、稍开张，有时可见到其中有分泌物流出，即可诊断。

【防治】

1. 预防 加强饲养管理，保持圈舍和产房的清洁卫生，临产前后对母羊阴门周围部位进行消毒，人工助产时严格消毒、无菌操作；及时治疗其他生殖系统疾病，以防造成子宫损伤和感染。

2. 治疗 治疗原则是使用抗菌药物控制感染，并采取措施促进子宫收缩，及时清除子宫内渗出物，减少病羊细菌毒素的吸收。可参考以下治疗方案。

（1）苯甲酸雌二醇注射液 1~3 mg，肌内注射；0.1% 利凡诺液（或 0.1% 高锰酸钾液）100~300 mL，子宫冲洗，并用虹吸方法排尽冲洗液，50% 呋喃唑酮混悬液 2~3 mL，子宫灌注（对伴有严重全身症状的病畜，为了避免引起感染扩散使病情加重，应禁止冲洗疗法），每天 1 次，连用 3~4 d。

（2）5% 葡萄糖氯化钠注射液 500 mL，氨苄青霉素钠 10~20 mg/kg 体重，地塞米松注射液 4~12 mg，10% 安钠咖注射液 10 mL；10% 葡萄糖注射液 500 mL，10% 葡萄糖酸钙注射液 50~150 mL，维生素 C 注射液 0.2~0.5 g。依次静脉注射，每天 1~2 次，连用 2~3 d；甲硝唑注射液 10~20 mg/kg 体重，静脉注射，每天 1 次，连用 2~3 d。

六、产后败血病和产后脓毒血病

产后败血病和脓毒血病是母羊产后局部炎症感染扩散而继发的严重全身性感染疾病。产后败血病主要是产后细菌进入血液并产生毒素造成的；产后脓毒血病主要是静脉中有血栓形成，以后血栓受到感染，化脓软化，并随血流进入其他器官和组织中，发生迁移性脓性病灶或脓肿。有时二者同时发生。羊多见于产后脓毒血病。

【病因】该病多由于助产不当，软产道受到创伤和感染，或难产、胎儿腐败而发生，也可由严重的子宫炎症及阴道、阴门炎症所引起。胎衣不下、子宫脱出、子宫复旧延迟以及严重的脓性坏死性乳房炎有时也可继发此病。也可能由其他器官原有的化脓过程在产后加剧而并发此病。造成该病的常见病原菌有溶血性链球菌、化脓棒状杆菌、葡萄球菌和梭状芽孢杆菌等，单病原菌感染较少，常为混合感染。

【症状】

（1）羊的产后败血病多为急性病例，通常在产后 1 d 左右发病，如不能及时采取治疗措施，2~4 d 即可死亡。产后败血病发病初期，体温突然升高到 40~41 ℃，精神极度沉郁，反射迟钝，食欲废绝，反刍停止，触诊四肢末端及两耳有冷感。临近死亡时，体温急剧下降，且常发生痉挛。整个病程中出现稽留热是败血病的一种特征症状。患羊常从阴道内流出少量带有恶臭的污红色或褐色液体，内含组织碎片。

（2）产后脓毒血病的临床症状常突然发生。在开始发病时，体温升高 1~1.5 ℃；待脓肿形成或化脓灶局限化后，体温又下降甚至恢复正常。过一段时间，如再发生新的转移时，体温又上升。在整个患病过程中，体温呈现时高时低的弛张热型。大多数病羊的四肢关节、腱鞘、肺、肝及乳房发生迁徙性脓肿。四肢关节发生脓肿时，病羊出现跛行，起卧、运步均困难；肺发生转移性病灶，则呼吸加深，常有咳嗽，病畜常见发出呻声，似痛苦状；转移到乳房时，表现乳房炎的症状。

【诊断】根据病史和临床症状可以做出初步诊断。

【防治】防治原则是处理病灶，消灭侵入体内的病原微生物，增强机体的抵抗力。

1. 预防 加强饲养管理，保持圈舍和产房的清洁卫生，临产前后对母羊阴门周围部位进行消毒，人工助产时严格消毒、无菌操作；及时治疗其他生殖系统疾病，以防造成子宫损伤和感染。

2. 治疗 治疗原则主要是处理病灶，抗菌消炎和提高体质，增强机体抵抗力（该病的病程发展急剧，治疗必须及时）。对生殖道的病灶，可按子宫内膜炎及阴道炎治疗或处理，但应绝对禁止冲洗子宫，并需尽量减少对子宫和阴道的刺激，以免炎症扩散，使病情加剧。要及时全身使用抗生素及磺胺类药物，抗生素的用量要比常规剂量大，并连续使用，直至体温降至正常 2~3 d 后为止。结合静脉输液：补液时添加 5% 碳酸氢钠溶液及维生素 C，同时肌内注射复合维生素 B，另注射钙剂可作为败血病的辅助疗法，对改善血液渗透性、增进心脏活动有一定的作用。除一般治疗外，根据病情还可以应用强心剂、子宫收缩剂等静脉注射10% 氯化钙或 10% 葡萄糖酸钙（钙剂对心脏作用强烈，注射必须尽量缓慢，否则可引起休克、心跳骤然停止而死亡；对病情严重、心脏极度衰弱的病羊避免使用）。

七、生产瘫痪

生产瘫痪又叫乳热症或低钙血症，中兽医称为产后风，常突然发生，是以全身肌肉无力、知觉丧失、四肢瘫痪、昏迷和低钙血症为主要特征的一种代谢性疾病。主要见于第 2~5 胎的高产奶山羊，成年绵羊也可发病。

【病因】该病发病原因不清楚，一般认为与羊的血钙水平低有关。如分娩前后血钙进入初乳且动用骨钙的能力降低，饲草中钙含量低，机体不能及时补充，营养良好的舍饲母羊产乳量过高等都可以诱发该病。

【症状】奶山羊的生产瘫痪多发生于产后 1~3 d，但也有发生于产后 60 d 左右的病例，多数为非典型症状。母羊突然出现精神沉郁、食欲减退或废绝，反刍停止，后肢发软，行走不稳，喜卧。病羊倒地后起立困难，个别不能站立，头颈伸直，不排粪便和尿液，皮肤对针刺的反应很弱，体温一般正常。严重时，四肢伸直，头弯于胸部，体温逐渐下降，心跳弱，呼吸增快，鼻腔内有黏液性分泌物积聚，常发生便秘。

【诊断】实验室诊断血钙（正常血钙含量为 2.48 mmol/L，发病时血钙含量为 0.94 mmol/L）、血磷、血糖浓度显著降低；主要见于高产奶山羊，特别在分娩前 1 d 至产后 1~3 d，以及第 2~5 胎次；治疗性诊断时用钙剂治疗有明显疗效。

【防治】

1. 预防 加强妊娠母羊饲养管理，科学补充各种矿物质、维生素等；注意加强圈舍饲养羊的运动，多晒太阳；高产奶羊产后不立即哺乳或挤奶，或产后 3 d 内不挤净初乳。

2. 治疗 主要是采取静脉补充钙制剂，也可采用乳房送风疗法。

（1）静脉注射钙制剂：10%~25% 葡萄糖注射液 200~500 mL，10% 葡萄糖酸钙注射液 50~150 mL，地塞米松注射液 4~12 mg，10% 安钠咖注射液 10 mL，静脉注射，每天 1~2 次，连用 2~3 d。

（2）乳房送风疗法：乳房消毒后，用通乳针依次向每个乳头管内注入青霉素 40 万 u、链霉素 50 万 u（用生理盐水溶解）；然后再用乳房送风器或 100 mL 注射器依次向每个乳头管注入空气，注入空气的适宜量以乳房皮肤紧张，乳腺基部的边缘清楚并且变厚，轻叩呈现鼓音为标准。送完气后，用纱布将乳头轻轻束住，防止空气逸出。待病羊站起后，1 h 后将纱布解除。

八、乳房炎

乳房炎是由各种病因引起的乳房炎症的总称，美国国家乳房炎委员会根据乳房和乳汁有无肉眼可见的变化，将乳房炎划分为非临床性乳房炎、临床性乳房炎和慢性乳房炎。其主要特点是乳汁发生理化性质及细菌学变化，乳腺组织发生病理学变化。多见于泌乳期的山羊、绵羊。

【病因】该病由病原微生物感染，多从乳头管侵入乳腺组织而引起。绵羊乳房炎常见的病原微生物有金黄色葡萄球菌、溶血性巴氏杆菌、乳房链球菌、大肠杆菌、无乳链球菌、李氏杆菌、假结核棒状杆菌等；山羊乳房炎的病原微生物主要为金黄色葡萄球菌，其他有无乳链球菌、停乳链球菌、化脓链球菌、蕈状支原体和伪结核菌等。羊场饲养管理不当也会引发该病，如母羊营养不良，圈舍潮湿、脏乱，挤奶消毒不严，乳头损伤、擦伤，停乳不当等；继发于其他疫病，如腹膜炎、产后脓毒血症、子宫内膜炎、产褥热、胎衣不下、结核病等。

【症状】乳房炎的主要症状为乳汁异常（色泽、块、絮片和染血），乳房的大小、温度异常、质地及全身反应。急性乳房炎临床炎症明显，局部红、肿、热、痛，局部坚实，产奶量减少，乳汁呈淡棕色或黄褐色，含有血液或凝乳块，全身症状明显，精神沉郁，食欲减退，反刍停止，体温高达41~42℃，呼吸和心跳加快，眼结膜潮红等；乳汁镜检内有多量细菌和白细胞。慢性乳房炎病程较长，临床症状不太明显，乳房无热无痛，但泌乳减少，乳房内有大小不等的结节或硬肿，严重的出现化脓。

【诊断】根据临床症状可以做出初步诊断，确诊可进行乳汁电导率测定、乳汁体细胞计数、乳汁细菌的培养等。

【防治】

1. 预防　乳用羊挤奶前用温水洗净乳房及乳头，再用干毛巾擦干，挤完奶后用0.05%新洁尔灭液浸泡或擦拭乳头；对病羊要隔离饲养，单独挤奶，防止病原扩散。要定时挤奶，一般以每天挤奶3次为宜，产奶特别多而羔羊吃不完时，可人工将剩奶挤出，并减少精料；分娩前如乳房过度肿胀，应减少精料及多汁饲料；定期清扫、消毒羊圈，保持圈舍干燥卫生；放牧时采取措施防止母羊乳房受伤；做好分群和断奶工作，怀孕后期停奶要逐渐进行，停奶后将抗生素注入每个乳头管内；定期化验乳汁，检出隐性感染病羊，积极治疗。

2. 治疗　治疗原则为抗菌消炎、消肿，局部形成脓肿时按照化脓创处理。可参考以下治疗方案。

（1）庆大霉素8万u（或青霉素40万u，链霉素50万u），蒸馏水20 mL，乙醇棉球消毒乳头，挤净病侧乳汁，用通乳针通过乳头管注入注后按摩乳房，每天2次，连用3~5 d。或林可霉素-新霉素乳房注入剂7 g，乳头管注入，注后按摩乳房，每天1次，连用3 d。

（2）青霉素80万u，0.5%盐酸普鲁卡因注射液40 mL，在乳房基底部或腹壁之间，使用封闭针头进针4~5 cm，分3~4次注入，每2 d封闭1次。

（3）20%硫酸镁500 mL，乳房炎初期可用冷敷，中后期用热敷（40~50 ℃），每次10~20 min，每天2次。10%鱼石酯乙醇或10%鱼石脂软膏100 g，外敷。

附录

附录一　波尔山羊的饲养

波尔山羊是当今世界上最著名的大型肉用山羊品种。它原产于南非，现已分布于澳大利亚、新西兰、德国等世界各地，数量已达750万头以上。波尔山羊具有繁殖力强、生长快、体格大、产肉多、肉质好、皮板优、遗传性稳定、适应性广和杂交改良地方山羊效果显著等特点。6月龄即可配种受胎，两年产三胎，也可一年产两胎，胎产1~3只，有时高达4只，平均产羔率每胎达200%左右；母羊体重可达60~80kg，公羊可达90~130kg。在世界羊业品种中，波尔山羊体形大、产肉多、效益佳，被人们誉为"世界肉用山羊之父"，各国都纷纷将其作为肉山羊生产的终端杂交父系品种来引种和利用。

一、种公羊的饲养管理

种公羊对提高羊群的生产力和杂交改良本地羊种起着重要的作用，特别是在波尔山羊数量少而需求量又很大的情况下，在饲养管理上更要严格要求。对种公羊的要求是体质结实，保持中上等膘性，性欲旺盛，精液品质好。而精液的数量和品质，取决于饲料的全价性和合理的管理。

种公羊的饲养，要求饲料营养价值高，有足量优质的蛋白质、维生素 A、维生素 D 及无机盐等，且易消化，适口性好。较理想的饲料中，鲜干草类有苜蓿草、三叶草、山芋藤、花生秸等，精料有玉米、麸皮、豆粕等，其他还有胡萝卜、南瓜、麦芽、骨粉等。动物蛋白质对种公羊也很重要，在配种或采精频率较高时，要补饲生鸡蛋、牛奶等。

波尔种公羊要单圈饲养，公羊要单独组群放牧、运动和补饲，除配种外，不要和母羊放在一起。配种季节一般每天采精 1~3 次，采精后要让其安静休息一会儿。种公羊还要定期进行检疫、预防接种，防治内、外寄生虫，并注意观察日常精神状态。

如果采取群体配种，每 35~40 头母羊安排 1 头公羊；如果单一配种，每 50 头母羊安排 1 头公羊。炎热时应将公羊留在荫棚中，少量补饲。夜间离开母羊群，放入公羊圈。

二、母羊的饲养管理

（一）配种前的饲养管理

配种前，要做好母羊的抓膘复壮，为配种妊娠贮备营养。日粮配合上，以维持正常的新陈代谢为基础，对断奶后较瘦弱的母羊，还要适当增加营养，以达到复膘，但不宜过肥。配种前 3 周服用维生素 A、维生素 D 和维生素 E。对乳期母羊，备一小帐篷，供舔盐，每天补饲少量玉米。配种前 2~3 周放入试情公羊，配种前 1~2 个月接种地方性流产疫苗。

（二）妊娠期的饲养管理

在妊娠的前 3 个月由于胎儿发育较慢，营养需要与空怀期基本相同。在妊娠的后 2 个月，由于胎儿发育很快，胎儿体重的 80% 在这两个月内生长，因此，这两个月应有充足、全价的营养，代谢水平应提高 15%~20%，钙、磷含量应增加 40%~50%，并要有足量的维生素 A 和维生素 D。妊娠后期，每天每只补饲混合精料 0.6~0.8 kg，并每天补饲骨粉 3~5 g。产前 10 d 左右还应多喂一些多汁饲料。

怀孕母羊应加强管理，要防拥挤，防跳沟，防惊群，防滑倒，日常活动要以"慢、稳"为主，不能吃霉变饲料和冰冻饲料，以防流产。

（三）哺乳期的饲养管理

产后 2~3 个月为哺乳期。在产后 2 个月，母乳是羔羊的重要营养物质，尤其是出生后 15~20 d 内，几乎是唯一的营养物质，应保证母羊的全价饲养。波尔羊羔羊哺乳期一般日增重 200~250 g，每增重 100 g 需母乳约 500 g，而生产 500 g 母乳则需要 0.3 kg 风干饲料，即 33 g 蛋白质、1.8 g 钙和 1.2 g 磷。

哺乳母羊在管理上要注意控制精料的用量，产后 1~3 d 内，母羊不能喂过多的精料，不能喂冰冷饲料或冰水。羔羊断奶前，应逐渐减少多汁饲料和精料喂量，防止发生乳房疾病。母羊舍要经常打扫、消毒，胎衣和毛团等污物要及时清除，以防羔羊吞食发病。

波尔山羊在哺乳期除青干草自由采食外，每天补饲多汁饲料 1~2 kg，混合精料 0.6~1 kg。为加快波尔羊母羊的繁殖，羔羊出生 15~20 d，开始补饲商品羊饲料或乳猪全价料，并逐步喂些青饲料，一般羔羊到 2 月龄左右断乳。

三、母羊的发情鉴定

在波尔山羊的繁殖工作中；发情鉴定是一项很重要的环节。鉴定的目的是及时发现发情母羊，正确掌握配种或人工授精时间，以防误配漏配而降低受胎率与产羔率。波尔山羊的发情鉴定主要有三种方法。

（一）外部观察法

波尔山羊母羊在发情时表现为明显的兴奋不安，食欲减退，反刍停止，大声鸣叫、摇尾、外阴部及阴道充血、肿胀、松弛，并排出或流出少量黏液。

（二）阴道检查法

这是一种较为准确的发情鉴定方法。通过开腔器检查阴道黏膜、分泌物和子宫颈口的变化情况，来判断发情与否。阴道检查时，先将母羊保定好，洗净外阴，再把开腔器清洗、消毒、涂上润滑剂，检查员左手横持开腔器，闭合前端，缓缓从阴门口插入，轻轻打开前端，用手电筒检查阴道内部变化。当发现阴道黏膜充血、红色、表面光亮湿润、有透明黏液渗出，子宫颈口充血、松弛、开张、有黏液流出时，即可定为发情。检查完毕，合拢开腔器轻轻抽出。

（三）试情法

每天 1 次或早晚 2 次，定时将试情公羊放入母羊群中。试情地点要平整，便于观察和赶出发情母羊。当试情公羊放入母羊群中后，工作人员不要叫喊，可适当驱赶母羊群，使母羊不拥挤在一起即可。当发现试情公羊用鼻去嗅母羊或用蹄去挑逗母羊，甚至爬跨到母羊背上，而母羊站立不动或主动接近公羊时，这样的母羊即为发情母羊。此时，要立即将发情母羊分离出以备配种。试情时间以 1 h 左右为宜。

四、产前准备

波尔山羊产羔前，应把分娩羊舍打扫干净，墙壁和地面用 5% 的氢氧化钠或 2%~3% 的来苏尔消毒，无论喷洒地面或涂抹墙壁，均要仔细和彻底。在产羔期还应消毒 2~3 次。分娩用羊舍要有足够的面积，产羔期间应尽量保持干燥和恒温。饲养管理员用具，料槽和草架等，在产羔前都要进行检查和修理，并用碱水或石灰水消毒。分娩栏是产羔时的必须用具，母羊产过羔后关在栏内，既可避免其他羊干扰，又便于母羊认羔，因而产羔前应建造或修理分娩栏。牧区在夏秋季节，最好在距波尔山羊羊圈不远的地方留出一些草场，尽量围起来，不要放牧，专作产羔母羊的放牧草地，其面积以够产羔母羊放牧一个半月为宜。草地应避风，向阳，靠近水源。母羊在产后几天之内一般不出牧，所以要有足够数量的优质干草、青贮饲料、多汁饲料供产羔母羊补饲。

五、产后管理

临近产期，应注意母羊状态，做好接产工作。羔羊出生后当天，及时清除新生羔口鼻周围的黏液及肛门的胎便，并以 5% 碘酊消毒脐部，一定要让它吃上初乳，以利排出胎便。因母羊死亡或缺乳时，可设法采食其他母羊的初乳。初生的羔羊，健壮的羔羊自己能吸乳，弱的羔羊或是初产母羊、保姆性不强的母羊，羔羊则需人工辅喂，方法是把母羊圈于母仔栏，把羔羊抱到其乳房前，羔羊就会吸乳，体弱的应每隔 1~3 h 哺喂 1 次，如此几次，羔羊就会自己找母羊吸乳了。母羊哺羔时，常嗅羔羊尾部以辨认自己的羔羊，因此对缺乳多胎等原因到别的母羊处哺乳时，应以母羊尿涂羔羊尾部，以使之认羔。

产羔一般应在产羔室或特制的产羔栏进行，产后 3~7 d 内，母羔在此生活，以保证羔羊能吃到初乳，并使母仔亲和，同时应注意夜晚母羊休息时不要挤压羔羊。母羊在产后 7 d，可适当到舍外食草，中午要让母羊回舍喂羔。傍晚回来，应注意让每个羔羊能找到自己的母羊，有条件的最好母仔舍饲 15~20 d。

羔羊在 15~20 日龄时，要训练其吃草。半月龄时补饲混合料 50~75 g/d，1~2 月龄补饲 100 g/d，2~3 月龄时补饲 200 g/d，3~4 月龄时补 250 g/d。混合料的组成以大豆、豆饼、玉米等为好，最好不用棉籽饼；干草以苜蓿、花生秧、柳树叶等为好，干草要切碎。先喂精料，后喂粗料，还要适当加喂青饲料，同时要保证足够的饮水，并让羔羊每天下午在运动场进行一定时间的活动。

羔羊到 3~4 月龄时,必须断奶。多采用一次断乳法,即将母仔分群,不再合群,断奶后把母羊移走,按羔羊的性别、强弱分群管理。

适时去势、断尾,非种用羔羊在 4 周龄左右,即可去势,常用手术法和结扎法。断尾可在羔羊生后两周之内进行,常用烧烙断尾法和结扎断尾法。

加强泌乳母羊的补饲,对羔羊的生长发育是十分有益的。羔羊在出生后 8 周龄内主要依靠母乳生长。母羊补饲主要在妊娠后期和哺乳期,时间约 4 个月。补饲要选择品质好的干草和精料,每天可补喂干草 1.5 kg(以苜蓿或野干草为好)、青贮饲料 1.5 kg、精料 0.45 kg。产羔后 3 d 内,如果母羊膘情好,可暂不喂精料,只喂优质干草,以防消化不良或发生乳房炎。

搞好圈舍卫生,要求保持干燥、清洁温暖,温度保持在 20~25 ℃,并防止贼风吹袭。要勤垫褥草,或干土、干粪等,保持地面干燥;要及时清除脱落的杂毛、铁丝等杂物,以防造成羔羊肠道堵塞或穿孔而致死。食槽要清洁、卫生。

六、羔羊的培育

羔羊的培育,不仅影响其生长发育,而且将影响其终生的生长和生产性能。加强培育,对提高羔羊成活率和羊群品质具有重要作用,因此必须高度重视羔羊的培育。

(一)初乳期

母羊产后 5 d 以内的乳叫初乳,它是羔羊出生后唯一的全价天然食品。初乳中含有丰富的蛋白质(17%~23%)、脂肪(9%~16%)等营养物质和抗体,具有营养、抗病和轻泻作用。羔羊初生后及时吃到初乳,对增强体质,抵抗疾病和排出胎粪具有很重要的作用。因此,应让初生羔羊尽量早吃、多吃初乳,吃得越早,吃得越多,增重越快,体质越强,发病少,成活率高。

（二）常乳期（6~60 d）

这一阶段，奶是羔羊的主要食物，辅以少量草料。从出生到 45 日龄，是羔羊体长增长最快的时期；从出生到 75 日龄，是羔羊体重增长最快的时期。此时母羊的泌乳量虽也高，营养也很好，但羔羊要尽早开食，训练吃草料，以促进前胃发育，增加营养的来源。一般从 10 日龄后开始给草，将幼嫩青干草捆成把吊在空中，让小羊自由采食。生后 20 d 开始训练吃料，在饲槽里放上用开水烫后的半湿料，引导小羊去啃，反复数次小羊就会吃了。注意烫料的温度不可过高，应与奶温相同，以免烫伤羊嘴。

（三）奶、草过渡期（2月龄至断奶）

2 月龄以后的羔羊，逐渐以采食为主，哺乳为辅。羔羊能采食饲料后，要求饲料多样化，注意个体发育情况，随时进行调整，以促使羔羊正常发育。日粮中可消化蛋白质以 16%~30% 为佳，可消化总养分以 74% 为宜。此时的羔羊还应给予适当运动，随着日龄的增加，可把羔羊赶到牧地上放牧。母羊与仔羊分开放牧，有利于增重、抓膘和预防寄生虫病，断奶的羔羊在转群或出售前要全部驱虫。

七、波尔山羊配种服务

（一）建立波尔山羊配种站

为周边农户繁殖母羊配种出生的羊称为波尔山羊杂交羊，与饲养普通山羊相比，农户饲养波尔山羊杂交羊可获取更大收益。一般情况下，一头成年种公羊一天可配种 3~4 次，如每 4 d 休息一次，平均一个月可使用 24 d，一个月平均可自然配种 60 次。如平均一次 30 元，一个月至少获利 1800 元，一年中扣除 4 个月高温天气，全年一头成年种公羊收益近 15 000 元。

（二）建立人工授精技术服务站

人工授精技术就是利用适当的器械采集种公畜的精液，经过质量检查、稀释和保存，将合格的精液再用器械适时输入母畜的生殖道内，以代替公母畜直接交配而使其受孕的方法。正常情况下，一头成年种公羊，一天可采精 1 次，如果每 4 d 休息一次，平均一个月采精 24 次。一次采精正常可制备鲜精 15~20 支，利用鲜精进行人工授精包配种怀孕（正常用鲜精配种需配 2 次）收费 10 元/次，一头成年公羊一天可获利 100 元，每月 2400 元，一年扣除 4 个月高温天气，一年收入 19 200 元。

（三）配种服务和杂交羊生产相结合

饲养种公羊按上述（一）或（二）的方式经营的同时，饲养本地母羊，用波尔公羊配种从事杂交羊生产（该方式特别适合于广大的养羊专业户或养羊大户）。一只本地母山羊，以年产 2 胎计算，平均获得 3~4 只羔羊，本地山羊 12 个月体重 26.3 kg，按 4 只羔羊来算，总重约 78.9 kg（两只后面生的羔羊只能算一只 12 月龄的重量），屠率宰 45%，可获羊肉 36 kg，如果以 36 元/kg 计算，共收入 1296 元。如采用波尔山羊杂交养殖，同样是 4 只羔羊，每只 12 个月体重 50 kg，4 只羔羊总重 150 kg，屠率宰 46.8%，可获羊肉 70 kg，以 36 元/kg 计算，共收入 2520 元。在每年同样饲养一只母羊情况下采用波尔山羊杂交可多收入 1224 元，提高经济效益 1 倍。

八、波尔山羊常用的杂交方法及选择

（一）级进杂交

级进杂交也称吸收杂交或改造杂交，即以优良品种公羊，连续同被改良品种母羊及各代杂种母羊交配，一代一代配下去使其后代能接近或达到改良品种的生产性能和其他特性。例如，用波尔山羊公羊与本地山羊的母羊进行交配，所生下来的后代称杂交一代。杂交一代中的公羔肥育后上市，母羔经选择后留种，再与波尔山羊公羊进行交配，这就是级进杂交。通过级进杂交，使得后代中波尔山羊的血缘成分越来越多，生产性能也越来越接近于波尔山羊，这是提高本地羊生产性能的一种有效的方法，特别在农村，这更是一种改良本地山羊的有效方法。级进杂交的另一个好处，是这样培育出来的羊更能适应我们本地的条件。本地山羊用波尔羊连续杂交后的二代、三代，在外形、毛色等方面，已基本接近于波尔山羊。

注意事项：正确选择父系品种；级进到什么程度为宜，应根据级进杂交的目的和后代的综合表现而定；做好选种选配工作，特别是应避免近亲繁殖；创造适合于高代杂种羊的饲养管理条件，注意保留被改良品种对当地环境条件的良好适应性；符合理想型要求的高代杂种羊达到一定数量时，即可进行自群繁育，以便育成新品种。

级进杂交是进行大规模改良的有效方法，采用得当，效果就好，速度就快，它是改良我国山羊品种的主要方法。如果在某一个地区能系统、连续地使用波尔羊进行本地羊的杂交改良，则该地区就完全有可能培育出适应本地条件的新品种来。

（二）育成杂交

育成杂交就是用两个或两个以上的品种进行杂交，创造出理想型的生产性能高、生活力更强的新品种的一系列培育工作。应用育成杂交创造新品种是一项复杂而又漫长的过程，产生一个新品种一般要经历三个阶段，即杂交改良阶段、横交固定阶段和发展提高阶段。在杂交改良阶段，随着各地杂交改良的不断深入，想必将有各种不同类型的优质杂种羊大量涌现，当出现理想型个体时，可采用适当近交转入波尔山羊自群繁育，再通过建立品系扩群，即可培育出波尔山羊新品种。

（三）经济杂交

经济杂交是利用两个品种间杂交产生的一代杂种供商品生产之用的一种生产手段。波尔山羊经济杂交时，并不是任意两个不同品种杂交都会获得满意的结果，要进行不同品种的杂交试验，找出合适的杂交组合。实践证明，肥羔生产中利用波尔山羊作为父本，与槐山羊、海门山羊、徐滩白山羊、长江三角洲白山羊等品种母羊杂交，杂种一代的肉用性能比被改良亲本均提高50%~100%，所以波尔山羊是我国肥羔生产中最为理想的父本品种。

　　杂交父母本的选择：在肉羊生产中，选定波尔山羊作为杂交父本以后，应对本地母羊进行必要的选择。长期以来，由于忽视了山羊的饲养、选育，以及无计划地乱交和近交配，不少地方品种山羊品种不纯，个体偏小，退化严重。因此，要想获得好的杂交效果，就必须对本地山羊进行提纯复壮，或者直接引进品质较为良好的槐山羊、徐滩白山羊等作为母本。对于形成规模的母羊群，应不断从杂交后代中选出好的母羊更新羊群，及时淘汰公羊，淘汰繁殖及肉用性能欠佳、生活力差的母羊，使自身羊群品质不断提高。对于作为父本的波尔山羊，同样不能未加选择而盲目交配。特别是对于利用外场波尔山羊做人工授精时，除应选择健康无病、性能最佳的种羊作为父本以外，还应及时记录、存档，以便在进行杂种后代级进杂交时防止近亲交配。

九、波尔山羊羊舍建设基本要求

1. 地面场房建设　要求干燥、平整，便于清洁。一般都采用黏土地面，易于去表换新，但是容易潮湿，不易消毒；室内地面要求比室外地面稍高，以防雨水倒灌。

2. 墙壁　砖石墙壁或土墙均可，可根据当地情况和经济条件决定，高度一般为2~3 m，寒冷地区可稍低些，气温高的地区可高些。

3. 门窗　一般门宽1.5 m左右、高1.8 m左右，窗户的面积一般较大（产羔室可小些），以便于通风，门窗具体面积可根据当地的气候条件而定。窗台离地面1~1.2 m。羊舍要避风向阳，靠近水源。

4. 运动场 波尔山羊羊舍外面要设运动场，围墙的高度为1.2~1.5 m，面积为羊舍的2~2.5倍，地势应向南稍倾斜，地面以易于排水的沙质土壤为宜。

5. 羊舍的面积 可根据羊只的多少而定。如过于拥挤，则室内潮湿、空气污浊，不利于羊只健康。因此，羊舍应有足够的面积，使羊只能自由活动，一般每只羊的占地面积不应低于以下面积：产羔母羊1.1~2.0 m²，种公羊4~6 m²，小公羊0.7~0.9 m²，1岁育成母羊0.7~0.8 m²，3~6月龄的羔羊0.4~0.6 m²。

附录二　湖羊的饲养

湖羊是我国著名的优良地方羊种，具有繁殖力高、早期生长快、肉质鲜美等特点，而且经过长期驯化，适应人工圈养。

一、饲草的选择

反刍动物的饲料大致可分为两大类，一类是粗饲料，另一类是精饲料。湖羊作为草食动物，可以少吃精饲料，但不能不吃粗饲料"草"。在畜禽养殖业中，饲料成本约占饲养总成本的65%~70%，是养殖畜禽最主要的成本开支。因此，为了节约饲料成本支出，提高湖羊养殖效益，应科学、合理地选择湖羊的饲料和饲草。

（一）粗饲料

充足的饲草是保障规模化羊场正常生产的前提。在畜禽养殖中，尤其是草食性家畜，对粗饲料的需求量尤为大。湖羊喜欢采食青绿多汁牧草，尤其是人工栽培的高产牧草、野生刈割青草、各种农作物秸秆，都是湖羊的理想粗饲料，一般可占日粮的70%~80%。对于饲草的选择，羊场应加强与当地种植基地对接，充分利用粮食功能区、现代农业园区内的农作物秸秆，利用青贮、氨化、微贮等处理技术，提高农作物秸秆饲料化利用率；鼓励有条件的地方建设适度规模的饲草基地，试验、推广优质高产牧草的栽培利用；鼓励合作建立农作物秸秆收集加工及饲草配送中心，推进饲草商业化开发，以降低饲养成本。

（二）精饲料

补充饲喂湖羊的精饲料，主要包括玉米、豆粕、麦麸和营养性饲料添加剂等。根据湖羊的营养需求和生长阶段选择适宜的饲料和配方，尤其是妊娠母羊，更要补饲适量精料，以保证母羊的健康和羔羊的初生重及成活率。具体可参考如下标准：公羊配种前1月开始补喂混合精料 0.2~0.4 kg/d，配种期补喂 0.8~1.5 kg/d，空怀母羊补饲 0.3~0.5 kg/d，妊娠和哺乳期母羊补喂 0.5~0.8 kg/d；15 日~3 月龄羔羊可利用补料器任其自由采食，3 月龄以上羔羊补喂 0.1~0.3 kg/d；育肥羊补喂 0.25~0.5 kg/d。目前在湖羊养殖过程中，高精料已得到广泛应用，但部分养羊户为了提高短期养羊经济效益，大量使用精饲料，常可导致瘤胃酸中毒现象，从而影响湖羊的健康和生产性能。因此，养殖湖羊应以青粗饲料为主，适当补充精饲料，以免影响瘤胃的正常消化功能，给养羊业带来巨大经济损失。

二、湖羊的科学饲养

应根据湖羊的不同年龄、不同饲养阶段，实行分群饲养管理。

（一）种公羊的饲养管理

种公羊的饲养重点，在于配种期间的配种强度和营养供给，适当增加精料比例，避免因营养不全导致繁殖性能减退等影响。

配种后期，则应适当加强种公羊的运动强度和适当降低饲养标准，防止出现过肥现象而影响其种用价值。另外，公羊舍应远离母羊舍，配种期间应保持环境清静。

（二）繁殖母羊的饲养管理

繁殖母羊的饲养管理是整个羊场的核心，特别应重点做好妊娠期和哺乳期的管理。母羊配种后 30 d 内，应适当控制营养，促使孕酮分泌，以利受精卵在子宫内顺利着床，提高受胎率，增加产羔数。妊娠 31~90 d，应适当增加营养，饲料可以青干草为主，每天补喂精料 0.3~0.5 kg。妊娠 90 d 至分娩前，可按母羊膘情，适当加料，每天饲喂精料 0.5~0.8 kg，补充骨粉和食盐各 10 g，青干草以自由采食为主。临产前 7 d，应做好母羊的乳房保健工作，保持母羊乳房清洁卫生。母羊分娩后，可供给适量麸皮盐汤；产后 1~3 d 内，适当减少精料和青绿饲料喂量；分娩 3~5 d 后，精料喂量可增至 0.8 kg，供给骨粉、食盐各 10 g，干草以自由采食为主。哺乳期内要注意观察母羊的食欲、膘情及羔羊生长状况，保证饲料和饮水供给。

（三）羔羊的饲养管理

羔羊饲养应注意：一是初生羔羊出生后 30 min 内应及时哺喂初乳。7~10 日龄羔羊，可开始补饲优质青干草和羔羊配合饲料。二是适时断奶。根据羔羊采食精料量、日龄和体重，确定断奶时间，一般 45~70 日龄或体重达 15 kg 左右即可适时断奶。三是断奶后羔羊可按公母、大小分群饲养，羊舍内可放置舔盐或微量元素舔砖供其舔食，保证羔羊健康生长。

三、湖羊的疫病防控

湖羊抗病力较强，疫病防控工作应以预防为主，搞好免疫接种及药浴、驱虫等工作。应根据当地疫病流行情况，及时做好疫病防控工作。兽医人员应科学制定防疫规程，做到接种疫苗规范化、防控疾病时效性。

（一）免疫接种

做好免疫接种工作，是保障羊场正常运转的重要前提。就湖羊而言，根据日龄不同，通常需接种以下疫苗：①绵羊传染性胸膜炎灭活疫苗。15 日龄，皮下注射，以后每年免疫一次。②绵羊痘灭活疫苗。2 月龄时，皮内注射，以后每年免疫一次。③口蹄疫灭活疫苗。2.5 月龄时，肌内注射，以后每 6 个月免疫一次。④羊梭菌病三联四防灭活疫苗。3 月龄时，肌内注射，以后每 6 个月免疫一次。⑤小反刍兽疫弱毒活疫苗。2 月龄时，肌内注射，以后每 6 个月免疫一次。此外，为加强免疫效果，母羊在产羔前 2~4 周，应肌内注射羊梭菌病三联四防灭活疫苗。

（二）驱虫

驱虫的目的是驱除羊体内外寄生虫，提高饲料利用率，增强羊只免疫力，减少相关疾病发生。一般情况下，应根据当地流行的体内外寄生虫种类，有针对性地选择药物进行驱虫，同时做好粪便中虫卵的无害化处理工作，以进一步提高驱虫效果。鉴于寄生虫流行病学特点，通常选择在春季或秋季完成驱虫工作。驱虫的药物主要包括驱虫净、伊维菌素、丙硫咪唑等。

为防控螨病及其他体表寄生虫，可以对湖羊进行药浴。药浴药物：0.05% 辛硫磷乳油水溶液、0.025% 螨净（二嗪农）水乳液和 0.006% 氯氰菊酯水乳剂等。每年药浴 1~2 次，药浴时间一般可安排在春、秋两季剪毛后 7~10 d 内进行。药浴池的药水量要适宜，既要淹没羊只的整个身体，又要保证羊体头部稍稍高于液面，以免影响羊群呼吸。当经药浴的羊只临近出口时，应将羊头按入药水中，力求彻底消灭羊体表的寄生虫。

羊群进行药浴前，应做好充分准备，制定相应的药浴流程和注意事项。一是考虑羊体的健康状况，按照健康羊优先原则进行药浴；二是考虑羊体生理阶段，通常妊娠 3 个月以上的母羊应暂停进行药浴；三是合理安排羊群的进食和饮水，一般情况下药浴前8 h应停止饲喂羊群，但应保障羊群饮水需求，避免羊群误饮药水，造成不必要的损失；四是对于新引进的羊只，应及时制订药浴计划，以免将体表寄生虫带入羊舍，影响其他羊只的健康。

附录三　奶山羊的饲养

一、奶山羊的采食特性

奶山羊性情活泼，行动机敏，善于攀登，嘴唇薄而牙齿锋利，喜吃鲜草，不饮污水；喜高燥，恶潮湿；喜多种青草和干草配制的混合饲草，不喜食单一饲草。

二、奶山羊的饲养方法

（一）种公羊的饲养

种公羊的优劣，直接关系到下代奶羊的质量。因此，应特别加强种公羊的饲养。种公羊不宜饲喂体积过大、水分过多的饲料，可喂叶多、味香、质嫩的青干草。精料少用玉米，多用麸皮、豌豆和饼类。冬春可用大麦芽补喂，避免维生素缺乏。配种期间要精心喂养，少给勤添。一般每天喂给优良干青草3 kg，混合精料1 kg左右，并加喂骨粉、食盐和鸡蛋，以提高种公羊的精液品质，增加受胎率。

（二）泌乳母羊的饲养

初乳期应给以优质嫩干青草，任其采食，以后逐步增加精料和多汁饲料，以适应产奶需要。泌乳高峰期需多给青草、青贮多汁饲料，适当补充食盐，同时要补喂配（混）合饲料。此外，要注意加强羊只运动，使产奶母羊经常保持良好的健康状态。泌乳后期应逐渐减少精料和青贮、多汁饲料，以延长泌乳期，提高泌乳量。

（三）羔羊的饲养

初乳期要保证羔羊吃足吃好母乳，提高抗病能力。常乳期应根据生长发育需要喂给足够的全奶，或者在补充维生素 A 和维生素 D 的情况下，喂以脱脂奶。同时，要诱食优质嫩干草，补喂精料，以锻炼羊的胃肠消化能力和补充热能的不足。断奶后，要供给优质饲草，促使羔羊提早反刍，使瘤胃的生理机能尽早得到锻炼。

在搞好饲养管理的同时，要注意做好疫病防治工作，尤其是对产科病和乳房疾病，要做到早预防、早发现、早治疗，确保母羊和羔羊健康，提高养殖效益。

三、奶山羊饲养中的重点工作

饲养奶山羊，应重点抓好挤奶、运动、梳刷、去角、修蹄、去势、驱虫和防疫等 8 个方面的工作。

（一）挤奶

对饲养奶山羊而言，挤奶是日常工作中一项重要的技术。挤奶人员应熟练掌握挤奶的技术，严格按规程操作；否则，对产奶量和奶的质量都有明显影响。

（二）运动

适当的运动是保证羊只健康的重要因素之一，对于舍饲奶山羊更应重视。运动能增强体质，提高代谢功能，增加产奶量，同时还可提高羊的抗病能力和增强适应性。母羊怀孕期坚持运动，可预防水肿和难产；产奶量高的羊只坚持运动，可增强心脏功能和消化力，提高生产性能；种公羊若运动不足，则性欲减弱，精液品质下降，影响配种效果；哺乳羔羊适宜地运动，可促进消化，预防腹泻，还可增强体质和适应能力，有利于生长发育。放牧是最理想的运动方式，每天坚持 4 h；舍饲时，每天应有 1~2 h 的驱赶运动，以保证一定的运动量。

（三）梳刷

奶山羊每天都应梳刷，以保持被毛光亮，皮肤清洁，促进皮肤的血液循环和新陈代谢，以提高奶山羊的产奶量和保证奶的卫生。

（四）去角

奶山羊有角时，互相打架易造成损伤或导致孕羊流产，给羊群管理带来困难，所以有角公母羊都须去角。去角在羔羊出生后 5~7 d 进行，用苛性碱棒即可。

（五）修蹄

放牧的奶山羊走路多，蹄磨损重，影响生长，而且会引起蹄病和四肢变形，严重者行走异常，采食困难，奶量下降，因而必须经常修蹄。舍饲羊走路少，蹄磨损轻，可 1~2 个月修蹄 1 次。

（六）去势

对不作为种用的公羔都应及时去势，以防乱交乱配。去势后的奶山羊公羊性情温顺，便于管理，育肥快，肉质好。

（七）驱虫

对常见寄生虫，每年应在春秋两季各驱虫 1 次，有体外寄生虫时也应及时进行药浴。硝氯酚是防治肝片吸虫的理想药物，口服 3~8 mg/kg 体重。灭绦灵，可驱除绦虫，口服 50~70 mg/kg 体重。用于驱除胃虫、肠结节虫的药物有：敌百虫，口服 80 mg/kg 体重；左旋咪唑，口服，10 mg/kg 体重；抗蠕敏，口服 10~20 mg/kg 体重；1% 阿维菌素或伊维菌素，皮下注射 0.02 mL/kg 体重。以上药物可用于驱除体内外各种寄生虫。

（八）防疫

为防止常见传染病，保持羊群的安全和健康，对地面、用具、车辆、环境等应定期清扫消毒，每年在春秋两季，应做好预防注射，如注射羊肠毒血症、羊快疫、羔羊痢疾、炭疽芽孢、布鲁氏菌、口蹄疫、小反刍兽疫等疫苗。做好防疫工作，可防止传染病的发生和流行，减少其危害。

四、奶山羊羊舍的建设

（一）羊舍的一般要求

1. 舍址　羊舍要避风向阳，水源充足，地势高燥，排水良好，交通方便，有利于防疫。

2. 舍内环境　地面干燥，光线充足，通风良好，清洁卫生。温度 10~20 ℃，相对湿度 70%~80%，氨气含量不超过 20 g/m³。舍内地面坡度 1%~2%，采光系数 1:15。

3. 羊只占舍面积　成年母羊 1.5 m²，青年母羊 0.8 m²，羔羊 0.3 m²，公羊 2.0 m²，公羊单圈饲养者为 4~6 m²。运动场面积为羊舍面积的 2~3 倍。

4. 通风　通风量，冬季最低量为 30 m³/（h·只），夏季最佳量为 120~150 m³/（h·只），最高空气流速为 0.5 m³/s，要求空气体积 6~9 m³/只。水分蒸发 50 g/（h·只）。

（二）羊舍类型

1. 公羊舍和青年羊舍　敞开式屋顶为双坡式，饲槽为单列式。在南方，高温高湿对奶山羊会引起极大的不适，发病率高，生产性能受到抑制。羊舍建设需能排除高温高湿、暴雨和强风的干扰和袭击。羊舍南北全部敞开或北部敞开，运动场设在北面，饲槽设在南面。为了防潮、易于清洁和控制寄生虫的传播，可设水泥或竹条漏缝地板，地板条宽 8~10 cm，厚 3.8 cm，缝隙 2.5 cm。在北方，冬季寒冷，羊舍南面可半敞开，北面封闭而开小窗户，运动场设在南面，单列式小间适于饲养公羊，大间适于饲养青年羊。

2. 成年母羊舍 双列式成年母羊舍可建成双坡式、双列式。在南方地区，一面敞开，一面设大窗户；在北方地区，南面设大窗户，北面设小窗户，中间或两端可设单独的专用挤奶室。舍内为水泥地面，设有饲槽和栏杆，有排水沟，舍外设带有凉棚和饲槽的运动场。温暖地区，羊舍两端开门；较冷的地方，可一端开门，一端设挤奶室。整个羊舍人工通风，羊床厚垫蓐草。

3. 羔羊舍 羔羊舍在北方关键在于保暖，若为平房，其房顶、墙壁应有隔热层，材料可用蛭石、锯末、刨花、石棉、玻璃纤维、膨胀聚苯乙烯等。舍内为水泥地面，排水良好，屋顶和正面两侧墙壁下部设通风孔，房的两侧墙壁上部设通风扇。室内设饲槽和喂奶间，运动场以土地面为宜，中部建筑运动台或假山。

（三）羊舍的设施和设备

1. 饲槽 饲槽可用砖和水泥砌成，也可用木料制成。水泥饲槽一般在靠羊的一面设有栏杆，木饲槽可单独放置在栏杆之外。成年母羊的饲槽，高 40 cm，深 15 cm，上部宽 45 cm，下部宽 30 cm；羔羊饲槽一般高 30 cm，深 15 cm，上部宽 40 cm，下部宽 25 cm。为了减少饲料的污染和干草的浪费，可采用干草架。为了防止饲料污染所导致的腹泻，可采用精料自动饲槽，羊只能从 20 cm 宽的缝隙中采食精料。

2. 栏杆与颈夹 羊舍内的栏杆，材料可用木料，也可用钢筋；形状多样，栏杆高公羊为 1.2~1.3 m，母羊为 1.1~1.2 m，羔羊为 1.0 m；靠饲槽部分的栏杆，每隔 30~50 cm 的距离，要留一个羊头能伸出去的空隙，该空隙上宽下窄，母羊为上部宽 15 cm，下部宽 10 cm，公羊上为 19 cm、下为 14 cm，羔羊上为 12 cm、下为 7 cm。每 10~30 只羊可安装一个颈夹，以防止羊只在喂料时抢食，有利于打针、修蹄、检查羊只时保定，颈夹可上下移动，也可以左右移动。

3. 挤奶设备 手工挤奶，必须有挤奶架和带盖的挤奶桶。机械挤奶，可用能够移动的手推式挤奶器或专用的挤奶间。

4. 喂奶设备 人工哺乳，可用奶瓶、搪瓷碗、奶壶等给羔羊喂奶；大型羊场可安装带有多个乳头的哺乳器。国外的大型羊场，已有自动化的哺乳器，可自动供奶，自动调温，自动哺乳。

5. 饮水设备 一般羊场，可用水桶、水缸、水槽给羊饮水；大型集约化羊场，可用饮水器，以防止致病微生物污染水源。

6. 分娩栏 为了充分利用羊舍面积，可以安装活动分娩栏，在产羔期间安装使用，产羔期过后卸掉。每 100 只成年母羊应设 8~14 个分娩栏，每个面积为 34 m²。

五、奶山羊秋季配种要点

9~10 月奶山羊母羊发情普遍旺盛，奶山羊公羊性欲强，加上天气凉爽，气候适宜，饲料资源丰富，羊的膘情好，秋季配种的母羊冬季所产羔羊体质好。

（一）加强营养

秋季，养羊户除了加强适配母羊的饲养管理，使之具有良好的种用体况外，还要特别注意种公羊的营养。配种开始后，让种公羊采食充足的青草，并视其体质、配种任务、性欲强弱，每只每天补喂麦麸、豆类、饼类等精料 0.5~1 kg、鸡蛋 2~3 个、骨粉 10 g、食盐 15 g，分 3 次喂给，晚上可多喂一些，让其在夜间休息时消化吸收，以恢复体力，有利于第二天配种。

（二）适期配种

要掌握好母羊的发情期，做到适时配种。母羊发情表现为食欲减退，鸣叫不安，外阴部潮红肿胀，阴道流出分泌物，频频摇尾，发情持续期为 1~2 d。发情后 30~40 h 开始排卵，所以发情后 30 h 左右配种最易受胎。母羊配种较顺利，尤其在发情末期，配种一次即可受孕。在生产实践中，通常采取两次配种的办法，第一次配种后间隔 12 h 进行第二次配种，可提高母羊的受胎率。

（三）保胎

母羊配种受孕后，如饲养管理不当，很容易引起早产或流产。要禁喂发霉变质和有毒饲草；严禁空腹饮冰水；严禁在放牧中受惊、急跑、跳跃等，特别是在出入圈门或补饲时要防止互相挤压；对有习惯性或先天性流产的母羊，宜在一定时间注射兽用保胎针进行预防。

（四）疫病防治

秋季是疫病多发和流行的季节，除应用左旋咪唑或丙硫咪唑对羊群进行驱虫，同时注射疫苗免疫预防传染病发生外，还要对山羊的常见病进行防治。如感冒咳嗽可用薄荷、紫苏梗、柑皮煎水，加食盐少许灌服，或用黄栀子、枇杷叶煎水灌服；胃肠炎可用土茯苓煎水灌服。此外，应勤清除羊舍残渣残草，保持舍内干燥清洁，定期用 2% 氢氧化钠溶液、3% 石炭酸溶液或 2% 福尔马林溶液消毒。经常刷拭羊体，加强血液循环，增强抗病能力。

参考文献

［1］郑爱武，魏刚才.实用养羊大全［M］.郑州：河南科学技术出版社，2014.

［2］陈北亨.家畜产科学［M］.北京：中国农业出版社，2002.

［3］朱奇.高效健康养羊关键技术［M］.北京：化学工业出版社，2010.

［4］王小龙.兽医内科学［M］.北京：中国农业大学出版社，2004.

［5］陈敷言.兽医传染病学［M］.5版.北京：中国农业出版社，2010.

［6］李观题，李娟.标准化规模养羊技术与模式［M］.北京：化学工业出版社，2012.

［7］陈焕春，文心田，董常生.兽医手册［M］.北京：中国农业出版社，2013.

［8］朱模忠.兽药手册［M］.北京：化学工业出版社，2002.

［9］朗跃深.健康高效养羊实用技术大全［M］.北京：化学工业出版社，2017.

乌珠穆沁羊

小尾寒羊

湖羊

大尾寒羊

洼地绵羊

同羊

阿勒泰羊

多浪羊

杜泊羊

无角道赛特羊

萨福克羊

夏洛莱羊

罗姆尼羊

德国肉用美利奴羊

边区莱斯特羊

林肯羊

辽宁绒山羊

阿尔巴斯白绒山羊

新疆山羊

陕南白山羊

板角山羊

贵州白山羊

太行山羊

成都麻羊

南江黄羊

关中奶山羊

崂山奶山羊

槐山羊

马头山羊

波尔山羊

萨能山羊

流泪、黏性鼻涕

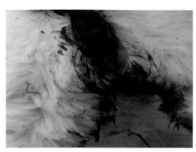

水样腹泻

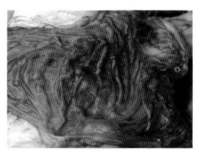

皱胃出血

直肠线状出血

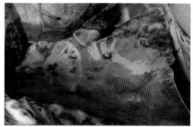

肺脏出血斑

气管内白色黏性分泌物

羔羊唇红棕褐色疣状硬痂

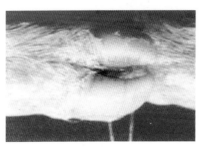

蹄部病变

母羊乳房脓疱

成羊下颌脓疱

病羊离群站立

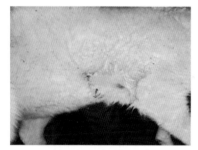

由于摩擦、啃咬引起的掉毛

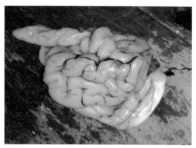

非化脓性脑膜脊髓炎

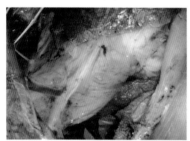

胃水肿

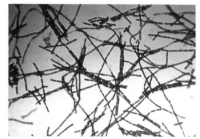

炭疽杆菌染色涂片形态

肺淤血、出血，间质增宽

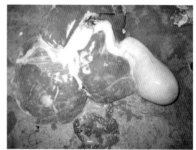

肝脏病变及片形吸虫